退耕还林还草实用模式

李世东 主编

中国林业出版社

图书在版编目（CIP）数据

退耕还林还草实用模式/李世东主编. —北京：中国林业出版社，2021.3

ISBN 978-7-5219-1144-2

Ⅰ.①退… Ⅱ.①李… Ⅲ.①退耕还林–中国 Ⅳ.①F326.2

中国版本图书馆 CIP 数据核字（2021）第 082694 号

责任编辑：刘香瑞 王 远 邵晓娟

出版发行	中国林业出版社（100009 北京市西城区刘海胡同 7 号）
	E-mail：36132881@qq.com 电话：（010）83143545
印 刷	北京中科印刷有限公司
版 次	2021 年 3 月第 1 版
印 次	2021 年 3 月第 1 次印刷
开 本	787mm×1092mm 1/16
印 张	32
字 数	727 千字
定 价	160.00 元

未经许可，不得以任何方式复制或抄袭本书之部分或全部内容。

版权所有 侵权必究

《退耕还林还草实用模式》编委会

主　　编：李世东
副 主 编：吴礼军
编　　委：李青松　　张秀斌　　敖安强　　刘再清　　王小平　　张立安
　　　　　李振龙　　东淑华　　秦秀忱　　刘　明　　潘凌安　　齐　新
　　　　　陈毓安　　吴剑波　　陆志星　　刘艳玲　　王声斌　　王　平
　　　　　张富杰　　夏留常　　田建文　　张世虎　　王恩光　　徐　忠
　　　　　李东升　　李志强
编撰人员：陈应发　　孔忠东　　王维亚　　汪飞跃　　吴转颖　　李保玉
　　　　　段　昆　　孙庆来　　张金波　　范应龙　　白凌霄　　胡　俊
　　　　　叶海英　　吴应录　　张　海　　李琛泽　　石文凯　　李　媚
　　　　　曹建军　　张新宇　　曹　阳　　王　玲　　刘国彪　　赵日强
　　　　　雷　军　　聂纪元　　何小东　　胡普炜　　郭英荣　　曹　敏
　　　　　谢　琼　　王　彬　　王振刚　　韩晓红　　雷永松　　付　鹏
　　　　　胡　锋　　刘年元　　蒋迎红　　肖万福　　蔡兴旺　　王　云
　　　　　龙秋波　　杨光平　　周述详　　赵皓艾　　周　军　　王昌敏
　　　　　郑晓波　　刘　平　　张虎成　　格桑德吉　杨建兴　　罗　琦
　　　　　张晓梅　　寇明逸　　陈晓妮　　张　霞　　樊彦新　　吴有林
　　　　　王治啸　　高红军　　郑海龙　　赵远潮　　朱文诚　　李杰军
统　　稿：陈应发　　孔忠东　　孙庆来

前 言

退耕还林还草工程是党中央、国务院以保护和改善生态环境为主导,实现可持续发展目标的一项政策性强、涉及面广、群众参与度高的生态建设工程。1999年开始实施退耕还林还草,2014年启动实施新一轮退耕还林还草,截至2020年,累计实施退耕还林还草5.22亿亩,其中退耕地还林还草2.13亿亩、荒山荒地造林2.63亿亩、封山育林0.46亿亩,占同期全国重点工程造林总面积的40%,中央财政已累计投入5353亿元,涉及25个省(自治区、直辖市)和新疆生产建设兵团的2435个县4100万农户,1.58亿农民直接受益。退耕还林还草工程已成为我国乃至世界上资金投入最多、建设规模最大、政策性最强、群众参与程度最高的重大生态工程,取得了巨大的综合效益。

20年来的实践证明,退耕还林还草工程决策英明、管理规范、成效显著、影响深远,得到了社会各界的广泛赞誉,是"最合民意的德政工程,最牵动人心的社会工程,影响最深远的生态工程",扭住了我国生态建设的"牛鼻子",对优化国土空间开发格局、全面促进资源节约、保护自然生态系统、维护国土生态安全发挥了不可替代的重要作用。同时,退耕还林还草工程在增加农民收入、促进产业结构调整、推动地方经济发展,进而实现地区可持续发展方面奠定了良好的基础,是在全面建成小康社会、实现中华民族伟大复兴征程中的战略选择。

退耕还林还草工程开展以来,各地干部群众克服困难、辛勤劳作,奋斗在山头荒地、田间地块,为国家生态建设做出了重大贡献。通过在退耕还林还草工作中的探索、总结,各地涌现出许多适宜本地自然条件、具有良好生态、经济和社会效益的实用模式,为工程高质量发展起到了积极的示范作用。为总结推广各地在退耕还林还草实践中涌现出来的成功经验,国家林业和草原局退耕还林还草管理中心组织编写《退耕还林还草实用模式》。各地精心归纳,认真梳理了170多个实用模式,经过认真筛选,选择了100个高质高效典型模式。经过我们多次修改和完善,形成了《退耕还林还草实用模式》一书。

前言

本书分为四篇：第一篇为长江中上游退耕还林还草实用模式，包括安徽、江西、湖北、湖南、重庆、四川、贵州、云南等8个省(直辖市)。第二篇为黄河中上游退耕还林还草实用模式，包括山西、河南、陕西、甘肃、青海等5个省。第三篇为三北风沙区退耕还林还草实用模式，包括东北西部、华北北部、西北大部干旱地区，包括北京、天津、河北、内蒙古、宁夏、新疆共6个省(自治区、直辖市)及新疆生产建设兵团。第四篇为其他地区退耕还林还草实用模式，包括东北地区的辽宁、吉林和黑龙江、珠江流域的广西、华南的海南、青藏高原的西藏等6省(自治区)。

全书力求条理清晰，内容通俗易懂，技术措施科学合理，并配以退耕还林还草第一手图片资料，真实生动，科学合理，以达到指导实践、科学种植、高效管理、提高效益的目的。此书的出版将有效推动退耕还林还草工程的高质量发展，为生态文明和美丽中国建设以及乡村振兴、脱贫攻坚和三农发展起到积极的促进作用。该书可供从事退耕还林还草工作的各级管理人员、技术人员、广大退耕农民群众学习参考，也可供大专院校、科研机构、技术推广单位等借鉴。

本书在编写过程中得到了全国各级退耕还林还草工程管理部门的支持与协助，在此一并表示感谢。由于本书编写时间仓促，编者水平有限，难免有错漏不足之处，恳请各界人士、各位读者批评指正。

本书编委会

2020年12月

目 录

前 言

第一篇　长江中上游退耕还林还草实用模式

模式 1	安徽贵池退耕还枣模式	2
模式 2	安徽宁国退耕还山核桃立体模式	6
模式 3	安徽怀远退耕还石榴模式	11
模式 4	安徽潜山退耕还林乔茶混交模式	16
模式 5	安徽全椒退耕还薄壳山核桃套作模式	21
模式 6	江西莲花退耕还晶沙柚模式	26
模式 7	江西崇义退耕还南酸枣复合模式	31
模式 8	江西进贤退耕还黄栀子模式	36
模式 9	江西信丰退耕还脐橙模式	41
模式 10	江西樟树退耕还吴茱萸模式	46
模式 11	湖北五峰退耕还五倍子立体模式	50
模式 12	湖北咸安退耕还桂花模式	56
模式 13	湖北阳新退耕还吴茱萸模式	61
模式 14	湖北郧阳退耕还木瓜模式	67
模式 15	湖北秭归退耕还脐橙生物篱模式	72
模式 16	湖南安化退耕还茶树珍稀树种复合模式	76
模式 17	湖南凤凰退耕还针阔混交模式	81
模式 18	湖南花垣退耕还桤木混交模式	86
模式 19	湖南龙山退耕还光皮桦木模式	92
模式 20	湖南隆回退耕还石山混交林模式	97
模式 21	重庆合川退耕还油橄榄模式	102
模式 22	重庆江津退耕还花椒主导模式	107

模式 23	重庆荣昌退耕还竹模式	113
模式 24	重庆铜梁退耕还砂糖李模式	119
模式 25	重庆长寿退耕还长寿柚模式	126
模式 26	四川安岳退耕还柠檬模式	131
模式 27	四川会理退耕还石榴模式	137
模式 28	四川开江退耕还油橄榄模式	142
模式 29	四川名山退耕还茶树复合模式	147
模式 30	四川青神退耕还竹模式	152
模式 31	四川叙州退耕还油樟旅游模式	157
模式 32	贵州赤水退耕还竹模式	162
模式 33	贵州龙里退耕还刺梨旅游模式	168
模式 34	贵州湄潭退耕还茶模式	174
模式 35	贵州黔西退耕还藏柏模式	179
模式 36	贵州镇宁退耕还蜂糖李模式	185
模式 37	云南广南退耕还油茶模式	191
模式 38	云南芒市退耕还澳洲坚果百香果复合模式	196
模式 39	云南墨江退耕还八角茶树复合模式	201
模式 40	云南凤庆退耕还核桃茶树复合模式	205
模式 41	云南云县退耕还澳洲坚果咖啡立体模式	211

第二篇　黄河中上游退耕还林还草实用模式

模式 42	山西陵川退耕还连翘模式	218
模式 43	山西娄烦退耕还油用牡丹模式	222
模式 44	山西盐湖退耕还米槐模式	227
模式 45	山西永济退耕还香椿模式	232
模式 46	山西泽州退耕还养蜂模式	236
模式 47	河南嵩县退耕还皂角模式	240
模式 48	河南济源退耕还核桃冬凌草间作模式	246
模式 49	河南卢氏退耕还连翘模式	250
模式 50	河南西峡退耕还杏李模式	256
模式 51	陕西宝塔退耕还山地苹果模式	261

模式 52	陕西平利退耕还吴茱萸模式	266
模式 53	陕西吴起退耕还沙棘模式	271
模式 54	陕西旬阳退耕还拐枣模式	276
模式 55	甘肃宕昌退耕还双椒复合模式	282
模式 56	甘肃徽县退耕还核桃套种鸢尾模式	287
模式 57	甘肃嘉峪关退耕还红梨套种模式	293
模式 58	甘肃金塔退耕还杏桃模式	298
模式 59	甘肃秦州退耕还大樱桃模式	303
模式 60	青海德令哈退耕还枸杞模式	309
模式 61	青海平安退耕还乔灌混交模式	314

第三篇　三北风沙区退耕还林还草实用模式

模式 62	北京延庆退耕还栗蘑模式	320
模式 63	北京延庆退耕还杏间作黄芩模式	325
模式 64	北京密云退耕还梨观光模式	330
模式 65	北京平谷退耕还桃旅游模式	335
模式 66	天津蓟州退耕还林下经济模式	339
模式 67	河北迁西退耕还板栗模式	343
模式 68	河北磁县退耕还核桃模式	347
模式 69	河北临漳退耕还林间作药材模式	352
模式 70	河北兴隆退耕还山楂模式	356
模式 71	河北围场退耕还苹果模式	361
模式 72	内蒙古阿拉善左旗退耕还梭梭接种肉苁蓉模式	366
模式 73	内蒙古林西退耕还苹果模式	370
模式 74	内蒙古海拉尔退耕还两行一带模式	374
模式 75	内蒙古凉城退耕还乔灌混交模式	378
模式 76	内蒙古乌拉特前旗退耕还枸杞模式	382
模式 77	宁夏彭阳退耕还林流域治理模式	387
模式 78	宁夏同心退耕还文冠果模式	392
模式 79	宁夏西吉退耕还林下经济模式	396
模式 80	宁夏盐池退耕还柠条转饲模式	400

模式 81　宁夏原州退耕还林旅游发展模式……………………………………406
模式 82　新疆布尔津退耕还复合模式………………………………………410
模式 83　新疆青河退耕还大果沙棘模式……………………………………415
模式 84　新疆温宿县退耕还核桃模式………………………………………420
模式 85　新疆兵团第八师退耕还立体经济模式……………………………424
模式 86　新疆兵团第三师退耕还枣模式……………………………………428

第四篇　其他地区退耕还林还草实用模式

模式 87　辽宁北票退耕还枣模式……………………………………………434
模式 88　辽宁阜新退耕还文冠果模式………………………………………438
模式 89　辽宁彰武退耕还杨树复合模式……………………………………442
模式 90　吉林敦化市退耕还落叶松红松复合模式…………………………447
模式 91　吉林梨树退耕还樟子松混交林模式………………………………452
模式 92　黑龙江大同退耕还杨树复合模式…………………………………456
模式 93　黑龙江泰来退耕还庄园治沙模式…………………………………461
模式 94　黑龙江延寿退耕还落叶松模式……………………………………466
模式 95　广西巴马退耕还油茶套种模式……………………………………471
模式 96　广西凌云退耕还南酸枣混交模式…………………………………477
模式 97　广西平果退耕还任豆模式…………………………………………482
模式 98　海南乐东退耕还橡胶模式…………………………………………487
模式 99　海南万宁退耕还槟榔模式…………………………………………491
模式 100　西藏隆子退耕还沙棘模式…………………………………………496

第一篇 长江中上游退耕还林还草实用模式

　　本区域包括安徽、江西、湖北、湖南、重庆、四川、贵州、云南等8个省(直辖市)。由于退耕还林还草所占比重较小,河南、陕西、甘肃、青海等4省纳入黄河中上游地区。

　　本区域是我国最大河流长江、最大水库三峡水库、南水北调中线工程源头区以及洞庭湖、鄱阳湖等重要河湖水库的集水区,对长江流域的水源涵养和水土保持起着极为重要的作用。本区人口密度大,人均耕地少,历史上毁林开荒严重,25℃以上坡耕地分布广、面积大、开垦时间长、复种指数高。陡坡耕种,使该区成为我国水土流失最为严重的地区之一,严重威胁中下游江河湖库等水利设施的安全运行和广大人民生命财产的安全,也在一定程度上减少了生物多样性,并使森林景观破碎化,严重影响森林多种效益的充分发挥。

模式 1
安徽贵池退耕还枣模式

贵池区位于安徽省西南部,北临长江,全区土地总面积 2516 平方公里,其中林地面积 203.9 万亩,占全区土地总面积的 54%。全区自南向北,由低山、丘陵带逐渐过渡到洲圩平原区,山脉处于皖南山区的北缘,属九华山脉,气候温和,雨量充沛,日照时间长,四季分明,土壤质地多为中壤、重壤,有机质含量高。全区森林覆盖率 49.8%,是安徽省 21 个重点山区县(市、区)之一。

一、模式地概况

棠溪镇地处贵池区东南部,行政区域面积 254 平方公里,现有 8 个村(居),1.2 万人。属于亚热带季风气候,雨量充沛气候宜人,境内矿产资源丰富,特色农业发达,棠溪镇有着深厚的历史文化底蕴,山青水美,古风犹存,故有"画里乡村"之美誉。

棠溪镇以山地为主的地形地貌和溶岩地质构造特征,以及植被良好、降水充沛等小气候,地上地下资源尤其是水力资源丰富。棠溪镇森林面积 33.3 万亩,森林覆盖率 89.02%以上。地势东南、南、西南均为高山。

二、模式实施情况

棠溪镇 2002—2004 年共实施退耕还林面积 9607.2 亩,涉及 8 个村(居)。在退耕还林工作中,创新理念机制,把退耕还林办成了一项生态经济主导产业,探索出了一条生态美、产业兴、百姓富的新路子,为退耕还林创造了一个亮点纷呈的鲜活样板。

棠溪镇以"西山焦枣"特色品牌培育和基地建设为依托,积极引导和扶持农民林业专业合作组织的成立和发展,在池州市西山金品枣业等企业和合作组织的推动示范下,5 年共新建枣园 5000 多亩,聘请曾为央视主持人的赵普为形象代言人,利用全国林产品电子商务平台,大力发展"互联网+林业产业"。

棠溪镇退耕还林"西山焦枣"

三、培育技术

(一) 选择良种

西山焦枣主要集中在棠溪镇的西山、东山以及棠溪社区种植，大部分选择安徽省林科所(安徽省林业科学研究院的前身)培育的良种"冬瓜枣"和"牛蜂枣"。西山焦枣属"地理标志产品专用标志"。

(二) 园地建立

园地宜选择沙壤至黏壤土，土层厚度在100厘米以上，pH值在8.5以下，总盐量在0.3%以下，氯化物低于0.1%。同时最好选择交通方便、排灌功能齐全的地块。

(三) 幼树管理

株行距一般以2~3米×3~4米为宜，即每亩定植111株或55株。及时截干矮化密植园，截干高度为40~50厘米，并剪去所有的二次枝，减少树干失水，促发新枣头。整形修剪。合理施肥浇水，根据降水情况，可于5月中旬、6月上旬和6月下旬各浇一次水，做到天旱苗不旱，7月下旬渡过缓苗期后，每株穴施尿素150克。另外，苗木发芽展叶后，每隔10~15天用0.4%尿素加0.3%磷酸二氢钾进行叶面喷肥。及时防治病虫害。

(四) 水肥管理

根据降水的情况，做到天气干旱的时候苗不干旱，在7月下旬渡过缓苗期的时候，在苗木发芽展开叶子之后进行叶面喷肥。在5月下旬和6月上中旬，要各喷施一次混合液，控制红蜘蛛等害虫。

(五)修剪

枣树的修剪在冬季进行是最为合适的,剪掉枯枝,还能够刺激第二年的生长。枣树的修剪也可以在夏季进行,夏季枣树的枝条生长比较旺盛,为了避免分枝过度生长,从而造成营养消耗,必须把一些过度生长的枣树枝条给剪掉,以保证枣树的产量。

(六)花果管理

要想使枣树早结果、多结果,在枣树开花期间摘心打顶,减少养分的消耗。花期要喷打10~15毫克/公斤的赤霉素或枣花宝溶液。每次在果实完熟前4~5周(白熟期)仔细喷施2~3次50毫克/公斤的萘乙酸或10~20毫克/公斤的防落素溶液,间隔10~15天喷1次。

(七)病虫害防治

在5月下旬、6月上中旬,各喷施一次2000倍的久效磷或50%螨死净(阿波罗)加50%甲胺磷混合液,可有效地控制红蜘蛛、盲蝽象、枣叶壁虱等害虫。在土壤封冻前,刮除老翘皮,封堵树洞裂缝以消灭枣粘虫、粉蚧、蛀皮蛾等越冬害虫,减轻翌年虫害损失。及时清扫树下落叶,集中烧毁或沤肥,减少病菌的传播。枣疯病严重的,要铲除病菌株和根蘖苗或砍去病枝,用土霉素治疗。

(八)采收管理及贮运销售

9月上旬至10月上旬脆熟期分批采收。焦枣加工一般采用工艺流程:原料、清洗、杀青、蒸制、烘干、成品。感官要求:色泽深红,颗粒完整,外型细长;质地胶黏,肉质细腻,枣香浓郁。

四、模式成效分析

(一)生态效益

棠溪枣园采用标准化枣园模式栽植,密度大,防止水土流失,有利于阻挡雨水对地面的冲击,其根系可以铺满地面浅土层,主根可扎到地下2~3米,可以牢基固土,且枣树的吸水力强,需水量大,可减少雨水的流失。枣园大都沿等高线修成水平带,改变了地表径流,能蓄积大量的雨水。

(二)经济效益

棠溪镇利用西山焦枣的品牌影响力,精准施策,打造省级"一村一品"发展项目,积极引导当地的枣农、企业和合作社,成立了西山焦枣发展联合体,统一生产标准。并通过招商引资,引进企业入驻,将焦枣品牌化,更加拓宽了焦枣的市场,带动农民致富。再加上普哥(赵普)团队负责网络销售部分,目前西山焦枣的种植规模达到10000多亩,年产量125万公斤,年收入1500万元。如今西山焦枣已经远销欧美、东南亚40多个国家及国内30个省份。

(三)社会效益

贵池区通过退耕还林,大力发展特色林业产业,鼓励龙头企业、林业专业合作组织和造林大户与广大林农合作造林,主动为省、市级示范专业合作组织和龙头企业申报林业建设项目和落实林业贴息贷款政策,利用林业专业合作社和龙头企业来提升产业基地建设规模和质量,带动和辐射周遍农户,促进林农致富和持续发展,实现绿水青山和金山银山的有机统一。

棠溪镇"西山焦枣"文化节

五、经验启示

(一)政策引导与群众积极参与是退耕还林全面推进的基础

贵池区严格执行国家补助标准,精心组织,及时足额将补助的钱粮发放到农民手中,赢得了农民的信任与支持,激发了他们治山治水、搞好退耕还林工程的积极性、主动性和创造性,使山区群众真正成为实施退耕还林的主体。

(二)把退耕还林与生态产业发展有机结合起来

退耕还林政策实施以来,贵池区基于西山村做了大量的探索实践,形成了特色的焦枣产业种类,成为当地经济社会发展和人民群众生活的重要支撑。同时具有改善生态环境功效,大量的农村劳动力从广种薄收、陡山种地的传统农业生产方式中解脱了出来,二、三产业也有了较快发展。按照"民营、民建、民管"的原则,培育和发展了一批产业化经营的龙头企业,组建各类流通中介组织和专业合作组织,提高农产品生产、加工、运输和销售等环节的组织化水平以及与市场对接的能力,真正使农村主导产业成为退耕后农民增收的主渠道。

模式 2
安徽宁国退耕还山核桃立体模式

宁国市隶属安徽省宣城市，地处安徽省东南部，东邻浙江，西靠黄山，是皖南山区之咽喉，南北商旅通衢之要道。境内土特名产有山核桃、元竹、青梅、银杏面，享有"中国山核桃之乡"和"中国元竹之乡"称号。

一、模式地概况

宁国市连接皖浙两省7个县市，背靠黄山、九华山，融入上海、南京、杭州、合肥四大城市2小时经济圈，市域面积2487平方公里，辖13个乡镇、6个街道，总人口38万，综合经济实力始终保持全省领先位次。

宁国市素有"八山一水半分田、半分道路和庄园"之称，森林覆盖率达80%。境内东津、中津、西津三条河流穿城而过，拥有国家级水利风景区、国家级森林公园青龙湖；拥有省级板桥自然保护区，保存着北亚热带最后一片原始森林；拥有国家一级保护野生植物、素有"植物界大熊猫"之称的市树红豆杉，拥有"北有洛阳、南有宁国"之美誉的市花江南牡丹。先后被评为国家生态市、国家园林城市、美丽中国十大最美城镇、中国优秀旅游城市等。

二、模式实施情况

宁国市自2002年启动实施退耕还林工程建设以来，全市共完成退耕还林面积合计11.64万亩，其中前一轮坡耕地退耕还林6.06万亩，配套宜林荒山荒地造林3.58万亩，配套封山育林2万亩，新一轮退耕还林1577亩。其中利用退耕还林项目营造了7502亩山核桃。宁国市在退耕还山核桃中，提倡"山核桃+茶叶""山核桃+笋用竹""山核桃+药材"等立体经营模式，提倡块状混交造林。其中"山核桃+宁前胡"就是一项特别重要的立体模式。

(一) 选择乡土树种山核桃

宁国市是中国山核桃之乡，宁国山核桃粒大壳薄、籽粒均匀、核仁肥厚，经传统工艺加工后，果仁清脆可口。山核桃为胡桃科高大乔木，适生在海拔高度100~700米范围内的中低山、丘陵的坡耕地，栽培时初植密度一般为20~25株/亩，10年开始挂果，20年进入盛果期。

(二)选择地理标志产品宁前胡

宁国市是"中国前胡之乡"，以盛产优质白花前胡而著名。因产于安徽省宁国市的白花前胡质量上乘，中医界习称为"宁前胡"，为伞形花科前胡属多年生直立草本，高60~90厘米，喜冷凉湿润，耐旱、耐寒，当年种植，当年收获根茎。

(三)选择山核桃+宁前胡混交

根据山核桃和宁前胡的生物学和生态学特性，按照"长短结合，以短养长，立体种植，复合经营"的模式，通过宁前胡种植，改良退耕地的土地条件，利用山核桃树冠，为宁前胡遮阴，提高宁前胡品质。这一模式既充分利用退耕地的光照、水热资源，提高地表植被盖度，有效减少地表径流造成的水土流失，增加退耕地的短期收入，又促进了山核桃的生长，实现生态效益、经济效益双赢。

宁国市退耕还林山核桃与宁前胡混交

三、培育技术

(一)山核桃造林

海拔100~1000米范围内的中低山腰，山脚的避风区，丘陵、低山地区，坡耕地最适合成片造林。海拔500米以上，阳坡好于阴坡；海拔500米以下，阴坡好于阳坡。孤立山包、迎风坡、山谷积水处以及坡度大于35°的山场不适宜种植。土壤以石灰岩发育的黑色石灰土最好。幼年石灰土、普通红壤、黄壤及由花岗岩发育的黄红壤不适宜种植。

(二) 林地整理

整地挖穴应提前于秋天进行，以利土壤熟化沉实。山区造林采用带状或块状整地。坡度25°以下的缓坡山地，采用水平带状整地，栽植带宽2米，带中的杂灌杂草全部清理，带与带之间保留3~4米宽的原有植被带，在栽植带上按定植穴开垦1米见方地块。坡度25°以上的山地，采用块状整地，按定植穴清理并开垦1米见方地块，保留山场其他原有植被。保留的条带间和块状周围的植被，可以形成对山核桃幼苗成活有利的"侧方庇荫"，以利保持水土和山核桃生长。坡耕地造林清除杂草后挖定植穴。

(三) 造林密度和时间

采用植苗造林。嫁接苗造林，嫁接苗的接口要露出地表。实生苗造林时，一般新造林密度20~25株/亩，也可以加大初植密度，待树冠相接后，进行隔株疏伐或移植，最终保留20株/亩左右。

(四) 幼林抚育

采用块状或水平带状整地的山区造林，当年夏初对1米见方的地块进行垦复松土，培土抚育，2~4年内每年初夏和秋季各进行一次，逐步拓宽开垦范围，形成3米或4米见方的鱼鳞坑或水平带，同时清除块中或水平带中的杂草，覆盖在幼树的根际周围或翻埋入土中。山区造林4年以后，在每年的秋季逐步清除造林时保留的杂灌杂草，6~8年内清理完毕。清理的杂灌移出林外，保持林地卫生和防火，杂草摊铺在林内，增加林地有机质。清理时注意保护幼苗，以免损伤。造林成活率达不到85%的，每年冬季或春季用壮苗补植。

(五) 林地间种

坡耕地造林，1~2年内可间种黄豆、花生等矮秆作物，3~7年内可间种玉米等高秆作物，以耕代抚，以短养长，保持水土，改良土壤，提高经济效益。农作物收获后秸秆铺于林地或翻入土中。山地造林不提倡间种，以减少水土流失。

(六) 整形修剪

山核桃的树形一般宜顺其自然特性，造成主干形或变则主干形。从幼壮年起，通过拉枝、抹芽、疏删过密的枝条等措施，促进树体矮化和树冠的形成。因山核桃的伤口愈合困难，成形树的修剪一般不提倡短截修剪，只疏删过密的枝条，尽量使树冠内外都能阳光充分，其结果能力自然就增加了。修剪可结合冬季山核桃林中的病枝、枯枝的去除进行，并及时清除烧毁。修剪时应在剪、锯口涂药防腐后再用接蜡或石蜡涂抹，促其早日愈合。修剪应在山核桃树萌动、裸芽颜色变青绿色时进行。

宁国市退耕还林山核桃

(七)病虫害防治

幼林期主要病虫害有地下害虫(小地老虎、蛴)、干腐病、山核桃褐斑病、赤斑病等。

四、模式成效分析

(一)生态效益

宁国市实施退耕还林以来,累计完成退耕还林坡耕地造林6.06万亩,且99.1%的为生态林,现绝大部分生长良好,对保证宁国市森林资源持续稳定增长、生态环境持续改善起到了很大的作用。如全市森林覆盖率2002年为68.3%,现经过退耕还林等生态林业项目的实施,全市森林覆盖率已上升到77.7%,净增9.4%。在全市原来的一些易造成水土流失的区域,通过本项目的实施,现如今已是植被茂密,对降低山体滑坡等地质灾害起到了巨大作用。

(二)经济效益

宁国市是中国山核桃主产区之一,全市利用退耕还林项目营造的7502亩山核桃,现已全部成林进入盛果期,每亩年产量100多公斤,市场价格40元/公斤,每年每亩纯收入在4000元以上,仅此一项每年为退耕林农增收3000万元。依靠退耕还林项目的实施,山区林农收入稳步增长,逐渐走上致富奔小康的康庄大道。

(三)社会效益

实施退耕还林工程,是一项功在当代、利在千秋的德政工程,不仅有效地治理了一些地方的生态环境,同时更进一步发展了相关的林业产业,为林业企业建立了丰富的原材料供应基地,也为广大退耕群众建立了增加收入的稳固来源。宁国市是全省重点山区县市,285万多亩的山场是广大山区林农收入的重要来源,全市农民人均年纯收入的一半以上就来自林业，因此，进一步加大对后续产业发展的支持力度，是进一步为广大退耕农户增加收入的重要手段，广大退耕农户也只有增加了收入才能有精力、有能力来进一步管好退耕还林的林分，才能有效地巩固好退耕还林的成果。

五、经验启示

宁国市在组织实施退耕还林工程中，林业科技人员加强科技推广，广大林农精细种植、科学管理，通过项目实施取得了可观的经济收益。国家得生态、林农得实惠，真正实现了"退得下、还得上、能致富、不反弹"的预期目标。

（一）利用好乡土树种

山核桃是安徽省宁国市特产，国家地理标志产品。宁国山核桃生产区域为天目山北麓乡村，以南极乡为最，其次有万家、庄村、胡乐等乡镇，分布范围达20个乡镇，海拔100~700米范围内。宁国山核桃粒大壳薄，籽粒均匀，核仁肥厚，经传统工艺加工后，果仁清脆可口。2005年3月，宁国山核桃成功获批"国家地理标志保护产品"称号。

（二）基地建设标准化

通过退耕还林工程、巩固退耕还林成果配套工程等一系列项目实施，如今走在宁国的山区，都能看到道路两旁的行道树整齐挺拔，河流两岸的翠竹青翠柔婉，村旁山间地头的山核桃林孕育着新的希望。据统计，宁国市现有山核桃面积36.8万亩，并建成了两个国家级山核桃标准化建设示范区，通过科技引领、技术帮扶、示范带动，山核桃产量和质量稳中有升。全部挂果后年产量1万吨，年产值16亿元，林农人均收入超过4000元，大批林农通过种植山核桃脱贫致富，山区广大林农亲切地称山核桃是他们的"摇钱树"和"致富金果果"。宁国市也成为名副其实的"中国山核桃之乡"。

模式 3
安徽怀远退耕还石榴模式

怀远县位于安徽省北部，蚌埠市西部，淮河中游，淮河及其支流涡河从县城中部穿过。怀远县始建于 1291 年，素有"淮上明珠"美誉，民间盛行花鼓灯。怀远属温带半湿润季风气候区，年平均气温 15.4℃，降水量 900 毫米左右，雨量充沛，土壤肥沃，四季分明，气候宜人。根据 2003 年怀远县森林资源二类清查，怀远县林业用地面积 54.2 万亩，有林地面积 52.7 万亩，森林覆盖率 14.6%。通过退耕还林等林业工程建设，到 2020 年，怀远县森林覆盖率达到 21.2%，林木总蓄积量达到 320 万立方米，林业总产值达到 22 亿元，湿地保护率超过 70%。

一、模式地概况

兰桥乡位于怀远城西南 27 公里，北靠芡河，南倚茨淮新河，是重要水源涵养区。怀远县总面积 79.47 平方公里，人口 38089 人，辖 13 个行政村，6 万亩耕地，主产水稻和小麦。兰桥乡气候四季分明，雨量适中，日照充足，霜期不长，适合水稻、小麦等多种农作物生长。芡河和茨淮新河优质的淡水资源不仅是蚌埠市民生活用水的仓库，而且为兰桥乡发展水产养殖业提供了得天独厚的条件，已有 1 万多亩沟塘和河流的水面被利用发展水产养殖。

兰桥乡林业用地面积 23360.6 亩，宜林地面积 2235 亩，森林覆盖率 18.2%，林业建设基础较好，林业服务体系完善。兰桥乡是安徽省贫困乡*之一，民生改善要求迫切，脱贫攻坚任务繁重，其中退耕还林发展林业产业，正是兰桥人民脱贫致富奔小康的希望之一。

---

* 书中"贫困村""贫困乡""贫困县"等表述，均指 2021 年前的情况。

退耕还林杨树更新的石榴园

二、模式实施情况

兰桥乡在退耕还林工作中,创新理念机制,把退耕还林办成了一项生态经济主导产业,探索出了一条生态美、产业兴、百姓富的新路子,为新一轮退耕还林创造了一个亮点纷呈的鲜活样板。2003年度兰桥乡共实施退耕还林面积3098.3亩,涉及12个村。2015年怀远县为发展石榴产业,将茨淮新河大坝上的杨树进行更新,由安徽天兆石榴开发公司负责实施,共完成退耕还林杨树更新石榴面积1030.1亩。

三、培育技术

石榴果园选择在土层深厚、土质疏松、保肥保水能力强的地区,地下水位1米以下,做到旱能灌、涝能排,要有便利灌水和排水条件。

(一)选择良种

根据立地条件、气候特点和品种特性及市场、交通等综合因素选择品种为白花玉石籽、红花玉石籽和红玛瑙3个品种。

选择生长健壮、品种纯正的嫁接苗或无性扦插优质苗,枝条分布均匀,枝梢长度适中,苗高40~60厘米,生长健壮,根系良好、完整,无病虫害。

良种白花玉石籽挂果

(二)园地建立

一般亩植41棵为宜,株行距为4米×4米。但玉石籽石榴分枝大,枝条稠密,故种植密度要大一些。植穴宜经曝晒后回填。回填时,施入10~20公斤有机肥,与土壤拌匀,在植前1~2个月准备好,待填土沉实后定植。栽植时间选在2月下旬至4月中旬,一般土壤解冻后、树苗萌芽前,愈早愈好。

(三)幼树管理

幼龄树是指从定植后到生长结果的早期阶段,历经2~3年。幼树树冠小、根系浅,抗旱能力弱,需及时适量灌水,灌水量以淋湿根系主要分布层(10~30厘米)为限。并要注意排除果园积水,及时修复被雨水冲坏的排灌系统。幼龄树管理目标:①提高成活率;②扩大根系生长范围,增加根量;③培养生长健壮、分布均匀的骨干枝,扩大树冠,增加绿叶层,培养丰产树形。

(四)施肥管理

施肥的原则按照《绿色食品:肥料使用准则》(NY/T394—2013)》标准规定,根据石榴的施肥规律进行。使用的商品肥料应是省级农业行政主管部门批准登记使用或免于登记的肥料。使用的肥料种类包括有机肥、化肥、微生物肥、叶面肥。

(五)修剪

修剪的原则"有形不死,无形不乱;因树修剪,随树做形"。修剪的目的是:通过修剪要达到主次分明、树体有形、错落有致,互不影响、树势健壮、连年丰产之目的;通过修剪,在直觉上要达到"大枝稀,小枝密;冠上稀,冠下密;外围稀,内壁密",即"三稀三密"的效果,从而促进营养生长和生长的协调进行。

修剪的方法有短截和长放、回缩和疏除、抹芽和刻芽、摘心和环割等,为了调整大枝主干、主枝侧枝的角度,可通过拉枝、撑枝、别枝、坠枝、拿枝等手段使其开放角度,改善通风避光条件,促使成花结果。

(六)花果管理

疏花时应将败育花在蕾期能分辨出形状时疏去 1/3~2/5，因雌蕊败育花的雄蕊花粉仍可授粉，故需留下一部分为雌蕊发育正常的完全花授粉。结果后，疏果分两次进行：第一次疏果在谢花后的 20 天左右，每枝保留 3~4 个小果；第二次疏果在果实套袋前进行。首先将发育不良、畸形及病虫危害的果实摘除，每枝条留 1~2 个果。当幼果发育至横径 3 厘米左右，果实开始转绿，进行套袋护果。果实成熟前 20~25 天去袋。

(九)病虫害防治

病虫害防治宜采取预防为主、综合防治的原则。提倡采用农业防治、生物防治、物理防治等方法。农业防治：采用土、肥、水等综合农业措施，加强果园常规管理，减少有害生物的发生。加强肥水管理，培养强壮的树势。摘除虫袋，冬春季清除干僵果，石灰水涂树皮，消灭越冬害虫及虫蛹等。物理防治：主要根据害虫的趋性(光、色、味等)对害虫进行防治。人工捕杀、堆火诱杀、灯光诱杀；人工除草；用捕鼠器、粘鼠板、捕鼠笼捕杀老鼠。生物防治：保护果园天敌，利用长盾金小蜂、食蚜瓢虫、草蛉、赤眼蜂等防治害虫。还可以采取化学农药防治。

(十)采收管理及贮运销售

当果面由绿色转黄绿色、籽粒出现放射状晶芒开始，先熟先摘，分批采摘。采收过程中所有工具要清洁、卫生、无污染，避免果实机械损伤。石榴采摘后，及时按要求进行等级分类，包装并及时装运销售。采摘后若需要临时贮藏，必须放在阴凉、通风、干净的地方，堆放整齐。严禁与有毒、有异味、有害及传播病虫害的物品混合存放、运输。并做好防潮、防虫等措施。

四、模式成效分析

(一)生态效益

实施退耕还林后，兰桥乡的森林覆盖率由原来的 13.2%，提高到 15.6%。恢复了项目区的林草植被，有效地发挥调节气候、净化空气、缓解地球"温室效应"、减少蒸腾和地表径流、防止水土流失、保水蓄水等作用。工程区生态环境质量明显提高，城乡居民生活用水质量得到明显改善，同时生物种群和数量也较以前有了较大提高。可以说从源头上有效控制了水土流失，生态效益非常显著。

(二)经济效益

兰桥乡完成退耕还林石榴 3098.3 亩，完成杨树改造石榴 1031.1 亩，目前均进入盛果期，挂果喜人，每亩年产量 1000 多公斤，市场批发价格 3 元/公斤，每亩收益 3000 多元。

（三）社会效益

石榴栽培与管理是集技术、资金及劳动密集型于一体的产业，尤其在果园管理方面需要大量的农业劳动力。安徽天兆石榴基地每年使用固定及临时性农民工 8500 人次，由于基地位于贫困村内，公司积极响应兰桥乡精准扶贫要求，在农工使用方面优先安排贫困人员上岗，分别采取免费培训就业、果园管理效益分红、林下无偿提供土地养殖等方式，带动 95 户贫困户脱贫。

五、经验启示

退耕还林既是生态建设工程，也是民生改善工程，更是一项经济活动。退耕还林的经营主体不止是退耕户，大户、企业、产业协会和农民专业合作社更是一股活力四射的力量。因此，在退耕还林期间兰桥乡要积极鼓励农民加入产业协会和合作社，促进退耕还林向集约化、规模化、产业化、经营化发展，积极探索联户退耕还林模式。其主要启示有三：

（一）良种是成功的前提

兰桥乡退耕还林中采用的白花玉石籽、红花玉石籽和红玛瑙 3 个品种石榴都是经过林业人员对当地情况进行实地了解后选择的优良品种，并且这 3 个品种在怀远本地具有较高的知名度，是经过长时间的改良所保留下来的优质品种。

（二）合作社优化了生产要素

生产要素的聚合可推动产业融合，在招商引资、扶持龙头企业、发展专业合作社以及培育职业农民的一系列政策措施激励下，积极培育新型经营主体，兴办产品加工和营销企业，可以延长退耕还林后期产业链条。

模式 4
安徽潜山退耕还林乔茶混交模式

潜山市隶属安徽省安庆市，位于安徽省西南部、大别山东南麓。"七山一水两分田"的地貌特征让潜山既有山的雄浑伟岸，又有水的婀娜隽秀。天柱山国家森林公园、安徽省金紫山森林公园、安徽省板仓自然保护区和潜水河国家湿地公园等一批国家级和省级景区座落境内。潜山市先后荣获"全国生态文明示范工程试点县""全国森林防火先进县"等多项荣誉。

一、模式地概况

五庙乡地处潜山市西南部，与太湖、岳西两县接壤。全乡总面积 39.99 平方公里，辖 6 个行政村，总人口 11000 人，耕地面积 4800 亩，林地面积 38853 亩，森林覆盖率达 65.8%。五庙乡离城区仅 38 公里，S361 省道自南向北通过，交通便利，区位优势独特。东与国家级风景区天柱山相距 30 公里，南距花亭湖风景区 25 公里，独特的区位使之成为该市重要的边贸集镇之一。实现了户户通公路，光纤网络、移动电话、有线电视全面开通。集镇建设按照政务新区、商贸区、专业市场区的规划，功能齐全，如今已成为潜岳太交界处重要集镇。

二、模式实施情况

2002 年实施退耕还林工程以来，五庙乡依托独特的自然气候优势、传统的茶叶与中药材销售渠道，大力发展厚朴、杜仲及茶叶产业，实现了经济、社会效益与生态效益的有机统一。全乡前一轮退耕还林完成坡耕地造林任务 3867.45 亩，配套荒山荒地及后续产业造林 3100 亩，主要为茶叶，涉及农户 1687 户。潜山市林业局在五庙乡退耕还林实践中，总结推广乔茶混交造林模式，取得了成功的经验。主要经验做法有：

(一) 推广乔茶混交模式

茶叶产业和中药材产业是五庙乡传统优势产业。五庙乡茶叶种植历史悠久，是潜山市传统茶叶产区与生产大乡,传统茶叶品种寿命长,产量稳定,适应本地地理及气候条件,抗病虫害能力强。因此,2002 年实施退耕还林工程时,茶叶品种以传统品种为主,与此同时,还从浙江等地引进了数个茶叶新品种,最终确定了适宜五庙乡乔茶混交的厚朴、银杏、竹子、板栗等树种。中药材方面,五庙乡为潜厚朴及杜仲的传统产区,潜厚朴是被载入《中国药典》并深受广大药材商欢迎的传统优质药材。在退耕还林工程项目实践中,五庙乡大力发展乡土树种,极大发挥传统产业的优势,也为本地苗木生产户增加了可观收入。

五庙乡红光村退耕还林板栗茶树混交林

(二)立足生态种植

在实施退耕还林工程中,从立地选择、良种培育、细致整地、苗木栽植、林地管护到采收加工各个环节,立足生态种植。主要措施有:减少化学肥料使用,推广有机肥料;不使用化学除草剂,采用人工除草,并推广覆盖防草技术;采用粘板物理灭虫及生物农药治虫,避免化学农药使用;保护生态环境、招引天敌鸟及天敌虫类控制茶叶病虫害。

(三)销售带动生产

在农业产品的生产、加工与销售全产业链中,生产是基础,销售是关键,销售是全产业链重中之重,销售工作做不好,就无法实现农业产品的社会价值,生产者的劳动成果就无法得到社会的承认,工程的效益就无法体现,整个产业链就有崩溃的危险。实施退耕还林工程过程中,随着茶叶产量的逐年提高,茶叶加工厂在五庙乡如雨后春笋般迅速发展,现五庙乡有茶叶加工厂 70 余家,从事茶叶销售人员近千人,许多加工厂在城区及安庆、合肥、南京、上海开设了销售窗口,实现了从产区到销售区的一站式服务。

(四)发展生态旅游

随着线上销售的发展,五庙乡销售人员与时俱进,积极学习网络销售技能与营销技巧,线上线下共同发展相互促进,产品销售又上了一个新的台阶。近几年,五庙乡积极开展红色旅游、四季观光和景观配套设施建设,加快一二三产业融合发展,将全乡打造成集红色旅游、茶园观光、休闲养生一体化发展的高质量旅游目的地，极大促进了茶叶及中药材的销售。

三、培育技术

在五庙乡退耕还林造林中，除少量用材纯林外，91%为乔灌混交复合型经济林。乔木树种主要为厚朴、杜仲、板栗、银杏，灌木树种为茶树与桑树。在混交林的营造中，总结的技术要点如下：

(一) 合理规划

造林地选择原有坡耕地或荒山荒地，地处偏远地区的坡耕地或荒山荒地用于用材林造林，离居民点近且交通方便的地域用于营造高效经济林。造林模式为乔木树种与灌木树种混交造林，混交方式为行间混交或株间混交。五庙乡全乡均为中低山区，海拔高度在750米以下，坡度25°以内，周围植被覆盖率较好的缓坡山地或山脚地规划为高效经济林新造林用地。选土层深厚肥沃、土质疏松、pH值4.5~6.5之间的酸性土壤为宜。在规划中尽量避免使用高山坡顶及北坡地作为高效经济林用地，因为茶叶等树种冬季极端低温条件下可能会受冻害，影响产量。

(二) 水平梯地整地

在长期的生产实践中，五庙乡先民掌握了一套行之有效且受实践检验的人工水平梯地整地技术，极大方便了生产活动开展，避免了水土流失，保存了土壤肥力，实现了高效经济林产业可持续发展。

水平梯地宽度根据坡度确定，宽度1.2~2米为宜，整地时尽量保留生土带，避免梯地崩塌，梯地外高内低，内侧保留竹节状排水沟，每隔一定距离设置沉沙窖，拦截泥沙，避免水土流失。乔木树种种植穴长宽深各1米，灌木树种种植穴宽度为40厘米、深60厘米。

(三) 树种配置

根据造林地立地条件，先按照每亩10~15株的密度配置乔木树种种植穴，乔木树种为银杏、板栗、厚朴、杜仲等。茶树、桑等灌木树种成行栽植，根据带宽种植一行或两行，每亩密度为1500~3000株。乔木树种周边1米范围内不得种植灌木树种。

(四) 深施基肥

山场整地挖穴后，即开始着手准备有机肥。有机肥以鸡粪为最佳，但要提前准备并充分腐熟，这样可杀死鸡粪中的有害病菌，也可防止未腐熟的鸡粪在造林后产生热量烧伤苗木。乔木树种种植穴每穴鸡粪施用量为2.5公斤，灌木树种种植行每米长度鸡粪施用量为2.5公斤，鸡粪之上覆土20厘米以上，并做好标记。

(五) 精细抚育

造林后要注意幼林保护，防止人畜危害。定植后，如遇连续天晴干旱，应每隔 3~4 天浇 1 次水。在植株四周地面上采取地膜覆盖或铺干草，可减少土壤水分蒸发，保持土壤湿润疏松。地膜覆盖应该在降雨后，土壤水分充足时进行。

(六) 病虫害绿色防控

由于五庙乡森林覆盖率高，生物多样性丰富，害虫天敌较多，几乎没有茶叶及蚕桑病虫害发生，基本上无需防治病虫害。如需防治，在生产上主要措施：采用粘板物理灭虫及生物农药治虫，避免化学农药使用；保护生态环境、招引天敌鸟类及天敌虫类控制茶叶病虫害。

四、模式成效分析

茶树混交高效丰产栽培模式，符合农民意愿，经过实践检验与提高，切合五庙乡林业发展实际，得到广大林农及企业充分肯定，实现了生态效益、经济效益和社会效益的有机统一。

(一) 生态效益

2002 年以来，实施退耕还林工程使山区水土流失状况得到根本好转，森林涵养水源功能显著提高，促进了林种及树种结构调整，促进了生物多样性状况改善，森林减轻水旱灾害效益得到极大提升。在退耕还林项目及后续巩固退耕还林成果项目实施中，五庙乡在省道、乡村公路沿线大力发展绿色长廊，加强对河流湿地生态治理。加之坡耕地还林、荒山荒地造林及封山育林多措并举，如今的全乡范围内满目青山秀水。森林植被已极大恢复，气候状况显著改观，极端天气出现频率显著降低，农业实现旱涝保收，野生动植物栖息地得到极大恢复，生态环境步入良性循环。

五庙乡新建村退耕还林银杏茶叶混交林

(二)经济效益

五庙乡在退耕还林工程实施过程中营造茶叶混交林 6000 亩,群众受项目带动又营造茶叶混交林 3900 亩,茶叶每亩年收益 2000 多元,年茶叶产值达 2080 万元。全乡有茶叶加工企业 50 家,加工销售企业从业人员 300 余人,加工业及销售环节增值 1800 万元,年实现茶叶产值近 4000 万元。据调查,五庙乡蚕桑业年产值为 2000 万元,厚朴、杜仲年产值 100 万元。退耕还林带来的总体经济效益非常可观。

(三)社会效益

退耕还林工程把农民从高投入、低收入的坡耕地劳作中解脱出来,促进了劳动力转移和经济林发展,促进农村产业结构调整,带动山区经济发展。通过政策宣传和退耕造林项目实施,增强了群众生态意识,使农民认识到生态的重要性和坡耕地耕作的危害性。五庙乡在退耕还林营造的大面积银杏茶叶混交林基础上升级打造金色银杏谷景区,已成为潜山市秋季最佳打卡胜地,吸引了大量游客。

五、经验启示

退耕还林促进了国家整体生态建设,促进了民生改善。退耕还林还为新农村建设培育了一批新型农村致富带头人,有效促进退耕还林相关产业发展,为广大农民致富奔小康打下了坚实的基础。其主要经验体现在以下三个方面:

(一)发挥自然气候优势

五庙乡地处潜山市西南部,高耸的大别山群峰横亘于其北部,有效削弱并阻挡了北方冷空气,南方低矮的香炉尖诸峰横亘于其南部,来自长江及花凉亭水库的丰沛水汽受香炉尖诸峰地形抬升,给五庙乡带来了充足的降水,使这里常年云雾缭绕。独特的自然气候及土壤优势造就了茶叶、厚朴、杜仲等产品的优良品质。

(二)发挥传统产业优势

茶叶与蚕桑是五庙乡传统产业,群众掌握了成熟的种植、生产及加工技术,也有传统的销售渠道。新兴电商的崛起,又进一步推进了传统产业转型升级。

(三)发挥龙头企业带动作用

与小农经济与个体经营相比,龙头企业具有更大的市场优势,抗风险能力更强,更注重产品质量及未来发展。

模式 5
安徽全椒退耕还薄壳山核桃套作模式

全椒县隶属安徽省滁州市，凭借独特的气候、环境优势，坚持以薄壳山核桃"一棵树"为突破口，把退耕还林与林业产业有机结合，促进农村林业种植结构调整，培育绿色产业，发展特色经济，探索了一条绿色富民产业，推动乡村振兴之路。

一、模式地概况

全椒县位于安徽省东部，国土面积 1568 平方公里，人口约 48 万人。全县辖 10 个镇，94 个行政村（其中贫困村 9 个），21 个社区（居委会），2663 个自然村，农村居民人均可支配收入 14743 元。属北亚热带向暖温带过渡性气候，四季分明，气候宜人，常年风向多为东北风，春季温和多变，夏季炎热多雨，秋天天高气爽，冬天寒冷干燥，年平均气温 15.40℃，年平均降水量 800~1000 毫米，全年无霜期大于 210 天，适合于薄壳山核桃等多种植物生长。

二、模式实施情况

自 2002 年实施退耕还林以来，全县共完成前一轮退耕地还林 32500 亩。为进一步巩固退耕还林成果，全椒县借鉴薄壳山核桃产业发展成功经验，不断探索退耕还林新模式，率先在全省开展了巩固退耕还林试点工作，真正实现了退耕还林"退得下、稳得住、不反弹、能致富"。通过退耕还林工程的带动，目前全椒县种植薄壳山核桃面积 6.1 万亩，造林公司和大户达 77 家。

（一）坚持政策引导

为巩固退耕还林成果，稳定退耕还林面积动态平衡，实现全县森林面积和森林质量可持续发展，全椒县于 2018 年制定了《全椒县巩固退耕还林成果试点工作方案》，并每年从全县采伐限额中拿出一定量的限额专门用于试点工作。同时对自愿发展薄壳山核桃产业的，给予优先享受试点政策。

(二)坚持良种推广

林业产业健康发展,离不开良种。全椒县在退耕还林试点中,所使用的薄壳山核桃苗木必须是通过国家或省级认定的适宜全椒栽植的优良品种。自2014年以来,全椒结合产业发展,不断与高校、国家林业局山核桃工程技术研究中心等科研机构合作,开展薄壳山核桃新品种栽培试验和选育工作,成功选育出了稳产、高产、果形大、口感好的具有全椒特色的薄壳山核桃新品种。

(三)套种药材以短养长

针对薄壳山核桃"造林密度低、生长期长、前期投入大"的特点,积极引导企业走"以短养长"的创新发展之路,开展立体种养,大力发展林下经济,实行"林药间作、林苗间作和林下养禽",种植芍药、牡丹等中药材,提高林地产出率。

全椒退耕还林薄壳山核桃林下种植芍药、牡丹等中药材

(五)培育新型主体带动

鼓励企业、大户、合作社、家庭林场等新型主体对退耕还林地通过依法开展土地流转、林权转让、异地还林等措施,参与国土绿化,实现了退耕还林集中连片治理,形成了一批高质量发展的现代林业示范园区和林业产业化龙头企业,年提供就业人数1500余人,带动贫困户188户218人。

三、培育技术

(一)标准化整地

一般在入冬前进行林地清理和整地。整地前应先砍除杂灌,再进行机械深翻,深度0.8米以上。全垦后,沿水平等高线每隔6~10米,开挖一条拦水沟,降低雨水流速,防止水土流失。定植穴规格为 1 米×1 米×1 米，定植时，每穴施 30 公斤左右腐熟农家肥作基肥，并将表土入穴。

(二)苗木质量

苗木必须具有"三证一签"和"良种证明"，规格为 2 年生优良品种嫁接苗。苗木要求木质化程度高，根系发达，没有伤害，且抗逆性强，无病虫害，生长稳定。

(三)人工造林

栽植时间为每年 11 月上旬至 12 月下旬、2 月上旬至 3 月中旬。其他时间也可选用大容器苗或大土球苗造林，但管护成本较高。栽植密度一般在 8~10 株，配置至少 2~3 个品种，且品种间花期基本一致，主栽品种与授粉品种按 8∶1 配置。栽植时，将表土回填好，扶正苗木，让根系舒展，且苗根不能与基肥直接接触，分层回填土并踩实，注意将嫁接苗嫁接口露出土面。栽植后，要及时浇足定根水。

(四)中耕除草

采用间作，以耕代抚，人工除去幼树根际与其四周杂草，随着树体长大，间作与树根际距离要逐渐留大。间作选择矮小苗木和矮秆非攀援经济作物。如不进行间作，定植穴外每年进行中耕除草 2~3 次，时间在 6—9 月，中耕除草与施肥结合进行。

(五)肥水管理

栽植后第 1 年，不施肥。第 2 年以后逐年施入肥料。每年施 2 次：第 1 次 3 月下旬至 4 月上旬，施复合肥，2~4 年每株 150~200 克，5~7 年每株约 300~400 克；第 2 次，10—12 月底，施有机肥，每株施农家肥料 15~20 公斤。对持续干旱无雨天气，要及时利用灌溉设施进行抗旱，夏季高温时期根据土壤墒情增加浇水次数。

(六)整形修剪

定植当年不做任何修剪，一般定干高度在 0.6~0.8 米左右。幼树的整形一般不宜过多修剪，采用摘心法，促发分枝，并通过修剪，对选留的主枝、侧枝，采用撑、拉、绑、刻的方法，形成合理树体结构，多为主干疏散分层形。结果树修剪适度短截、回缩骨干枝和结果枝组，控制树冠的横向扩展，防止结果部位外移；剪除徒长枝、交叉枝、病虫枝和细弱枝、过密枝、重叠枝；对部分着生位置适宜的内膛小枝适当短截更新，充实内膛，防止内膛空虚。

(七)病虫害防治

实施肥药双控、加强防治的生态化管理，有效控制和降低化肥农药的使用。大力推行灯光诱集和微生物农药等绿色防控技术。

四、模式成效分析

全椒县紧紧围绕生态建设和森林城市创建工作，将巩固退耕还林成果与林业产业发展相结合，大力推进薄壳山核桃产业造林，取得了较好的生态、经济和社会效益。

(一) 生态效益

森林质量和森林景观得到了不断提升，生态环境日益改善，森林产品更加丰富，带动了林产品加工和森林旅游等相关产业的发展。

(二) 经济效益

2015 年前退耕还林种植的薄壳山核桃已陆续挂果，单株最高产量达到 28 斤，平均亩产 100 多公斤，批发价 20 元/公斤，每亩收益 2000 多元。全县 2020 年薄壳山核桃总产量约 100 吨，收益约 2000 万元。全椒县发展薄壳山核桃产业，不仅能得到政策性资金扶持，而且在结果后每年都能得到可观经济收益，其单位效益是一般农作物的 2~3 倍，有力地推动了乡村振兴和脱贫攻坚。

(三) 社会效益

有力地调整了林业产业结构，使林业产业展现出新的活力；改变了粗放的传统经营方式，促进了传统林业向现代林业发展的转变；全椒县薄壳山核桃产业的发展，得到中国林业产业联合会的认可，并授予全椒县"中国碧根果之都"称号。为进一步提高"全椒碧根果之都"品牌，搭建一个交流与发展的平台，做大做强全椒薄壳山核桃产业，全椒县 2019 和 2020 年连续两年举办了"中国碧根果采摘节"。

2020 年全椒县举办第二届碧根果采摘节

五、经验启示

(一)走林木良种之路

林木良种是林业生产力发展的基础,是实现林业发展方式转变和建设现代林业的必然要求。因此选择适宜本地区发展的优良造林树种是退耕还林成功的前提。全椒县紧紧抓住国家加快木本油料产业发展的重大战略决策,因地制宜,发展薄壳山核桃达 6 万亩,成为全椒林业发展的新名片。

(二)走政策性引导之路

政策引导与扶持是退耕还林成功的关键,各级相关部门需结合本地区林业发展实际,不断探索退耕还林新模式,不断完善巩固退耕还林政策,将退耕还林与产业发展相结合,将退耕还林扶持政策与产业扶持政策相结合,激励和引导社会各界力量积极参与到退耕还林中来,才能真正使退耕还林成果得到巩固和提升。

(三)走生态产业化发展之路

生态保护和经济发展是相辅相成的,退耕还林成果能否保得住,取决于能否满足人民群众对美好生活的向往。传统的植树造林虽然生态效益显著,但见效期长,经济效益不高,林业基地设施也相对薄弱,对经济社会的发展形成了一定的制约。"生态建设产业化、产业发展生态化"是拓宽农民增收渠道、有效巩固退耕还林成果、促进经济社会发展的有效途径,是林业高质量发展的必经之路。

模式 6
江西莲花退耕还晶沙柚模式

莲花县隶属江西省萍乡市，地处江西西部，罗霄山脉中段，全县地形属山地丘陵区，"七分半山一分半田，一分水面和庄园"是全县地理轮廓的概括。境内主要山脉为罗霄山脉，主要河流禾水河（莲江）是赣江的重要支流。莲花县是江西省 25 个深度贫困县之一，消除贫困、改善民生、实现共同富裕任务重、时间紧，迫切需要各行各业共同参与，举全县之力打赢这场脱贫攻坚战。

一、模式地概况

瑞和农场地处莲花县升坊镇，位于莲花县南部，属亚热带温暖湿润气候区。全年气候温和，四季分明，雨量充沛，光照充足，且无霜较长。历年平均气温为 17.2℃，年平均降水量 1577 毫米，年平均蒸发量 1185 毫米，无霜期 279 天。土壤以红壤、黄红壤为主，土层较厚，有机质含量高，通透性好，养分易于释放，同时保水、保肥性能好，有利于林草生长。该地区主要特产有柚子、莲子、蜂蜜、油茶等。

瑞和农场位于莲花县现代农业示范园内，经营面积 1120 亩，共有专业技术员 3 人、管理人员 5 人、销售人员 3 人，固定员工 26 人。

二、模式实施情况

自 2002 年实施退耕还林工程以来，瑞和农场依托退耕还林项目机遇，利用当地土壤、气候、地理条件优势，实施退耕还林 1120 亩，大力发展晶沙柚产业基地，积极探索林业发展与农场振兴的双赢模式。

瑞和农场借助退耕还林项目的春风，通过打造自身优良品牌"晶沙柚"，在农场不断发展壮大的同时，采用"农场+贫困户"的经营模式，反馈社会、扶持贫困家庭，成为了一支前行在助推脱贫致富路上的轻骑兵。瑞和农场退耕还林主要经验和做法有：

瑞和农场退耕还林晶沙柚基地

(一)选育良种晶沙柚

晶沙柚是瑞和农场创始人刘运万20世纪80年代自己选育嫁接改良的优良品种,最初采取家庭小规模经营,2002年以来,瑞和农场借助退耕还林项目支撑,扩大种植晶沙柚面积1000余亩,并向附近农户推广。截至2019年底已带动莲花、永新、安福等县区种植3万余亩,已成为部分村、合作社、农户脱贫致富的支柱产业之一。晶沙柚具有皮薄、味甜、多汁,富含对人体有益的维生素、有机酸和矿物质等。该产品2016年荣获国家农业部"无公害农产品"证书,2017年荣获江西省绿色产品(上海)展销会金奖,2018年获有机产品转换证书,2019年通过有机产品认证。瑞和农场2018年被评为江西省现代农业示范园。

(二)推广农场带动模式

瑞和农场积极探索"农场+贫困户"的扶贫新路,将农户退耕地流转到农场,把分散土

优质晶沙柚品种

地的资源有效整合。流转退耕地的农户每年可在农场获得土地租金,同时农场还为农户提供稳定的就业岗位。与此同时,农场为贫困户提供苗木、教授技术、帮助销售等服务,使广大农户搭上农场快速发展的便车,为实现农户和农场共同富裕创造有利条件。截至2019年底,瑞和农场流转当地农户退耕土地1120亩,惠及贫困户6户,通过和果农签订生产合作协议,为全县200余户贫困户提供苗木近2万株。同时带动其他农户1000多户,柚子种植大户12户,建设柚子生产基地4个,种植柚子面积360余亩。

(三)探索电商模式

瑞和农场销售按照"互联网+微信营销"的电商运营模式,采取线上与线下销售同步进行。2019年,农场已挂果柚子面积900余亩,销售收入1000余万元,柚苗5万余株,销售收入150万元以上,销售总额达1150万元。瑞和农场在畅通自身销售渠道的同时,利用农场建立的网络销售平台,无偿帮助贫困果农解决晶沙柚的销售难题,以2019年为例,瑞和农场通过电商渠道为当地果农销售晶沙柚20余万斤,实现销售收入200余万元。

三、培育技术

(一)选地要求

晶沙柚对土壤要求不严格,只要土层深、排水好,在南方地区均可栽植,但以沙壤土质栽植最好。田间管理新栽幼树要水肥充足,要喷施新高脂膜,可保证地上水分不蒸发,苗体水分不蒸腾,隔绝病虫害,缩短缓苗期,加快根系发育。园地规划时,应有必要的道路、排灌、蓄水和附属建筑设施。在具体规划时,尽可能做到集中成片,在交通、水源条件好的地方建园。

(二)定植

定植时期一般在春(2—3月)、秋(9—10月)两季。定植密度3米×3.5米,亩定植60株。栽植时将苗木的根系适度修剪后放入定植穴中央,舒展根系,扶正,边填土边轻轻向上提苗、踏实,使根系与土壤密接。浇足定根水,在树苗周围做1米的树盘,用糠壳覆盖。

(三)幼树管理

幼树施肥采取"多次少量"的原则,每月应施2~3次速效肥。抽春梢前以氮肥为主,春梢后以复合肥为主,并搞好间套蔬菜或矮秆作物。定植2年后,统一采用变则主干形,采用撑、拉、吊和抹芽控梢等办法,使树冠通风透光、内膛结果母枝多而健壮。并根据树体长势,采用环割技术,增加枝梢营养积累,促进早结果。

(四)肥水管理

提倡多施有机肥、合理施用无机肥和配方肥料。并根据叶片分析结果、果园土壤分析结果、血橙物候期等指导施肥,以有机肥和农家肥为主。结果树一般不用化肥,尤其是不用含氯肥。初结果树(5~6年)以采果后、开春萌芽前、壮果期3次施肥为主。在采果后的8—9月施一次基肥,以农家肥、复合肥、枯肥为主;2月春梢萌芽发前施一次速效氮肥,以促进春梢生长;6月上旬施一次壮果肥,以磷、钾肥为主,促进果膨大和枝梢生。

(五)修剪

幼树期:选定延长枝和各主枝、副主枝延长枝后对其进行中度甚至重度短截,并以短截程度和剪口芽方向调节各主枝之间生长的平衡。除对过密枝群作适当疏删外,内膛枝和树冠中下部较弱的枝梢一般应保留。

初结果期:继续选择短截处理各级骨干延长枝,抹除夏梢,促发健壮秋梢。秋季对旺长树采用环割、断根、控水等促花措施。

盛果期:及时回缩结果枝组、落花结果枝组和衰退枝组,剪除挡光枝、枯枝、病虫枝。

(六)整形

主枝(3~4个枝)在主干上分布错落有致,主杆分枝角30°~50°,各主枝上留副主枝2~3个。一般在第三主枝形成后,即将中央干剪除扭向一边作结果枝组。

四、模式成效分析

莲花县抓住国家退耕还林的契机,鼓励农户因地制宜,大力发展林业产业。先后实施了"山上有果、山下有花""家家户户种满摇钱树"等林业生态建设工程,取得了良好的生态、经济和社会效益。

(一)生态效益

莲花县属于山区县,工业相对落后,农村劳动力大部分外出务工,部分荒山荒地因为生产条件限制撂荒。莲花县林业局把退耕还林与产业发展相结合、与精准扶贫相结合,利用退耕还林项目支撑,大力开展造林绿化,使4万亩荒山荒地变成绿洲、变成宝藏,森林覆盖率提升0.2个百分点,生态环境显著改善。

(二)经济效益

瑞和农场借助退耕还林种植晶沙柚1000余亩,带动莲花、永新、安福等县区种植3万余亩。2019年,瑞和农场已挂果柚子面积900余亩,销售收入1000余万元,柚苗5万余株,销售收入150万元以上,销售总额达1150万元以上。瑞和农场在畅通自身销售渠道的同时,利用自己建立的网络销售平台,无偿帮助贫困果农解决晶沙柚的销售难题,以2019年为例,瑞和农场通过电商渠道为当地果农销售晶沙柚20余万斤,实现销售收入200余万元。

(三)社会效益

瑞和农场退耕还果,大力发展和推广晶沙柚产业,助力莲花果业发展和扶贫攻坚,在当地起到了很好地示范引领作用,"晶沙柚"已成为赣西地区家喻户晓的知名品牌,也是莲花县对外推介果树产业的一个窗口和宣传绿色、生态、美丽莲花的一张名片。

五、经验启示

退耕还林是党中央、国务院从中华民族生存和发展的战略高度出发,为合理利用土地资源、增加林草植被、再造秀美山川、维护国家生态安全,实现人与自然和谐共进而实施的一项重大生态工程。

(一)对退耕土地进行集中整合

莲花县实施退耕还林的3.37万亩山田,在退耕还林前因生产效率不高几乎全部撂荒。这3.37万亩土地涉及农户1.1万户,平均每户3.06亩,且这些山田都是分布在偏远地段,交通不便、水资源缺乏,加之农村青壮年劳动力大多都外出务工,农户根本无力也无心经营好这部分土地,只有通过流转、整合等方式将这部分土地进行规模化集约经营,才能最大限度地使其产生长期、稳定的效益,才能使退耕还林工程成为加快贫困地区农民脱贫致富、优化农村产业结构、促进农村经济发展的"民心"工程、"德政"工程。

(二)选择具有发展前景的树种

同样是造林,怎样造、造什么林是关系到退耕还林项目取得预期效果的又一关键因素。如果单纯地以绿化为目的,随便选择几个树种造林,林地的产出不高,退耕户的积极性就发挥不起来,久而久之,就有重新撂荒的可能。瑞和农场选择自己培育的晶沙柚作为造林树种,在兼顾生态效益的同时,最大限度发挥了经济效益和社会效益,使退耕还林项目具有更强的生命力,紧贴国家实施退耕还林工程的"初心"。

模式 7
江西崇义退耕还南酸枣复合模式

崇义县隶属江西省赣州市，是全国南方重点林业县，是中国唯一的南酸枣之乡，境内山脉纵横交错，群峰起伏连绵，全县地势由西南向东北方向倾斜，县域河流属长江流域赣江水系，是重要的水源涵养区。崇义县抓住退耕还林工程实施机遇，充分发挥生态资源优势，把退耕还林与特色产业发展有机结合，探索符合崇义县实际的退耕还林模式，拓宽农民增产增收渠道，将资源优势转化为经济优势。

一、模式地概况

崇义地处赣西南边陲，全县土地面积 301 万亩，其中林地面积 269 万亩，占总面积 89.5%，森林覆盖率 88.3%；耕地 16.93 万亩，占总面积 6.4%，其中 25°以上坡耕地面积 1.79 万亩。崇义县属中亚热带季风湿润气候区，气候温凉，雨量充沛，光照偏少，无霜期长。年均气温 17.9℃，年累计积温 6536℃，历年平均降水量 1615.2 毫米，年均相对湿度 83%，年均雾日 78 天，年均日照时数 1488 小时。

全县现有 16 个乡（镇）及 10 个国有林场，辖 124 个行政村。据 2019 年国民经济统计，全县总人口 21.65 万人，乡村人口 16.7 万人。全县地区生产总值 84.57 亿元，全年人均地区生产总值 43526 元。全县城镇居民人均可支配收入 29561 元，农村居民人均可支配收入 11471 元。

二、模式实施情况

崇义县是"中国南酸枣之乡"，南酸枣资源丰富。为充分发挥全县山区资源优势，大力发展南酸枣产业，促进南酸枣产业又好又快发展，崇义县抓住退耕还林工程建设机遇，大力支持退耕户种植果用南酸枣，提高退耕户经营效益。2019 年，全县退耕还林南酸枣种植面积达 2436.5 亩，工程分布全县 15 个乡镇，涉及林农 305 户 1356 人，覆盖贫困人口 652 人。

(一)注重宣传引导稳推进

崇义县在退耕还林工程中,大力发展南酸枣产业,广泛宣传,使此项工程深入民心,让农民自觉地加入到退耕还林工程的行列中来,在全县掀起一股退耕还林的热潮。

(二)选择乡土树种促发展

崇义县十分适合南酸枣的种植,因为当地海拔400~600米山区夏季高温显著减少,各气候要素搭配合理,虽然降水量低于高海拔地区、日照稍多于高海拔地区,但能满足南酸枣的生长需要。因此,崇义县种植南酸枣树具有气候比较优势。崇义南酸枣是江西省的传统名优水果特产,食用起来不仅口感酸甜,还具有降低血糖及血脂的作用。经国家林业局认定,崇义县2004年12月正式获"中国南酸枣之乡"称号。

崇义县退耕还林南酸枣基地

(三)加强科技推广保质量

在退耕还林工程项目实施过程中,崇义县积极主动与江西农业大学、西南林业大学等林业大专院校联系合作,大力推广高产果用南酸枣矮化栽培技术、刺葡萄丰产栽培技术等一批林业良种良法,大力加强技术人员和退耕户培训,大大提高了工程的科技含量,有效确保了项目实施成效。

(四)发展林下经济增效益

果用南酸枣每亩种植20~30株,林地空闲面积大,利用率较低,进入丰产期,每亩年产鲜果约1000斤;第3年部分南酸枣结果,每株结果约10斤,第6年开始进入盛果期,才有少量收入,见效相对较慢。近几年,崇义县结合实际,在南酸枣林下开展养鸡、种植草珊瑚、红豆杉、竹柏等喜阴植物,发展林下经济,实现以短养长,提高了土地利用率,提高了林农的经济效益。

江西农业大学杜天真教授到崇义县指导南酸枣栽培

三、培育技术

崇义县自20世纪80年代起便十分重视天然南酸枣树的保护工作,并把它列入县级保护树种严禁采伐。据第五次森林资源调查统计,全县南酸枣分布面积达20万亩,其中天然分布达15万亩,人工栽种5万亩。通过加快人工南酸枣基地的建设,全县酸枣林以每年5000亩的速度递增。

(一)种植密度

行距为6米,株距为5米,每亩约20~30株,以"品"字形错开种植,充分利用光照,扩大树冠面积。注意平均每亩必须种植1~2株雄株。

(二)水肥管理

前期水肥管理重点:大穴,穴的规格为60厘米×60厘米×60厘米,条件允许可以扩大至80厘米×80厘米×80厘米;大肥,每穴施芒萁或稻草等10公斤、石灰1公斤、腐熟的有机肥12公斤,分3层回填。

(三)整形修剪

对南酸枣进行适当修剪整形,可培养良好的冠形,扩大结果面。造林后在离地约1米处留3~4个主枝,剪除其他枝条,主枝萌芽形成枝条后,在80厘米处截枝,每条主枝再留3~4个侧枝。2~3年就可以培育成自然开心形树冠。南酸枣萌发能力较强,为增加有效结果枝,要适时修剪枝条,整枝原则是:留强去弱,留稀去密。对强壮枝条尽量保留,细小、病虫枝要及时剪去,特别对嫁接口以下萌发的枝条要剪去。

四、模式成效分析

(一)生态效益

退耕还林种植南酸枣后,人工造林阔叶树比例得到提高,全县林分质量得到提升,在涵养水源、保持水土等方面的功能不断增强。

(二)经济效益

利用南酸枣嫁接苗造林,进入盛产期后,按每亩20株结果树、每株结果110斤计算,每亩产鲜果2200斤。2019年江西齐云山食品公司收购价为1.6元/斤,每亩产值达3520元,扣除当年肥料、工人工资等支出,每亩纯利润可达1500元,经济效益显著。

(三)社会效益

通过实施退耕还林南酸枣种植,创造了就业机会,通过引导贫困户参与项目建设,实现了退耕还林与精准扶贫的有效衔接,带动了贫困户发家致富,实现了南酸枣产业化经营,促进了地方经济发展和生态建设。

五、经验启示

崇义县在退耕还林中,引导鼓励退耕户种植乡土树种南酸枣等,加强惠农特色产业发展,重点抓好乡、村公路沿线25°以上坡耕地退耕还林,全力打造乡村绿化、美化精品点,全面提高乡村绿化、美化水平。

(一)选对乡土树是关键

南酸枣是南方重要的用材林树种,同时也是经济林树种,不砍树也能产生经济收入,不会破坏生态。随着南酸枣的生长,其保持水土、改良土壤等作用越来越明显。南酸枣病虫害较少,几乎不需要使用化学药物进行病虫害防治,是健康绿色食品,符合人们对食品安全的需求。近几年随着南酸枣产业的迅速发展,南酸枣深加工技术日渐成熟,市场前景将更为广阔。因此,南酸枣是实施退耕还林的理想树种。

(二)机制创新添动力

崇义县通过在政策、资金和科技上的扶持,南酸枣产业有了很大发展,南酸枣种植面积不断扩大。为进一步优化南酸枣产业,崇义县成立了南酸枣产业协会,并建立了"公司+基地+农户"的产业模式。

(三)打造品牌增效益

江西齐云山食品公司是崇义县南酸枣加工龙头企业,每年为种植户免费提供南酸枣苗木，并承诺按市场价收购南酸枣鲜果，极大地提高了农户种植南酸枣的积极性，进一步优化了南酸枣产业链条。公司生产的南酸枣产品连续七期被国家绿色食品发展中心认证为"绿色食品"，先后荣获"江西名牌产品"和"江西名牌旅游产品"称号。"齐云山"商标被认定为"中国驰名商标""江西省著名商标""江西绿色食品十强品牌"。

模式 8
江西进贤退耕还黄栀子模式

进贤县隶属于江西省南昌市,位于江西省中部偏北,南昌市东南部,鄱阳湖南岸,是省会的东大门,为南昌市管辖。境内具有文化底蕴深厚、区位交通优越、资源生态一流、特色产业蓬勃的鲜明特点。距南昌市仅60公里,具有承东启西、沟通南北的战略地位。抚河流经进贤县55公里汇入长江,素有"鱼米之乡,赣抚粮仓"之美誉。

一、模式地概况

张公镇隶属于进贤县,位于县城西南部,距县城8公里,镇政府驻320国道线上的高桥城镇。张公镇相传原是荒山坡,坡下有座庙,庙内主要供奉的是张公侯王菩萨,故名。张公镇现有土地面积44.9平方公里,人口3万多,辖12个行政村,2个居委会,1160亩退耕还林项目就建在该镇老王村、渣兰村,良好的自然条件是实施项目建设的基础。

张公镇交通便捷,浙赣铁路横穿全境,昌万公路横过北部乡镇,南部乡镇可由抚河经赣江直达长江,境内温圳至乐化高速直达昌北机场。进贤县属亚热带湿润气候,气候温和,雨量充沛,四季分明,无霜期长,有利于各种林木的生长;年平均气温17.7℃,年均降水量1536.6毫米,其中大部分集中在夏季的5、6、7月。该地区气候适宜,土壤肥沃,物产丰富,且自然环境优美。

二、模式实施情况

张公镇自2002年实施退耕还林工程以来,老王村、渣兰村开始转变生产方式,大力发展特色经济林。该两村依托退耕还林的机遇,利用土地资源和区位优势,大力发展道地药材黄栀子产业基地,积极探索林业发展与乡村振兴的双赢模式。张公镇共实施退耕还林栽种黄栀子1160亩,直接受益农民7户,户均增加收入3万多元。同时,带动周边剩余劳动力参与工程建设,增加农民收入,加快了脱贫致富的步伐。主要经验做法有:

(一)选择道地药材黄栀子

黄栀子,江西道地药材,国家药监部门颁布的药食同源品种。作为传统中药材,具有活血化瘀、清热解毒功效，中药配方中常用药材，用量大，市场需求旺盛。作为食用原料，栀子黄色素纯天然食品添加剂，广泛应用于食品、药品、化工品等领域。黄栀子仅适合江南数省栽种，受生长环境、土地、气候等因素制约，资源有限，市场潜力巨大，且无法形成市场竞争，能取得非常好的经济效益。

张公镇在山下营造的成林后的黄栀子

(二) 引进龙头企业投资

经多方考察及调研，引进了江西中天农业生物工程公司合作投资。江西中天农业生物工程公司专业从事黄栀子种植、研发、加工、栀子黄色素提取及系列产品生产，是江西省林业产业化龙头企业、江西省高新技术认证企业、国家 GAP 种植认证企业、国家 ISO 质量体系认证企业、国家对外贸易经营者备案企业。项目投资由该企业负责，按照国家 GAP 种植技术要求建设黄栀子种植基地 1160 亩，总投资 100 多万元。

(三) 实行农户经营承包

江西中天农业生物工程公司投资 100 万元建设 1160 亩黄栀子基地，与当地 7 户农民签订基地管理承包合同，技术培训由该公司负责，生产资料由该公司提供，产品收购由该公司负责，农民仅负责黄栀子基地管理，以及黄栀子采摘等田间地头工作，仅此一项农民户均可增加收入 3 万多元。

(四) 加大技术服务

为了使农民更好地掌握黄栀子种植技术，公司派技术人员举办黄栀子种植技术培训班，培训农民 30 名，由 30 名农民技术骨干影响和带动更多的农民从事黄栀子种植，推动黄栀子产业发展。栀子适应性强，易栽易管，加工储藏方便，经济效益高，一般造林 3~5 年后，每亩鲜果产量可达 250~350 公斤，集约经营的可达 600 公斤以上。

(五) 打造乡村旅游

张公镇千亩栀子花基地是利用国家退耕还林政策种植的药用黄栀子项目，采取"公司+

基地+农户"的模式，给当地农民拓宽了增收致富途径。每年5月，漫山遍野的栀子盛开，花香怡人，成为远近闻名的赏花郊游热点，吸引了不少游客前来开展骑行、慢跑、瑜伽、旗袍秀、摄影采风等活动。

三、培育技术

栀子在江西省各地均有种植，以抚州市种植面积最多，达20万亩，取得了较好的经济效益。目前江西栽培的品种主要有赣湘1号、赣湘2号、湘栀子18号、秀峰1号和早红98号5个品种。主要培育技术有：

(一) 栀园选址及规划

栀园应选距公路50~100米以外，周围300米以内无工厂、医院、金属开矿区直接或间接污染，灌溉用水无污染地区作栀园用地。且应选择坐北向南、东西向的阳坡、半阳坡山场。宜选阳山坡的中下部或平地土层深厚、肥沃疏松、排水良好的沙质土壤，不能在黏土、重黏土和有积水的立地栽种。栀园规划必须遵循科学合理和可持续发展的要求，实行园、林、路、水合理布局。

(二) 栀园整地

造林前，全面清除园内杂草、灌木、树桩等物。园地平坡、缓坡、较平坦地采取全垦整地；坡度20°以上的山地，采用水平带或大块状整地，并可考虑保留一定面积草带，以利保持水土。园土垦深25~30厘米，按预定栽植株数挖穴，规格为40厘米×40厘米×30厘米。植前，穴施钙镁磷肥0.5~1公斤，或复合肥0.5公斤；也可穴施30~50公斤腐熟农家厩肥与土混拌作基肥。

(三) 栽植造林技术

栽植时间选择秋冬10—11月和次年2—3月为好，这是栀子最佳栽植季节。大面积营造栀子，应选用主推栽培品种培育出来的1年生苗。栽植最好选早春或雨季到来时的阴雨天。植前，将幼苗适当修剪枝叶，以减少苗木水分消耗，并用磷肥和黄泥浆蘸根。造林密度一般为行距1.5~2.0米，株距1.0~1.5米，每亩栽苗300棵左右。

(四) 补植和中耕

造林当年，应对死苗穴进行补植，确保栀园定植株数。1~3年的幼林，每年除草松土抚育2次。第1次4—6月，第2次8—9月，结合施肥进行。松土时，注意近蔸浅、远蔸深。冠内深10~12厘米，冠外深15厘米以上。也可在栀园初果前套种花生、豆类等矮秆农作物，既能增加栀园短期收入，又可达到抚育幼树的目的。栀园进入结果期后，每年进行1~2次松土除草。

(五)肥料管理

幼树应施肥,每年冬或次年2月前,每亩施复合化肥20~25公斤,也可每亩施腐熟农家厩肥或腐熟堆肥1000~1500公斤。在春、夏季每株施复合肥10~15克,为幼树多发新枝,促进幼树形成合理树体结构提供营养条件。

结果树施肥很重要,每年3月底至4月采取穴施,每株施尿素或碳酸铵15克,或每亩施充分腐熟人畜粪水1200公斤,促进发枝和孕蕾。5—6月,栀子开花期,用0.15%硼砂加0.2%磷酸二氢钾喷叶面。

(六)整形与修剪

幼树应该整形,应在10—11月(秋冬造林)或者次年2—3月(春季造林)造林成活后,在幼树离地20~25厘米处剪截定主干。第二年,夏梢抽发,每个主枝上再培养3~4个副主枝,使枝条分布均匀,逐步将树冠培育成圆头状。第3年可适当留果。栀子在秋季仍有开花,但后期花不能形成成熟果实,应在9—10月摘除花蕾。对结果树应以疏为主,宜在冬季或次年春季发芽前20天进行。

(七)病虫害的绿色防控

栀子主要病虫害有褐纹斑病、栀子卷叶螟、栀子尖虫蛾、介壳虫、蚜虫等。要增强栀子病虫害监测预警和防控能力,提高绿色防控水平。如发现病虫时,应以生物防治为主,化学防治为辅。化学防治应选用低毒、低残留的农药,且在采果前30天不施农药。

四、模式成效分析

张公镇在发展乡村经济中,大力保护生态环境,既要金山银山,又要绿水青山,创新理念机制,探索出退耕还林栽种道地药材黄栀子的新路子。1160亩黄栀子产业基地建设给张公镇带来了看得见的生态效益、社会效益和经济效益。

(一)生态效益

黄栀子既是经济林更是生态林。具有涵水固土,四季常青,能有效防止水土流失,增加植被面积。春季,黄栀子郁郁葱葱,吸收空气中的二氧化碳,净化空气,释放出天然氧气,使空气清新;夏季,黄栀子林里鸟语花香,鸟鸣蝉唱,栀子花香飘岗上,人们置身其中,心旷神怡;秋季,栀子果挂满枝头,黄灿灿映日辉煌,丰收的喜悦挂在农民的脸上;冬季,黄栀子青翠依旧,任凭风寒雪飘,迎接着又一个春天。综上所述,黄栀子产业带来了良好的生态效益。

(二)经济效益

张公镇退耕还林发展黄栀子1160亩，达产后，黄栀子亩产可达400公斤，当前市场价格约为3元/公斤，产值可达1200元/亩。同时黄栀子种植基地建设为企业建立了稳定的栀子原料生产基地，可满足栀子深加工原料需求。栀子深加工将进一步提高企业经济效益，进一步增强企业带动农民致富的实力，进一步促进黄栀子产业健康发展。因此，退耕还林模式有较好的示范性和可操作性。

(三)社会效益

黄栀子产业基地建设使当地生态环境得到了明显改善，山更绿了，水更清了，天更蓝了，良好的生态环境促进了当地经济健康发展。黄栀子产业促进了当地农民增收，共有7户农民参与了黄栀子种植管理，户均增加收入3万多元，在他们的示范带动下，当地许多农民有意愿种植黄栀子，促进了黄栀子产业发展和当地脱贫攻坚。

五、经验启示

退耕还林栽种道地药材黄栀子既是生态工程，也是关乎民生改善的工程，更是一项经济活动。退耕还林的经营主体不止是退栽户，大户、企业、专业合作社更是一股新生力量。

(一)用好乡土资源谋发展

张公镇十分注重特色农业的发展，根据当地土地、气候等特点，结合市场需求，利用退耕还林契机，大做"特色"文章，引领农民发展果业、黄栀子等。张公镇除了具有优越的区位优势之外，还具有众多的资源和产品优势。

(二)创新机制促发展

张公镇正确引导并鼓励农民加入到退耕还林产业基地中来，采取由企业出资创建基地、合作社组织联合退耕户、退耕户享受退耕还林补助政策，并积极探索"公司+基地+合作社+农户"的退耕还林运作模式，不断促进退耕还林向集约化、规模化、产业化、经营化发展，真正将"绿水青山"打造成"金山银山"，有效推动当地经济发展和贫困户脱贫致富。

模式 9
江西信丰退耕还脐橙模式

信丰县隶属江西省赣州市，位于赣州市中部，居贡水支流桃江中游。2002年以来，全面高标准完成第一轮退耕还林建设任务17.43万亩，生态、经济、社会"三大效益"明显；2015年以来，信丰县继续采取高位推动、强力推进的措施，将退耕还林与精准扶贫和产业发展有机结合，生态环境得到改善，农业产业结构得到调整，拓展了农民增收新空间，生态效益与经济效益齐头并进。

一、模式地概况

信丰县地处东亚季风区，气候温和，光照充足，热量丰富，雨量充沛，属中亚热带季风湿润气候，具有四季变化分明、春秋短夏冬长、冰雪期短、无霜期长等特点。信丰县多年平均降水量为1500~1600毫米，但时空分布不平衡，年际变化较大。4—6月因受冷暖气流交替影响，降水多；而7—9月，高温少雨，蒸发量大，常出现伏秋旱，降水主要依赖台风和地方性热雷雨。

信丰县下辖16个乡镇，户籍人口约78万，全县土地总面积为431.76万亩，其中林地面积302.79万亩，森林覆盖率达66.5%。境内交通便捷，105国道、京九铁路和赣粤高速公路纵贯全境，县、乡公路四通八达，是一个"七山半水半分田，一分道路和庄园"的典型山多田少的农业大县。

二、模式实施情况

信丰县2002年开始实施退耕还林工程，到2010年底共完成退耕还林工程营造林面积17.43万亩。其中，按项目分退耕地还林3.5万亩（其中脐橙占20%，涉及15500多户农户73065人）、荒山荒地造林11.03万亩、封山育林2.9万亩。2015年国家安排新一轮退耕还林计划任务2970亩，已于2016年全面完成，主要造林树种为脐橙。分布在西牛、古陂等15个乡镇，涉及退耕农户和承包大户892户6831人。信丰县退耕还林主要做法有：

信丰县退耕还脐橙林

(一) 高位推动，精心组织

信丰县多次召开专题会议，部署退耕还林工作。明确各乡镇的建设任务、退耕还林补助标准、工程建设地类、退耕主体、林种与树种、补助资金兑现等要求和推进工作的有力措施，形成了全面推进新一轮退耕还林工作的共识和合力。

(二) 强力推进，攻坚克难

由于农户个人所涉及地块面积小而零散，加之对退耕政策不了解等原因，对符合条件的地块绝大部分农户不愿意退耕。对此，信丰县林业局攻坚克难，创造性地开展工作，密集式地开会动员，组织政策宣传、技术培训等，并就新一轮退耕还林技术要求、法律法规等相关知识进行了集体学习和培训，达到释疑解惑、统一思想、统一做法的目的，较好地解决了退耕地块、经营主体落实"两难"的问题。

(三) 创新模式，营造特色

信丰县以改善生态环境、调整农业产业结构、促进农民增收致富为目标，大力发展生态效益型产业和循环经济，结合精准扶贫，鼓励有兴趣的退耕户发展脐橙、槐米等优势产业。信丰县在实施前一轮退耕还林工程中，坚持退耕地还林中经济林比例不超过20%的前提下，大力发展以脐橙为主的名特优经济林。采取大穴大肥、高投入、精心管理的集约经营措施，列入工程项目的脐橙种植面积1.28多万亩，经济效益显著。

三、培育技术

(一) 园地选址及规划

选择交通方便，水源充足，大气、土壤和灌溉水无污染的地方建园。年平均温度18~

19℃,年降水量1500毫米左右,年日照在1600小时左右的地区均适宜栽培。以土层深厚、肥沃、富含有机质,pH值5.5~6.5,地下水位1米以下的土壤或沙壤土为佳。地形地势以平地和缓坡地最为适宜。规划必须遵循科学合理和可持续发展的要求,实行园、林、路、水合理布局。

(二)定植沟的处理

在梯田外侧的1/3~2/5处作为中心线,挖1米宽、80厘米深、上下同宽的定植沟,然后,对定植沟进行回填有机肥等。具体按照每米定植沟分3~4层,回填25厘米左右的有机肥,如花生秧、稻草等,如果土壤偏酸性,还需要准备石灰1500克混合进有机肥中。每回填一层,要翻抖回填的有机肥,尽量让肥泥混合均匀,定植沟回填需要高出原地面20厘米。

(三)处理果墩

定植沟按株距定好定植点,挖深宽40厘米左右的穴,穴内施入饼肥1~2公斤,磷肥1~1.5公斤,畜粪或厩肥10~15公斤,与土充分拌匀后,培土作出土墩(高出地面20厘米),待果墩沉实后即可定植。

(四)进行定植

赣南脐橙的定植期一个是春季的2月下旬到3月上旬,一个是下半年的10月,这两个时间段,温度适宜,土壤中的水分保持量较好,且一个是春梢萌芽,一个是秋梢老熟,都是果苗生命活力最强的时候,最适合赣南脐橙植苗。

(五)土肥水管理

定植一年后,每年在秋梢停止生长后从定植沟(穴)外缘开始,逐年向外开挖宽、深各50~60厘米的扩穴沟,扩穴同时进行熟化土壤,定植4年内全面完成扩穴改土工作。充分利用幼龄脐橙园行间空地套种绿肥,改良土壤。脐橙园每年中耕2~3次。早春萌芽开花前结合施春肥全园深翻10~15厘米。6月下旬雨季结束前,全园中耕除草一次,有利于施壮果攻梢(秋梢)肥。6月下旬全园中耕除草后用绿肥、杂草等作物秸秆覆盖树盘。脐橙春梢萌动及开花期(3~5月)和果实膨大期(7~10月)对水分敏感,此期若发生干旱应及时灌溉。

四、模式成效分析

(一)生态效益

信丰县通过该项工程的实施,扩大了林地面积3.5万亩,使项目区森林覆盖率提高了2.8%。同时治理了水土流失面积17.43万亩,使工程区年水土流失总量由2001年的500

万吨下降到如今的310.4万吨,减少了水土流失,提高了水源涵养能力,改善了农业生产环境,使昔日的荒山荒地和水土流失严重区披上了绿装。

信丰县退耕地还林成效

(二)经济效益

信丰县退耕还林发展脐橙近10000亩,在退耕还林工程的示范推动下,信丰脐橙已发展成了该县的支柱产业之一,截至2008年底,全县果业面积达35万亩,其中脐橙面积30万亩,初步形成了安西、西牛、大塘埠、嘉定、油山5个万亩脐橙镇和一个沿105国道和京九铁路沿线两侧近10万亩的"百里脐橙带"。退耕还林营造脐橙近1万亩,脐橙的产量从种植到盛果期,一般需要7~8年,脐橙种植期3年,第4年亩产量240公斤,第5年400公斤,第6年800公斤,第7年进入盛果期,年产量达到1360公斤,批发价格大多在2元左右,每亩收入约5000元。果业产业解决农村劳动就业2万余人。信丰脐橙已荣获国家A级绿色食品标志和全国唯一的脐橙类原产地保护标记注册。信丰脐橙后续产业发展迅猛,为退耕户开辟了致富的新途径。

退耕还林脐橙丰收,经济效益高

(三)社会效益

社会效益方面，信丰县退耕还林工程的实施涉及全县 16 个乡镇和 10 个国营林场，受益农户 1.6 万户，引进国家投资达 13001.5 多万元。工程的实施不仅高标准培育了大量的森林后备资源，引进了先进的林业实用技术，促进了农业产业的结构调整，而且带动了社会化造林的发展。退耕还林工程的实施带动了社会化造林的发展趋势，全县各行各业纷纷租山租地或股份制联合投资造林，使全县山地租金逐年上涨，偏远山区的坡耕地由原来的随便撂荒到如今的年租金高达 200 多元/亩。群众自发造林的积极性空前高涨。

五、经验启示

(一)实施方式灵活多样

信丰县采取灵活多样的退耕还林经营方式，涌现了一大批大户买断或承包租赁土地进行造林的好模式。如正平镇石坳村将村里的部分地块进行公开拍卖，拍卖后的土地用于退耕还林；黄泥和金盆山办事处采取户退户还的方式进行退耕还林；大阿等乡镇的退耕地还林工程采取大户承包实施的方法，即由一户承包全村的工程造林，承包造林大户与各农户签订造林质量承包合同书，包种包活包前 8 年的管护。前 3 年国家补助的粮款全部归承包大户，第 4~8 年农户按每亩每年 100 斤稻谷的标准补给承包大户作为管护费，其余 200 斤原粮和 20 元现金归各退耕户，8 年后山林权属全部归还给退耕户。

(二)科技服务及时到位

一方面，坚持因地制宜、适地适树，科学配置树种。在尊重农户意愿的基础上，根据立地条件的不同，选择既适宜栽种、经济价值又高的树种栽植，进行多树种的优化配置。另一方面，采取科学整地，确保工程质量。如对坡度较缓的退耕地，在第一年实施时推出高垄整地作业法，这样退耕地既不易积水，又可以提高土壤保持水肥的能力，使造林成活率和保存率显著提高。

(三)管护措施得力有效

造林是基础，管护是关键。为确保造林成效，各乡镇各显神通，制定出切实可行的管护办法。如大塘埠镇做了 14 块标准的护林禁约牌发给各退耕户，正平镇咀头、联合及大阿镇阿南等村采取由各退耕户出资，共同聘请专人进行护林等办法，效果明显。

模式 10
江西樟树退耕还吴茱萸模式

樟树市是江西省计划单列城市，江西省第一个全国百强县市。樟树市地处赣中，跨赣江中游两岸，境内以平原低丘为主，赣江由南向北穿流而过，将全市分为河东、河西两大部分。地形地貌主要以平原和丘陵为主。主要土壤类型是红壤，适合种植枳壳、吴茱萸等中药材，樟树市有着几百年种植药材的历史。樟树市种植的中花吴茱萸具有优良的品质。作为 2001 年江西省 4 个退耕还林试点县之一的樟树市，在国家退耕还林政策的扶持下，农民种植药材的积极性更加高涨，成了农民脱贫增收的主要产业。

一、模式地概况

山桂付村位于樟树市双金园艺场中亭分场辖内，气候温和，四季分明，光照充足，雨量充沛，霜期短，土壤肥沃，物产丰富，作物生长期长。年均降水量 1568.7 毫米，降水多集中于 3—6 月，占全年降水量的 60%，7—10 月降水量占全年的 25%，而 11 月至次年 2 月仅占全年的 15%。年平均气温 17.6℃，气温最低月平均气温 5.1℃，极端最低温 -11.7℃；气温最高月平均气温 34.5℃，极端最高气温 41.9℃。无霜期 270 天左右，是枳壳、吴茱萸等种植的天然场所。

山桂付村土地面积 1520 亩，其中耕地面积 320 亩，水田 210 亩，林地面积 740 亩，全村有 1 个自然村，共 115 户 560 人，其中贫困户 6 户 13 人，现已全部退耕脱贫。

二、模式实施情况

自 2001 年实施退耕还林工程以来，山桂付村转变生产方式，从自给自足的传统耕种方式逐渐转变成以特色经济林为主导的集约化产业发展方式。山桂付村抓住退耕还林脱贫的机遇，大力发展经济林，在前一轮退耕还林中完成任务 740 亩，主要种植树种是吴茱萸，涉及贫困户 6 户 13 人，山桂付村退耕还林主要做法有：

(一) 种植良种药材吴茱萸

樟树市有着几百年种植药材的经历，如今更有"药不过樟树不齐，药不过樟树不灵"的美誉，枳壳和吴茱萸一直在樟树市规模种植，现在樟树市中药材保存面积 38 万多亩。中药材吴茱萸来源为芸香科植物，功能主治：温中、止痛、理气、厥阴头痛、脏寒吐泻、脘腹胀痛、经行腹痛、五更泄泻、高血压、黄水疮等。在樟树市林业部门的指导下，山桂付村退耕还林种植吴茱萸 740 亩，成了脱贫的好产业。

退耕还林采用的良种中药材吴茱萸

(二) 村委干部承包带动农民脱贫

山桂付村拿出这么多种花生的土地来种吴茱萸，部分老乡有抵触情绪，为坚定老乡的信心，村委干部带头在中亭分场承包 290 亩花生地种植吴茱萸，在本村的自留山上也带头种上吴茱萸，在村委干部的感召下，村民也在自家的山上种上了吴茱萸。对于贫困户，村委及时伸出援手，帮助他们解决运输问题，解除他们的后顾之忧。如今的山桂付村靠吴茱萸这一产业已经全部脱贫，成了远近闻名的富裕村。

山桂付村退耕还林吴茱萸采摘

三、培育技术

(一)林地选择

退耕地属于丘陵地貌,海拔为55米,地形平均坡度5°~12°,土壤为红壤,土层厚度大于80厘米,肥力较好,排水良好,交通便利,适宜吴茱萸栽培生长。

(二)整地与定植

采用机械翻耕和挖大穴的整地方式,挖穴规格为40厘米×40厘米×40厘米,种植前3~4个月每穴分层填埋生石灰0.5公斤,施有机肥2公斤作为基肥,并将心土回填,使心土与基肥充分混合,表土回填,防止肥分散失。回填土堆要高于地面约20厘米。春季栽植以2月中旬至3月上旬为宜。栽植时扶正苗木,深浅适中,填土压实,苗木根系不与肥料直接接触,栽植后培蔸。栽植时根部应伸展,栽后覆土踏实,浇灌定根水后再盖一层松土,高出地面,以防积水。

(三)抚育管护

抚育除草:定植后3年内每年4—5月和7—8月各抚育除草一次,并将杂草覆盖树蔸,或埋于根部附近作肥料,10—11月宜全垦深翻培土,清园中耕。发现缺株,及时用容器苗补植。施肥:1年幼树,于春、夏、秋梢施肥3次,并随着树龄增长逐年增加施肥量;结果树每年施肥3次,萌芽肥于2月底至3月初施入,壮果肥于6月上旬施入。

(四)病虫害的防治

病虫害防治坚持"以防为主,综合防治",以营林技术为基础,生物防治为重点,辅之以药物防治,把握"治早、治小、治好"的原则。在林地内,适量安装生物诱集诱杀灯。

四、模式成效分析

山桂付村通过退耕还吴茱萸建设,解决了贫困户脱贫的难题,全村村民积极参与吴茱萸栽培,开创了一条致富新道路。这种模式将为发展地方特色产业,促进林业产业结构调整、探索林业产业在脱贫攻坚中成为新的增长点提供有效途径。

(一)生态效益

吴茱萸是我国常用的中药材资源,属落叶灌木或小乔木。吴茱萸的种植对改善生态环境具有积极的作用;吴茱萸树具有保持水土、涵养水源、制氧、滞尘、改善地下水质、降温增湿等诸多功效,是优良的经济、生态兼用树种,既能增加经济收入,又能提高森林覆盖率。

(二)经济效益

山桂付村退耕还林的经济效益已初显成效,740亩吴茱萸现年亩产药材70公斤,以2019年市场价中较低价格80元/公斤计,亩产5600元。740亩吴茱萸林年可获经济效益414余万元,当地贫困户、农民都有收益,经济效益可观。

(三)社会效益

山桂付村退耕还吴茱萸,解决了江西省内制药企业对吴茱萸药材的需求,还有利于吴茱萸资源的可持续利用,结合林间套种解决造林前期只有投入没有产出的现状,实现以短养长。通过示范推广,可进一步推动森林药材产业发展,为进一步产品开发提供原料保障。

五、经验启示

退耕还林既是生态建设工程,也是民生改善工程,更是一项经济活动。因地制宜,适地适树,找对了适合本地的树种和生产经营方式,在经济发展的大潮中都大有可为。主要启发有:

(一)树种良种是关键

山桂付村大力发展中药材是当今农业发展的优先方向,吴茱萸是樟树市有广泛种植的中药材,改良过的优良品种在市场更有先机。

(二)政策扶持是保证

山桂付村在退耕还林的进程中,要促进退耕扶贫的政策落实到实处,就必须调动起合作社、企业和农户三方之间的合作联动性,由企业出资包建基地,农户生产,合作社负责协调,让生态与经济紧密地结合在一起,有效推动了当地农户依靠退耕还药材生态脱贫,真正将"绿水青山"发展成"金山银山"。

模式 11
湖北五峰退耕还五倍子立体模式

五峰土家族自治县(以下简称"五峰县")隶属湖北省宜昌市,地处鄂西边陲,位于武陵山区,邻近长江干流,是长江大保护的重要地带和武陵山区重要的生态屏障,生态区位特殊。同时,因地处岩溶区石漠化分布地区,生态脆弱,生态环境保护责任重大、任务艰巨。五峰县是国家级深度贫困县之一,自然条件复杂,经济基础薄弱,保障和改善民生需求迫切,脱贫攻坚任务繁重。面对繁重而艰巨的任务,五峰县以"两山"理论为指导,创新体制机制,契合退耕还林机遇,大力发展生态型特色经济林,让生态保护与脱贫攻坚齐头并进,退耕造出绿水青山,还林建成金山银山,走出了一条"山青水绿、业兴民富"的特色退耕还林之路。

一、模式地概况

黄良坪村隶属于五峰县五峰镇,距县城 100 多公里,平均海拔 1200 米以上。黄良坪村属亚热带湿润季风气候区,山地气候显著,四季分明,气候冷凉,降雨充沛,年平均降水量 1400 毫米,平均气温 13.5℃,无霜期 247 天。常见种植作物为玉米、土豆和供农家自用的豆类、叶菜类蔬菜,以往经济作物主要是烟叶和少量草本中药材。域内小气候明显,物种丰富,适合五倍子、厚朴、辛夷等木本中药材和板栗、核桃等干鲜果及天麻、贝母、独活等草本药材生长。

黄良坪村土地面积 24.6 平方公里,其中耕地面积 4910 亩,林地面积 36920.7 亩,辖 5 个村民小组,346 户,总人口 1058 人。全村共有贫困户 188 户 573 人,占总人口的 54.2%,是典型的山区深度贫困村。

二、模式实施情况

黄良坪村在新一轮退耕还林中发展五倍子 735.7 亩,带动五倍子企业发展基地 1298.7 亩,涉及农户 126 户 563 人,其中贫困户 293 人。黄良坪村退耕还林的主要经验做法有:

(一)选择乡土树种五倍子

退耕还林工程实施以来,黄良坪村针对坡耕地多、经济收益少的现状和水土流失亟待治理、产业结构急需调整、地域经济亟待振兴、当地百姓亟待脱贫的迫切需要,及时抓住退耕还林政策机遇,以全县打造"全国五倍子第一县"为契机,在坚持生态保护优先的同时,坚持绿色富民惠民,充分利用当地自然资源禀赋和地方五倍子生产加工龙头企业优势,将退耕还林与五倍子产业发展有机结合,创新经营模式、创新体制机制,大力发展林下经济,使生态建设与经济建设相辅相成,赢得生态保护与经济发展的双赢局面。

(二)创新五倍子立体经营模式

黄良坪村在大力发展五倍子产业的同时,积极探索五倍子林下经济,研究林药蜂产业融合发展模式。在五倍子林下种植草本中药材、林间养殖中蜂,立体经营,优势互补,使得相关产业协调发展,提高了土地利用效率和综合经济效益,拓宽了农户增收渠道。

五倍子与中药产业融合模式

(三)大力推广技术创新成果,强化技术保障

充分发挥五倍子乡人才、骨干技术员的技术优势,为全县倍农提供技术指导服务。聘请了宋德应、严高红、夏丕祥等10名五倍子专家、骨干技术员,与他们签订技术指导服务责任状,通过讲座、现场指导、发放宣传资料等多种形式开展技术培训,尤其是在倍林栽植、修枝整形、苔藓种植以及蚜虫收集、散放等五倍子生产每一阶段的关键时期,坚持现场跟踪检查指导技术,确保了技术指导覆盖率100%,及时推广了五倍子技术创新成果,让每个五倍子种植户都能实实在在地掌握专业技能,为五倍子产业发展提供了强有力的科技支撑,促进了退耕还林后续产业健康持续发展。

黄良坪村五倍子现场培训会

(四)积极搭建科技合作平台,加强科技合作

黄良坪村在五倍子产业发展过程中,高度重视科技创新。在科技成果转化、实用技术推广、基地建设、科技信息、人才培养等方面积极与高等院校、科研机构开展合作,建立了"五倍子院士专家工作站";成立了国家级五倍子工程技术研究中心;与中国林科院昆明资源昆虫研究所建立了全面科技合作关系。探索出的"五倍子丰产栽培技术"获湖北省重大科技成果奖,申请了无纺布植藓专利等一系列科技成果,为五倍子产业发展提供了强有力的科技支撑。

秋实时节的五倍子果

(五)发挥合作组织和龙头企业带动作用,助力精准扶贫

黄良坪村将退耕还林工程与五倍子产业发展有机结合,充分发挥林业龙头企业优势,创建五倍子专业合作社,协调龙头企业制定收购保护价,与倍农、专业合作社签订销售合同,采取"龙头+专业合作社+基地+农户"的退耕还林模式,以龙头带基地、基地带农民的方式,促进了地方经济发展和农民脱贫致富。

三、培育技术

盐肤木俗称五倍子，具有耐寒冷、耐干旱、耐瘠薄、适应性广等优良生长特性，是荒山造林的优良树种。盐肤木还是优良的经济树种，其皮部、种子可榨油，用于工业原料。其叶色靓丽、花序宽大而蜜粉丰富，是优良的园林植物和蜜源植物。根、叶、花、果及其叶上的五倍子虫瘿药用价值高，是珍贵的木本中药材。主要栽培技术有：

(一)倍林选址

盐肤木对土壤、水分、气候等条件要求不高，酸性、中性或石灰岩的碱性土壤上都能生长，土层深厚、肥沃地生长良好。但盐肤木属肉质根，怕积水，一定要选择无积水的造林地，防止烂根。

(二)整地

头年秋冬，造林地割灌除草，带状大穴整地，规格为50厘米×50厘米×40厘米，株行距2米×3米。要求拣净石块与草根，结合施底肥回填种植穴，回填土时将一定量的表土与底肥充分混匀后，填入种植穴的中下部至穴缘15厘米处，上部回填造林地土壤。

(三)定植

一般在冬春或春季抢墒栽植，最好是3月前后，高山宜迟、低山宜早。选用一年生健壮苗木，苗高应在60厘米以上，苗根粗壮、无损伤。按照"三埋两踩一提苗"的方法定植苗木，密度为111株/亩。苗木要随起随栽，暂时不栽要及时假植到田间，苗木根部用土埋实，避免阳光暴晒。

(四)管护

及时除草：与扶苗、除蔓等结合，做到除早、除小、除了，对穴外影响幼树生长的高密杂灌，要及时割除，应做到里浅外深，不伤害苗木根系，深度一般10~15厘米。适当施肥：栽植后第一年每株施尿素50克，第二年100克，以后适当增加，或每年春秋两季对盐肤木树各施一次农家肥，每株400克左右。及时修枝整形：造林第一年开始，每年冬末春初对幼树进行除蘖、修枝、整形等抚育工作，以保树势中等，形成树形矮化、紧凑、通风透光、枝多叶多的复层盐肤木林结构。

(五)病虫害防治

盐肤木一旦慢慢成林，各种病虫害问题也会接踵而来，其病虫害主要有宽肩象、蓟马、天牛、食叶象、炭疽病、黑斑病、丛枝病等，根据病虫害的发生特点和危害程度，主要采用割草除灌、人工捕杀害虫、灯光诱集、喷洒生物农药等防治方法。

四、模式成效分析

五峰县牢牢把握退耕还林机遇，在生态保护中培育生态产业，并与脱贫攻坚、美丽乡村建设紧密有机结合起来，精心谋划和大力发展特色经济林，积极探索林下经济发展模式，实现了在保护中发展、在发展中保护的良性循环，取得了良好的生态、经济和社会效益。

(一)生态效益

五蜂县肩负长江大保护与构建武陵山区屏障的重任，通过将退耕还林与精准扶贫和林业产业发展的有机结合，保证了绿水青山常在，增加了地表植被，水土流失面积和地表径流得到有效控制，山体滑坡等自然灾害明显降低，生物多样性显著提高，生态环境明显改善。

(二)经济效益

黄良坪村退耕还林经济效益显著，当地林业部门在倍林的经营管理过程中，不仅无偿提供五倍子生产技术，而且免费提供倍蚜虫，第二年挂虫每亩即可产五倍子100公斤左右，按照签订的最低保护价18元/公斤，仅凭五倍子每年每亩可净收1800元左右。同时，退耕农户按照相关规定大力发展林下经济，在倍林下套种草本中药材、养殖家禽，当年每亩可净收800元左右。部分按照林药蜂模式进行生产经营的农户，达丰产期后，养蜂每亩每年收益在5000元以上。截至2019年，黄良坪村通过抓住退耕还林脱贫致富机遇，直接或间接带动了97户163人脱贫致富，走上了增收致富的道路。

(三)社会效益

一是黄良坪村自退耕还林工程实施后，山清了，水秀了，村居屋舍处处是风景，良好的生态环境和美丽的乡村，引来游人如织，来自都市的人群沉浸在美丽的山水田园风光中，村居民舍和农家乐等也趁势兴起，人们实实在在地体验到良好生态环境带来的美好生活，保护生态环境和造林绿化的意识得到了空前的提高。二是退耕还林后强有力的技术支撑和全方位的技术培训，提高了当地农户的生产经营水平，打开了创业就业的致富门路。三是依托五倍子优质蜜源，促进了五峰蜂产业的发展。在2018全国蜂业大会上，五峰县荣获"中国五倍子蜜之乡"称号，彰显了五峰蜂蜜特色，打造了特色优质高端蜂蜜品牌。

五、经验启示

退耕还林需坚持生态优先原则，兼顾经济发展，培育新型林业经营主体，积极鼓励林农加入林业产业组织，打造特色林业产业，进行集约化经营管理，科学规划，强化科技研究，不断完善后续产业平台建设，发挥退耕还林造血功能，从根本上解决林农长久生计，巩固退耕还林成果，促进地方经济发展。主要启示有三：

(一)积极探索创新，大力推广创新成果

在退耕还林过程中，要打破常规，适应发展形势，积极探索新合作模式，新工作方法，新发展模式，大力推广林药蜂、林药、林菜、林鸡等多产业融合创新模式和"专业合作社+基地+农户"等联户退耕模式。

(二)强化科技研究，支撑后续产业发展

要使退耕还林工程持续稳步实施，就要强化科技支撑，做好技术服务，不断完善后续产业平台建设，促进退耕还林后续产业健康持续发展，持续发挥退耕还林工程的造血功能，为广大林农创建脱贫致富的好门路，不断促进林农增收致富。

(三)科学规划，做好三项服务

在退耕还林过程中，要使得退耕还林工程能够持续稳步推进，需强化调查研究和规划设计，立足本地自然社会优势，充分尊重自然经济规律和林农意愿，服务于产业、服务于企业、服务于林农，龙头带头，林农致富。

模式 12
湖北咸安退耕还桂花模式

咸安区隶属湖北省咸宁市，位于湖北省东南部。咸安区地处幕阜山系和江汉平原的过渡地带，地势东南高西北低，呈阶梯状分布，状如撮箕，按形态成因分为低山、丘陵、岗地、平原四大类型，境内盛产桂花、茶叶、楠竹，是中国著名的桂花、楠竹之乡，这里山青、水秀、桂香、竹翠，全年300天以上优良空气天数，咸宁市是国家森林城市。

一、模式地概况

柏墩村隶属咸安区桂花镇，位于咸安区南部，处于亚热带季风气候区，气候温和、光照充足、雨量充沛，年平均气温16.8℃，年平均降水量1680毫米，大部分降水集中在5—7月，年相对湿度80%左右，无霜期为250余天。桂花镇是咸安桂花的原产地。

柏墩村土地面积8155.5亩，其中耕地面积2007亩，林地面积5187亩。森林面积3657亩，下辖村民15个小组，农户647户，全村人口3018人。

二、模式实施情况

2002年退耕还林实施以来，柏墩村开始转变生产经营方式，从自给自足的传统耕种方式逐渐转变为以特色桂花为主导的产业化发展方式。该村紧抓退耕还林机遇，大力发展桂花产业，积极探索林业发展与乡村振兴双赢模式。2002—2005年，柏墩村完成退耕还林任务1275.6亩，主栽树种为桂花，其中困龙山完成退耕还林1035亩。柏墩村退耕还林的主要做法有：

（一）适树适地，栽植桂花

桂花镇盛产桂花，素以桂花种植面积大、品种全、产量高、花质好、古桂多而著称。2000年被国家林业局、中国花卉协会正式命名为"中华桂花之乡"。桂花镇作为全国唯一的"桂花之乡"，栽种桂花历史悠久，桂花树品种齐全，有金桂、银桂、丹桂、铁桂、四季桂、月月桂等9个品种，有百年以上古桂3000多株，群众栽植桂花经验丰富。柏墩村大力发展乡土树种桂花，建立了困龙山退耕还桂基地，基地成土母岩主要是石灰岩，林地土壤主要是山地黄棕壤，退耕地土壤通透性能好，是桂花生长的好地方。

(二)改革承包机制，促进退耕还林建设

2004年，柏墩村抢抓咸安区打造马柏公路沿线"桂花长廊"的机遇，提出了"利用区位优势，奋斗两年，搞好退耕还林，加快绿化进程，将困龙山变成桂花山"的目标。在桂花镇的支持下，柏墩村打破条框，将困龙山中上部的集体耕地及部分农户自留地收回，根据山地的高低、土壤好坏程度，划分地块，由村民自愿报名参与退耕还林，采用抽签的方式抽取地块，将困龙山上的耕地承包到自愿参与的农户手中，要求承包农户必须栽植桂花，并在2年内达到退耕还林验收标准。2004年完成退耕还林196.1亩，2005年完成退耕还林711.9亩。

柏墩村困龙山退耕还桂花基地

(三)长短结合，移植部分桂花

随着我国城市建设与乡村园林化的发展，桂花树价值不断攀升，尤其是大规格桂树在沿海地区最为畅销，供不应求，价格非常可观。因此，规模种植桂花树，也是一条引导农民致富的好门路。柏墩镇在早期退耕还林中，按1米×1米密度种植，3年后待其长到地径2厘米左右时，每隔一行和一株移走一行一株，使行株距变为2米×2米，平均每亩可移植330株；按1米×1.5米种植的桂花，5年后待其长到地径4厘米左右时，每隔一株移走一株，使行株距变为2米×1.5米，平均每亩可采挖220株。

三、培育技术

桂花树栽培简单，容易成活，无需日常管理，适应区域广，生长较快，一般生长速度为0.8~1.3厘米/年。主要栽培技术如下：

(一)基地选址

选择光照充足、土层深厚、富含腐殖质、通透性强、排灌方便的微酸性(pH值为5.0~6.5)壤土作为培育地。

(二)细致整地

在栽植的上年秋、冬季,先将地全垦一次,并按株行距为1米×1米(3年后每隔一株移走一株,使行株距变为2米×2米)、1米×1.5米(5年后每隔一株移走一株,使行株距变为2米×1.5米)、2米×2米或2米×3米,栽植穴为0.4米×0.4米×0.4米的规格挖好穴。每穴施入腐熟性平的农家肥(猪粪、牛屎)2~3公斤、磷肥0.5公斤作基肥。将基肥与表面壤土拌匀,填入穴内。肥料经冬雪春雨侵蚀发酵后,易被树苗吸收。

(三)定植

在树液尚未流动或刚刚流动时移栽最好,一般在2月上旬至3月上旬进行。选2年或3生扦插苗(苗高1米左右)造林,取苗时,尽可能做到多留根、少伤根。取苗后要尽快栽植,需从外地调苗的,要注意保湿,以防苗木脱水。栽好后要将土压实,浇一次透水,使苗木的根系与土壤密接。

(四)水肥管理

移栽后,如遇大雨使圃地积水,要挖沟排水。遇干旱,要浇水抗旱。除施足基肥外,每年还要施3次肥,即在3月下旬每株施速效氮肥0.1~0.3公斤,促使其长高和多发嫩梢;7月每株施速效磷钾肥0.1~0.3公斤,以提高其抗旱能力;10月每株施有机肥2~3公斤,以提高其抗寒能力,为越冬作准备。

(五)修剪整形

桂花萌发力强,有自然形成灌丛的特性。要及时修剪抹芽,修剪时除因树势、枝势生长不好的应短截外,一般以疏枝为主,只对过密的外围枝进行适当疏除,并剪除徒长枝和病虫枝,以改善植株通风透光条件。要及时抹除树干基部发出的萌蘖枝,以免消耗树木内的养分和扰乱树形。

(六)松土除草

在春、秋季,结合施肥分别中耕一次,以改善土壤结构。越冬前垄蔸一次,并对树干涂白一次,可增强抗寒能力。每年除草2~3次,以免杂草与苗木争水、争肥、争光照。清除的杂草要留在原地,用以覆盖地表,任其腐烂,增加林地有机质。造林后连续抚育3年,对坡度在25°以上的禁止大面积垦复、松土,不准在林地套种高秆农作物,如油菜、玉米、芝麻等。

(七)防治病虫

桂花的病虫害较少,主要有炭疽病、叶斑病、红蜘蛛和蛎盾蚧等,可用波尔多波、石硫合剂、退菌特、甲基托布津、敌敌畏、三氯杀螨醇等药剂进行防治。

四、模式成效分析

退耕还林项目实施前,柏墩村农户为了短期经济效益,乱垦滥挖山体开荒种地,破坏地面植被,造成水土流失,岩石部分裸露,地形地貌受到破坏。这种坡耕地是农户随山就势开挖的,面积往往不大,离水源又远,只能种植一些耐旱作物,被群众称为"望天收",经济效益低。

(一)生态效益

咸安区林业部门把退耕还林与产业发展相结合,精准施策,生态环境得到极大改善。桂花树四季常青,集绿化、香化于一体,自古以来是造林绿化、庭院绿化的亮点和重点树种,更是现代造林绿化工程中的热门和常用树种。其对氯气、二氧化硫、氟化氢等有害气体都有一定的抗性,还有较强的吸滞粉尘的能力,常被用于城市及工矿区绿化。退耕还林改善了生态环境,减少了自然灾害,提高了森林覆盖率,水土流失将得到有效遏制。柏墩村困龙山桂花基地的建设,实现了生态建设与经济发展的双赢,乡村面貌发生了巨大改变,实现了"山清水秀花香"。

(二)经济效益

桂花是优秀的绿化和景观树种,柏墩村退耕还桂花及其移栽,收益良好,是脱贫致富奔小康的好树种。按1米×1米种植的桂花,3年后可以1∶1移植330株,每株价格50元,每亩可产生经济效益16500元左右;如按1米×1.5米栽植,5年后按2∶1移植220株,每株150元,每亩可产生经济效益33000元左右。20年成林后,每株价值可达1000元以上,每亩收益在20~30万元。柏墩村困龙山退耕还桂花基地现存胸径6~15厘米桂花15万余株,按每株价值100元计算,价值1500余万元。柏墩村因退耕还林增加收入1450余万元,其中苗木收入1000万元,鲜桂花收入450万元,户均增收2.2余万元,人均增收4804元。

(三)社会效益

咸安区致力打造生态旅游城市,桂花以其深厚的文化内涵和鲜明的民族特色,给咸安区的旅游、生态事业锦上添花,为林农带来丰厚的经济收入,促进地方经济的发展。

柏墩村困龙山退耕还桂,大力发展桂花产业的举措,为咸安区"桂花之乡"再添一笔浓墨。在退耕还桂的带动下,咸安区的桂花产业呈现出蓬勃生机,桂花苗木基地、桂花经纪人层出不穷,湖北科技学院成立了桂花深加工科研队伍,帮助桂花深加工企业解决技术难题。"桂花之乡"已成为咸安区生态产业的一张响亮的名片。

五、经验启示

本模式可调节降水和地表径流,通过林冠层对天然降水的截留,削弱降雨强度和其冲击地面的能量,减少水土流失。

(一)政策引导是关键

咸安区抓住国家退耕还林等生态建设工程契机,确定了"北杉南桂"的种植布局,采取多种扶持措施,要求基地规模化、设施配套化、管理精细化、经营产业化的发展模式。

(二)选对树种很重要

桂花是当地乡土树种,历史悠久,群众基础又好。桂花为常绿乔木,生长迅速,适应性强,树姿优美、枝繁叶茂、绿叶青翠、四季常青,具有茂密的地上部分和强大的根系,固持土壤(体)能力强,尤其以清幽的花香诱人,是生态经济效益显著的优良造林绿化树种。

模式 13
湖北阳新退耕还吴茱萸模式

阳新县隶属湖北省黄石市，地处鄂东南武汉"1+8"城市圈和长江经济带中游南岸，与江西接壤，素有"荆楚门户"之称。阳新历史悠久，区位优越，资源丰富，环境适宜，素有"百湖之县""鱼米之乡"之美称，是中国著名的苎麻之乡，也是湖北省林业和水产大县。阳新县属国家级贫困县，更是全省38个深度贫困县之一，在保护生态与经济发展的抉择中，新一轮退耕还林为该县生态建设和产业脱贫发挥了明显的促进作用。

一、模式地概况

坳上村属于阳新县枫林镇，地处阳新县南部鄂赣交界横立山脉，与江西省瑞昌市横立山乡芦塘村和红旗村紧邻而居，属北亚热带气候区，气候温和，雨量充沛，四季分明，年均气温15.8°C，无霜期263天，年均日照时数1897.1小时，日照率44%，平均降水量1389.6毫米。该村土壤肥沃，物产丰富，主要特产有吴茱萸、山茶油、竹笋、茶叶、苦菜、花生、松树菇、木耳等。

坳上村面积24平方公里，其中林地面积18134亩，耕地面积2437亩，辖15个村民小组，529户2235人；目前全村贫困人口133户377人，是一个典型的偏远山区贫困村。

二、模式实施情况

2002年实施退耕还林工程以来，坳上村借助退耕还林和精准扶贫政策的东风，大力发展吴茱萸产业，积极探索退耕还林与乡村振兴的双赢模式。据统计，坳上村前一轮退耕还林面积861.4亩，新一轮退耕还林面积138.8亩，主栽树种为吴茱萸。

坳上村在退耕还林工程中，利用自然资源优势，大力发展适宜该地环境种植的中药材吴茱萸，将荒山荒地变成"金山银山"。该村退耕还林的主要经验和做法有：

（一）选育推广良种阳新吴茱萸

阳新吴茱萸是2005—2013年在枫林镇坳上村经过几年的科学观测对比选育出来的优

坳上村退耕还吴茱萸基地

良品种,2013年5月22日由湖北省林木品种鉴定委员会认定取得林木良种证。阳新吴茱萸具有生长快、结实早、产量高且稳产好、药用品质高、抗逆性强、适应性广等特点,目前在阳新县枫林、木港、排市等镇村种植面积达2万余亩,其中坳上村5000余亩,而且培育的良种种苗销往江西、四川、湖南、河南等地已达100多万株。

(二)创新联户退耕脱贫机制

在坳上村村委会的组织引导下,该村实行"党支部+合作社+贫困户"的模式实施新一轮退耕还林,壮大和发展吴茱萸产业。也就是村党支部牵头,成立种养殖合作社,退耕户纳入合作社组团实施退耕还林,合作社统一经营管理,退耕户土地入股,帮助贫困户土地流转得租金,扶持资金并入股金,订单生产得定金,促进贫困户稳定增收、稳定脱贫。全村贫困人口133户377人与合作社建立了持续稳定的利益分红关系,每户每年有5亩吴茱萸的收益分红,贫困户除劳务收入外,2016—2019年全村吴茱萸年均总收入750万元,户年均收入达1.5万元以上,其中贫困户每年每人至少分红1000元。

(三)政策大力扶持引导

枫林镇大力铸造"吴茱萸之乡"名片,发动全镇各村实施"十百千万"工程,全面发展阳新吴茱萸特色产业,引进资金2000万元为各村企业或农户无偿提供阳新吴茱萸种苗30万株,对深度贫困村的扶贫产业基地每亩补贴1900元,全面实现贫困户"真脱贫、脱真贫",极大推动了阳新吴茱萸的种植规模。

三、培育技术

(一)造林地的选择

吴茱萸喜温暖湿润气候,对土壤要求不严,中性、微碱性或微酸性的土壤都能生长。

一般山坡地、平原、房前屋后、路旁均可种植；但以海拔1000米以下、背风向阳、土层疏松深厚60厘米以上、排水良好的壤地或沙壤地为好。造林地规划还应遵循科学合理和可持续发展的要求，便于日常管理和果实采收运输作业，实行园、林、路、水合理布局。

(二)造林整地

整地时间在夏秋季节最佳。按株行距3米×3米、3.3米×3.3米、3米×3.5米、3米×4米、3米×5米，每亩40~74株的造林密度打点挖穴，穴规格50厘米×60厘米×70厘米即可；或者块状抽槽整地，槽宽、深各60厘米，每穴或每株施足腐熟的厩肥30公斤或饼肥2~3公斤、磷肥0.5公斤作底肥；坡度平缓的地块可适度间作套种豆类或花生等农作物。

(三)良种壮苗

采用阳新县林业局和吴茱萸协会选育出来的新品种——阳新吴茱萸，且选用粗壮的苗木，地径0.5厘米以上、苗高70厘米以上，顶芽饱满，分枝3个以上1~2年生的嫁接苗。

(四)苗木定植

吴茱萸自冬季落叶后至早春萌芽前均可栽植，以当年立冬以后至翌年早春前栽植效果最佳。每穴栽苗一株，栽前分层回填表土，栽苗时确保根系舒展，避免"窝根"，做到栽正栽稳，浇足定根水后，培土成龟背形，保持土壤的通透性，以利成活。

(五)中耕除草

吴茱萸不耐荒芜。定植后要及时中耕除草，可将杂草覆盖在树苗周围，用土压住，保持土壤湿润。每年5—6月和9—10月各一次。3年内幼苗期，树苗1米见方区域不要深耕，避免损伤苗木根系；3年后成苗，要深耕10厘米以上，使土壤疏松，不板结。

(六)施肥

每年分3次施肥追肥：第1次在早春萌芽前以氮肥为主，促进枝芽营养生长；第2次在5月开花结果前以磷钾肥为主，促进保花保果和果实膨大；第3次落叶后以有机肥为主。施肥时在树冠外围投影处挖沟，将肥料放入沟内用土覆盖保肥。切不可根际施肥。

(七)整形修剪

苗木定植后，在距离地面50厘米时定干，第一年选留3~4个生长健壮、方位合理的侧枝作为结果主枝；第二年在每个主枝上选留2~3个强壮分枝培育成副主枝并放出侧枝，培养为侧枝群，使其成为外圆内空、树冠开阔、通风透光的丰产树型。成年树和老年树修剪应里疏外密，除去重叠枝、过密枝、徒长枝、细弱枝、下垂枝、病虫枝与枯枝等，留枝梢肥大、芽苞饱满的枝条。

(八)病虫害防治

病虫害防治是吴茱萸生产的重要组成部分，直接影响到吴茱萸的品质和农药残留量。吴茱萸不耐荒芜的原因，就是容易诱发病虫害，直至植株死亡。根据吴茱萸的用途和特性，必须坚持"预防为主、保护环境、绿色防控"的原则，以营林措施为主，抓好生产培育过程中的各个时段和节点,做好病虫害的预防工作;必要时,以理化诱控和生物防治为重点,生物用药防治为辅的绿色防控技术,大力推广灯光诱捕、色泽诱杀技术,大力应用植物源、矿物源和微生物农药防治技术,确保生产无害化吴茱萸产品的顺利进行。

(九)采收

定植后2~3年始果,收获期因品种不同而异。一般在6月底7月初尚未充分成熟时为最佳采收期。过早则质嫩,过迟则开裂,影响产量和质量;采收时间应选择晴天,早晨露水未干时采摘,可以减少果实跌落;采收时,将果穗成串摘下,注意不要损伤果枝,以免影响翌年结实产量。

(十)加工

果实采回后,立即摊放晾晒,晚上收回室内,切不可堆积晾晒和存放,避免发酵;七八成干时进行搓揉,使果实与果柄分离,去净枝梗,簸去杂质,晒至全干(一般7天左右)。如遇阴雨天,可用微火(木炭)或干燥设备烘干,温度不可超过60℃。干燥处理时,经常翻动,可以提高出籽率和经济效益。

四、模式成效分析

枫林、木港、排市、洋港等镇是阳新县吴茱萸的主要产区,目前保存面积2万多亩,选育的新品种在退耕还林工程中推广应用,取得了显著的经济、社会和生态效益。

(一)生态效益

阳新县地处长江中下游南岸,是一个生态十分脆弱的血防疫区县。坳上村林地面积大,耕地少,且旱地多水田少,田地大多是望天梯田和陡坡耕地,粮食产量低而不稳,且生产经营水平较低,单位面积收入不高。2002年实施退耕还林以来,特别是新一轮退耕还林实施后,该村到处已是青山绿水,鸟语花香,溪里的水清了、鱼多了,休闲景点越来越受青睐了,生态环境明显好转,坳上村翟湾大泉源源不断的优质矿泉水是黄石劲牌酒业酿酒的专用水。

(二)经济效益

坳上村退耕还林发展吴茱萸产业经济效益十分可观。前一轮退耕还林吴茱萸800余亩,都已进入盛产期,亩产干籽年平均按50公斤,2015年前市场行情平均每公斤60元,亩产值3000元,仅吴茱萸年产值在240万元以上。2016—2019年新一轮退耕还林全村栽植吴茱萸1500亩,现都进入盛产期。坳上村种植大户柯友发85亩、黄龙水50亩、柯常武122亩、柯善贵88亩、柯于祥65亩、柯善武82亩、柯训寿65亩等,他们近3年每年吴茱萸纯收入都在30万元以上。

2005年坳上村退耕还阳新吴茱萸情况

(三)社会效益

退耕还林调整了产业结构，提升了林业在农村经济中的比重和效益，将劳动力从单一的粮食生产中解放出来，从事劳务输出、产业园区管理、种植养殖、花卉苗木、休闲旅游等，为农村农民增收起到一定的积极作用；退耕还林实施后，通过坳上村种养殖专业合作社、金哥苗圃花卉种植专业合作社、竹塘种养殖专业合作社、龙哥中药材种植专业合作社、绿野生态养殖专业合作社等5个专业合作社的成立，以及阳新县吴茱萸产业协会的设立，为坳上村美丽乡村建设和精准脱贫工作奠定了坚实基础。退耕还林带动周边地区产业结构和产业经济的发展，一些公司企业和社会团体及农户纷纷来坳上村参观学习经验，使阳新吴茱萸种植面积及范围得到迅速扩大，起到了较好的辐射带动作用。

五、经验启示

坳上村退耕还林，大力发展阳新吴茱萸，充分体现了阳新县"一村一品"的林业产业发展格局，发挥了产业特色和产业活力。

(一)良种是产业发展成功的前提

阳新吴茱萸生长快、结实早、品质高、丰产稳产，抗病虫、抗干旱能力强。造林后第4~7年连续4年试验林平均商品药材产量168.87公斤/亩，比当地主栽品种提高了42.75%，比引进良种中花吴茱萸提高了44.50%。2013年5月，阳新吴茱萸被湖北省林木品种审定委员会审定为林木良种，良种编号为鄂R-SV-TR-004—2012。从而提高了企业及农民自愿种植阳新吴茱萸的积极性，为企业长远发展、农民持续增收找到了好路子。

(二)政策扶持是推动产业发展的保证

退耕还林工程既是民生工程，更是生态建设工程，前一轮退耕还林实施期间，通过部门协作及相关政策扶持，进展比较顺利。要坚定"绿水青山就是金山银山"理念，积极推动实施新一轮退耕还林，大力推进乡村振兴战略。

（三）体制机制创新是产业发展的动力

人多地少是阳新县的现实之一，特别是山区乡镇，人均不到五分田地，田地分散不集中，大多还是立地条件相当差、土壤肥力十分贫瘠的坡耕地。由于农村劳动力的不断变化和转移输出，对新一轮退耕还林工程进展和质量造成一定影响。实践证明，凡大户承包、合作社联户等退耕还林的模式都取得了成功，效益也十分可观。体制机制创新不仅为产业发展提供了可靠资源，还给农户及贫困户提供了坚强有力的红利后盾，而且持续解决了企业、农户以及贫困户的后顾之忧。

模式 14
湖北郧阳退耕还木瓜模式

郧阳区(2014年9月9日，撤销郧县，设立郧阳区)隶属湖北省十堰市，地处鄂西北秦巴山区，是国家南水北调中线工程重要淹没区和水源区，是国家生态综合治理重点区域。2004年以来，郧县充分利用山场资源优势，抢抓国家实施退耕还林和南水北调等工程的历史机遇，结合本地实际，把木瓜当作增强县域经济发展后劲、推进强县富民的支柱产业来抓，目前，全县木瓜栽植面积已达到20多万亩。2010年"郧阳木瓜"通过专家评审，被列为国家地理标志产品。

一、模式地概况

郧阳区地处鄂豫陕三省边沿，汉江上游下段，秦岭巴山东延余脉褶皱缓坡地带，史称"五丁於蜀道，武陵之桃源"。郧阳区共有大小河流766条，河流总长3351公里，主要河流有汉江、滔河、堵河、曲远河和将军河，汉江自陕西白河县入境，流经郧阳区9个乡镇后进入丹江口市。

郧阳区土地总面积3863平方公里，郧阳区辖16个镇、5个乡、1个林场和1个经济开发区。郧阳区森林面积186.92万亩，森林覆盖率32.3%，林木积蓄量157万立方米。耕地面积60万亩，种植木瓜、柑橘等。

二、模式实施情况

郧阳区前一轮退耕还林面积18.1万亩，主要以木瓜为主。2001年退耕还林工程正式在郧县实施。当时郧县五峰乡借助退耕还林工程开始发展木瓜，经过3年退耕还林工程实施，五峰乡木瓜种植面积达到3万多亩。后在全区18个乡镇场推广种植，经过前一轮退耕还林工程的实施，郧阳区木瓜种植面积达20余万亩，其中退耕还木瓜10多万亩。全区木瓜总面积达到20万亩，号称"中国木瓜第一县"。现在木瓜已进入丰产期，年产鲜木瓜13.5万吨。

(一)选择优质品种郧阳木瓜

郧阳木瓜是产于湖北省郧阳区的光皮木瓜,属蔷薇科木瓜属植物,落叶小乔木,为中国特有的野生药食两用果之一。郧阳木瓜果实呈椭圆形或长圆形,果肉呈黄白色,味酸涩适度。营养丰富是郧阳木瓜的显著特征之一,成熟果实中单宁、总酸、维生素C、粗纤维等营养成分和微量元素含量比产自我国其他地区的光皮木瓜高。"郧阳木瓜"2008年7月获"绿色食品"认证;2010年7月,国家质检总局批准对郧阳木瓜实施地理标志产品保护。

地方特产品牌"勋阳木瓜"

(二)依托龙头企业带动

郧阳区在退林工程中,依托湖北耀荣木瓜生物科技发展公司,带动郧阳退耕还木瓜产业的蓬勃发展,顺利推进了郧阳区退耕还林工程的顺利实施。湖北耀荣木瓜生物科技发展公司位于武当山脉南水北调水源区的郧县长岭经济开发区农副产品加工工业园,是一家利用现代高科技生物酶发酵和微生物转化技术,专业从事木瓜系列产品的研发和生产经营型企业。公司利用郧县丰富的木瓜资源优势和得天独厚的生产环境,致力于科技创新和科技发展。

(三)推广合作社模式

郧阳区现有木瓜基地20万亩,挂果面积15万亩,年产鲜木瓜20万~30万吨,涉及18个乡镇场,成立木瓜专业合作社20家,专业种植大户500户,建有木瓜系列加工企业5家,其中木瓜加工企业有3家,成效最好的属于湖北耀荣木瓜生物科技发展公司,研发的十多项产品获发明专利,并获第一届、第二届中国绿色产品交易会"绿色产品金奖"。

(四)采用公司加农户模式

在退耕还林工程建设中,耀荣木瓜公司已经形成"公司+基地+农户"的生产模式;耀荣农产品专业合作社从农户手中流转退耕还林木瓜园，建设木瓜示范种植基地4000多亩，木瓜基地年产鲜木瓜将达到1340多吨，带动辐射625户1500余人脱贫致富，促进农户增收200余万元。公司除了基地产的鲜木瓜，每年还从全郧阳区退耕农户中收购优质鲜木瓜2万吨，农户年创收2.6亿元，便全区2万户受益。2019年9月被十堰市中小企业协会授予"精准扶贫产业大户"。

三、培育技术

(一) 栽培环境

郧阳木瓜适合年平均气温在16℃以上，极端最低气温在-10℃以内，年降水量在500毫米以上，无霜期220天以上的生长环境。地形选择在背风、向阳、海拔800米以下、坡度25°以下的丘陵缓坡地、低山区坡地。坡向以东南、东北、西南、南坡为好，最好不要选择北坡。土层厚度30厘米以上、排水良好、pH值5.5~7.5的沙壤土或黄棕壤及砾质壤土为佳。

(二) 品种选择

选择优良、丰产型品种，郧县传统栽培的品种是光皮木瓜。习惯上又有菜木瓜和药木瓜之分。根据用途选定品种建园。

(三) 整地

根据木瓜园所在的地理位置、坡度、坡向，采用带状整地，带状栽树。造林前一年的冬天，整地时先依据地形按3米×3米的株行距，在放线所定的点上挖大窝，规格为80厘米×80厘米。大窝挖好后，土壤经过一个冬天的风化，在植苗前一个月进行回填，将风化腐熟的土壤和农家肥混合填入到大窝内，封填至离地面高15厘米的馒头形，经过雨水沉实之后为植苗备用。

(三) 栽植

木瓜树是落叶果树，发芽较早，最佳栽植时间在1—2月，这个时间段栽植成活率高。栽植时，选好壮苗，把树苗在栽植大窝内扶正，根部舒展。分层填土，分层踩实，把土壤填满大窝。树苗栽植不得过深或过浅，以嫁接部位(或根颈部)露出地面为度，栽好后浇足定根水，待水渗下去后再封窝。

定植密度采用株行距为3米×3米，每亩栽植74株，当树冠覆盖率达到80%时，进行回缩或间伐。同时配置好授粉树，同一块丰产园内，混栽花期相近、授粉亲和力强的三分之一个授粉品种。

(四) 幼树管理

木瓜树栽植好后，在发芽前定干，定干高度80厘米，定干时确保整形带内有强壮饱满芽。木瓜树发芽后，经常检查，抹去整形带(主枝或骨干枝)下面发的芽，整形带内留4~6个芽生长。木瓜幼苗的各级延长枝生长到60~80厘米要摘心，促进分枝。树苗成活后，应及时追肥。先浇2%尿素水，生长旺盛的季节可追施1~2次氮肥，入秋以后可加施磷、钾肥，促进木瓜树枝条健壮成长。幼树期要注意防治金龟子、蚜虫、红蜘蛛、梨小食心虫等加害嫩梢和食叶害虫及锈病。

四、模式成效分析

郧阳区种植木瓜历史悠久，多数村民都零散种植过木瓜。在20世纪70年代，五峰乡就种植木瓜树2500余亩，形成了一定的产业基础。同时，郧阳木瓜含有17种氨基酸和多种微量元素，是中国特有的野生药食两用果之一。郧阳木瓜用途广泛，是常用绿化树种，具有良好的生态价值和经济价值，果是常用的中药材，也有食用价值和保健功能。

(一)生态效益

郧阳区生态区位重要，是国家南水北调中线工程丹江口水库的水源区，是国家生态综合治理重点区域。木瓜是当地乡土树种，生态、经济和社会效益均不错。2004年以来，郧阳区抢抓国家实施退耕还林工程的机遇，发展木瓜10万亩，减少了水土流失，提高了水源涵养能力。

(二)经济效益

在木瓜成熟季节，公司以每公斤1.6元的市场价，将基地所在地农户手中的鲜木瓜全部回收，保证了农户手中的木瓜有销路，解决了以往"丰产难卖"的现象，为农户解除了后顾之忧。郧阳区退耕还林木瓜10多万亩，木瓜产量约1000公斤，每亩收益约3000多元，退耕还林木瓜收益达3亿元。

郧阳区退耕地还木瓜林

(三)社会效益

通过退耕还林政策引导、示范带动,郧阳区进一步推动了木瓜产业良性发展,调整了产业结构。该区整合资金1.2亿元,集中用于木瓜产业基地建设、示范园建设、技术服务、新产品开发和龙头企业扶持等;改变以往生产经营模式单一、资源分散等现状,使木瓜种植从零星种植向规模化种植发展。同时,为广大木瓜种植户提供管理、销售和运输等有关技术和信息服务。

五、经验启示

随着人们生活水平的不断提高,都崇尚健康、无公害的生活理念。湖北耀荣木瓜生物科技发展公司淹制的木瓜丝、酿制的木瓜果酒、木瓜果醋、木瓜酵素,加工的木瓜果汁饮品、胶原蛋白果汁饮品、木瓜精油等市场需求量逐年增加,发展木瓜产业提高了企业和农户的经济收入,促进百姓脱贫致富,提高了农户种植木瓜的积极性,从而带动退耕还林工程的顺利推进,以及后续可持续稳定发展。所以,一个优秀的龙头企业起着决定性的作用。

模式 15
湖北秭归退耕还脐橙生物篱模式

秭归县隶属湖北省宜昌市，位于三峡工程坝上库首，处于长江经济带重要节点，是国家重点生态功能区。秭归是屈原故里。秭归县名来源《水经注》"屈原有贤姊，闻原放逐，亦来归，因名曰姊归"。2011年秭归获得"中国诗歌之乡"称号。秭归县担负着"保证一库清水、保障三峡工程、保护万里长江"的重要使命。从2000年开始，秭归县抓住国家实施退耕还林的重要机遇，大力发展绿色产业，三大效益成效显著。2019年，秭归县林业和草原局被国家林业和草原局表彰为生态环境建设突出贡献单位。

一、模式地概况

秭归县位于长江西陵峡两岸，地势西南高东北低，境内沟壑纵横、山高坡陡，农林交错、地块破碎，属长江三峡典型的山地地貌；属亚热带大陆性季风气候，年平均降水量1016毫米，年平均日照时数1631小时，气候适宜，物产丰富，主要特产有脐橙、茶叶、烟叶、核桃等。全县土地总面积2427平方公里，其中耕地39.57万亩，土地构成为"八山半水一分半田"，是一个集老、少、边、穷、库、坝区于一体的山区农业县。

秭归县辖12个乡镇186个村（居委会）37万人，其中农业人口32.46万人。秭归县2019年地区生产总值145亿元，完成一般公共财政预算8亿元，农村居民人均可支配收入11596元。完成27445个贫困户72824人脱贫销号，实现了全县整体脱贫。

二、模式实施情况

秭归县是全国退耕还林试点示范县和国家林业局退耕还林（草）科技支撑示范点，2000—2019年，秭归县累计完成退耕还林38.51万亩，其中前一轮退耕还林面积35.95万亩（其中坡耕地退耕22.3万亩，荒山造林13.65万亩）、新一轮退耕还林2.56万亩，涉及全县12个乡镇180个村7.8万余农户，累计投入补助资金8.2亿元。

秭归县退耕还林建立的高标准脐橙园

(一)推广"脐橙+生物篱"模式

秭归县林业部门以中国林业科学研究院、华中农业大学、湖北省林业科学研究院等科研院所为技术支撑，结合秭归立地条件、产业发展规划、农民意愿开展了退耕还林模式研究，筛选出"脐橙+生物篱"模式为最优的退耕还林模式。

秭归县退耕还"脐橙+生物篱"模式

(二)"脐橙+生物篱"模式的构建原理和目的

依据生态、经济兼具的原则选择物种资源，在坡耕地上采用沿等高线设置多年生植物活篱笆，在活篱笆带间种植脐橙，形成乔灌复合系统的一种经营方式。目的是要最大程度地减少水土流失，获取最大经济收益，解决库区人多地少的矛盾，达到坡耕地生态、经济的良性循环和可持续利用。

三、培育技术

(一) 品种选择

为使篱笆品种选择达到生态持续(控制土壤侵蚀、改良土壤物理性质、补充土壤养分)、经济持续(植物篱本身有产品产出,并能促进带间作物的生长与产量的提高)和社会持续(农民能够接受运用)的目的,主要选择了紫穗槐、茶叶、荞麦、当归、黄花菜、麦冬等品种。

(二) 布设技术

沿脐橙行距用"A"字架或水平管测量出坡面等高线,用石灰放线作标记,然后沿等高线进行栽植。主要有两种方式:紫穗槐、茶叶等根茎萌发力强的用单行式,株距15~20厘米,荞麦、当归、黄花菜、麦冬等用双行"品"字形配置,行距20厘米,株距5~10厘米,使之及早形成篱笆。

(三) 管理利用

广泛宣传做示范:作好治理区广大群众的思想工作,培养示范户,找准突破口,通过样板示范,让广大群众亲眼见证这种治理模式的综合效益,特别是经济效益。技术培训常抓不懈:从放线、苗木处理、整地栽植、抚育、施肥、管理等每一道环节都及时进行技术培训,手把手教,坚持2~3年的时间。综合利用要见效:要宣传引导群众充分利用植物材料,见到了效果,逐渐养成利用的习惯,才能最大限度地发挥这种治理模式的综合效益,达到坡地生态、经济、社会效益的良性循环和可持续利用。

四、模式成效分析

秭归县境内山高坡陡、人多地少,过去水土流失严重,自然灾害频发。举世瞩目的三峡工程兴建,库区生态安全被摆到重要议事日程,秭归县抓住退耕还林工程试点的机遇,于2000年正式启动退耕还林工程,积极探索适合秭归的治理模式,走特色鲜明的生态恢复经济发展之路。秭归县通过实施退耕还林工程,森林覆盖率上涨了36.4%;全县水土流失面积由退耕前的1408平方公里下降到743.65平方公里;农村人均纯收入从1999年的1625元上升到2019年的11596元。

(一) 生态效益

植物篱是一种水土保持措施,是无间断式或接近连续的狭窄带状植物群,由木本植物或一些茎干坚挺、直立的草本植物组成,对拦截水土流失有良好作用。根据科研部门在秭归开展的退耕地坡面径流观测,在其他因素相同条件下,"脐橙+生物篱"模式保土效果是农耕地的 4.5 倍,是纯脐橙退耕地的 1.8 倍;蓄水保水削减地表径流的效果是农耕地的 6.5 倍,是纯脐橙退耕地的 3.8 倍。

(二)经济效益

秭归县借退耕还林机遇,大力发展脐橙产业,2019 年全县脐橙种植面积达 34 万亩(其中退耕还林发展脐橙近 10 万亩,"脐橙+生物篱"模式种植面积达 60%),产量 60 万吨,产值 30 多亿元,脐橙亩均收入在万元以上。全县有 53% 的人口种植脐橙,其中 5.3 万贫困人口靠种植脐橙脱贫致富。

(三)社会效益

"脐橙+生物篱"模式的推广,使秭归县群众生态观念有了很大转变,生态环保意识明显增强,老百姓生产生活条件和生存环境得到了极大的改善。

五、经验启示

秭归县坚持把退耕还林与培植后续产业有机结合,积极探索生态经济型治理模式,大力建设基本农田,培育绿色产业,发展特色经济。凭借独特的气候、环境,致力发展脐橙产业,脐橙已成为秭归农村经济第一支柱产业,成为富民强县的"黄金果"。

(一)退耕还林必须走生态经济双赢之路

秭归县位于三峡库区之首,是国家重要生态功能区,人口密度大,人均耕地少,水土流失严重,这是当时退耕人面临的尖锐矛盾,既要落实国家实施退耕还林改善生态环境的战略任务,又要考虑农民退耕以后的长远生计问题,只有在退耕树种、退耕模式上做文章,把退耕还林的生态效益和经济效益有机结合,退耕还林才能取得成功。

(二)退耕还林必须走产业发展之路

实践证明,一个地方的退耕还林不能完全遵从老百姓的意愿,想栽什么就栽什么,必须因地制宜确定主导产业和主栽树种,突破退耕还林政策不符合当地实际的条条框框,引导农户退耕走规模化、产业化发展之路,退耕还林补助政策对发展林果业的支撑作用才会发挥到最大化,退耕还林综合效益也才能达到最佳化。

(三)退耕还林必须走科技支撑之路

秭归县抓住退耕还林(草)科技支撑示范点建设的机遇,与中国林业科学研究院、湖北省林业科学研究院、华中农业大学、北京林业大学等科研院所进行广泛的技术合作,积极开展科研攻关。在兰陵溪流域开展生物措施治理水土流失的试验示范;在全县大力推广十大林业实用技术,如生物篱保土技术、三大经济林(脐橙、茶叶、核桃)高产栽培技术;建起了"中国脐橙硅谷",贮备柑橘品种 113 个(其中脐橙 37 个),选育形成了"春有伦晚、夏有蜜奈(夏橙)、秋有九月红、冬有纽荷尔,一年四季均有鲜橙"的产品格局。

模式 16
湖南安化退耕还茶树珍稀树种复合模式

安化县隶属于湖南省益阳市。安化古称"梅山",是梅山文化的发祥地。安化位于资水中游,湘中偏北。安化县境内以山地为主,群山密布,地貌类型有中山、低山和丘陵,山高坡陡,地面切割强烈,坡度在25°以上的山坡占总面积的78%。安化黑茶属于黑茶类,产自中国湖南安化县而得名,采用安化县内山区大叶种茶叶,经过杀青、揉捻、渥堆、烘焙干燥等工艺加工成黑毛茶并以其为原料精制。安化黑茶作为安化的一张名片享誉全国,该县把种植黑茶与退耕还林工程建设相结合,取得了较好的效果。

一、模式地概况

陶澍村隶属于安化县小淹镇,以清代两江总督陶澍而命名,村里建有"陶澍陵园"。陶澍村位于安化县东北部,属于亚热带湿润季风气候区,气候温暖湿润,四季分明,年平均气温16.2℃,极端最高气温41.8℃,极端最低气温-11.3℃,年平均降水量1687.7毫米,年平均相对湿度81%,无霜期274天。境内成土母岩以板页岩为主,其次是砂砾岩、石灰岩、花岗岩和溪河冲积物。成土母质多样,土壤类型比较齐全,土壤以红壤、红黄壤、黄壤和山地黄棕壤为主,土壤较肥沃。境内物产丰富,主要资源有木材、楠竹、茶叶、棕片、油桐等。

陶澍村土地面积9.651平方公里,其中耕地面积2247.6亩,森林面积10368.6亩,辖22个村民小组750户3706人。全村目前有贫困户84户330人,人均年收入5600元。

二、模式实施情况

借助新一轮退耕还林的东风,陶澍村利用地域优势,大力发展茶叶产业基地,完成新一轮退耕还林540亩,涉及11个村民组235户农户约1600人。陶澍村退耕还林主要经验做法有:

(一)因地制宜布局特色产业

小淹镇陶澍村以新一轮退耕还林为契机,结合当地主产业选择见效快且适应市场需求的茶叶等主要树种进行营造,优先建设"茶树+珍稀树种"基地。

(二) 创新管理机制

陶澍村通过切实抓好茶园高标准示范建设,采用为"公司+基地+合作社+农户"模式,实行股权制管理。农户出租土地给公司,并签订土地租赁合同;公司按耕地旱土每年350元/亩、旱田每年600元/亩的标准按期支付地租。专业合作社负责项目建设和后期管护,公司负责成本投入,收益按5∶5分成。项目建设用工原则聘请项目区农民工(建档立卡贫困户优先)并按工程项目承包定额支付相对应劳动报酬。公司负责整个项目管理和运营,承担项目建设过程中的各项风险。

陶澍村新一轮退耕还林工程"茶树+珍稀树种"基地

(三) 文化挖掘营造特色品牌

陶澍村借助清代两江总督陶澍的名人效应,依托陶澍陵园,以安化黑茶文化探源体验为卖点,吸引茶客变成游客,深入安化寻幽探奇、品茗论道,"以茶促旅,以旅兴茶"充分体现了茶旅品牌的高度融合、相互提升。

(四) 依托龙头企业带动

湖南省白沙溪茶厂股份公司与陶澍村聚焦当地茶产业,结合茶马古道的一个重要节点陶澍陵园开展生态旅游。同时将"钧泽园"生产的茶叶打造成旗下的高端子品牌——钧泽源,于2017年成功上市。真正做到品牌营销,促农增收。据白沙溪茶厂总经理刘新安介绍,"钧泽源"品牌具有深厚的历史文化意义,"钧"为责任,担当健康品质;"泽"为雨露,滋润千家万户;"源"为源头,黑茶之源,遍流九洲。

(五) 科技支撑做好技术帮扶

陶澍村"钧泽园"茶园建园初就和中国工程院院士陈宗懋达成技术帮扶协议,同时安化县林业局专业技术驻点指导,确保茶园稳产增收。

三、培育技术

(一) 整地

整地根据坡度大小采用不同的方式。平坡、缓坡实行抽槽整地,抽槽深度为60厘米,宽度为80厘米;斜坡、陡坡采用挖掘机环山水平带状开梯,梯宽2米。珍贵树种栽植点实施穴垦,穴的规格为50厘米×50厘米×40厘米。

(二) 造林密度和配置

造林主要树种茶树,株行距为:厢宽1.5米,行道宽0.3米。初植密度为3000~3300株/亩。厢内种植点配置:株距30厘米、行距30厘米,呈"品"字形排列。珍贵树种作为次要树种,采用行间或带状混交方式,茶树与珍贵树种行间相隔一定距离,以不影响茶树生长和机采为宜。珍贵树种初植密度为23株/亩,株行距为7.2米×4米,每隔4行茶树栽植一行珍贵树种,珍贵树种种植点株距为4米。

(三) 施肥

茶树定植前应开沟施足底肥,沟深60厘米、宽50~60厘米,一次性施入农家有机肥、厩肥、秸秆、绿肥、土杂肥等,每亩5~6吨,茶树专用复合肥或磷、钾肥、每亩0.05~0.06吨,肥土拌匀,随后覆土至沟沿10~15厘米。

(四) 苗木品种

茶树品种标准,除开发特殊品种需要外地品种外,坚持以本地云台山大叶茶、槠叶齐、湘波绿为主。

(五) 苗木质量

茶树选用一年生苗,苗高不低于25厘米,地径不低于0.3厘米,无机械损伤和病虫害。珍贵树种选用良种一级苗造林,即苗木要求选用二年生实生苗,苗木规格是苗高不低于60厘米,地径不低于0.8厘米,根系长度30厘米以上,苗色泽正常,充分木质化,无机械损伤。

(六) 造林时间

造林种植时期一般以幼苗休眠期为宜,春栽以立春至惊蛰为好,秋栽以寒露、霜降前后的小阳春气候为好。

(七) 栽植技术

茶树移苗时尽量多带土不损伤根部,茶苗太高可于移栽前离地15~20厘米处进行修剪作为第一次定剪,应浇足定根水;再覆盖一层松土,并做好防冻抗旱保苗工作。珍贵树种植苗造林栽植前,要适当修剪部分枝叶和过长根系。起苗要随即用10%~15%的过磷酸钙和生根粉打好泥浆，加强保护。尽量做到随起苗随造林。严格掌握苗正、根舒、深栽、打紧等技术措施，即覆土要细致，防止窝根，栽植深度以高出苗茎原土痕处10~15厘米为宜，压实要里紧外松不积水，以保证成活。

(八)抚育管理

造林后3年，要坚每年除草、松土2次，并进行适当施肥，对茶树进行合理修剪；要做好茶园梯壁割草，加强茶园无公害管理，禁用除草剂除草；加强管护，禁止放牧，防止牲畜残踏。同时，珍贵树种抚育采用蔸抚(松土与培土相结合)。

四、模式成效分析

(一)生态效益

陶澍村退耕还茶，增加了地表覆盖，茶树根系发达，可以增强保持水土、涵养水源的功能，扩大了绿色屏障，改善了茶区生态环境条件，同时还是一道靓丽风景线，增强了区域景观效益，给人美的感受。退耕还林也调节了小气候，增强了抵御自然灾害的能力。

(二)经济效益

茶树造林后经后期培管，3年后进入初产期，5年后进入盛产期，每年每亩可产茶叶鲜叶2000~2500公斤，可制作500公斤以上黑茶，每亩年产值达8000元以上。同时，"茶树+珍稀树种"混交模式造林，珍贵树种(楠木、血桐、榉木)40年后达到主伐年龄时，按预测产木材3立方米/亩，按市场同等单价15000元/立方米计算则亩产值为45000元。珍贵树种(紫薇)培育10年后，作为园林绿化苗木出售，按市场同等单价1200元/株计算则亩产值为27600元。

目前，陶澍村白沙溪茶厂茶园可正常生产毛茶(有机茶)60吨，产值400万元。毛茶深加工成品茶55吨，产值1000万元；再通过白沙溪茶厂精制加工成产品产值超过2000万。

(三)社会效益

陶澍村退耕还林后增加了就业机会，茶叶生产、贮运与加工、销售等可吸纳和分流农村剩余劳动力，为社会稳定起到一定的积极作用。退耕还林提高了林地利用效率，提高了经济效益，增加了农民收入，加快了农村脱贫致富步伐。退耕还林提高了农民生产技能和管理水平，能提高劳动者素质。退耕还林有利于合理配置资源，有利于农村产业结构调整，促进社会经济的快速发展。

五、经验启示

以生态优先、兴林富民为指导,紧紧围绕"黑茶"产业发展战略,以市场为导向,以科技创新为支撑,通过优化茶叶品种,建立生态型经济茶园,防止水土流失,增加土壤水分和有机质,改善小气候,提升茶叶品质,提高单产收入,增加茶农经济效益,构建现代化生态茶园体系,把安化县黑茶打造成为全国知名品牌,同时,可以从一定程度缓解社会经济发展对珍贵木材的需求。主要启示有三点:

(一)挖掘本土资源

挖掘地域优势,打造适合当地,同时经济、生态、社会效益兼顾的好模式是成功的基础。陶澍村将退耕还林与扶贫开发、生态建设和乡村旅游业发展相结合,赋予"产业发展生态化,生态治理产业化"的新内涵,提高了林业产业效益。

(二)创新经营机制

陶澍村倡导多元投入,"政策引导,企业出资,林农出力",构建稳定的利益联结关系的好机制是成功的保障;通过统筹整合使用各类涉农资金,充分发挥财政资金的撬动作用,积极鼓励和引导企业单位投资退耕还林建设。倡导"公司+基地+合作社+农户"模式,将企业、合作社、农户的利益紧紧地联结在一起,达到共利双赢的目的。

(三)打造文化品牌

陶澍村突出文化特色,打造有内涵、有文化、有档次的好产品是成功的关键。现在的人"吃的是故事,喝的是情怀",依托文化做好品牌,打通销路,才能真正意义上实现"输血"到"造血"的转变,林农增收致富,将"绿水青山"的"绿叶子"变成"金山银山"的"金叶子"。

模式 17
湖南凤凰退耕还针阔混交模式

凤凰县隶属湖南省湘西土家族苗族自治州,地处湖南省西部边缘。凤凰县历史悠久,文化底蕴浓厚,凤凰古城是中国历史文化名城,首批中国旅游强县。凤凰县地处云贵高原尾部,是重要水源涵养区,也是沅水重要支流之一,生态环境保护和修复工作对凤凰旅游产业发展起到决定性作用。县境内有1个国家森林公园、2个省级自然保护区,森林覆盖率58.3%,为凤凰县生态旅游产业发展提供绿色屏障。

一、模式地概况

都桐村是凤凰县茶田镇八村之一,位于茶田镇中部,境内地形较复杂,峰峦叠嶂,沟谷纵横,河川交错,最高海拔621米,最低海拔310米,地貌以低山为主,土壤由石灰岩和少量板页岩发育而成;气候温和湿润,雨量充沛,四季分明,无霜期长,属于亚热带湿润性季风气候。该地区又是省级九重岩自然保护区中的核心区,生物多样性比较丰富,适合多种植物生长,主要特产有茶叶、蚕桑、魔芋、油茶、生漆、猕猴桃等。

都桐村土地总面积1.2万亩,其中林业用地面积0.88万亩,耕地总面积0.32万亩,由9个自然寨12个村民小组组成,全村总人口554户2208人,其中建档立卡户人数有67户243人,该村在2018年已脱贫摘帽,人均收入8700元。

二、模式实施情况

都桐村依托退耕还林工程的生态补助机遇,利用现有耕地资源和木材经济优势区位,大力发展人工丰产速生杉木林基地,积极探索林业发展与生态保护的双赢模式。该村前一轮退耕还林完成耕地造林任务2148.3亩,其中生态林2015.3亩,经济林133.0亩。

(一)强化落实,明确工作职责

为推进退耕还林工程顺利实施,凤凰县成立了"退耕还林"工作小组,采取干部包组、包户工作责任机制,并层层签订责任状。明确目标任务,明确实施标准,明确工作进度和奖罚措施，全县形成一级抓一级、一级对一级负责的统一指挥系统。

(二)加强宣传，动员全民参与

狠抓宣传工作，利用标语、传单和各种媒体大力宣传生态意识和惠民政策，要求全民参与，积极投入退耕还林工程建设中，做到了宣传全覆盖，退耕还林政策深入民心，形成了有退耕地的农户人人参与的良好局面。

(三)加强技术培训，严把质量关

为确保造林工程质量，凤凰县层层举办培训班，培训到乡镇、村、组、农户，分程序技术培训，炼山整地、植苗，各环节按工程技术要求举办培训班。林业主管部门派技术干部到各项目区的村、组跟班作业，现场指导，督促检查，确保质量。

(四)科技优先，科学选择混交模式

在退耕还林工程建设中，积极推广先进性技术，认真做好科技示范。都桐村退耕还林工程造林模式主要有杉木(马尾松)、麻栎混交造林模式；马尾松、枫香造林模式；杉木、楠竹造林模式；杉木、板栗实生苗造林模式。为提高苗木的成活率，造林时采用ATP生根粉泥浆液浸根等等，这些措施大大提高了工程的科技含量和造林质量。

都桐村退耕还林杉阔混交林

(五)坚持适地适树，良种壮苗造林

林木种苗的优劣关系到退耕还林工程的质量，由凤凰县林业局种苗站统一调配优良品种，安排有技术、有经济基础的林业基层工作站及育苗户统一培育壮苗。根据工程需要，由县林业局种苗站统一调配苗木给各工程项目区定植，主要树种有杉木、楠竹、马尾松、麻栎、湘西油板栗、桤木、柏木等。根据《凤凰县退耕还林工程建设苗木调配实施方案》要求，杜绝三级以外苗木造林，为工程的实施提供了质量保证。

(六)巩固现有成果,狠抓管护落实

造林是基础,管护是关键,为确保造一片活一片,全县各项目区紧紧抓住各个环节,逐一落实到位,整地结束,护林员上山。根据各项目区的实际制定了"村规民约",由县林业局打印成册,发至每家每户,由村支部、村委会督促护林员按章执行,护林员由村组推荐、乡镇审批,上岗前由管护中心进行培训,生态护林员每年误工补助 1 万元/人。

三、培育技术

为改变荒山秃岭、水土流失严重的现状,加快人工修复恶劣生态环境,必须以保护和培植乡土优势树种为主,适当引种,采用针阔混交、林竹混交形式,多树种配置,乔、灌、草结合,实现生态、社会、经济效益可持续发展。主要按以下技术和措施进行:

(一)植物配置原则

以枫香、栾树、栎类、马褂木、刺楸、刺槐、银杏、红檵木、杜鹃、楠木、枫杨、实生板栗等乡土树种为主,以引种楠竹、水杉、桉树、池杉、紫荆等树种为辅,以混交林为主,在保护好现有林木的基础上,重点进行整治,以乔、灌、草结合,形成高、中、低三层结构,花卉以木本花卉为主,草本花卉为辅,做到四季有花,青山常绿。

(二)林种设计

以适地适树为原则,以营造生态林为主,适当兼顾经济林,同时必须科学合理配置;选择品种优良、根系发达、固土力强、适应性广、易成活的树种造林,针阔混交林比例必须达到 7∶3,混交方式采用块状、带状、行状或不规则状混交。密度以幼林能迅速郁闭为主,一般生态林以 200 株/亩,经济林 80 株/亩,防护林适当密植,根据立地条件和树种生物特性,确定各树种的造林密度和整地规格。

(三)整地

为保护植被和生物多样性,防止水土流失,整地一律采用穴垦,沿等高线进行,呈"品"字形排列,要做到先填表土入穴,再填心土,同时要求土块破碎,清除杂草、根和石块,最后穴内土壤填到高于穴面 15 厘米,呈"龟背"或"馒头"形。

(四)植苗

植苗时应做到"苗正、根舒、深栽、捶紧压实、不反山"。要求做到随起随栽,就近起苗,尽量不栽少栽隔夜苗;坚持锄挖起苗,严禁手采,以防损伤苗木根系,影响成活率;苗木存放时间较长或天气干燥时应进行打泥浆处理,苗木根系过长(麻栎、栾树)应适当切根,采用 ABT 生根粉泥浆溶液浸根部处理。生态林采用 1 年以上实生苗,经济林苗 2 年生以上嫁接苗,楠竹采用母竹和 3 年实生苗造林。

四、模式成效分析

20年的探索实践，都桐村退耕还林工程取得了显著的生态、经济和社会效益，为宜居环境提供生态保障。

（一）生态效益

从2001年实施退耕还林工程以来，都桐村有林地面积得到增加，全村森林覆盖率达到62%，退耕还林工程贡献6.2个百分点，涵养水源、保持水土、改良土壤和固碳释氧等生态效益服务价值得到大大提高。同时，工程的实施增加了野生动植物种群数量，丰富了生物多样性，对改善都桐村生态环境发挥了重要作用。

都桐村马尾松阔叶树混交林

（二）经济效益

都桐村退耕还林2148.3亩，其中用材林2015.3亩，用材树种成林后，收益可观。杉木20年成林后，每亩出材10立方米，价值1万多元；马尾松20年成林后，每亩出材10立方米，价值8000多元；楠竹造林3年后，每年每亩能采伐竹材约2吨，有2000元收入。

（三）社会效益

退耕还林工程的实施，使农民的思想观念得到了解放，市场观念、生态环境保护意识、民主法制观念等进一步增强。工程实施推动了"林家乐""农家乐"等生态旅游业发展，以人与自然和谐共荣为主体的生态文化、森林文化随之兴起，与之相关的精神产品、文化产品不断涌现，农村社会秩序和社会风气保持良好势头，农民社会活动参与程度进一步提升，基层干部与群众的联系更加紧密，干群关系得以进一步改善。

五、经验启示

退耕还林既是生态建设工程,也是民生改善工程,更是一项经济活动。实施退耕还林工程,可为农民群众带来丰厚的经济收入,又改善了生态环境,森林植被得到了恢复,保水保土能力得到提高,促进生态平衡,美化环境。针阔叶林与楠竹混交模式适合在板页岩地区和部分土层较厚的紫色砂页岩地区应用,可以在湘西全州范围推广。

模式 18
湖南花垣退耕还桤木混交模式

花垣县隶属于湖南省湘西土家族苗族自治州，位于湖南省西部，地处云贵高原东部边缘，武陵山脉中部山区，与黔渝交界，素有"一脚踏三省""湘楚西南门户"之称。花垣锰矿探明储量居湖南省之最，中国第二；铅锌矿探明储量居湖南省第二、中国第三，被誉为"东方锰都""有色金属之乡"。花垣县是全国"精准扶贫"首倡地，湖南省 11 个深度贫困县之一，民生改善要求迫切，脱贫攻坚任务繁重。花垣县始终坚定不移地走生态优先、绿色发展之路，坚持把退耕还林作为实现绿水青山的重要措施之一，不断满足人民群众对美好生态环境的需要，实现了从"濯濯童山"到"绿水青山"的华丽转变，山青了，水绿了，林农富起来了，为新一轮退耕还林提供了一个鲜活样板。

2001 年广种薄收的坡耕地造成了新的石漠化、童山濯濯，水土流失严重（花垣县雅西镇，2001 年 9 月摄）

退耕还林地（2007 年摄）

退耕还林地（2017 年摄）

花垣县退耕地还林实施前后对比图

一、模式地概况

花垣县辖3乡9镇,总人口31.3万人,总面积1109.4平方公里,石灰岩、白云岩地类占全县总面积的87.3%。地势东南西三面高,北部低,中部缓,呈三级台阶状,最高海拔1197米,最低海拔212米。境内年均气温为13~17℃,年降水量1418毫米,无霜期245~280天。大部分山地土壤瘠薄,腐殖质层薄,土质黏重、易板结,含氮丰富,但缺磷少钾。

花垣县受地形、地貌、气候以及成土母岩等诸多因素影响,喀斯特岩溶地貌十分发育,石漠化和水土流失现象严重。花垣县石漠化土地面积达49.4万亩,其中轻度石漠化土地21.1万亩,中度石漠化土地22.2万亩,重度石漠化土地4.3万亩,极重度石漠土地1.8万亩;潜在石漠化土地26.7万亩。立地条件差、造林难度大、苗木存活难、绿化见效慢,是历年来影响和制约该县林业发展和生态建设的根本所在。

二、模式实施情况

2001年退耕还林工程启动实施以来,花垣县立足县情林情实际,坚持生态优先,积极探索并推行岩溶石漠化地区退耕还林生态修复桤木造林模式,取得了显著成效。累计完成退耕还林面积38.9万亩,其中退耕地造林19.7万亩,荒山造林19.2万亩。花垣县积极探索桤木造林模式,共完成退耕还林桤木造林面积23.4万亩,其中大部分为混交林。

花垣县雅酉乡退耕还桤木混交林

花垣县针对石灰岩岩溶地区、石漠化和水土流失严重、土壤立地条件较差的实际,依据县境地势总体呈三级阶梯布局的特点和适地适树原则,退耕还林生态修复桤木造林主要采用三种混交模式:

(一)高山台地保持水土混交造林模式

在海拔700米以上的南部高山台地,以增加森林植被覆盖、减轻石漠化和水土流失为主要目的,采取桤木与优良乡土树种不规则混交造林。在山顶、山脊、陡坡地和土层厚度40厘米以下、立地条件差的地,以桤木与酸枣、刺槐等耐贫瘠、浅根系乡土树种不规则混交为主;山腰以下缓坡地和土层40厘米以上、立地条件较好的缓坡地,以营造桤木纯林、桤木与乡土树种块状混交林为主,着力构建桤木水土保持防护林体系。

(二)半山地半丘陵区涵养水源混交造林模式

在海拔500~700米的中部半山区半丘陵区,石灰岩发育土层60厘米以上、立地条件较好的坡耕地,以改善森林植被结构、治理水土流失为主要目的,采取营造桤木纯林和桤木与杉木、毛竹、枫香、香椿、大叶女贞块状混交林,营造阔叶混交林、针阔混交林、林竹混交林,着力构建桤木水源涵养防护林体系。

(三)沿河丘陵区生态造景混交模式

在海拔220~500米的沿河库丘陵区,以提升森林植被质量、美化人居环境为主要目的,以河流两岸、库区周围、公路沿线,城镇村庄周边为绿化重点,营造桤木纯林和桤木与杜英、栾树、大叶女贞、枫杨等景观绿化和护堤护岸树种块状或带状混交林,并积极推行大苗带土造林,确保成林快、见效快。着力构建四季常绿、叶色缤纷、花果飘香的沿河、沿路林景风光带。

三、培育技术

(一)整地造林

造林密度:根据立地条件和造林目的,退耕还林桤木生态林造林密度为111株/亩,株行距2米×3米。林地清理:采取带状、穴状割灌方式进行。坡面长度大于200米的长坡地带,每隔20~30米设置3~5米的生物保护带;对坡面下部出现侵蚀地段设置谷坊以及生物埂。整地方式:采用人工穴垦整地,穴规格为60厘米×60厘米×50厘米,表土回填呈龟背形。土层厚度低于40厘米的地段,造林穴坑全部进行客土;坡度30°以上的陡坡地,穴坑采用"品"字形布局,可有效防止水土流失。

(二)抚育管理

幼林抚育:桤木是阳性树种,不耐荫蔽,生长速度快,造林3年后可基本郁闭成林。造林后第1年3—4月进行1次扩穴培土;5—6月和8—9月各进行1次除草;造林第2年进行2次除草;第3年进行1次抚育。间伐:立地条件较好的,5~7年郁闭度达0.7~0.8,林木分化明显,小径木株数占20%~30%。当自然整枝强烈时进行间伐,每伐后保留

70~80株，郁闭度不低于0.6。立地条件较差的，7~8年进行首次间伐，伐后保留70~90株，郁闭度不低于0.6；9~13年当郁闭度恢复到0.7~0.8时进行第2次间伐，每亩保留90株左右。

(三)病虫害防治

煤污病：为害桤木叶片和枝条，阻碍叶面光合作用，严重影响桤木生长。防治方法：加强抚育，适时间伐，改善林内通风透光条件，及时防治桤木上的蚜虫、蚧壳虫、木虱。桤木叶蜂：以幼虫啃咬桤木嫩叶、嫩芽为害。防治方法：用森德保1000倍液喷洒树干和树冠进行防治。铜绿金龟子：成虫啃食桤木叶片，幼虫啃咬苗根、嫩叶为害。防治方法：灯光诱杀成虫，或以敌百虫500~600倍液进行喷杀。

四、模式成效分析

花垣县在退耕还林工程中选择桤木造林，有效解决了岩溶山地、石漠化地区树种选择及造林难题，很好地完成了退耕还林任务，改变了过去花垣濯濯童山面貌，构筑起了一道绿色生态屏障，为全县生态文明建设作出了积极贡献。

(一)生态环境得到显著改善

全县累计完成退耕还林桤木造林面积23.4万亩，占退耕还林工程造林面积的60.15%，共有10.22万亩桤木林地区划为国家级、省级重点公益林并落实了森林生态效益补偿。通过实施退耕还林工程，全县累计完成石灰岩、板页岩、砂砾岩地区绿化治理面积28.5万亩。与退耕还林前相比，国土绿化面积增加37.8万亩，坡耕地耕作面积减少79.6%，项目区地表径流下降80%，水土流失得到有效遏制，县境内主要生态治理区域逐步构筑了较好的绿色屏障。

实施退耕还林后，昔日的濯濯童山，今日已变成葱茏一片

(二)林业结构得到逐步优化

花垣县退耕还林营造桤木林，致力于提高桤木栽培管理技术，定向培育短周期工业原

料林，全县共营造桤木速生工业原料林 24.3 万亩，成为湖南省最大的桤木工业原料林基地。同时，大力发展经济果林、花卉苗木等绿色产业，初步形成了以生态公益林为主体，以桤木工业原料林为支柱，以经济果林为补充的林业产业化新格局。

（三）农民增收渠道不断拓宽

花垣县完成退耕还林桤木造林 23.4 万亩，20 年成熟后主伐，按每亩出材量 10 立方米，每立方米价格 600 元计算，亩产值约 6000 元。通过实施退耕还林，农村生产生活条件得到极大改善，农村生产力得到进一步解放，很好地促进了农村富余劳力向第二、第三产业转移，农民增收渠道进一步拓宽。2013 年全县农民人均纯收入 4903 元，与 2000 年相比翻了三番。

（四）民营林业发展渐入佳境

2001 年以来，结合退耕还林工程建设，制定了一系列鼓励政策和奖励措施，共吸收社会资金 2283 万元投入林业开发，掀起了社会投资办绿色基地、兴绿色产业的高潮，涌现出了一大批民营林业开发大户和林业产业开发致富带头人，促进了林业建设投入机制由过去单一的国家投入方式向现在的多渠道、多元化投入方式转变，全县林业发展进入前所未有的佳境。

五、经验启示

花垣县岩溶石漠化退耕还林生态修复桤木造林模式，具有成林快、见效快的特点，能在短期内增加森林植被覆盖，改善生态环境，减少水土流失，增加土壤肥力，是一种较好的退耕还林造林模式。可在海拔 1000 米以下，立地条件和自然环境较相似的岩溶石漠化地区进行推广。

（一）生态经济兼顾

退耕还林工程是一项伟大的生态工程，坚持生态效益优先，必须成为全州上下的政治自觉、思想自觉和行动自觉。生态效益是基础、是前提、是关键，在最大限度地追求生态效益的同时，努力实现生态效益与经济效益和社会效益的最佳结合，确保了退耕还林工程实现"退得下、稳得住、能致富、不反弹"。

（二）生态环境是最大优势

退耕还林为湘西发展蓄积了巨大潜能，将长期助力湘西绿色发展。山青水碧好生态，绿色生态成为了世人认识湘西的第一印象，产于湘西的特色农产品成为了健康安全农产品的代名词，良好的生态环境成为了湘西最大的发展优势；让湘西成为蜚声海内外的旅游胜地、投资洼地、人居福地，有力提升了全州环境承载能力，为全州经济社会发展赢得了更大空间。

(三)树立生态意识

退耕还林是一场"人民战争",打赢这场战争的关键在于人民群众。从最初的不理解、不支持、不参与到主动参与、爱山护林,广大人民群众在收获生态安全、收获"绿色增收"中,从根本上转变了思想观念,退耕还林工程得到了极大的支持。

模式 19
湖南龙山退耕还光皮梾木模式

龙山县隶属于湖南省湘西自治州，处于云贵高原东端，地形地貌上多为中、低山峡谷和低山丘陵峡谷谷地形态，局部为山间谷地平原。龙山县群山起伏，山势雄伟，沟谷深切，山高坡陡，石漠化严重。龙山县在退耕还林工程中，积极探索石漠化耕地造林树种，选择开发生态、经济、油料兼用的光皮梾木造林，取得了明显成效。

一、模式地概况

龙山县位于湘西北边陲，地处武陵山脉腹地，连荆楚而挽巴蜀，历史上称之为"湘鄂川之孔道"，全县南北长106公里，东西宽32.5公里，总面积3131平方公里。地势北高南低，东陡西缓，境内群山耸立，峰峦起伏，酉水、澧水及其支流纵横其间。地域属亚热带大陆性湿润季风气候区，四季分明，气候宜人，雨水充沛。在这片神奇而又美丽的土地上，繁衍生息着土家、苗、回、壮、瑶等16个少数民族。

龙山县山川秀美，物产丰富。乌龙山大峡谷、洛塔石林、太平山森林公园等自然景观神奇瑰丽。煤炭、石英砂、紫砂陶、页岩气等矿产储量极大，水利、森林、中药材资源丰富，极具市场开发潜力。龙山县辖21个乡镇（街道），总人口59万人，其中少数民族35.97万人。土地构成为"八山半水一分田，半分道路加宅园"，山地面积占总面积的80.2%，耕地面积占8.5%。

二、模式实施情况

2003年，龙山县可立坡林场利用退耕还林项目在湖南省率先营造了光皮梾木人工林800亩，至2006年，全县退耕还林共发展光皮梾木4800亩。在退耕还林项目带动下，龙山县利用"巩固退耕还林成果后续产业建设"等项目继续大力发展光皮梾木，全县累计营造光皮梾木人工林82000亩，其中利用光皮梾木优良无性系营造的油料林4000亩。2016年以后，龙山县光皮梾木优良无性系油料林陆续投产结实，并成为江西于都中和光皮树开发公司梾木果油原料基地。

龙山县可立坡林场退耕还光皮梾木林

三、培育技术

(一)造林地选择

土层厚度 40 厘米以上的石灰岩、白云岩山地，包括坡耕地、荒山荒地、迹地及灌木林地，适宜营造光皮梾木，砂岩、板页岩、紫色砂页岩及河湖冲积母质发育的红壤、山地黄壤、山地黄棕壤、紫色土及潮土也可营造。白茅密集的贫瘠地、绞杀严重的葛藤丛生地不宜栽培光皮梾木。

在武陵山区，湘林 G 系列优良无性系油料林栽培地宜选择光照良好的低山(海拔 1000 米以下)阳坡地、半阳坡地或平地。

(二)品种及苗木选择

用材林、材油兼用林及生态林，应选择当地种源的实生苗。油料林，需使用国家或地方审定的光皮树优良品系。目前，全国仅有湖南省林业科学院选育的"湘林 G1 号"至"湘林 G6 号"6 个优良无性系，获国家林木良种审定委员会审定(2007 年)。

(三)造林密度

用材林、材油兼用林及生态林：74~111 株/亩，株行距 3 米×3 米~2 米×3 米。立地条件好，造林密度宜小；立地条件差，造林密度宜大。

油料林：42~56 株/亩，株行距 4 米×4 米~4 米×3 米。光照好，造林密度宜大；光照较差，造林密度宜小。

(四)造林地清理

用材林、材油兼用林及生态林：荒山荒地、迹地及灌木林地，带状清除灌木、杂草，渣桩高10厘米以下（下同），保留50%的原生植被带，保留的原生植被不能遮蔽造林苗木；残次林清除病腐木及无培养前途的乔木，围栽植穴清除灌木、杂草2~3平方米/穴；保留有培养前途的原生乔木。

油料林：全面清除灌木、杂草及散生乔木。

（五）苗木培育及苗木规格

实生苗培育：果实成熟后用石灰浆堆沤一周左右至外果皮腐烂，洗去外果皮得果核（种子），湿沙层积催芽至20%左右果核开裂后播入大田，播种量10~15公斤/亩，培育1年，地径、苗高分别达0.8厘米及80厘米即可出圃造林。

优良无性系嫁接苗培育：8—9月，当年培育的实生苗地径达0.6厘米后，用优良无性系单芽腹接。未成活植株于次年2月（萌芽前）补接（切接）。嫁接后培育1年，地径、苗高分别达0.8厘米及80厘米即可出圃造林。

优良无性系扦插苗培育：5—6月，采穗母株（优良无性系）新枝半木质化时，剪取长10厘米左右的健壮嫩枝（带2个节及半张叶片），用生根剂处理后，于荫棚砂床扦插，或砂床全光雾插。当年冬季或次年春季，将生根的小苗移入大田培育1年，地径、苗高分别达0.8厘米及80厘米即可出圃造林。

（六）苗木定植

2月上旬至3月上旬定植苗木，嫁接苗植前解除绑缚塑料条，按"三埋两踩一提苗"的要求栽植，做到苗正根舒，栽紧压实，覆土保墒。次年春季对未成活植穴补植1次。

（七）用材林、材油兼用林及生态林培育

每年5—6月、9—10月各割灌除草抚育1次，连续抚育3年，割灌除草范围及质量要求同造林地清理。造林3年后，光皮梾木处于灌木、杂草上层，可不再抚育，任其自然生长，但需适时除去主干基部的萌条及缠绕树体的藤蔓。用材林需在10年后按近自然森林

龙山县桂塘镇双景村重度石漠化山地光皮梾木林

经营要求选择目标树,每 5 年开展一次抚育间伐及人工修枝,将目标树培育成大径无节良材。材油兼用林(实生林)10 年左右进入初果期,需按传统的间密留稀、间劣留优、间小留大的方法开展抚育间伐,促进保留木蓄积增长及果实丰产。

(八)油料林培育

抚育追肥:每年 5—6 月、9—10 月各抚育 1 次,即全面割灌除草、追肥、围蔸松土培土 1 次,追肥量视苗木大小、土壤肥力状况及开花结实情况确定,前期追施尿素、复合肥每次 25~250 克/株,有机肥 500~5000 克/株。

整形修剪:为便于采摘,光皮梾木树体需控制矮化,丰产树形以自然开心形为主,主干疏层形为辅,前者适宜光照良好的新造林,后者适宜现有林改造及光照较差的新造林。

(九)果实采收利用

10—11 月,果实全部变黑后用枝剪剪下果序,处理出纯净鲜果,鲜果直接送加工厂低温冷榨(鲜榨)制取毛油,毛油精炼后得可食用成品油。

四、模式成效分析

光皮梾木适宜村寨旁、道路旁、耕地旁、水域旁绿化,是优美的景观树种和优良的蜜源植物,利用四旁地良好的光照及地力条件,退耕还林种植光皮梾木,可充分发挥其油用、蜜源及景观功能,助力乡村经济发展。

(一)生态效益

石漠化土地根据岩石裸露状况及植被盖度分为轻度、中度、重度及极重度 4 个石漠化等级。光皮梾木食用油料林主要在轻度、中度及部分重度石漠化土地上营造。石漠化地区是我国贫穷落后的地区,发展光皮梾木食用油料林,既恢复了森林植被,凸显直接生态效益,又为贫困地区培育了新的经济支柱,减轻了对其他森林资源的依赖,间接的生态效益明显增强。

(二)经济效益

光皮梾木优良无性系油料林,5 年左右初果,8 年左右年产鲜果 320 公斤/亩,按 6 元/公斤鲜果计算,产值 1920 元/亩。光皮梾木优良无性系林 12~15 年达到丰产稳产水平,其种植效益将会进一步增长至较高的稳定水平。总体来看,光皮梾木油料林经济效益显著,优于目前推广的其他木本油料。

(三)社会效益

大力发展光皮梾木可增加优质食用油产量,降低食用油对进口的依存度。光皮梾木油料林可在石漠化山地大力发展,其适应的海拔、温度及地域范围较广,不与粮食及草本油料争地,也不与油茶等传统木本油料争地,可有效促进国内食用油料总量的增长,保障食用油供应安全。退耕还林大幅度增加了农村劳务岗位和劳务总量,为农村富余劳力转移提供大量就业机会,促进贫困地区脱贫致富,促进农村经济繁荣。

五、经验启示

龙山县栽培实践证明,光皮梾木是石漠化山地优良的木本食用油料,值得大力推广。光皮梾木油料林模式可在我国南方岩溶地区推广,光皮梾木应成为岩溶地区新一轮退耕还林项目、石漠化治理项目的重要经济树种。

(一)石漠化造林的重要树种

我国的石漠化土地主要分布在贵州、云南、广西、四川、重庆、湖南、湖北、广东及河南等省区。石漠化山地土层浅薄,土壤肥力及保水抗旱能力退化,造林难度大,石漠化山地造林可选树种少。龙山县石漠化耕地退耕还林光皮梾的成功,为石漠化治理提供了新模式。

(二)优良的木本油料

光皮梾木已列入国家重点发展的木本油料树种名单(详见《国务院办公厅关于加快木本油料产业发展的意见》),应当引起各级林业部门及社会各界的广泛重视,切实加大对光皮梾木新技术、新产品研发及推广运用的支持。

(三)开发新品种油料

光皮梾木也叫光皮树、梾木,为山茱萸科梾木属落叶乔木。主要分布于长江以南各省区,陕西、河南、江苏及甘肃东南部也有分布。光皮梾木全果含油,是国家提倡大力发展的新型木本油料,也是国家林业和草原局认定的珍贵用材树种。江西省于都县等地民间食用梾木油的历史已有一百多年。临床试验结果表明,梾木油具有降低胆固醇、减少动脉粥样硬化等功效,是天然的降脂药物。20世纪70年代中期,江西省粮食部门将光皮树果油纳入了全省统购统销范畴,梾木油自此正式成为江西省新的食用油。2013年10月30日,国家卫生和计划生育委员会批准光皮梾木果油为新食品原料。2015年,江西于都中和光皮树开发公司在江西省于都县建立了首条光皮梾木果油低温冷榨生产线,2016年3月,该公司生产的"梾缘纯"牌梾木果食用油在国家相关部门正式注册,光皮梾木果食用油自此正式上市。

模式 20
湖南隆回退耕还石山混交林模式

隆回县隶属湖南省邵阳市，位于湘中偏西南，地处资水上游，是重要水源涵养区。隆回物产独具特色，土壤硒含量是世界平均值的 25 倍、全国平均值的 30 倍，居"中国三大硒都"之首，盛产辣椒、生姜、大蒜"隆回三辣"和金银花、龙牙百合、苡米、玉竹"隆回四宝"等富硒农产品，是"中国金银花之乡""中国龙牙百合之乡"。隆回县是湖南省 20 个国家贫困县区之一，民生改善要求迫切，脱贫攻坚任务繁重。在保护水源与发展经济的抉择中，隆回县创新理念机制，把退耕还林办成了一项生态经济主导产业，探索出了一条生态美、产业兴、百姓富的新路子，为新一轮退耕还林创造了一个亮点纷呈的鲜活样板。

一、模式地概况

模式地位于隆回县南部丘陵区，主要包括荷香桥、六都寨、西洋江、横板桥、南岳庙、桃洪镇、岩口、滩头等 8 个乡镇 52 个行政村。区内海拔多在 300～400 米，年均气温 16.9℃；年均降水量 1293 毫米，日照时间 1060.5 小时，土壤多为石灰岩风化形成的红壤、黄壤，土层瘠薄、岩石裸露率达 30% 以上，保水性差、易板结，易干旱，水土流失也比较严重。区内总人口 5.5 万人，人均耕地面积 1.1 亩，人均纯收入 5820 元。历年来，由于当地农民广种薄收式的粗放经营，不但坡耕地收益少，而且水土流失严重，是典型的深度贫困地区。

二、模式实施情况

2000 年实施退耕还林工程以来，隆回县林业局组织林业技术人员通过长期的石山造林实践，筛选了柏木、侧柏、枫香、栾树、刺楸、槐树、柿子、枣子等一批适宜石山造林的树种，探索了一套石山造林的关键技术。隆回石山地区累计实施前一轮退耕还林造林 122000 亩，涉及农户 16500 户 61200 人，其中涉及贫困户 510 户 2200 人；实施新一轮退耕还林石山造林 4000 亩，涉及农户 420 户 2060 人，其中涉及贫困户 165 户 622 人。主要经验做法有：

(一)推行科技试点示范

2001年以来,隆回县领导坚持带头办500亩以上的退耕还林石山造林示范点,县直机关和各乡镇主要领导分别办一个200亩以上的示范点。通过示范带动,目前隆回县已形成领导示范点、党员示范林、妇女"三八林"、团员"青年林"办点示范格局。

桃洪镇奇铜江村界岭退耕还林石山造林点实施前后对比

西洋江镇枫木岭退耕还林石山造林点实施前后对比

(二)组织科技攻关破难题

隆回县组织林业部门工程技术人员从1999年开始进行实地调查研究石山地力,发现石灰岩石山发展林业潜力很大。县林业科技人员在全县石灰岩山地的不同地段营造了50个树种的对比试验林,通过长期生产实践,筛选了柏木、刺楸、中国槐、柿、枣等16个适宜树种。隆回县组织专业技术人员通过长期实践研究,探索了石灰岩石山造林的关键技术,科研成果"隆回县石灰岩石山造林技术研究及应用"先后获邵阳市科技进步一等奖、湖南省科技进步三等奖,在全国石漠化地区得到了广泛的推广应用,为加快隆回县退耕还林石山造林步伐奠定了坚实的技术基础。

(三)提供科技服务

创新育苗技术,培育优质苗木。"秧好半年禾,树长看苗木",隆回县对林木种苗工作十分重视,提高了在采种、育苗等环节的科技含量。全县先后建立了8个育苗基点和两个联营苗圃,全面推广水田育苗和容器育苗技术,累计培育优质苗木1.1亿株,满足了石山造林的需要。搞好技术服务,确保造林质量。从作业设计、定点放样、大穴整地、换土填穴、栽植施工到抚育管护,每个环节都有林业技术人员参与,严把质量关,认真搞好各项技术服务。

三、培育技术

(一)科学选择树种

石山土层瘠薄(20~40厘米)地段选择柏木为主要造林树种,混交阔叶树种主要有刺楸、枫香、光皮树、山牡荆、刺槐等。树种配置主要采用柏木+阔叶树带状混交方式,混交比例为8:2~7:3;土层厚度中等(41~80厘米)地段可供选择的树种有柏木、西藏柏、刺楸、枫香、重阳木、光皮树、山牡荆、刺槐、枣子、南酸枣等,树种配置生态林主要采用柏木类+阔叶树带状混交方式,混交比例为8:2~7:3,经济林以纯林为主,也可长短结合;土层较厚(>80厘米)地段造林可选择柏木、西藏柏、湿地松、桤木、柑橘、脐橙、柿子等,树种配置生态林主要采用柏木类+阔叶树或湿地松+阔叶树带状混交方式,混交比例为8:2~7:3,经济林以纯林为主,也可长短结合,用投产迟的柿子与投产早的桃(或李)株间混交,混交比为1:1。

(二)造林密度

一般应适当密植,以提早覆盖,减少水土流失。柏类苗木的造林密度为300~440株/亩,株行距为1.5米×1.5米或1.5米×1.0米;湿地松为120株/亩,株行距为2.5米×2.2米;柑橘、脐橙的造林密度为60株/亩,株行距为3.3米×3.3米;柿子、桃(或李)造林密度为100株/亩,株行距为3.3米×2.0米。

(三)整地

尽量保留原有植被不被破坏,不全面砍山、不炼山,采用块状鱼鳞坑或大穴整地,充分利用造林地植被,减少土壤水分丧失。在坡度陡的地方还需造生物埂以减少水土流失,起到保水保肥作用。整地规格随苗木规格增大而加大,一般容器苗采用40厘米×40厘米×30厘米,一年生生态林裸根苗采用整地规格为50厘米×50厘米×40厘米,二年生大苗和经济林采用70厘米×70厘米×60厘米的整地规格。对条件受限制的地方如石缝间等狭小地段以深挖为主,对土层浅薄地段挖至岩石层为止。整地时间以伏天为佳。

(四)苗木栽植

根据石山土壤情况,在土层相对较厚,并能保持相当水量的地方采用裸根苗;在土层较薄,保水量少的地方,采用容器苗。裸根苗的栽植:一般采用一年生的苗木造林,二年生苗木侧根发达,起苗时易伤根而影响成活率,栽植时间要选择雨后晴天或阴天,造林季节应在"立春"到"雨水"为好;容器苗的栽植:适宜栽植时间一般为5—6月,适宜栽植的苗木高度为10~15厘米。

四、模式成效分析

昔日座座"火焰山",山穷水尽石头"长";今朝翠柏成林,柿枣成园,枫香点缀,绿树成荫,一派生机勃勃。从柳山到苏河(15公里)、碧山到丁山(15公里)、丁山到石门(20公里),无处石山不绿、石岭不青,形成了一条长50公里、面积20余万亩的大规模绿色林带,这是隆回退耕还林石山造林效果的真实写照。

(一)生态效益

隆回县退耕还林石山造林模式,解决了全国两大造林难题之一的石灰岩石山造林,变"不宜农林牧的难用地"为林业用地,使全县净增森林覆盖率5.37%,特别是石灰岩地区人均增加林地0.63亩,森林覆盖率从1998年的36.2%上升到48.9%,增加了1/3,基本控制了25万亩石山的水土流失,改善了生态环境和群众生产、生活条件。

荷香桥镇天龙坳退耕还林石山造林成效显著

(二)经济效益

2000年以来,全县累计完成退耕还林石山造林12.2万亩,其中柿、枣、梨等经济林1.7万亩,以柏木为主,兼造西藏柏、墨西哥柏、刺楸、枫香、光皮树等用材林10.5万亩。1.7万亩经济林已全部投产受益,年均亩产值1500元,年总产值2550万元。10.5万亩用材林蓄积量已达42万立方米,按60%的出材率计算,可出材25.2万立方米,每立方米以1000元计,总价值为2.52亿元;每亩薪柴以1吨计,可产薪柴10万吨,每吨以300元计,总价值3000万元。石山用材林总价值可达2.82亿元。

西洋江枫木岭退耕还林石山经济林造林硕果累累

（三）社会效益

隆回县退耕还林石山造林模式丰富了造林树种，除发掘本县乡土树种如柏木、刺楸、枫香、光皮树、山牡荆、槐树、拐枣等外，还引进了一批石灰岩石山造林的优良树种，如西藏柏、墨西哥柏、滇柏、福建柏、湿地松等。该模式也为石山地区人民创造了财富，解决了用材、烧柴的困难，造就了一批开发石灰岩石山的专业人才，积累了在石山上建设高效林业的经验。

五、经验启示

（一）树种选择是成功的前提

隆回县林业科技人员在全县石灰岩山地的不同地段营造了50个树种的对比试验林，通过长期生产实践，筛选了柏木、刺楸、中国槐、柿、枣等16个适宜树种，探索了石灰岩石山造林的关键技术，为加快隆回县退耕还林石山造林步伐奠定了坚实的技术基础。

（二）政策扶持是成功的保证

在退耕还林的进程中，隆回县把退耕还林、绿化石山作为发展经济、致富群众的重大项目来抓，将石山造林纳入文明建设目标管理，实行县包乡镇、乡镇包村、村干部包组的包干责任制。创办了一大批退耕还林石山造林示范点，为全县石山造林树立了样板，为全县退耕还林石山造林提供了保障。

模式 21
重庆合川退耕还油橄榄模式

合川区位于重庆北部，嘉陵江、涪江、渠江三江汇流，是长江上游重要的生态屏障和水源富集区。合川区紧抓生态文明建设，统筹调整农村产业结构，结合退耕还林建设，在隆兴镇通过油橄榄种植大力发展木本油料产业，促进农村增绿、农业增产、农民增收。

一、模式地概况

隆兴镇地处合川西北部的龙多山台地，距合川城区 44 公里，土地面积 13.1 万亩，其中耕地面积 7.9 万亩，属典型的农业镇。全镇交通便捷，公路硬化总里程 120 余公里，合安高速和龙多快速干道穿境而过，到村社公路通畅通达率 100%。

隆兴镇海拔在 400 米左右，土壤类型多为遂宁组紫色土，pH 值多在 7.5~8.5，土层厚度一般为 40~60 厘米，土质疏松，通透性好，适合油橄榄种植。气候属亚热带温润季风气候，四季分明，雨量充沛，日照充足，无霜期长。多年平均气温 17.8℃，无霜期 307 天，年日照时数 1200 小时，年均降水量 1137 毫米，其光、水、温、热等气候条件适宜油橄榄的生长。

二、模式实施情况

2014 年初，隆兴镇在相关部门的大力支持下，引进重庆江源油橄榄开发公司，通过对甘肃陇南、四川西昌、重庆奉节等地的考察，认真总结各地油橄榄引种栽培的经验教训，结合本镇地处龙多山台地的实际，坚持因地制宜、科学规划，通过退耕还林等工程稳步推进油橄榄产业发展。2014—2015 年实施巩固退耕还林成果项目种植油橄榄 5500 余亩，2014—2018 年实施新一轮退耕还林种植油橄榄 8700 余亩。

在退耕还油橄榄的示范带动下，加上其他造林绿化项目种植的油橄榄，全镇从最初的 500 亩试验种植发展到 2019 年的 3 万余亩，建成了橄榄油加工厂，生产了 9 款橄榄油产品，形成了橄榄树种植、橄榄果加工、橄榄油生产销售为一体的产业体系，实现一二三产业融合发展，走出一条以企业为龙头和以农户增收为目标的绿色发展、创新发展新路，由

隆兴镇退耕还油橄榄基地

退耕还林工程带动的油橄榄产业已成为合川区农村脱贫致富新型特色产业。其主要做法有：

(一)规划引领稳步发展

通过多方考察调研，经油橄榄权威专家反复论证，编制了《合川区油橄榄产业发展总体规划》等产业发展规划，优化产业布局，明确发展目标和方向。

(二)创新发展种植模式

首先以公司自身流转土地为示范，建立种植试验园、示范园和苗圃，带动成立了多个油橄榄专业合作社，并以"公司+合作社""公司+合作社+农户土地入股"等模式，按照"土地统一流转、种苗统一配送、栽植统一标准、管护统一技术、经验统一分享"的"五统一"要求发展种植油橄榄。

(三)配套政策项目支持

隆兴镇油橄榄产业的发展，得到了退耕还林政策支持，凡是利用坡耕地营造的油橄榄基地，符合退耕还林条件的，一律纳入退耕还林享受政策补助。合川区还整合多方力量，共同推进油橄榄产业发展，积极对接林业、农业农村、水利等部门，争取项目资金支持。

(四)培育品牌提升效益

2016年，由重庆江源油橄榄开发公司投入2000余万元建设油橄榄深加工厂，注册"渝江源""欧丽康语"两个橄榄油商标，目前已生产出3个系列9款橄榄油产品，通过电商平台、实体商超和专卖店等多种方式，逐步建立了稳定的销售渠道。

(五)强化科学技术支撑

在产业发展过程中，坚持以科技为先导，从种植、加工和销售各个环节把科技始终贯穿于全产业链发展之中，通过开展院企合作、科技攻关、"请进来"培训、"走出去"学习等，提高项目科技水平，确保了油橄榄产业健康发展。

三、培育技术

油橄榄品种众多,隆兴镇在引种试验的基础上,推广种植了豆果、鄂植 8 号、皮瓜尔等 5 个主要品种,其主要栽培技术有:

(一)造林地选择

选择海拔高度在 400 米以上的台地中上部,背风、向阳、通透性良好、土壤 pH 值 7.0~8.0 的缓坡地,进行科学规划,做好造林地内道路及排灌系统的合理布局。

(二)土地整治

采用小型挖机深翻土地,并进行人工精细化平整和清除杂草树根。平整后根据土地实际情况开挖背沟和田间沟,沟深一般为 0 厘米、宽为 40 厘米,确保排水通畅。

(三)整地打窝

根据油橄榄的生物学特性,其栽植株行距一般为 4 米×5 米,即密度为 33 株/亩。整地在栽植前一个月内进行,整地应沿等高线横山带状布局,实行穴垦整地。栽植穴规格一般为 50 厘米×50 厘米×50 厘米。在穴底施足基肥,基肥以有机肥为主,适当添加复合肥,然后覆土 10 厘米以上。

(四)苗木栽植

容器苗除夏季高温天气外均可栽植,但以 11 月至次年 1 月最为适宜。容器苗栽植时,先在前期已经整地打窝的定植点里回填一层细土,然后剪开撕掉苗木的容器,放入细土上,再边回填土边压紧,回土到根颈处为止。栽后在苗木周围培成一个圆形树盘,浇足定根水。栽植完成后,要设立竹木支柱来固定苗木,防止倾斜或被风吹松根部而影响成活。

(五)修枝整形

油橄榄树形主要采用自然开心形,主干高度 60~80 厘米,树高不超过 3 米。栽植完成后即可进行一次修枝,剪除病害枝、损伤枝;两年管护期内保证每年开展两次以上修枝整形,主要采取短剪、拉枝等,促进苗木尽早成林并形成良好树势。

(六)施肥管理

采取平衡施肥,根据不同树龄制定不同施肥方案,以充分腐熟的有机肥为主,一般在开花前、采收前及采果后开展。

(七)病虫害防治

以物理防治为主,辅以人工和化学防治,通过悬挂粘虫板、安装太阳能杀虫灯、无人机喷撒生物制剂等方式相结合,实现病虫害的绿色防控。

(八)采收加工

油橄榄一般在 9 月下旬进入采摘期,采摘期内要做好科学调度,分品种合理安排采摘时间,控制每天采摘数量,确保鲜果能在 48 小时内进行压榨加工,否则将影响出油品质和出油率。

四、模式成效分析

(一)生态效益

隆兴镇通过退耕还林政策支持,充分利用原退耕效果不好的地块和土地贫瘠、群众不愿耕种的撂荒耕地及荒山荒坡发展油橄榄产业。截至 2019 年底,发展种植油橄榄 3 万余亩,其中退耕还林发展油橄榄 1.42 万亩,使用荒山荒坡和撂荒地占 75% 以上,破解了困扰多年的龙多山台地土地撂荒难题。建立了绿色、低碳、循环发展长效机制,不断强化对生态环境的保护,通过油橄榄种植,使大片荒山荒坡和弃耕地变绿,水土流失得到全面控制。

(二)经济效益

油橄榄产业与德康生猪养殖公司等企业合作,创新"猪-沼-树"等循环农业发展模式,实现了养殖业与种植业的双赢。隆兴镇退耕还林发展油橄榄 1.42 万亩,经济效益逐步显现,2019 年油橄榄鲜果产量约 500 吨,共榨油 50 吨,销售额达 1500 余万元;2020 年预计挂果面积达 8000 亩,油橄榄鲜果产量约 80 吨,预计销售额达 2400 万元,亩产值 3000 多元。

油橄榄优质品牌"渝江源"

(三)社会效益

通过实施退耕还林工程,发展油橄榄产业,增加了群众收入,助推了扶贫工作。公司在劳务用工方面优先安排在家贫困户,目前贫困人口参与务工约 220 人,每人年均增收约

8000元。公司及合作社租用贫困户土地420亩，年支付租金10余万元，另有约200亩贫困户的土地入股了油橄榄产业。目前全镇已有173户贫困户通过流转土地和基地务工，顺利实现脱贫。

五、经验启示

(一)科学管理很重要

提高科技管理水平，从品种选育、整地栽植，到病虫害防治、测土配方施肥、土壤改良、修枝整形、精深加工等各环节都必须加强科学管理，按照良种化、规模化、集约化、标准化的要求，高标准建设重庆市油橄榄产业基地。

(二)资金投入不可少

整合各种项目资金，集中用于油橄榄项目建设。通过招商引资引进社会资本发展油橄榄产业，采取投资参股、贷款贴息等形式，吸引金融资本、社会资金等投入，进行多元化投融资。

(三)机制创新增效益

通过油橄榄的产业化发展，江源公司不断发展壮大，先后获得"合川区农业产业化龙头企业""全国林业科普基地""中国橄榄油十大品牌"等称号和荣誉。公司发挥龙头企业引领带动作用，成立11个油橄榄专业合作社，努力确保合作社的健康运作和经济收益，实现了产业的融合发展。

(四)品牌宣传要跟上

发展一个产业，必须瞄准市场动向，紧跟市场消费趋势。通过积极参加各种农产品节会、社会公益事业等，加强广告宣传力度，提升品牌形象，增加品牌知名度，让品牌走向全国。

模式 22
重庆江津退耕还花椒主导模式

江津区位于重庆市西南部，以地处长江要津而得名，是长江上游重要的航运枢纽和物资集散地，是重庆辐射川南黔北的重要门户，也是渝西地区的粮食产地、鱼米之乡。江津区为"中国长寿之乡"，获得过"全国双拥模范城""全国国土资源节约集约模范区""全国防震减灾工作先进区"等荣誉称号。江津区发展花椒产业已有40多年的历史，是原国家林业局命名的"中国花椒之乡"，并获得国家原产地保护认证。

一、模式地概况

江津区位于长江中上游，在三峡库区尾端，生态地位突出。江津区土地面积3218平方公里，总人口150万，辖30个镇街。地形南高北低，南部四面山系云贵高原过渡到四川盆地的梯形地带，北部华盖山属华蓥山支脉。海拔最高1709.4米，最低178.5米，相对高差1530.9米。气候属亚热带季风气候区，年平均气温18.4℃，年平均降水量为1025毫米，主要集中于5—9月（为700毫米），占70%左右。主要特产有花椒、柑橘、果橄榄、茶叶、蚕桑等。

2002年实施退耕还林工程以来，选择本地良种九叶青花椒作为退耕还林主推树种，优先安排退耕还林计划，通过"龙头企业+基地+协会+农户"的联动机制，迅速实现规模化、标准化种植，带动了江津花椒产业的大发展。全区现有花椒种植面积55万亩，投产面积40万亩，涉及28个镇街205个村（社区）22万农户61万椒农。2019年，鲜椒总产量30万吨，销售收入达30亿元，椒农人均收入4918元。江津花椒已成为重庆农村产业结构调整的一张名片，是江津区实施乡村振兴战略和农村精准脱贫的支柱产业。

二、模式实施情况

2002年实施退耕还林工程以来，江津区累计完成退耕还林38.51万亩，其中：前一轮退耕还林（2002—2006年）25.51万亩、新一轮退耕还林（2015—2019年）13万亩。涉及全区30个镇街。通过实施退耕还林，带动和壮大了林业产业，形成花椒基地55万亩、用材林基地10万亩、笋竹基地12万亩、蚕桑基地3万亩、青果基地3万亩、中药材基地2万亩、晚熟柑橘基地5万亩，取得较好的生态、经济和社会效益。主要采取了以下做法：

(一)选择好的主栽树种

在退耕还林中，主要推广栽植适宜的良种：九叶青花椒18万亩、笋竹3.7万亩、蚕桑2.3万亩、晚熟柑橘2.8万亩、果橄榄1.4万亩、速生杉2.6万亩，分别占退耕还林总面积的46.7%、9.6%、6.0%、7.3%、3.6%、6.8%。

江津区退耕还花椒基地

(二)推行业主承包机制

江津区在项目及资金安排方面，优先支持私营业主和企事业单位参与退耕还林建设。据统计，全区共计引进退耕还林投资业主380余家，业主承包造林面积达25.2万亩，占全区退耕地造林总面积的65.4%，投入资金达5亿元。

(三)推广丰产矮化技术

江津区大力推广九叶青花椒丰产栽培技术，提高了单位面积的产量，增加了产值。据实测调查，盛产期花椒平均亩产500公斤以上，增产40%以上。同时，降低了生产成本，增加了收入。实施了矮化技术的椒园，由于树体矮化，果穗长且大，采摘方便，效率提高。据调查，采摘人工费每公斤降低0.6元以上，按2019年全区产鲜椒30万吨计算，椒农增收1.8亿万元。

(四)完善产业体系

江津区在发展退耕还花椒产业中，重视基地建设，以众多大户、公司和专业合作社为建设主体，激发了广大农户的种植积极性。在栽培管理上，研究编制了国家林业行业标准《九叶青花椒丰产栽培技术规程》，承担了国家林业科技推广项目。在加工销售上，有龙头企业重庆骄王农业开发公司，开发出包括保鲜花椒、青花椒、鲜青花椒油、藤椒油、浓缩花椒油、花椒粉、花椒提取物和花椒调味料酒等 8 个系列数十种产品，有 8 条生产线，年生产能力达 13400 吨，可生产各种花椒产品 4000 吨。

三、培育技术

(一)立地条件

气候：年平均气温在 12~19℃，短期极端最低气温-10℃以上，年日照时数在 1200 小时以上，年降水量在 600 毫米以上。

土壤：土层在 40 厘米以上、排水良好、pH 值 7.0~7.5 的壤土、沙壤土和钙质壤土。

地形地貌：阳坡、半阳坡，背风，海拔 800 米以下且坡度在 25°以下的坡地及平地。

(二)主要造林技术

时间：2 月中旬至 3 月中旬或者 10—11 月。

密度：110~150 株/亩，以 2.0 米×3.0 米、2.0 米×2.5 米、1.5 米×3.0 米株行距为宜。

整地：采用穴状整地，规格为 60 厘米×60 厘米×40 厘米。每个种植坑施腐熟的农家肥 5~8 公斤，加钙镁磷肥或过磷酸钙 0.2~0.25 公斤，拌细土回填于种植坑中，形成略高于地面的小丘。

造林方法：选用根系发达、地径≥0.40 厘米、高≥40 厘米以上的合格苗造林，栽植时要使根系舒展，培土后轻轻向上提苗，使根颈略高出地面，压实，浇足定根水。

(三)整形修剪

定干：栽植当年或次年，在树高 50~60 厘米处定干，主干高控制在 30~40 厘米。定干时剪口下 10~15 厘米范围内要有 5~6 个饱满芽。

整形：定干后保留骨干枝 3~4 个，树形采用自然开心形、自然杯状形和塔形。

幼树整形：定植后的 2 年内，整形重点是培养良好的树冠骨架，使主枝、侧枝枝数适宜，分布合理，同时注意培养结果枝组。

初果期树的修剪：定植后 3~4 年为花椒初果期。修剪的主要目的是培养骨干枝 3~4 个，调整骨干枝长势，理顺各部位之间的主从关系，处理和利用好辅养枝，有计划地培养结果枝组，形成丰产树型。

盛果期树的修剪：定植 5 年后花椒即进入丰产期。修剪的重点是及时调整并平衡树势，改善树冠通风透光条件，复壮结果枝组，维持结果枝组的长势和连续结果能力。

老龄树修剪：老龄花椒的修剪，主要用疏剪和短剪。从促发的新枝中选留壮枝，重新培养主要侧枝及结果枝组，同时要加强肥水管理。

(四)肥水管理

幼树的施肥：1年施肥1次，以腐熟的农家肥为主，可适当配施化肥；每年每株1次施用10公斤腐熟农家肥、0.5~1公斤钙镁磷肥或过磷酸钙和25~50克尿素或硝铵；施肥时在树冠投影线周缘挖穴或开沟施肥，然后用土覆盖。

结果树施肥：1年施4次，分别在2月上中旬、5月上旬、7月中下旬、12月下旬施用。一般每年每株施用30~50公斤腐熟农家肥、1.5~2.5公斤钙镁磷肥或过磷酸钙和150~200克尿素或硝铵，其中采后肥的用量占全年施肥量的50%~60%。施肥方法与幼树的施肥相同。

抹芽打顶：3—4月抹芽，抹去结果枝上的幼芽。11—12月打顶，剪掉夏秋梢未木质化部分的嫩尖。

(五)病虫害防治

采用科学先进的农艺措施、生物措施和栽培管理技术，消灭和减少病源和虫口基数。严格遵守国家关于绿色食品生产中农药使用的有关规定，选择使用高效、低毒、低残留的农药品种，从严掌握用药剂量和用药安全期，避免农药残留对花椒品质造成影响。在采果前15天内严禁施用农药。

四、模式成效分析

江津区抓住国家退耕还林等生态建设工程契机，确定了"平坝丘陵花椒、中低山木竹"的种植格局，以基地规模化、园区标准化、设施配套化、管理精细化、经营产业化的发展模式，强力推动林业产业发展，取得了良好的生态、经济和社会效益。

(一)生态效益

林业部门把退耕还林与产业发展相结合，精准施策发力，让一片片坡耕地变成了青山，让九叶青花椒成为当地农民致富聚财的"摇钱树"，实现了生态建设与脱贫攻坚共赢。退耕还林让江津的山变绿了、水变清了、空气变清新了，生态友好的人居环境已初步形成。

(二)经济效益

江津区退耕还林种植九叶青花椒18万亩，带动全区形成花椒基地55万亩。2019年，全区鲜椒总产量30万吨，销售收入达30亿元，平均每亩产5000多元，椒农人均收入4918元。加工保鲜花椒5万吨，生产鲜花椒油1000吨，加工产值超过了5亿元。

江津区退耕地还九叶青花椒林

(三) 社会效益

提高了椒农的科学素质和种植技能。通过组织技术培训,利用农业产业化培训基地和"阳光工程培训",结合九叶青花椒标准化示范、矮化丰产技术示范等推广项目,举办技术讲座、现场培训近千余次,培训椒农 35 万人次,涌现出 300 多名懂技术、善经营的花椒种植专业大户。

花椒种植业的发展,促进了商贸和加工业的发展,增加了就业岗位。随着花椒种植规模的扩大,产量逐年增加,围绕花椒经营销售和加工的经纪人、公司、合作组织和加工企业等逐年增多。据统计,全区有 2 个专业市场,25 个专业合作社,花椒加工企业 23 家,年加工保鲜花椒 9000 吨;烘烤干花椒企业 200 余家,年加工鲜椒 5 万吨,生产干花椒 1 万吨;加工鲜花椒油企业 5 家,年加工鲜花椒 500 吨,生产鲜花椒油 1000 吨。

五、经验启示

(一) 良种使用是基础

九叶青花椒是江津本土培育的优良品种,具有根系发达、适应性强、对土壤要求不高、能耐干旱脊薄,生长旺盛、投产早、产量高、栽培管理方便,颗粒大、色泽佳,感观好、商品性能强等特点。目前已被广泛引种到云、贵、川、渝地区,种植面积超 200 万亩。

(二) 机制创新是保障

在退耕还林建设中,要促进退耕政策落实到实处,需要调动企业和农户的积极性,合作社能组织联合群众,推进各类经营主体的深度融合,进一步做大做强龙头企业。采取农户入股、龙头企业领办创办农民合作社等方式，完善与农户的利益联结关系，让农户分享加工、销售环节收益，进一步扩大花椒产业农民"参合率"。

(三) 三产融合是动力

强力推动花椒一二三产业融合发展，在招商引资、扶持龙头企业、发展专业合作社以及培育职业农民、职业经纪人等一系列政策措施激励下，积极培育新型经营主体，兴办产品加工和营销企业，延长退耕还林后期产业链条，退耕还林成果得到巩固。

模式 23
重庆荣昌退耕还竹模式

荣昌区隶属中国重庆市，是西南地区麻竹种植面积最大的区县，被原国家林业局命名为"中国麻竹笋之乡""中国特色竹乡""全国笋竹两用林丰产栽培标准化示范区"，并建成我国第一个竹类生物产业基地——麻竹生物产业基地。

一、模式地概况

荣昌区位于重庆市西部。早在春秋时期，荣昌便是巴国的属地。荣昌区位于四川盆地川中丘陵的川东平行岭谷区交接处，全境南北长44.3公里，东西宽39.1公里，面积1077平方公里。荣昌区以螺罐山为界，中北部为丘陵区，南部为岭谷区。

荣昌区资源丰富，发现的矿产资源有10多种，主要是煤炭、天然气、陶土、页岩、石灰岩、建材砂岩、石英岩和矿泉水等。生物资源有经济作物、药用植物、园林植物和家畜家禽、淡水鱼类等。粮食作物盛产水稻、小麦、高粱、玉米等，经济作物盛产茶叶、蚕桑、生姜等。畜禽类主要有猪、羊、鹅，其中荣昌猪为"世界八大名猪""中国三大名猪"之一。

二、模式实施情况

2002年启动退耕还林工程以来，荣昌区累计实施退耕地还林14.1万亩，其中麻竹面积达7万余亩，占整个退耕还林工程面积的49.6%；实施巩固退耕还林成果专项工程后续产业基地建设8.72万亩，其中麻竹面积3.32万亩，占后续产业项目面积的38.1%。退耕还林有关项目的支撑，为麻竹产业的发展提供了强有力的保障。退耕地还竹15.7万亩，主要做法有：

退耕地还麻竹林

(一)政策扶持、加大投入

荣昌区始终坚持把发展竹产业作为农业增收致富的重要产业和生态可持续发展的引擎常抓不懈。先后出台了扶持麻竹产业发展的一系列优惠政策并给予一定的资金支持。以奖代补政策：对栽植麻竹成活率95%以上，荣昌区另补助0.3元/株，2009年荣昌区对完成笋竹产业基地建设任务并经检查验收达到要求的，按800元/亩进行奖补，其中，奖补农户(业主)700元/亩，奖补区、镇、村、社4级工作经费100元；免收种苗款：每亩麻竹种苗费需100元，而前一轮退耕还林每亩种苗补助是50元，对超出退耕还林补助部分的麻竹种苗款，由区里统一解决；评选种竹状元：对栽植麻竹面积大、技术管理水平好、辐射带动作用强的专业大户，由荣昌区评定为种竹状元，授予奖牌，并给予2000元现金奖励；鼓励大户、业主、专业合作社参与麻竹基地建设：大户、业主通过租地形式集中种植管护在1000亩以上示范园的，除享受件政策外，区有关部门还将整合资金，重点解决水系、路系和农业机具等基础设施建设费用，符合城周林屏障工程建设要求的分两年再补助300元/亩的肥料，大户、业主在基地成林后(第3年)可申请办理竹材加工许可证一个；区财政支持：2018年区级财政安排400元/亩的国土绿化农田林网及特色经济林资金专项用于麻竹林的清林、施肥、打蔸等的抚育管护。

(二)引入龙头企业

荣昌区加大招商引资力度，积极引进有资金和技术的龙头企业开发竹产品。全区共有市级林业龙头企业3家，其中竹笋加工企业2家(重庆市包黑子食品有限责任公司、重庆荣双食品有限责任公司)，竹胶合板厂1家(重庆市锦竹车厢板有限责任公司)，其余非市级龙头企业10余家。

(三)延伸产业链

经过不懈努力，笋竹产业已成为荣昌区继生猪产业后广大农民增收的又一大支柱性产业,以"林笋""林菌""林禽""林草"为发展模式的林下循环经济已走在全市前列。

(四)加强宣传培训

荣昌区除聘请有关科研院所专家现场培训外,区林业局还抽调20名专业技术人员,每年负责分片培训实施镇街的林业工作人员、农民技术员。林业局制作了麻竹科普宣传光盘120张和麻竹管理技术挂历6000份,编印了《麻竹笋材叶三用林丰产栽培技术推广手册》5000册。

三、培育技术

(一)科学建园

选择交通便捷、土壤偏酸(pH值4.5~6.2)、土层深厚肥沃的连片旱地或缓坡地进行规划建园,并根据地形、地势搞好道路建设、配套排灌系统。

(二)合理密植

麻竹笋基地要十分注意种植规格,只有合理密植,才能取得单位面积的高产。实践证明,一般每亩种植30~40株,每株麻竹笋只留2~3条母竹和1~2条接替竹。

(三)整地栽植

冬季按种植规格挖深、宽均为0.8~1.0米的种植穴,每穴用绿肥、厩肥、火烧土100~150公斤与表土分层填压,然后回填表土。穴间深翻20~30厘米,把表土及草皮泥翻入底层,创造良好的土壤水、肥、气、热条件。待绿肥等有机肥腐熟后,选择在春季种植。

(四)合理施肥

麻竹笋生产应注意合理施肥,实行高投入、高产出、高效益的经营方式。进入盛产期后,重点施好追肥和基肥。从竹笋萌动到产笋之前每亩追施碳酸氢铵、过磷酸钙、氯化钾,肥料分2次施用,第1次在春雨后,隔10~15天再施第2次。产笋期间追肥,施尿素加复合肥,初笋期(5月)和末笋期(10月)每隔15~20天施1次,盛笋期(6—9月)每隔10~15天施1次。

(五)防治病虫害

麻竹笋生产要注意做好病虫害防治工作,可用毛笔蘸40%氧化乐果环刷母竹基部第二、三竹节防治蚜虫、蚧壳虫,用20%杀灭菊脂3000倍液喷雾防治竹蝗。全面喷布50%多菌灵500倍液防治煤烟病、锈病、叶枯病,并清除枯枝残叶,防止病害蔓延。麻竹喜湿不耐浸,因此在产笋期间遇久旱要及时灌水或淋水,保持土壤湿润;春夏多雨季节,要注意及时排除积水。

(六)科学取笋留苗

科学的取笋方法是：先用小锄头刨开竹笋周围的泥土，再用专用切笋刀，选准在笋块顶叶相反方向的缩节部位切下取笋。为防止切笋后笋蔸腐烂，切笋最好选择在晴朗的早晨进行，同时要注意保留笋蔸，取笋后用表土覆盖笋蔸。在留苗方面要改变随意留、多留或不留的习惯。根据麻竹2年生竹发笋力最强的生长特性，科学的留苗方式是：统一在每年8月下旬选留1~2个(种植第一年留2个)远离母竹、生长较深且呈"弓"形的健壮嫩芽，让其生长，培育成母竹，其余的嫩芽均作鲜笋切取。

退耕户科学取笋

(七)清园培土

每年11月份收笋结束后进行一次全面清园，首先是砍掉退化的3~4年生母竹，挖去老竹蔸，清除枯枝落叶，让笋园土壤晒白；其次是在12月底至翌年1月春雨来临前，施用草木灰、土杂肥等作基肥；第三是培入肥沃新土(晒白田土或塘泥)，每亩培土5000公斤左右，扩大麻竹笋的营养面积，增厚生根层，增强根系的生长能力和吸收能力。

四、模式成效分析

(一)生态效益

全区森林面积达54.74万亩(其中竹林面积25万亩)，森林覆盖率由2002年的13.8%提高到现在的36.61%，增加了22.81个百分点；成片林地发挥了较好的保水保土作用，减少了水土流失面积，空气质量明显好转，人居环境明显改善，生活质量明显提高。

(二)经济效益

荣昌区退耕还林发展麻竹15.7万亩，每亩年收益2000多元，种植麻竹农户达8万余户,约占全区农户总数的 50%。年加工销售麻竹笋约 8 万吨,拉动形成竹笋、竹叶、竹材、竹苗、竹笋加工剩余物综合利用等五大产业,据 2019 年统计,全区笋竹产业总产值达 3.12 亿元,全区林业总产值达到 24.4 亿元,农民平均林业纯收入达 1700 元。

退耕地还麻竹笋丰收

(三)社会效益

退耕还竹还调整了农村产业结构,增加了就业岗位。全区以麻竹基地为依托,产业链条不断延长,促进了农村经济结构调整和农民增收。全区年产麻竹笋制产品 8 万吨,麻竹棕叶 4.5 万箱、竹胶合板 3 万立方米、竹削片 2.3 万吨、竹沙发 0.75 万套、竹席 1.5 万张、折扇 450 万把,猪笼 225 万个,竹苗 200 万株,建成了 5 家竹材加工企业、2 家竹笋加工企业、2 家竹叶加工企业和 2 家竹笋加工剩余物企业,还成立了麻竹专业合作社 22 个,为社会提供 9200 个就业岗位。

五、经验启示

(一)政策引导是前提

在退耕还林发展竹产业上,荣昌区成立了以分管区长为组长,发展改革委主任、林业局局长为副组长,相关单位为成员的领导小组,为笋竹产业的发展提供了组织保障。每年下发相关文件,把笋竹生产和销售工作列入重要议事日程,定期召开笋竹产业领导小组会议,及时研究和解决工作中出现的新情况、新问题,统筹协调资金和项目安排。

(二)龙头企业添动力

在经营方式上,荣昌区主要通过引进发展龙头企业的形式,开展有关生产技术指导、收购、加工和销售等工作；在资金投入上，主要以企业投入为主，实行自主经营、自负盈亏的管理模式，区上通过项目、财政补助等形式为辅推动企业、产业发展。全区代表性企业包黑子食品有限责任公司2008年、2009年、2010年、2011年连续4年被评为重庆市龙头企业30强。公司产品多次被评为"重庆市名牌农产品"和"消费者喜爱产品"。2008年"包黑子"商标被评为重庆市著名商标，"包黑子"竹笋系列产品在第四届中国竹文化节上荣获4项金奖。

模式 24
重庆铜梁退耕还砂糖李模式

铜梁区隶属重庆市，位于长江上游地区、重庆西部，是中国人民志愿军特等功臣邱少云的故乡和铜梁龙灯的发祥地。铜梁区为国家卫生城市，获得过"国家级外派劳务基地""全国蔬菜生产重点县""全国节水型社会建设示范区""国家首批园林县城""国家级卫生县城""最具幸福感城市"等荣誉称号。自2002年退耕还林工程实施以来，铜梁区以此为契机，探索出了一条生态美、产业兴、百姓富的新路子，为新一轮退耕还林创造了一个亮点纷呈的鲜活样板。

一、模式地概况

庆云村隶属于铜梁区小林镇，位于小林镇西北部，地处浅丘地带，属亚热带季风气候，气候温和、四季分明，平均气温17.2~18.8℃，最高温度可达40℃，年均降水量1003.6毫米。庆云村土地面积8.1平方公里，其中耕地5582亩，林地6015.5亩，森林覆盖率60%。全村下辖24个社，共1113户3290人，年人均收入1.35万元。

庆云村气候适宜，土壤肥沃，物产丰富，境内山清水秀，无任何工业污染，主要特产为大米、竹笋、李子等。庆云村砂糖李种植历史已逾百年，由于独特的气候和砂性土壤条

铜梁区小林镇庆云村概况

件，加之坡地朝阳、日照充足，生长的李子个头饱满、酸甜适度、香脆化渣，口感特别好，是当地农民增收致富的一大传统产业。

二、模式实施情况

庆云村坚持"生态立村，农业兴村，产业富民"的发展思路，强化组织措施，树立市场意识，大力发展生态和特色小水果产业，致力于全产业链融合的发展模式，厘清全村发展思路，创新发展新型农村集体经济，着力增加群众收入。2002年退耕还林工程实施以来，在小林镇的正确引导下，庆云村抓住有利时机，共实施退耕还林1876亩（其中，前一轮退耕还林701亩，新一轮退耕还林1175亩），主要栽植树种为砂糖李，惠及农户1521户（含贫困户68户）。庆云村退耕还林主要经验做法有：

（一）明确发展思路，打造特色水果产业

庆云村种植砂糖李等小水果虽历史悠久，但以往传统的种植方式根本不能形成产业，为了盘活现有资源，形成规模产业，增加农户收益，庆云村立足实际，决心依托新一轮退耕还林发展以砂糖李为代表的特色小水果产业。

（二）创新经营模式，保障林农增产增效

庆云村在退耕还林中探索推广大户带散户经营模式。要发展小水果产业，必须要有示范带头人，庆云村先后成功回引5名在外成功人士回村创业，合资组建大佬粗农业开发公司，流转本村土地1500余亩，以2014年新一轮退耕还林为契机，建设以砂糖李为主的小水果示范基地。通过大户的示范作用，带动了更多群众发展小水果产业。

庆云村在退耕还林中创新"公司+合作社+农户"经营模式，大力发展新型农村集体经济。在大佬粗农业开发公司的带动下，庆云村成立老鹰咀李子专业合作社，将退耕农户纳入合作社管理，采取"公司+合作社+农户"的经营模式（即退耕农户以土地入股，合作社负责提供造林种苗，公司负责后续管理、经营、销售，收益由三方按约定比例分成）成片发展砂糖李500余亩，全村96户（含贫困户8户）与公司和合作社建立了稳定的利益连接机制，在退耕农户致富增收的同时村集体经济也得到了发展壮大。

（三）紧扣脱贫攻坚，助力林业精准扶贫

庆云村坚持以新一轮退耕还林建设为契机，紧紧围绕脱贫攻坚和精准扶贫工作，结合种植结构调整，积极拓宽林业增收空间，多渠道增加贫困户涉林收入。一方面庆云村在新一轮退耕还林项目建设过程中优先满足贫困户建设任务需求并多次对贫困户进行专业技术培训指导，切实做好产业帮扶。同时，小林镇要求大佬粗农业开发公司和老鹰咀李子专业合作社在使用劳动力时优先使用贫困户劳动力，切实做到就业帮扶。另一方面，大力发展李子微企，助力脱贫攻坚。目前，庆云村李子等小水果种植面积已发展到3000余亩，已

是远近闻名的"李子村"。全村拥有果农96户（含种植大户43户），有46户依靠李子种植实现脱贫，如14社贫困户张从华，种植李子4亩左右，年总收入超过2万元，真正意义上实现了脱贫增收。

（四）创新销售模式，拓宽销售渠道

庆云村依托水果集散中心，大力发展新型农村集体经济。由庆云村集体出资，建立了小林镇小水果集散中心，包含1个选果场和2个冻库，小水果集散中心既可对种植户进行有偿租赁服务，也可采取村集体收购—选果（冷藏）—销售的经营模式，在保障种植户利益的同时促进了集体经济的发展壮大。

庆云村运用"互联网+"思维，通过互联网连接大市场。为了让砂糖李走到更远的地方，由庆云村大学生村官、农村本土人才牵头创业，成立重庆晓霖捎客商贸公司，实现线上线下交易，拓宽销路，开辟新的营销模式。目前通过"晓霖捎客"和"爱在龙乡"两个电商网络平台将砂糖李远销北京、上海、广州、深圳等地，破除了地域限制问题。

庆云村寻求多方合作，实现订单销售。为了让包括贫困户在内的种植户获得更好的效益，镇村两级积极作为，提前与重庆洪久果业、重庆长途汽车运输公司、京东物流、双福商贸城等知名物流企业和铜梁城区连锁果品经营店、超市达成了合作协议，确保多渠道销售。同时，小林镇机关干部积极发展"后备箱经济"，无偿将镇上土特产捎到铜梁城区，架起了农村和城市的桥梁，有效促进农民增收。

京东物流销售

庆云村大力推行分级销售和反季节销售。通过分级选果销售和反季节销售的方式，彻底打破了以往销售过程中李子价格普遍偏低的局面，解决了果烂地头的现象，缓解了市场价格冲击，充分发挥出了不同品相小水果的市场价值，实现了李子价值的增值。例如，之前的砂糖李价格在6元/公斤左右，实现分级销售后，平均每100公斤李子中有20公斤左右能达到特级，销售价格在30元/公斤，其他的李子都按等级的不同分别能够卖到16~20

元/公斤不等。仅通过特级李子的销售额就能达到未分级时全部李子的销售额,大大提高了销售额。

市民现场采摘砂糖李

(五)树立品牌意识,延伸产业链条

庆云村大力发展乡村体验旅游,多渠道保障林农收益。随着李子种植面积的不断增加和砂糖李名气的不断提升,庆云村的乡村旅游正蓬勃发展。一方面以砂糖李为基础,每年举办"荷李在一起"砂糖李采摘季,吸引城里人到村里采摘体验。据统计,每年有3000余人到现场采摘,除销售水果外,也带动了其他地方土特产的销售,带来收益30余万元。

庆云村推出李树认购活动,即30元认购一株李子树,悬挂认购牌,保底5斤李子,多结多得,提前把李子销售出去,让果农吃下了定心丸。同时,村集体经济组织每年在采摘季开设特色农产品扶贫专柜,市民前来采摘砂糖李的同时,可购买到原生态的优质土货,还可垂钓生态鱼,品农家饭菜,观赏歌舞表演,多渠道保障林农增收致富。

被认购的李子树

为了保证砂糖李产业的长远发展，庆云村把目光瞄向了品牌的打造。注册了"老鹰咀砂糖李"无公害商标，先后获评"全国优质李"、绿色A级产品、地理标志认证三块"金字招牌"，打响了小林砂糖李百年品牌。创建"砂糖李"与"铜梁小林"两个公众号，对铜梁砂糖李进行广泛宣传，提升知名度。

三、培育技术

砂糖李喜充足光照和肥沃的沙质土壤，成熟的砂糖李外观上光滑见亮，绿色灰霜见底，酸甜适度，清脆化渣，口感很好。

(一)品种选择

选择苗高80~100厘米，地茎粗度0.8厘米，生长健壮，根系完整，嫁接口愈合良好，无检疫性病虫害的营养袋种苗造林。

(二)苗木栽植

以秋末栽植为主，栽植密度根据地势、土壤肥力及农业栽培措施等而定，一般株行距为3米×4米，每亩栽56株。栽植时扶正，舒展根系，使根系与土壤密接。苗木栽植好后，要求在树苗周围做直径1米的树盘，并浇足定根水。栽植深度以嫁接口露出地面5~8厘米为宜。

(三)水肥管理

李子不同生长期均需要足够的水分，结果前的幼树，一般每年春、夏、秋梢抽发期各施肥一次，每株每次淋施有机肥10~15公斤+复合肥0.2~0.25公斤。结果树一般年施肥3次，即采果肥、花前肥和壮果肥，根据不同时期需求均严格按照绿色产品标准施用多元复合肥。

(四)花果管理

适时疏花疏果，根据果树的结果量，以疏除瘦弱果、畸形果、病虫果、双生果为主，每株树保留100个左右的李果。

(五)病虫害防治

贯彻"预防为主，综合防治"的植保方针。以农业防治为基础，提倡生物防治为主。按照病虫害的发生规律科学使用化学防治技术，做到对症下药，适时用药，对化学农药的使用情况及时进行严格、准确的记录。

四、模式成效分析

庆云村抓住新一轮退耕还林等重点生态工程建设契机，确立了发展铜梁砂糖李品牌战略，通过精细化管理，多渠道经营销售，大力推动了庆云村林业产业发展，取得良好的生态、经济和社会效益。

(一)生态效益

庆云村是铜梁的偏远乡村，产业发展薄弱，当地农民缺乏增收门路，大量青壮年长期外出务工，庆云村严格对标对表，紧紧围绕乡村振兴战略部署，将新一轮退耕还林与产业发展现相结合，精准发力，让一片片荒山荒地变成了农民增收致富的金山银山，让绿色生态成为了庆云村最美发展底色。

(二)经济效益

庆云村退耕还林发展砂糖李1175亩，累计带动发展砂糖李3000多亩，每亩产量250公斤，每公斤价格8元，亩产值2000多元，每年村集体增收约7万元，农民户均增收约350元。如12社建卡贫困户陈开六在举行采摘节时每天出售自家砂糖李，每个小竹筐装有5公斤李子，每筐卖100元，不到半个小时，他就卖完了10筐李子，真正意义上实现了产业脱贫。

(三)社会效益

庆云村从生态建设、产业振兴和脱贫攻坚中寻找结合点，大力发展砂糖李产业，提升品质，打造铜梁砂糖李知名度和美誉度，着力推动了当地产业振兴和新型农村集体经济发展，带动了农民脱贫致富。

五、经验启示

退耕还林是一项改善生态环境、促进农民增收的重大生态工程，对发展林业特色产业，增加森林资源，提高生态质量，有效治理水土流失，带动农民增收致富成效显著。退耕还砂糖李经验启示如下：

(一)落实政策是核心

要想工程建设落地落实、取得实效，保障退耕还林工程健康有序推进，必须完善相应制度保障，明确技术规范、资金管控等方面的政策，激发全社会参与退耕工程建设的积极性和主动性。

(二)创新经营模式是关键

因地制宜，结合农业种植结构调整，培育新型林业经济，在保障退耕农民合法利益前提下，鼓励社会资本参与退耕还林，进行集中规模经营，重点推行业主(大户)承包、大户带散户、"公司+合作社+农户"等经营管理模式。

(三)拓宽销售模式是保障

大力发展优质林产品，创新销售模式，拓宽销售渠道，形成产供销链条，让退耕农户没有产品销售的后顾之忧。

(四)发展产业链是活力

良好的退耕成效巩固和长效的农户经济效益是退耕还林取得成效的显著标志,树立品牌,打造特色产品,发展乡村休闲旅游,激发活力,形成长远后期产业链是实现目标的根本途径。

模式 25
重庆长寿退耕还长寿柚模式

长寿区位于重庆市主城东北隅，属于三峡库区生态经济区，地跨长江南北，距重庆市主城区50余公里。自2002年实施退耕还林工程以来，长寿区邻封村以"退得下、不反弹、能致富"为目标，以"改善生态环境、振兴乡村经济"为发展理念，从群众实际需求出发，因地制宜，逐步探索出一条适合本地发展的林业产业新路子，形成特色林业产业，实现了生态效益与经济效益的统一，成为长寿区退耕还林工程建设的成功典范。

一、模式地概况

邻封村隶属于长寿区邻封镇，位于长寿区东部，以浅丘地貌为主，海拔200~400米；常年平均温度20℃左右；常年降水量1150毫米；土壤pH值6.5~7.5，多为褐色土壤，降水量丰富。全村土地面积5.3平方公里，辖10个村民小组，农业人口1186户3715人。耕地3800亩，林地800亩。2019年人均可支配收入约2.16万元。

2018年，邻封村入选农业部中国美丽休闲乡村。邻封村借助东林古寺、龙溪碧水、万亩柚林等产业和旅游资源优势，结合新农村建设、乡村产业发展、市民休闲度假等内容，丰富了沙田柚文化内涵，走出了一条独具特色的美丽乡村之路。

二、模式实施情况

邻封村实施前一轮退耕还林工程面积1209亩，全部栽植当地特色果品长寿柚，涉及农户818户2650人，其中涉及贫困户23户68人。工程实施以来，邻封村依托退耕还林工程建设机遇，根据本村的特色优势区位，大力发展长寿柚产业，积极探索林业发展与乡村振兴的双赢模式。邻封村因此荣获重庆市新农村建设示范村、重庆市特色微型企业村、重庆市生态卫生村、小康村、全国"一村一品"示范村、"中国美丽休闲乡村"等荣誉称号。邻封村退耕还林主要经验做法有：

（一）大力发展长寿柚产业

长寿柚源于广西容县沙田乡，清光绪年间由当地乡贤引种而来，种植历史已有130多年。邻封村是全国优质长寿柚生产示范基地核心区，素有"中国长寿柚之乡"的美称，长寿柚汁多味浓、醇甜如蜜、爽口化渣，曾获多项国家殊荣，2006年获"中华名果"荣誉称号，2009年成功注册长寿柚地理标志商标。

邻封村特产长寿柚

(二) 积极探索"企业+专业合作社+退耕农户"模式

邻封村全村成立专业合作社26个，家庭农场7个，龙头企业1家，通过退耕还林工程建设，邻封村积极探索"企业+专业合作社+退耕农户"的退耕还林运行模式。成立专业技术队伍，指导群众开展产前、产中、产后服务，架起了连接农户和市场的桥梁，推动邻封村经济发展。

(三) 努力打造特色长寿柚林业产业

邻封村长寿柚产业的发展，为实施乡村振兴注入新的活力。2007年实施新农村建设以来，在邻封镇积极支持下，邻封村加强了基础设施建设，取得了显著成效。该村的1、2、3、4组果园内水系、路系、沟系三大配套体系完备。果园抵御自然灾害的能力得到显著提高，全村硬化公路13公里，公路贯穿每个村民小组。2010年11月，长寿柚种植园区成立，核心区坐落于长寿沙田柚之乡——邻封镇，包含邻封镇、渡舟街道高峰村、长寿湖镇石回村和但渡镇龙寨村。目前，长寿柚种植面积8.3万亩，投产树4.5万亩，年产果2万余吨。

(四) 为乡村振兴注入新的活力

邻封村建有"十里柚乡百里花海乡村生态观光园"，是赏花好去处。借助退耕还林发展的特色林业产业，已成为该村旅游资源优势，形成了"春赏花、夏戏水、秋采果、冬祈福"的四季旅游形态，发展农家乐31个，能同时接待900名游客住宿，8000名游客用餐。打造了长寿柚、柚子宴、龙溪菜籽油等旅游产品，年均接待游客50万人次，旅游收入约2500万元。

退耕地还长寿沙田柚丰收

三、培育技术

定植 1~2 年幼树，以速效氮肥为主，生长期每月施一次。3 年以上的幼树，要求氮、磷、钾配合使用，每年施肥 4 次以上。

定植后 1~3 年内，培育 3~5 个合理的主枝，并尽量促发春、夏、秋 3 次梢的抽发，以期迅速形成结果树冠。定植 3 年后，逐渐短截中央延长枝，疏删过密的主枝和副主枝，改善树冠内部的通风透光条件，促 2~3 年生春梢转化为结果母枝。试花结果后，除通过肥水管理控制夏、秋梢的抽发外，应及时抹除夏、秋梢或冬季短切秋梢，确保树冠的扩大与产量的增长。

选择舒氏柚或红心柚正常花朵的花粉进行人工辅助授粉，在长寿柚花蕾刚刚开放或含苞待放的时候，撕开花瓣，用毛笔或棉球蘸上事先准备好的授粉品种的花粉，点授于长寿柚花柱柱头上，可提高坐果率。晴天上午 9~11 时授粉效果最好，阴天全天均可。

6 月上、中旬进行疏果，疏去小果、劣果、畸形果。6 月中下旬进行套袋。病虫害防治选择使用高效、低毒、低残留的农药品种，在采果前 15 天内严禁施用农药。

四、模式成效分析

实施退耕还林工程，邻封村生态得到持续改善，为特色产业发展提供了充足的动力。邻封村通过退耕还林特色产业发展，群众收入增加，生活水平提高，为社会主义新农村建设提供了有力的经济基础和物质保障，减少了壮劳动力的对外流失，促进了地方和谐社会发展。

(一) 生态效益

通过退耕还林，壮大了长寿柚种植基地核心片区，十里柚乡成为长寿区的天然氧吧，2019 年成功申报全市气候养生地，长寿柚成为深受喜爱的气候产品。

(二) 经济效益

退耕还林工程成为"大地增绿、农民增收"的一个亮点，为农村经济发展注入了新的活力。邻封村现种植长寿柚 4000 余亩（其中退耕还林 1209 亩），年产量约 700 万个，每亩平均收入 1.4 万元以上，产值约 5600 万元，约占全村总收入的 75%，户均收入 6.1 万元。2015 年，邻封村荣获重庆市"特色微型企业村"称号，全村发展以农家乐、长寿柚种植为主的微型企业 107 个，积极与镇内、镇外企业联系，提供就业信息 300 余条，解决就业 200 余人。2015 年完成了全村 23 户贫困户的脱贫任务，实现了"一达标、两不愁、三保障"的扶贫目标。

(三) 社会效益

邻封村通过特色产业，强化技术指导，依托阳光工程、十百千人才计划、长寿柚销售信息员培训等项目，每年对退耕户定时定期进行生产管理技术培训，培养了一批专业技术型农民。通过特色林果产品增收致富，提高村民生活水平，减少社会矛盾，助推邻封村精神文明建设，全村推选区乡贤 1 名、镇文明家庭 5 户、村文明家庭 20 户，发挥模范效应，形成尊老爱幼、邻里互助的友爱之风，营造淳朴、热情、诚信的文明风气。邻封村依托长寿柚产业及乡村旅游业，积极引导群众创业就业，拓宽增收致富渠道。

五、经验启示

长寿区实施退耕还林工程，坚持生态优先、兼顾经济发展、农民增收的原则，通过政策引导、企业带动、合作社引领、农民联合的模式，着力构建整体联动、齐抓共管的发展格局，积极探索"企业+专业合作社+退耕农户"的退耕还林实用模式。

(一) 明确产业发展方向

实施退耕还林工程，要立足本镇、本村实际，因地制宜，充分尊重广大群众意愿，明确产业发展方向，理清发展思路。邻封村以实施退耕还林工程建设为契机，紧盯现代林果产业发展新趋势，准确把握高端市场新需求，积极适应前沿科技应用新走向，紧扣市场脉搏，选好打造的品种，群众才能在工程建设中受益，也才能够更好地巩固退耕还林成果，实现生态、经济双赢的目的。

(二) 切实做好政策引导

邻封村在实施退耕还林工程中，强化政策的引导作用，把林业产业培育作为各级组织的重要职责，把退耕还林工程作为拉动农村经济发展的重点工程抓紧抓好。通过广泛宣传，充分调动参与积极性，让广大群众积极投身于退耕还林建设的伟大事业中来，及时组织工作队伍进村入户作指导、送信息、搞帮扶，凝聚了推动林业产业发展的强大合力。

(三)充分发挥合作组织的带动作用

邻封村鼓励退耕农户联合，成立专业合作社，积极引入有经济实力的企业投入退耕还林工程建设中，形成产业带动。通过统一技术、统一物资、统一销售等方式整合资源，促进林业产业向集约式发展。

(四)志愿服务增亮点

邻封村成立了志愿服务队，在长寿柚销售期间发出诚信销售倡议书，引导群众相互监督，做好诚信销售工作；在旅游旺季组织群众提供环境保护、游客引导、交通疏导等志愿服务，成为邻封村的一道风景线。

模式 26
四川安岳退耕还柠檬模式

安岳县属于四川省资阳市，位于四川盆地东部，是四川第一人口大县。安岳县资源丰富，享有"中国柠檬之都""全国商品粮基地县""四川省劳务开发基地县""全国产肉十强县"等美誉。安岳柠檬种植规模、产量以及市场占有率均占全国80%以上，品牌价值达173亿元，成为全国唯一的柠檬商品生产基地县，是地道的"中国柠檬之都"。

一、模式地概况

安岳县隶属四川省资阳市，地处川东丘陵区，地势较为平缓，土层较深厚；属亚热带湿润季风气候，冬暖春早，雨热同季，雨水充足，常年平均气温18.5℃，年平均日照时数1192.7小时，年平均降水量为924.9毫米，降水多集中在7、8、9月，多年平均无霜期为312天。这里土壤、温度、光照、雨量都非常适合柠檬生长，是优良的柠檬生态区域。

全县土地面积2700平方公里，其中耕地面积118.12万亩，森林面积99万亩，森林覆盖率43.4%。现有46个乡镇（街道），总人口158万，2019年地区国民生产总值252.3亿元，农民人均可支配收入达到17475元。

二、模式实施情况

安岳县共完成国家计划内退耕还林面积32.61万亩，其中：退耕还林14.41万亩，荒山荒地造林18.2万亩，主要栽植柠檬、柏木、桑树、香椿、花椒、核桃等30个树种，涉及46个乡镇620个村，惠及退耕农户11万余户约40万人。安岳县依托退耕还林、成果巩固专项、荒山造林等项目共发展柠檬产业13.16万亩，安岳县逐渐成长为全省乃至全国柠檬规模最大的基地。安岳县发展柠檬产业的经验做法是：

（一）坚持政策引导，科学谋划布局

1999年全省启动实施退耕还林工程建设，根据地方实际和农户意愿，安岳县定下"退耕不退后、还林还增收"的工作基调，明确"山上退耕，山下还果，柠檬立业，生态经济互

安岳县文化镇退耕还柠檬种植基地

动"的工作思路,始终围绕绿山富民和建设"中国柠檬之都"目标,退耕还林项目经济林主打柠檬品牌,广泛宣传发动群众,统筹整合资源、资金,大力实施柠檬基地拓展、龙头带动、品牌建设、科技提升、文化助推五大工程,推动柠檬产业快速发展。

(二)推进规模种植,实现成果巩固

安岳县大力实施优新品种示范、标准化示范,培育柠檬规范种植基地52万亩。积极利用国家柑橘体系柠檬试验站资源,加强与中国农业科学院柑橘研究所、四川省农业科学院等科研院所合作,强化柠檬品种选育和规范种植,在安岳县南五区范围内新规划建设标准果园,全面推广"深沟高厢起垄稀植"新型栽培模式,为全省乃至全国柠檬高标准建园探索走出新道路;在安岳"北五区"加大老旧果园改造力度,着力改造18.5万亩老旧柠檬果园,鲜果亩产量提高30%以上,确保退耕还林工程"退得下、能保住"。

(三)探索多元发展,助农增收提效

挖掘放大安岳柠檬特色资源,发展柠檬旅游观光业,促进一三产业融合发展,连续举办11届安岳柠檬节,广泛吸引周边省市游客聚集,各色柠檬主题活动精彩纷呈。打造以

安岳县文化镇宝森柠檬小镇

"柠檬文化、柠檬生活、柠檬康乐、柠檬生态、柠檬游乐"为主题的宝森柠檬小镇,配套建设柠檬博览园、生态休闲区、乡村酒店、儿童游乐园、汽车露营基地、映月文化广场、青少年校外综合教育基地等16个子项目,被评定为国家3A级旅游景区。依托柠檬资源,安岳县基本形成集吃、住、游、娱、乐、购为一体的休闲娱乐旅游综合体,丰富了群众假日文化旅游休闲生活的同时,进一步拓宽了农户收入渠道。

(四)实施抱团经营,优化市场营销

着力加大精深加工、流通企业培育,推进现有柠檬加工、流通企业优化升级,按欧盟出口产品生产企业卫生规范准入标准进行规划建设;引导行业商、协会及龙头企业组建联合企业集团,实施抱团经营集约化发展,不断发挥龙头企业引导作用和提高市场抗风险能力。整合展会资源,支持营销企业"走出去",到"一带一路"沿线国家拓展市场,2019年安岳县成功举办世界首届柠檬产业发展大会。组织柠檬企业参加西部林业产业博览会、"川货全国行"以及莫斯科国际食品展、香港亚洲国际果蔬展等国内外展会,推动安岳柠檬拓展国内外市场,全面创响"安岳柠檬"品牌。

2019年9月17日,首届世界柠檬产业发展大会在安岳县召开

(五)落实科技支撑,推进成果转化

安岳县积极搭建研发平台,筹建以"企业参与、市场运作"为模式的柠檬产业技术研究院;依托院士专家工作站,为安岳柠檬"产研销"各环节有序发展提供坚强的科技保障;对柠檬科技成果实行分类管理,对于市场潜力价值较大的科技成果,以专业化的企业为转化主体,充分发挥市场配置资源的优势,进行高效的成果转化。对于公益性、基础性的科技成果,加大职业技术培训,以基层农技推广部门为主体,依托技术推广人员,将公益性技术成果推广到乡间地头,推广到业主、种植大户、果农的手上。

三、培育技术

安岳柠檬主栽品种尤力克,自 1929 年第一株柠檬树落地安岳县,经过长达 90 年的栽培驯化、选优提纯,选育出了高产、优质、抗逆性强的株系。经中国柑橘研究所检测,与美国加州、意大利西西里柠檬比较,安岳柠檬的各项主要指标均高于其他地区,是理想的既能鲜食又能加工的优良品种。安岳柠檬主要的栽培技术有:

(一)园地选择

柠檬栽植宜选择交通便利、水源充足的平地、丘陵的宽沟水稻田(干化后)或山地 1~2 台土,以土壤肥力较高、土质疏松、微酸性或中性的沙壤土种植最佳。

(二)苗木定植

柠檬树栽植最好集中在每年的 2—3 月或 9—10 月进行春植或秋植。安岳县近年大力推行"深沟高厢起垄稀植"栽培模式,聚土起垄栽植,垄高高于厢面 60 厘米,按 4 米×5 米、5 米×5 米、4 米×6 米的株行距稀植脱毒营养苗。

(三)果园管理

勤施肥:待苗木完全成活,每隔 20~30 天浇施清粪水 1 次。第 2 年起每株施农家肥 20 公斤、复合肥 0.5 公斤,结合中耕除草在离树苗 40 厘米以外挖深约 30 厘米的环状沟,先把杂草施入沟底,再施农家肥和复合肥,最后覆土盖平。强修剪:柠檬定干高度 40~50 厘米,选生长势态良好的秋梢或是夏梢作为第 1 主枝,并将其与主干之间的角度控制在 40°~50°。在选定并培养了第 1 主枝后的 1~3 年内,以同样的方式选第 2、第 3 主枝,每条主枝间隔距离要控制在 30~40 厘米,最终形成均衡饱满的树形。优管花:每一年中,柠檬树都可以数次开花、抽梢,均可结果。要在第一茬坐果前,加大对花的管理力度,保证花的数量充足,提升坐果数量,如果春季的开花坐果数量较少,可以通过夏季的开花坐果来进行数量补充。除去常规用肥外,可以选择进行根外追肥,用 0.2% 硼砂加 0.5% 尿素,在花蕾期与花期进行喷施,对于提高柠檬树的坐果率效果明显。

(四)病虫害防治

柠檬树常见的病虫害有黄脉病、炭疽病、立枯病、天牛、潜叶蛾、矢尖蚧以及红蜘蛛等。安岳县根据柠檬出口潜在市场的农残标准制定最为严格有效的配方,联合农业农村局、工商管理局等多个部门,从全县各柠檬技术服务站着手,加强指导监管,提高防控水平,保证产品质量安全。

四、模式成效分析

安岳县积极发挥退耕还林工程的引导、示范和推动作用，调整产业机构，促进全县柠檬产业大发展，取得了良好的经济生态及社会效益。

(一) 生态效益

1999 年安岳县实施退耕还林以来，到 2019 年底，全县森林面积达到 99.08 万亩，森林蓄积 451 万立方米，森林覆盖率(含四旁)达 43.4%，曾经裸露的红土坡重新披上了绿装，也为筑牢长江中上游生态屏障作出积极贡献。

(二) 经济效益

安岳县退耕还林发展柠檬产业 13.16 万亩，每亩柠檬收益 2000 多元，直接经济收益每年达 2.6 亿余元。依托退耕还林工程的带动，安岳县发展柠檬基地达 52 万亩，同时发展柠檬生态旅游业，不断扩宽农户增收渠道。据统计，2019 年，全县柠檬产量 58 万吨，加上生态旅游收入，产值达到 110 亿元，全县农民柠檬单项人均可支配收入达到 3000 元。

(三) 社会效益

实施退耕还林项目后，生态环境逐步好转，人民收入水平不断提高，大大提高了群众对发展柠檬产业、优化生态环境的关注度，强化社会生态文明意识；另一方面促进了农村产业结构和土地利用调整，项目带动了柠檬周边产业的蓬勃兴起，新办的柠檬加工营销、柠檬生态旅游企业，解决了农村剩余劳动力就业问题，促进农村经济社会的稳定和可持续发展。

五、经验启示

四川省自 1999 年启动实施退耕还林工程，彼时正值安岳县柠檬产业发展的关键时期，安岳县紧紧抓住契机，坚持"植树即为林"的理念，提出山顶栽植生态树种优化生态、山腰栽植柠檬助农增收的工作思路，引导和推进柠檬产业发展，最终实现了生态效益"双赢"的良好局面。

(一) 新型经营主体带动是规模发展的动力源泉

安岳县依托退耕还林项目，积极引进专业合作社、种植大户等新型经营主体，在技术、管理、销路上"冲头阵"，带着全县柠檬产业坐上"顺风车"。作为当地较大的柠檬种植户，文化镇前锋村柠乾生态农业科技开发公司承接退耕还林后续产业项目，种植柠檬 1200 余亩，统一采购生产资料、统一育苗、统一组织生产、统一技术措施、统一产品销售，通过标准化生产提高产品质量，增强市场竞争力。

(二)标准建设是产业化发展的保障

为保障柠檬产业健康发展,2009年10月成立了安岳县柠檬产业局,下设柠檬科学技术研究所,先后出台《柠檬苗木培育技术规范》《安岳柠檬栽培技术规范》等7项技术规范,实行种植技术、信息统一化,后来一些地方标准逐渐升级为国家标准,填补了国家柠檬标准空白。

(三)科技支撑是产业高质量发展的决定因素

安岳县坚持以科技创新支撑柠檬产业发展,先后与中国农业科学院柑橘研究所、中国农业大学、西南大学等农业权威科研院校广泛合作,奠定了柠檬产业发展坚实基础。结合丘陵区实际创新的深沟高厢起垄稀植法,有利于通风、排水、透光,每亩30~40株的适度密植栽培模式,不仅让柠檬长势更好、亩产量由1500公斤提高到2500公斤,还省去了前3年果树修剪的麻烦。

模式 27
四川会理退耕还石榴模式

会理县隶属于四川省凉山彝族自治州,位于四川省最南端,地处攀西腹心地带,是国家历史文化名城,会理古城是4A级旅游景区。全县土地面积4527平方公里,辖20个乡(镇、街道)303个行政村10个社区,总人口46万人。林业总产值达15亿元,占地方总产值的5.1%。连续10届进入中国西部百强县,连续11年获四川省县域经济发展先进县。

一、模式地概况

会理县属中亚热带西部半湿润气候区,有丰富的光热资源和宜人的气候条件。全年1月平均气温7℃,7月平均气温为21℃;年平均降水量1211.7毫米,降水量90%以上集中于6—10月。全县干湿季节明显,日照充足,无霜期长。全县1999年有贫困户4623户,总人数16978人,人均年收入5000元,脱贫攻坚任务重大。

会理是石榴种植区域,2007年6月26日,国家质检总局批准对"会理石榴"实施地理标志产品保护。会理石榴基地乡镇有鹿厂镇、彰冠乡、通安镇、新发镇、木古镇、关河镇、城南街道等7个主产乡镇。其中种植规模3万亩以上的乡镇5个,1万亩以上的重点乡镇6个。

二、模式实施情况

1999年实施退耕还林工程以来,会理县利用退耕还林契机,大力发展石榴产业基地,积极探索林业发展、脱贫攻坚、乡村振兴三赢模式。前一轮退耕还林完成任务8.1万亩,主要种植树种为石榴,涉及贫困户237户720人;新一轮退耕还林完成任务1.84万亩,涉及贫困户132户396人。会理县退耕还林主要经验做法有:

(一)选择优良品种

会理县气候属国内中亚热带西部半湿润气候区,日照充足,热量丰富,昼夜温差大,蒸发旺盛,雨量集中,干湿季分明,具有发展优质石榴的自然生态条件,是中国最佳石榴适宜区之一。

会理县退耕还林主栽石榴品种有两个：第1个是青皮软籽石榴，该品种于2006年取得四川省农作物品种审定委员会颁发的品种审定证书，是独具特色的地方优良品种；第2个是突尼斯软籽石榴，引进栽培，现种植20多万亩，挂果10多万亩，表现良好，有较强市场竞争力。

突尼斯软籽石榴基地

（二）加强品牌建设

取得三品一标认证，会理石榴多次获得各项殊荣；会理石榴通过认定入选全国名特优新农产品目录；万顷合作社、农大哥、云天隆家庭农场3个基地被评为"中国优质石榴基地"。

（三）积极培育新型经营主体

会理县依托退耕还林工程发展壮大石榴产业，注重培育新型经营主体，到2019年底，已培育农业龙头企业6个、家庭农场623家、农民专业合作社165个。组建了会理县果业生产协会、石榴包装协会、农资供应协会、物流协会、仓储冷链协会、果品营销协会6个协会，增强了会理石榴的营销能力及市场竞争力。

（四）建立多元营销模式

初步建立以政策引导为核心，以农户为基础，以企业、合作社、家庭农场、经纪人为主体，以"企业+专业合作社+农户"的营销模式，开展多元化销售的石榴营销体系，稳定国内市场，开拓国外市场，实现线上、线下融合发展，确保了会理石榴顺利外销。在全国各大水果市场搭建产销对接平台，建立长期稳定的购销关系。加强信息体系建设，在中国石榴电子交易网、中国会理石榴网、《西南商报》等媒体上发布果品消息，并每年召开会理石榴供货洽谈会和营销推介会。推广"互联网+石榴"模式，在九榜物流中心建立了1700平方米的电子产业园，"乐村淘"电子商务平台已落户会理，实现了线上线下融合发展。

(五)延伸产业链条

会理县依托退耕还林资源,大力发展乡村休闲观光农业。结合会理4A级风景区、国家级历史文化名城的打造,举办了石榴花节、采果节、观光节、农民丰收节、中国会理石榴节等以石榴为主题的节庆活动,乡村休闲观光农业发展已起步,全县建成并运行的石榴主题农家乐28家,培育石榴盆景近2万盆,会理石榴主题公园已建成,产业链得到进一步延伸,提高了产业综合效益。同时,深度开发石榴产品。已建成两家石榴加工企业,主要加工石榴酒、石榴汁等产品。建成石榴贮藏保鲜库350座,储量达到8万多吨,提高贮藏保鲜能力,延长销售、储藏时间。会理县还建立以石榴为主的农产品及系列加工产品批发交易市场——九榜农特产品交易市场、万顷农产品交易集散市场,共计占地面积280亩,具有分级、包装、冷藏、物流、交易结算、信息发布等功能,日采购交易石榴5000余吨,年交易量达30余万吨。

2019年会理第四届石榴节开幕

三、培育技术

会理是中国石榴之乡,无论土壤、气候还是光照,都非常适宜于石榴生长。会理石榴生长快、结果早、产量高,一般在种植后第3年就开花结果,进入盛果期后,单株产量50~100公斤,最高可达250~300公斤;成熟期比其他产区提早30~50天。同时,会理石榴果大皮薄、色泽艳丽、粒大籽软、味甜汁多、富含多种维生素及28种氨基酸。

(一)栽植

扦插苗木移栽,春秋两季均可进行。移栽前整地挖穴,整地穴80厘米×80厘米×80厘米,株行距3米×3米,初植密度74株/亩,施足基肥,移栽后浇足定根水,加强苗木的管理。

(二)土肥水管理

保持土壤疏松,促进根系生长,提高肥水利用率,通过促根壮树,每年秋、冬季各耕翻1次(深40厘米),雨后加强中耕,勤除草。保证营养供给:建园时挖长80厘米的栽植坑,每坑施入有机肥(猪、羊、或鸡粪)30公斤。

(三)修剪

石榴最适宜的树形为自然开心形。石榴定植后留苗干高80厘米定干,待新梢发生后留强健的3个作为主枝,其余疏去,并除萌蘖。最下一个主枝距地面约30厘米,其余向上依次螺旋形排列,主枝上下相距15~20厘米,并向周围均匀开展。当年冬季将这些主枝剪去全长1/3~1/2,第二年春季在主枝下部所生分枝中选1~2个作为副主枝,并留少量侧枝,其余从基部除去,树也进入结果期。

(四)田间管理

肥水管理:栽植1~2年的幼树,在7—9月生长期应增施磷、钾肥,控施氮肥,减少浇水次数,以使新梢及时停止生长,让枝条充分木质化。适时摘心:在8月中旬要及时摘除新梢生长点,控制枝条的加长生长,以促进营养积累;同时要及时抹除枝条摘心处萌生的幼芽,保证枝条组织充分成熟,增强植株的越冬能力。结果初期轻剪长放:新抽生的一年生延长枝一般剪去新梢顶端的1/3~1/2,不影响骨干枝生长的枝条应尽量多留,强枝可疏去,或拉枝轻剪长放暂时利用其结果,待树势缓和后,再逐步去除。对结果枝一律长放,疏除过多过密的枝条,这样可以缓和树势,提高坐果率。果实套袋:果实套袋是进行石榴无公害生产的主要措施之一。

(五)病虫害防治

石榴的病害主要有白腐病、黑痘病、炭疽病等,危害范围比较大,主要以预防为主,每隔半个月喷一次等量式波尔多液溶液,病害严重时及时喷药,能够起到不错的治疗效果。虫害主要有石榴茎窗蛾、石榴巾夜蛾等,当发现后及时人工摘除,然后剪掉虫枝,根据害虫种类喷药。

四、模式成效分析

会理县在退耕还林发展石榴工作中,重点围绕"管好生态林、种好三棵树、打好三张牌"的工作思路,生态和产业两手抓,取得了良好的生态、经济和社会效益。

(一)生态效益

石榴生于海拔300~1000米的山上,喜温暖向阳的环境,耐旱、耐寒,也耐瘠薄,不耐涝和荫蔽,对土壤要求不严,生态效益和景观效益都很突出。会理县通过退耕还林发展石榴，提高了绿化率和水土保持效果，增加了负氧离子浓度，产生了良好的生态效益。

(二) 经济效益

会理县通过退耕还林发展软籽石榴约 8 万亩，通过退耕还林工程的带动示范，会理县石榴基地达到 40 万亩，石榴产业年产值 50 亿元，其中，果农收入 34 亿元，拉动物流等产业产值 16 亿元。退耕农户人均纯收入 2.4 万元。

(三) 社会效益

会理县通过退耕还林发展石榴，能助农增收、助推脱贫奔康，促进乡村振兴和社会和谐稳定，较好解决县内就业问题。

五、经验启示

会理县在退耕还林中大力发展石榴产业，打好"基地牌、品牌牌、效益牌"，石榴产业基地保持 40 万亩，实现 50 亿元以上产值的目标。主要启示如下：

(一) 坚持生态经济并举

走人与自然和谐发展之路，营造出一个山清水秀、天蓝地绿、环境优美、生态良好的生活、生产环境，会理林业经济走出了一条脱胎换骨的转型升级之路。传统产业找到新出路，新兴产业找到新舞台。

(二) 注重结合脱贫攻坚

会理县按照"应栽尽栽"的思路，做到石榴产业适生区域全覆盖，贫困村、贫困人口全覆盖，助推脱贫攻坚。

(三) 注重典型引领

会理县形成了以龙头企业为核心、专业大户和家庭农场为基础、专业合作社为纽带，以契约形成要素、产业、利益的紧密连接，集生产、加工、服务为一体的新型农业经营组织联盟，实现了经济效益、社会效益、生态效益"三效合一"的循环林业经济链。

模式 28
四川开江退耕还油橄榄模式

开江县隶属四川省达州市,处四川省东部,大巴山南麓,属亚热带季风性湿润气候区,年均气温16.7℃,年降水量1256.3毫米。四季分明,气候温和。开江县是秦巴山区连片扶贫开发重点地区,生态区位独特。全县土地面积1033平方公里,其中耕地面积60.89万亩,森林面积68.8万亩,森林覆盖率44.5%。现有13个乡镇(街道),总人口61万。

开江县1999年实施退耕还林工程以来,以中华橄榄园建设为载体,强力推进油橄榄产业发展,油橄榄产量居全省之冠,走出了一条生态富民新路。

一、模式地概况

永兴镇地处浅丘平坝区,海拔450~750米,气候温和,热量丰富,雨量充沛,无霜期长,具有冬暖、夏热、秋凉、春早四季分明的特点,水资源相对丰富。土壤主要有紫色冲积土类、幼年紫色土和黄壤,环境质量良好,为发展油橄榄产业提供了优越的自然条件。永兴镇全镇土地面积50.88平方公里,其中耕地面积18255亩。辖永兴社区居民委员会、3个居民小组和10个村41个村民小组。

永兴镇中华橄榄园规划园区面积10000亩,现已建立2000亩,其中科技示范区近1000亩,栽植有科拉蒂、皮削利、皮瓜尔、贺吉、卡林、佛奥、切姆拉尔等15个品种,最好年份可产鲜果180吨,一般可产120吨,探索出了油橄榄品种配搭、合理密植、营造模式、精细栽植、集约管理等系列技术。该园区采取"公司+协会+基地+农户"的经营模式,

二、模式实施情况

1999年以来,永兴镇依托退耕还林、荒山造林、退耕还林后续产业发展等项目发展油橄榄产业1万多亩,成功创建了中华橄榄园,为开江县逐渐成长为全国油橄榄基地县起到了很好的示范带动作用。永兴镇的主要做法是:

（一）统筹规划编制

永兴镇主动对接《开江县 10 万亩油橄榄产业总体规划》等产业发展上位规划，编制《园区退耕还林实施方案》《中华橄榄园规划》《中华橄榄园实施方案》，做到统筹协调、互融互通。依托退耕还林工程打造油橄榄产业基地，构建标准化、规模化的深加工体系和现代化的市场体系。

（二）创建中华橄榄园区

永兴镇始终把退耕还林与特色林业发展有机结合，1999 年启动发展油橄榄产业以来，先后实施现代农业"221"工程和"果林+"等项目，连续 20 年出台优惠政策，不断推动油橄榄特色林业升级发展。中华橄榄园主动作为，积极整合涉农项目和资金全力推进基地建设，到 2019 年底，高质量建成油橄榄种植基地 10000 亩，完成湖体建设 130 亩，并完善了田网、路网、水网、电网、信息网等基础设施。

座落在永兴镇的中华橄榄园区

（三）强化龙头带动

充分利用退耕还林资金和开江县出台的财政补助、贷款贴息等扶持配套政策，全力培育"公司"，对首次获得国家级和省级的品牌商标、产品或产业化示范区企业分别奖励。

（四）强化科技引领

与中国林业科学研究院、四川食品发酵工业研究设计院等合作，开展油橄榄品种选优、良种繁殖、丰产栽培系列技术配套组装研究和实践，成功培育出油橄榄"达州 2 号"等良种；建立油橄榄种植与深加工技术体系，编制的《油橄榄栽培技术规程》《油橄榄育苗与繁殖》《油橄榄环境条件》3 个地方标准和《油橄榄加工技术规程》《橄榄油》2 个企业标准已提升为行业标准，牵头制定的《油橄榄果》《油橄榄果渣》等 4 个国家标准通过审核。

（五）强化机制促动

实行"政策引导、部门服务、业主开发、协会联接、农户参与"的运行机制，采取"公司+农户""专合社+大户"等模式，实行订单种植、保护价收购，由企业免费向农户提供种苗，农民获得土地租金、生产管护劳务、果叶收益和林下种养四份收入。

三、培育技术

（一）园址选择

选择土壤疏松、呈现微碱性、地下水位低或排水良好、地形开阔、背风向阳的低山缓坡、斜坡地；对超过15°的坡地要按等高线修成水平梯地栽植。

（二）整地技术

平地和缓坡地可采用带状整地或全垦整地，15°~25°的坡地要按等高线修成水平梯地，>25°的陡坡地则采用鱼鳞坑整地，深翻以20~30厘米为宜。整地一般在夏季，挖穴安排在秋季，栽植穴的规格一般为1米×1米×1米。

（三）苗木定植

油橄榄栽植要注意品种搭配和授粉树选择。授粉树种以配多灵为主，卡林、米扎为辅，配置比例10%~20%。栽植密度应根据种植区的立地条件、品种、经营目的及水平等诸多因素来确定，一般为6米×5米、6米×4米、5米×5米、5米×5.5米、5米×4米。

（四）造林技术

一般在冬春季，容器苗不受限制。对合格苗按规格、等级分批、分地域栽植，同一地块、同一区域原则上应选择大小一致的苗木。营养袋（钵）苗应划破袋、裸根苗应拌泥浆水栽植，栽植深度以略高于苗茎痕。

（五）抚育管理

间种以豆科作物为好，注意在青枯病和线虫感染的地方不要间种茄科植物以及花生、红薯等，间种作物要与幼树保持一定距离。油橄榄每年施肥3次为宜。11—12月施冬肥，2—3月施春肥，6—8月施夏肥。林地干旱时须灌溉透，使水分渗透主根系分布层，灌溉后需松土；降水过多时应及时排涝，忌积水。

（六）整形修剪

苗高到80厘米时摘心平顶，促进一级侧枝的快速生长，培育骨干枝；第2年重点是选定一级骨干枝，选定3~4个；第3年重点是选育二级枝，在一级骨干枝上左右或外侧3个方向选留4~6个作二级枝，在每个二级枝上不同方向选留4~6个、枝间距40~45厘米的枝条作为三级枝；第4年重点是培育营养和结果枝；第5年修剪的重点是控制树体顶端优势；后期重点是对已结果的枝条以及扫尾枝、病虫枝、干枯枝进行修剪，加强培育结果枝和营养枝。

(七)病虫害防治

病害防治,从选择抗病力强的品种入手,加强肥水管理、增强树势、提高树体免疫力,同时用多菌灵、代森锌、甲基托布津、波尔多液、百菌清等防治,做到早防早治。虫害防治要分类施策:蛀干害虫,在刻槽产卵期,对准刻槽伤口上1厘米处,再用锤子敲打木棒将虫卵击破。食叶害虫,用1500~2000倍的氧化乐果或敌杀死喷施叶面防治。

四、模式成效分析

开江县依托退耕还林工程,全力推进林业特色产业发展,在中华橄榄园的带动辐射下,林业产业取得了良好的生态、经济和社会效益。

(一)生态效益

全县森林覆盖率较退耕前提高20个百分点,水土流失面积减少186平方公里,泥沙流量年均减少50万吨。园区森林覆盖率较退耕前提高25个百分点,万山披绿,沟壑鸟鸣,野生动物回归、与人和谐相处的美好景象比比皆是。

(二)经济效益

永兴镇依托退耕还林发展油橄榄产业1万多亩,每亩年收入2000多元,培育特色优势林业产业,拓宽了农民增收渠道。通过退耕还林工程的示范带动,全县已发展油橄榄8.5万亩,涉及全县20个乡镇104个行政村。目前,全县产橄榄油438吨、橄榄酒1056吨,油橄榄产业产值达3.26亿元,永兴镇等主产区群众收入的50%来源于该项产业,促进了当地群众脱贫致富。中华橄榄园区农户仅在基地建设中增收达4050万元,人均增收2200余元,贫困人口如期脱贫,实现了产业发展与农民增收"双赢"。

退耕地中油橄榄采摘丰收

(三)社会效益

退耕还林的实施,有力促进了林业腾飞,开江县先后获得了"中国橄榄油之乡""全国经济林产业区域特色品牌建设试点单位""全国生态环境建设突出贡献先进集体""四川省长江上游生态屏障建设先进县"等殊荣。中华橄榄园被命名为省级现代农业(林业)示范园区;四川天源油橄榄公司获"国家林业重点龙头企业""四川省农业产业化经营重点龙头企业"等称号;门坎坡村入选"国家森林乡村"、四川省"绿化示范村";开江县门坎坡油橄榄专业合作社被评为省级示范合作社,开江油橄榄成为区域特色品牌。

五、经验启示

退耕还林是集生态、经济、社会、民生为一体的巨型系统工程,只有充分发挥退耕农户的主体作用,引导、鼓励大户、企业、产业协会和农民专业合作社等新型农业经营主体积极参与,创新探索机制和模式,才能推进退耕还林高质量发展。主要启示有三:

(一)优质高效的种植基地是产业发展的坚实基础

中华橄榄园万亩种植基地建成,田网、路网、水网、电网、信息网等基础设施配套,林下种植、养殖模式探索成功,新型经营主体运转正常,"1+4"产业扶贫发展模式示范效果明显,乡村旅游、特色餐饮文化等新业态初见端倪,为油橄榄产业健康发展奠定了坚实的基础。

(二)不断拓展的深度开发是产业发展的强劲动力

公司从意大利引进的全自动榨油、橄榄酒、橄榄叶精华素化妆品生产线运转正常,与科研院校合作,开发"绿升"牌橄榄油、橄榄酒,"曼莎尼娅"系列化妆品等7大系列63个品种。"绿升"牌初榨特级橄榄油获得"中国驰名商标"称号、国家地理标志保护产品认证,橄榄果、橄榄油获有机食品认证,橄榄酒获得"四川省农产品知名品牌"称号、生态原产地保护证书。橄榄叶精华素及橄榄苦甙提取科研成果获得省科技创新奖,"发酵型橄榄酒关键技术研究及应用"项目通过成果鉴定,为油橄榄产业健康发展注入了强劲的动力。

(三)日趋完善的政策扶持是产业发展的重要保障

退耕还林工程实施以来,开江县先后出台了《关于实施农业产业化"双十亿工程"的意见》《关于加快林业产业发展的意见》《现代农业奖励扶持办法》等系列文件,使扶持政策日趋完善,有力保障了油橄榄产业健康发展。

模式 29
四川名山退耕还茶树复合模式

名山区隶属四川省雅安市。名山区抢抓国家退耕还林机遇，依托茶园面积大的优势，重点在茶产业发展较好的万古镇、中峰镇、百丈镇等茶园内大力发展"茶+桂""茶+花""茶+果"模式，以产业发展为支撑，以旅游提质增效为突破，全面落实中央"创新、协调、绿色、开放、共享"五大发展理念，巩固退耕还林成果，助农增收取得显著成效。

一、模式地概况

名山区位于四川盆地西南边缘，东距成都120公里，西临雅安17公里，是典型的丘陵农业区。气候类型属内陆亚热带湿润气候区，冬无严寒，夏无酷暑，雨量充沛，年均相对湿度大；土地资源中，酸性和微酸性黄壤占耕地面积的64%，土壤肥沃。境内桢楠、银杏等珍贵树种广泛分布，长势良好，是著名的"中国桢楠之乡"，全区林地面积43.6万亩，森林覆盖率53.17%。

名山区现有人口27.91万人，其中乡村人口16.14万人。现有茶园面积35万亩，茶产业为全区农村经济发展的第一大支柱产业。区位优势明显，是"南方丝路"的主要通道和"茶马古道"的起点，被列入成都都市圈增长极，在成都半小时经济圈覆盖的范围内；交通便捷，成雅高速公路、邛名高速、国道108线纵贯全境，雅乐高速在名山交汇；成康铁路雅安名山、雨城段已建成通车；境内可供开发的人文景观和自然风景名胜70多处，山、湖、峡、林资源类型多样、内涵丰富。

二、模式实施情况

自1999年启动退耕还林，名山区共实施前一轮退耕还林11.09万亩，涉及全部的镇（街道），99%的行政村，5.6万户退耕户。在11.09万亩退耕还林面积中，退耕还茶8万亩。通过退耕还茶的带动，全区茶园面积从4.7万亩增加到35万亩，退耕还茶成为全区退耕户增收致富的第一大产业，每亩年收入可达6000元以上，年产值达8亿元。

(一)探索"茶+树"复合模式

名山区以前主要栽植茶树品种"福选九号""213"等,萌发较早,导致茶芽因"倒春寒"受冻,农户收入严重减少。为促进茶产业提质增效,名山区在退耕还林工程中积极探索"茶+树"复合模式,取得了显著的生态、经济和社会效益。目前,全区"茶+树"复合面积约8万亩(退耕还林"茶+树"复合模式约7万亩),平均每亩增收近1000元。

万古镇退耕还林茶桂复合林

(二)整合项目,提供保障

利用巩固退耕还林成果专项建设和血防林提升改造,将"茶+桂""茶+花""茶+果"纳入产业发展规划,充分解决项目建设资金来源的问题。2011—2015年,全区整合项目资金共1560万元,其中,巩固退耕还林成果专项建设后续产业资金1520元,血防林提升改造资金40万元,推广完成"茶+桂""茶+花""茶+果"种植6.63万亩。

(三)成立合作社,搞活流通

名山区已成立苗木专业合作社等15家,专门从事苗木生产经营,所套种的桂花树、银杏树已销住贵州、湖北、重庆等省市,名山区已逐渐成为四川主要的园林绿化苗木基地之一。

(四)积极总结,加强宣传推广

从开始试点"茶+桂""茶+桤木"到现在大力推广"茶+桂""茶+花""茶+果",已形成比较先进、实用的科技进步成果,2014年、2017年得到雅安市的表扬。新华社、中央人民广播电台、绿色天府、《雅安日报》等中央、省市主流媒体及香港凤凰卫视对名山区"茶+树"模式进行采访、宣传、报道,提高了知名度。

（五）以茶旅融合发展为突破，发展特色休闲观光农业促增收

结合名山区"百公里百万亩生态茶产业文化旅游经济走廊建设"，重点在万古镇、中峰镇、百丈镇等万亩观光茶园间种花木，发展休闲乡村旅游。目前，万古镇茶园套种玉兰、紫薇、紫荆、红叶李等"茶+花"5000余亩，套种银杏、桂花等"茶+桂"2000余亩，建成万古镇莫家村—红草村—清漪湖—樱桃塘骑游道，完成红草新村湿地公园绿化、照明和休闲场所建设，提升现有休息亭、观光亭、感恩教育长廊和休闲广场形象，培育商旅客栈示范户5家，特色农家乐餐馆经营示范户8家，自行车租赁7家，以及超市等，以骑游花香茶海为主题的生态旅游已成规模。中峰镇已实施"茶+桂""茶+花"4000余亩，完成中峰镇牛碾坪万亩观光茶园骑游道修建，深度开发茶文化的科普体验、茶园观光、户外运动等茶产业链旅游商品，提供定制购物服务，进一步完善管理机制，是全区主要的生态建设科普基地；百丈镇间种桃树、梨树等2000余亩，建成月亮湖—天宫村至美茶园绿道，现有10余户环境优美的乡村民宿，与自然景观融为一体，提高旅游吸附力和经济带动能力，有效带动了群众增收。

百丈镇"中国至美茶园"绿道

三、培育技术

（一）选址及规划

优先选择交通条件较好，连片面积较大茶园进行间种，间种坚持以茶为主、以树为辅的原则。

（二）种苗要求

紫薇、海棠、樱花种苗设计选用苗高1.5米以上、地径3厘米以上大苗，修剪多余枝

丫并带土球。桢楠、香樟选用营养袋(杯)苗，银杏、桂花用裸根苗，高70厘米以上。外调种苗，须经检验、检疫合格方可用于造林。

(三)造林及管护

造林时间安排在每年的春、冬季。桢楠、香樟、银杏、桂花等珍贵树木套种密度为30株/亩，株行距为5.5米×4米；紫薇、海棠、樱花等花木套种密度为20株/亩，株行距为5.5米×6米。植苗时将苗木除去营养袋(杯)，植于种植穴内，扶正，苗干竖直，根系舒展，深浅适当，再回填土到高出地表15~20厘米，踏实，最后覆上虚土，确保土团与回填土充分接触和苗木栽植稳当(桢楠、香樟要疏去靠近根部2/3的枝叶)。浇透定根水，栽植后，如天气干燥，每2~3天应补充浇水一次，确保成活。

四、模式成效分析

名山区大力发展"茶+桂""茶+花"模式，促进名山以珍贵树木为主的现代生态林业基地建设的发展，取得了良好的生态、经济和社会效益。

(一)生态效益

通过套种珍贵树种，实现森林乔灌结合，提高了林分质量，减少了水土流失面积，涵养了水源，防止山洪、泥石流、滑坡、塌方等自然灾害的发生。乔灌结合的林地环境为多种动植物提供了生长栖息环境，增加了物种的多样性，减少了病虫害的发生。

纯茶园改造成生态效益更好的立体生态茶园，由于套种珍贵树木处于茶园上层，可有效抵御早春寒流，保护茶园免受早春冻害，保证了茶园春茶收入；上层珍贵树木为茶园提供遮阳环境，使茶树免受夏季阳光灼伤叶片，提高了茶叶品质；套种的珍贵树木还沉降空气中的尘粒，吸收二氧化硫等有毒有害气体，吸收重金属粒子，进一步保证了茶叶品质。

(二)经济效益

名山区退耕还茶8万亩，每亩年收入5000~8000元，经济价值突出。出售套种珍贵树木还能增加收入。以桢楠为例：栽种10年后胸径可达到10厘米以上，每株活立木可卖800元以上，每亩栽30株可增加纯收入2.4万元，平均每年每亩可增加收入2400元左右，促进贫困村脱贫致富。

发展乡村生态旅游，增加农户收益，"茶+桂""茶+花"套种树木以常绿树木、落叶树木及花木以相互混交的方式进行种植，展现景色的层次感和季节性，促进乡村生态旅游的发展。目前，全区农家乐、茶家乐达60余家，每年吸引游客20万人，产生1000万元的旅游收入。2017年，全区共接待游客452万人次，旅游产业综合收入38.13亿元。

(三)社会效益

名山区"茶+桂""茶+花"复合茶园，突出了以生态茶园为特色的新农村建设特点，为名山茶叶进一步打响品牌奠定了坚实基础。"茶+桂""茶+花"生态茶园的打造，就是一张绿色、有机的"茶叶名片"，有助于蒙顶山茶的品牌打造和市场开拓，长此以往，将会在国内外市场重塑昔日"皇茶"形象。

退耕还茶扩大了就业机会，有效解决了农村剩余劳动力的问题，栽培及成活期管理用工每亩6个，6.5万亩"茶+桂""茶+花"项目共吸纳就业人员39万人，缓解了社会就业的压力。调整了农村劳动力结构，即使在炎热的夏天，妇女、儿童和有自理能力的老年人都能通过在"茶+桂""茶+花"茶园内采摘茶叶获得收入，促进了社会和谐。

五、经验启示

名山区"茶+树"复合发展模式，充分体现利用生物共生、农旅融合协调发展的现代林业发展方向，破解了名山区林地面积小，必须集约发展林业的瓶颈，取得了显著的经济、生态和社会效益，也为在茶业主产区的林业发展，实现乡村振兴战略提供了重要的发展思路。

(一) 乔灌生态互补效应是前题

茶树为山茶科山茶属耐阴灌木，根系主要集中在表层土壤，适宜在降水多、光照少、云雾多的环境下生长，土壤要求呈酸性或微酸性、土层深厚肥沃的黄壤。尤其是在太阳光被遮避20%～30%和散射光情况下，最适宜生长，茶叶品质也更好。因此，在茶园适当套植一定数量乔木，不但没有影响，反而有利促进其生长和提高品质。

(二) 丰富了林(副)产品供给

"茶+树"变原单一种植模式为多物种复合种植模式，利用多物种混交相互拮抗抑制病虫害发生发展，减少农药施用量，逐步实现茶叶生产绿色化、有机化，生产更多的绿色产品。其次，在茶园内套种桢楠、香樟、桂花、银杏、紫薇、红枫等，短期可培育大量绿化苗木，满足城乡绿化美化需要，长期可培育一定的珍贵木材，满足社会对珍贵木材的巨大需求，拓展林业发展空间。

(三) 茶旅融合延长产业链

提升综合效益是关键。实施"茶+树"种植优先选择在百公里百万亩茶产业生态旅游文化经济走廊区域内实施，美化茶园及周边环境，成为"中国至美茶园"，催生了一大批茶家乐、农家乐、森林人家等，促进多业态稳定发展。

模式 30
四川青神退耕还竹模式

青神县隶属于四川省眉山市，被誉为"中国竹编艺术之乡""国际竹编之都"。眉山市是大文豪苏东坡（苏轼）故里，竹文化历史悠久，东坡名言"宁可食无肉，不可居无竹"。自1999年实施退耕还林工程以来，全县将退耕还林与改善生态、改善民生有机结合，工程建设围绕竹编、竹纸产业发展所需的竹原料基地，探索出了推进竹产业高质量发展的实用模式。

一、模式地概况

青神县位于眉山市西南部，是大文豪苏东坡的第二故乡，因"宁可食无肉，不可居无竹"名句影响，居民素有种竹、食竹的习惯。全县现辖4镇2乡1街道，人口19.37万，土地面积386.8平方公里，林业用地面积22.3万亩，森林覆盖率47.96%。

青神县属亚热带湿润气候区，四季分明，雨量充足，适宜多种竹类生长。地貌有明显的坝丘之分。土壤分布主要有水稻土、潮土、紫色土和黄壤土等4个土类。境内江河纵横、溪流交错，属长江流域岷江水系，有"一江五河三十二溪流"，总长约303公里。

二、模式实施情况

青神县于1999年开始实施退耕还林试点工程，现已完成期退耕地还林工程5.9万亩，其中退耕地还林3.1万亩，配套荒山造林、封山育林2.8万亩；实施退耕后续产业发展7.5万亩。20年来，青神县依托退耕还林工程建设竹产业示范基地3.6万亩，并辐射带动全县竹原料基地建设，竹林总面积现已达20万亩，主要品种有甜龙竹、棉竹、粉丹竹、慈竹等。主要做法如下：

（一）优选优良竹种

青神县结合退耕还林工程建设，实施"年栽万亩竹"计划，优先使用甜龙竹、棉竹、粉丹竹、慈竹等品种实施新建和改良竹基地，现已建成尖山、天池、白果、西龙四个现代竹产业示范基地3.6万亩,并辐射带动其他乡村组推进竹原料基地建设,为竹纸和竹编提供了充足的优质原材料,让竹产业成为农民脱贫致富的重要支柱,"还"出了金山银山。

(二)夯实工作保障

青神县多次召开专题会议,实行县包乡、包重点工程,乡包村,驻乡技术员包片、包块的层层分包责任制。2012年以来,全县共计投入40.9亿元用于产业发展和基础设施建设。2016年起,市财政每年预算5000万元,县财政每年预算2500万元,专项用于竹产业发展和园区建设。青神县还出台扶持政策,助力竹产业发展。

上图竹编良种粉单竹和慈竹,下图纸浆良种甜龙竹和棉竹

(三)完善利益联结模式

积极探索和完善"公司+基地+农户""公司+行政村自然村+农户""龙头企业+合作社+农户"等利益联结模式,瑞峰镇天池村、尖山村,高台镇黄莺岭村等村与竹农建立科学合理的利益分配机制,引导群众积极加入合作社形成规模生产。在互惠互利的基础上,四川环龙新材料公司与竹基地建设村合作社签订保底购销合同,进一步提高农户栽竹积极性,让竹产业成为农民脱贫致富的重要支柱。

三、培育技术

甜龙竹、棉竹、粉丹竹、慈竹等竹品种是在青神县长期适应且表现优良的品种,具有适应性广、生长势好、抗寒、抗病等优良特征。主要培育技术有:

(一)基地选址及规划

竹林基地应选坡度平缓、背风向阳、光照充足的丘陵、平地、溪流两岸以及四旁地带。土层深度要求 50~100 厘米，土质要疏松、肥沃、湿润，排水和透气性能良好的微酸性或中性沙质壤土。水源方便充足，排灌良好。基地规划必须遵循科学合理和可持续发展的要求，实行园、林、路、水合理布局。

(二)精细整地

一般采用全垦整地，深度 30 厘米左右，清除林地中的树桩、石块。坡度在 15° 以上，采用水平阶梯整地。整地原则上在冬季进行，但对于土壤疏松、肥沃和冬干春旱严重的地方，亦可随挖随栽。定植穴"品"字形配置，每亩挖 60 个，规格为 100 厘米×60 厘米×40 厘米。挖穴时应将心土和表土分置于穴的两侧，穴底挖平。挖好栽植穴后，可施入经充分腐熟的堆肥或人畜粪，并与土壤充分混合均匀。

(三)栽种定植

在春季(2—4 月)或雨季，采用人工植苗。栽植前应剔除外苗、废苗和假植过程中发生霉烂及在运输过程中受伤的苗木，施足底肥。栽植时按 3 株 1 丛放入栽植穴内，让竹秆直立，再分层覆土压实，栽植覆土深度比原土印深 3~5 厘米即可。最后浇足定根水，并用稻草或其他蒿秆覆盖。

(四)管理培育

造林后前 3 年对成活率低于 85% 的，及时补植。对成林竹加强培育，每年春季结合松土除草，每株沟施、穴施复合肥 1 斤。冬季苗木生长停止后，实施翻垦、清园，砍除老竹、病竹等管护措施，控制病虫繁衍和传播。

(五)病虫害的绿色防控

对竹丛枝病、竹根腐病等，及时防治，清理病源，把带病的竹枝或竹株集中烧毁，防止蔓延。对竹螟、竹笋夜蛾等有趋光性的害虫，采用黑光灯或灯光进行诱杀。对竹象类、金龟子等害虫进行人工捕捉。病虫害严重时，使用低毒、低残农药进行化学防治。

四、模式成效分析

青神县以退耕还林等生态工程建设为契机，壮大竹产业基地的规模化发展，强力推动全县竹产业发展，取得了良好的生态、经济和社会效益。

(一)生态效益

经过 20 多年退耕还林工程建设，森林覆盖率由 2000 年的 27% 上升到 2019 年底的 47.96%，提高了森林涵养水源能力，实现了动植物多样性生存发展。更重要的是，依托退耕还林强竹林基地建设，全县竹林面积已达 20 万亩，竹林生态成为青神美丽乡村的一道风景线，让岷江水质持续稳定在Ⅲ类，思蒙河水质由劣Ⅴ类改善稳定在Ⅲ类，空气质量优良率全市排名第一，达 93%。

(二) 经济效益

退耕还林工程是一项真正的惠民工程。全县共实施退耕还竹 3.6 万亩，年亩均收益 2000 多元，辐射带动全县发展竹林总面积达 20 万亩，而且还带动林产工业、竹产业等第二、三产业兴起。林业产值从 2000 年的 0.8 亿元增长到 2019 年的 61.2 亿元，2019 年全县竹产业综合产值 41.13 亿元，农民人均从林业上获得的收入从 2000 年的 322 元增长到 2019 年的 2840 元，2019 年竹产业从业人数从 2000 年的 1000 人增长到 1.5 万人，实现人均竹产业增收 2500 元以上。

(三) 社会效益

青神县是全省首批现代林业产业示范县和全省竹产业高质量发展重点培育县，依托退耕还林发展竹产业，通过龙头带动、品牌培育，形成了原材料供给充足、生产加工高效、产品种类齐全、服务体系完整的产业链条，拥有青神竹编、竹纸、竹桶等特色品牌。"青神竹编"连续两次入选全国区域品牌（地理标志产品）百强榜，"斑布"竹纸占全国本色生活用纸市场份额 30%，"青神竹桶"成为 2019 年北京世园会开幕式中外友人"共培友谊绿洲"活动植树专用桶，"青神竹龙"成功申报"最长竹编舞龙"吉尼斯世界纪录称号。

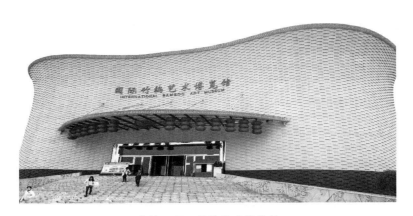

青神县国际竹编艺术博览馆

五、经验启示

青神县依托退耕还竹项目，进一步做大竹产业，做好竹林特色"三线"（生态线、富民线、景观线），做强竹业"两园"（颁布竹产业园和竹编产业示范园），做特竹艺"三品"（非遗品味、竹编竹纸竹桶品牌、开放品质）。

(一)部门联动强化协同是关键

青神县林业园林局积极对接高校和专家,既引进先进技术、品种,又走下去开展技术指导。各乡镇(街道)、村社通过村民会议、入户宣讲等方式向老百姓讲清生态效益、经济效益、社会效益,让老百姓投身到栽竹热潮中。充分发挥栽竹大户、专业合作社的引领带动作用,有效推动贫困山区农户依靠退耕还竹生态脱贫,真正将"绿水青山"发展成"金山银山"。

(二)多元投入落实到位是保证

青神县积极整合涉农项目、涉农资金,向竹原料基地风景线建设倾斜,完善道路、灌溉等基础设施,优化生产条件。落实好政策配套、财政补助、土地保障等扶持措施,引导社会资本下乡栽竹。通过向农户宣传政策、讲清道理、算好经济账,让农户主动投资栽竹。

(三)高质量绿色发展成共识

青神县依托退耕还林工程培育的绿色资源,注重抚育和管护,认真抓竹产业等特色产业,大力发展乡村旅游、森林旅游等新型业态,巩固建设成果,实现"退得下、稳得住、不反弹、能致富"目标。

模式 31
四川叙州退耕还油樟旅游模式

叙州区隶属四川省宜宾市，地处三峡库区上游，金沙江、岷江穿境而过，是长江上游重要水源涵养区域，素有"全国天然油樟植物园"的美誉。宜宾市叙州区认真践行"绿水青山就是金山银山"理念，紧紧抓住国家实施退耕还林工程契机，大力发展地方特色优势产业——油樟，为长江上游生态建设与经济发展树立了典范。

一、模式地概况

叙州区位于四川盆地南缘，长江上游，金沙江、岷江下游，川滇两省结合部。叙州区是上海工人运动领袖刘华、秋收起义总指挥卢德铭、抗日民族英雄赵一曼等革命先驱的故乡。叙州区属亚热带湿润季风气候，气候温和，四季分明，冬暖春早，雨量充沛，水热同季，蒸发量低，相对湿度大，无霜期长。年平均气温18.8℃，年均降水量987.82毫米。该地区土壤肥沃，物产丰富，主要特产有油樟、竹、茶叶、花卉、猕猴桃等。

叙州区土地面积386.4万亩，其中耕地167.4万亩，林业用地141.75万亩。全区辖14个乡镇、3个街道办事处，297个村、72个社区，总人口101万，其中农业人口70万。叙州区是一个典型的农业大县（区）。

二、模式实施情况

叙州区实施退耕还林工程20年来，始终注重农业农村产业结构调整，不断探索生产方式变革。依托退耕还林工程建设，大力发展油樟产业基地，积极探索油樟产业发展与乡村振兴的双赢模式。到2019年底，全区完成前一轮退耕还林任务6.47万亩、新一轮退耕还林任务2.95万亩。退耕还油樟面积共3.43万亩。

（一）建好油樟基地，做"优"一产

油樟是叙州区优良的乡土树种，叙州区油樟资源得天独厚，在退耕还林栽植油樟的带动下，全区油樟基地达38万亩，年产樟油1万余吨，樟油产量占全国70%以上，享有"世

界樟海、油樟王国"的美誉。叙州区先后荣获油樟名县、宜宾油樟国家地理标志证明商标、宜宾油樟中国特色农产品优势区、全省首批林业"双创"示范基地、四川省十佳农业供给侧结构性改革示范基地、全国森林康养基地试点建设区等称号。2019年宜宾市叙州区林业局荣获第四届"中国林业产业突出贡献奖"。叙州区计划到2025年，以每年新建2万亩的进度，建成50万亩油樟基地，力争实现产值120亿元，帮助农民增收。叙州区利用新一轮退耕契机，在退耕还林工作中，优先安排计划，支持油樟造林。

叙州区退耕还油樟林

（二）开展樟油精深加工，做"强"二产

叙州区积极搭建区校（院）合作平台，探索形成产学研协同创新机制。依托中国林业科学研究院、四川省中医药研究院、四川省林业科学研究院、中国工程物理研究院（绵阳九院）、宜宾学院等科研院校组建油樟产业技术研究院，建设一流的油樟研发中心，深度研发樟油终端产品，延长产业链条，提高樟油附加值。规划建设樟油粗油集中加工点20个，研究科学提取方法，解决环境污染和资源利用率低的问题，提高出油率，增加产业收入。

目前，隆兴乡和丰村油樟初油集中加工点已投产，实现了10万亩油樟集中蒸煮，有效利用10万吨废渣提取多糖多酚，生产生物燃料和肥料。在宜宾高新技术产业园区规划

樟油加工企业引进宸煜林业公司

2000亩现代林业加工园区，其中樟油精深加工集中区一期规划用地670亩，引进宸煜林业开发有限责任公司与台湾雨利行生化科技实业有限公司正式签约，计划投资5亿元建设樟油精深加工项目，投产后预计实现年产值10亿元，创利税1亿元，可解决500人就业。川汇香料有限责任公司计划投资8000万元，采用国内外先进的樟油分离提取工艺，项目建成后将实现年加工樟油5000吨以上，产值4亿元以上。同时积极引进了印度尼西亚鹰标集团、韩国三星生物等国际知名企业在樟油医药、日化、保健等领域开发樟油精深加工。

(三)搞好樟旅深度开发，做"特"三产

叙州区依托油樟资源、生态资源和文化资源，加强森林景观、湿地资源、生态文化资源的培育、保护与利用，建设以"世界樟海""中国油樟小镇"等为核心的林(油樟)旅深度融合发展示范区，打造金沙江、岷江、越溪河流域山水生态旅游带等旅游景点。投资1.99亿元，打造独具特色的"世界樟海"乡村振兴核心示范园区，已成功创建国家3A级景区。目前园区已接待游客突破100万人次，预计全年可实现旅游收入4亿元。已与东方天呈文化传媒公司签约，正在建设拟投资30亿元的"中国油樟小镇"。

为深入践行"绿水青山就是金山银山"发展理念，弘扬油樟文化，推进乡村振兴，2019年11月6—8日在叙州区成功举办2019中国·四川第五届森林康养年会，下一步将争取承办中国芳香油高端论坛和中国香精香料大会，以活动推动樟旅融合发展，充分展示油樟王国的油樟产业助推精准扶贫和乡村振兴战略的最新成果。

(四)加大资金保障力度，强化基础建设

叙州区财政从2016年起每年落实专项建设资金1000万元，整合资金5000万元以上用于示范区建设。2016—2018年共争取地方债券和整合各类涉农涉林资金总额达5亿元，主要用于油樟现代产业基地培育和基础设施建设。2019年累计投入3亿元，其中省林业和草原局下达建设资金2300万元用于基地建设，争取地方债券和林下经济节点公路资金10884万元用于林区产业道路建设，市级财政配套资金1100万元，区级财政专项资金1000万元，整合涉农资金6800万元用于基地建设和基础设施建设，为林旅融合发展奠定基础。

三、培育技术

(一)选址及规划

油樟基地应选择在海拔800米以下(其最适海拔300~500米)的丘陵地带，土层厚度40厘米以上的黄壤。

(二)造林栽植

油樟造林密度每亩74~110株，整地规格80厘米×80厘米×60厘米。造林季节一般为

10月至翌年3月。苗木要求地径0.8厘米、高40厘米以上，且粗壮无病虫害；起苗用锄挖掘，严禁手拔、结捆运输；植苗前剪枝打叶，保留顶端3~4片半叶，并用泥浆拌根，可提高成活率。

(三)抚育管理

油樟幼林生长快，3~4年可郁闭成林，应连续抚育3年，每年两次，主要为松土除草；有条件者可施尿素0.15公斤/株。同时防止人畜践踏，3年即可郁闭成林，开始收益。

(四)病虫害绿色防控

油樟病虫害种类包括苗期地下害虫地老虎、蛴螬；食叶害虫樟蚕，和幼苗苗木立枯病，由于樟油主要作为日用和化妆品原料，防治病虫害时必须坚持使用绿色防控技术，根据病虫害发生规律，针对性应用生物农药、太阳能杀虫灯和色诱、性诱技术，严格限制化学农药使用。

四、模式成效分析

叙州区坚持绿色发展和高质量发展道路，利用实施退耕还林工程全力推动油樟发展，取得良好的生态效益、经济效益和社会效益。

(一)生态效益

叙州区全面开展生态扶贫，把新一轮退耕还林与油樟产业发展紧密结合，让荒山变成了青山，有力地改善了全区生态面貌，促进了生态的良性循环，为群众致富找到了"金钥匙"，实现了生态建设与脱贫攻坚共赢。

(二)经济效益

叙州区退耕还油樟3.43万亩，每亩年收益约5000元，经济效益明显。在退耕还林工程的带动下，全区建油樟基地达38万亩，年产樟油1万余吨，综合产值超23亿元，亩均产值5000元以上，带动全区30个贫困村6000余户3万余人脱贫致富。

(三)社会效益

叙州区将退耕还林工程与脱贫攻坚相结合，大力发展油樟特色产业。中央电视台、新华社、《光明日报》、半月谈、四川电视台等媒体先后报道宜宾市叙州区通过实施退耕还林，大力发展油樟产业，助推乡村振兴和脱贫攻坚的经验和做法。央视《乡约》栏目走进"世界樟海"，拍摄脱贫攻坚乡村振兴栏目剧《油樟村的克莉丝汀娜》，叙州知名度、美誉度、影响力大幅提升。

五、经验启示

叙州区紧紧抓住国家实施退耕还林等生态建设工程契机，认真践行"绿水青山就是金山银山"发展理念，以宜宾油樟现代林业示范区建设为统揽，为乌蒙山区现代林业助推乡村振兴和脱贫攻坚探索新路，为长江上游生态保护与生态修复树立典范。

(一) 用好特产资源

宜宾市是世界独有的油樟原产地，素有"油樟王国"的美誉，全市现有油樟林47万亩，樟油年产量1.4万吨，占全国70%以上，占全球的50%左右。油樟是宜宾原生乡土树种，樟叶含油率高。油樟枝、叶、干、皮均可提取芳香油，但以叶子含油率最高，樟油主要成分桉叶油素占58.55%，在国际贸易中被称为"中国桉叶油"，畅销日本、新加坡、美国及西欧等50多个国家和地区。据在宜宾建厂的台商反映，虽然台湾也有油樟，但台湾油樟的樟叶含油率低，因此他们才不远万里前往宜宾建厂炼油。

(二) 加强标准化建设

叙州区建立樟油标准化体系，对樟油生产、加工等环节进行标准化管理，《宜宾油樟粗油》《油樟粗油加工技术规范》地方标准已于2019年7月31日由宜宾市市场监督管理局发布，于2019年8月12日开始实施。

(三) 注重加工增值

在退耕还林营造大面积油樟的基础上，大力发展油樟第二产业，先后引进多家油樟加工企业，如宜宾宸隆林业、宜宾鑫隆香料公司、宸煜林业公司、台湾雨利行日化、川汇香料公司、印尼鹰标集团、韩国三星生物等国际知名企业。

(四) 发展乡村旅游

叙州区依托退耕还林油樟资源，开发生态文化资源，建设以"世界樟海""中国油樟小镇"等为核心的油樟旅游发展示范区，积极建设发展油樟康养基地、油樟别院、野外露营基地、油樟蒸馏水洗浴体验中心等服务设施和内容，大大促进了农户就业和增收。

模式 32
贵州赤水退耕还竹模式

赤水市隶属贵州省遵义市，山川秀丽，风景优美，全市森林覆盖率82.51%，居贵州省第一位。赤水风景名胜区是国务院唯一以行政区命名的国家级风景名胜区，素有"千瀑之市""丹霞之冠""竹子之乡""桫椤王国"的美誉。赤水因美丽而神秘的赤水河贯穿全境而得名，更因中国工农红军"四渡赤水"以及赤水丹霞世界自然遗产而扬名中外。赤水市先后获得了"中国优秀旅游城市""国家级生态示范区""国家生态市""中国长寿之乡"等殊荣。

一、模式地概况

赤水市位于贵州西北部，赤水河流域中下游，毗邻四川、重庆，是黔北通往川渝的重要门户，也是贵州省最大的通江口岸。全市土地面积1852平方公里，辖11镇3乡3街道，总人口31.4万。境内资源富集、山川秀丽、人文厚重。赤水最红，红在光荣的红色革命记忆，1935年"四渡赤水"战役写下长征史上最神奇的篇章；红在流丹溢彩、灿若红霞的丹霞奇观，是全国第8个、贵州第2个世界自然遗产地。赤水最绿，绿在214万亩森林，82.51%的森林覆盖率，132.8万亩竹林，是全国最大竹乡，是长江上游重要的绿色生态屏障。

赤水市属中亚热带湿润季风气候区。年平均气温为18.1℃（最高气温43.2℃，最低气温-1.2℃），年均降水量1292.3毫米，年日照时数1297.7小时，年均相对湿度82%，无霜期340~350天，并随海拔高度上升而递减，800米以下地区无霜期300天左右，800米以上地区无霜期210~300天。赤水市是文化旅游产业创新区核心腹地，有赤水大瀑布、竹海国家森林公园、佛光岩、丙安古镇等知名景观。

二、模式实施情况

2001年，赤水市大力实施退耕造竹工程，赤水现有竹林面积132.8万亩，人均竹林面积5.4亩，在全国30个竹子之乡中，竹林总面积和人均竹林面积位居全国前列，为赤水森林覆盖率持续稳定在80%以上奠定坚实基础。赤水市累计退耕还林59.85万亩，退耕还竹 20 多万亩，其中前一轮退耕还林工程实施 58.7 万亩(退耕地还林 19.6 万亩，荒山造林 39.1 万亩)，新一轮退耕地还林完成实施面积 1.15 万亩。赤水市退耕还竹主要经验做法有：

(一)因地制宜，顺势而为选产业

2001 年，赤水市被列入贵州省 9 个退耕还林试点县之一。赤水市抢抓退耕还林政策机遇，变"退耕还林"为"退耕造竹"，释放出敢为人先抢抓西部大开发机遇的蓬勃力量，通过将 25°以上坡耕地一律退耕造竹，退耕还竹面积 20 多万亩，着力壮大竹资源蓄积总量，最终竹林面积发展到 132.8 万亩，万顷竹海让赤水森林覆盖率由 2000 年的 63.4%提高到 2019 年的 82.51%，形成了以满山翠竹为底色的秀美生态环境。

赤水退耕地还生态林

(二)整体推进，高位谋划抓产业

赤水市按照整体推进的原则，持之以恒把竹产业作为富民强市的支柱产业，始终坚持全方位利用竹子，成立以市主要领导为组长的竹业建设与发展领导小组，组建了纸制品、家具、竹产业等特色产业发展专班，出台了系列政策措施，编制竹产业发展规划，建立行政和技术业务"双线"责任制。同时，与企业联合建立了竹研究所、院士工作站，邀请专家进行指导，积极开展竹资源综合利用标准化示范工作。

(三)政策保障，助农增收成产业

10 年之间，赤水举全市之力，营造了近 80 万亩竹林，惠及赤水 5.3 万户林农，涉及人口达 20 万人，工程建设对贫困农户实现了 100%覆盖。2009 年起，赤水市累计兑现林农退耕还林补助资金 5.69 亿元，争取巩固退耕还林工程建设资金 1.6 亿元。选(续)聘建档立卡贫困人口生态护林员 2258 人次，累计获得管护补助 2258 万元，有力巩固了脱贫成效。

(四)三产联动,链条发展强产业

赤水市依竹发展产业,依托随处可见的竹林,因地制宜实施十万亩金钗石斛、百万亩丰产竹林、千万羽乌骨鸡、三万亩生态水产的农业"十百千万"工程,成功构建"竹山种药、竹下养鸡、竹水养鱼"的"竹林经济"立体生态产业。

赤水市依竹发展旅游业,立足竹林营造的自然优势,结合"全景赤水·全域旅游"理念,大力发展生态旅游这个无污染的富民产业,建成以竹为支撑的4A级景区5个,助推乡村旅游、竹编工艺产业不断壮大。发展宾馆酒店、农家乐、竹工艺品门店;形成了以竹笋、竹燕窝等为主题的"熊猫宴"特色全竹菜系;推动了以"森林旅游"为代表的康养产业深化发展。

(五)健全配套,补齐短板推产业

一路通则百业兴,交通是制约产业高质量发展的瓶颈,只有便捷的交通才能盘活沿线丰富的资源。赤水市累计投入资金48.3亿元连续实施通村公路建设"2666"脱贫攻坚决战工程、赤水市交通基础设施建设"2111"工程和农村公路"组组通"等重大交通项目,完成毛坯路改造470公里,新建农村公路2554公里,硬化公路2880公里。真正实现农村因路而活、产业因路而兴、老百姓因路而富。

三、培育技术

栽种竹子要求土质深厚肥沃,富含有机质和矿物元素的偏酸性土壤。竹子生长有其特殊性,是依靠地下茎(俗称竹鞭)上的笋芽发育长成竹笋,再长成新竹。种植类别总体上分为散生竹(楠竹)、丛生竹(黄竹、绵竹等)两大类。主要培育技术有:

(一)树种的选择及规划

竹子的适应性都很强,在田边、土角、"四旁"一般均可栽植并正常生长。但它们都具有生长快、生长量大、蒸腾作用强的特点,生长发育都需要较高的温度条件和水肥条件,不耐严寒干燥,丛生竹造林地应选择海拔800米以下区域,土层50厘米以上,土壤肥沃湿润的地区或地段;海拔800~1200米,宜选择散生竹;对于土层瘠薄干燥的地区或地段不宜选作造林地。

(二)清理整地

土层深厚、土壤疏松肥沃湿润的地块在造林前一般不必整地,可直接开穴栽植;积水或板结的地块在造林前需进行整地,一般采用大穴整地即可,安排在造林前的7—11月进行。整地时根据确定的栽植点,清除其周围2米左右的杂草、灌木,再挖栽植穴;栽植穴一般50~70厘米见方,深30厘米左右,挖出的土壤应尽量耙碎,以利于熟化。

(三)造竹定植

丛生竹定植时，在已挖起的栽植穴内先填 5~10 厘米的细土，将母竹正面斜放穴中，地面留节 1~2 个，使根系舒展，竹秆与地面呈 15°左右倾斜，马耳形切口向上；然后分层填土，先填表土，后填心土，压实土壤，使竹蔸根系与土壤紧密接触，浇足定根水，再覆一层松土。有条件也可在坑面覆盖一层草皮或秸秆，以减少水分蒸发。常见的慈竹、黄竹密度掌握在 50~74 株/亩左右，绵竹、料慈竹以 42~56 株/亩为宜。栽植时间一般以 2 月中旬至 4 月初为宜。

(四)抚育管护

在新竹未成林前，每年要除草松土 1~2 次。第一次在 5—6 月份较好，此时竹笋已陆续出土，林地上的杂草较嫩，除草抚育有利于消灭杂草，促进幼竹生长；第 2 次宜在 8—9 月进行，这时新竹正在生长，而林地上的杂草生长也很旺盛，但种籽尚未成熟，竹苗与杂草都要消耗大量的养分，适时除草、松土，有利于幼竹生长。

(五)病虫害防治

主要作好以下几类病虫害防治。竹枯梢病：该病危害当年新竹的嫩枝和侧枝。防治方法可清除并烧毁病枯枝，对病区的竹材及制品采用甲基托布津 70%可湿性粉剂 1000 倍液仔细地喷洒或禁止调运竹材出境。黄脊竹蝗：5—6 月以跳蝻、成虫取食竹叶，为竹林的主要害虫。防治方法可用 2.5%溴氰菊脂每亩 6~10 克，按药 1 份、柴油 20~40 份比例混合，或者用 741 烟剂，用药量每亩 1~2 公斤，选择无风的早晨或傍晚用喷烟机喷烟。竹镂舟蛾：以幼虫暴食竹叶和叶鞘，严重时将成片竹林吃成光秆。防治方法可采用灯光杀成虫；用 2.5%溴氰菊脂，每亩 4~8 克，1000~2000 倍液进行低量喷雾。

四、模式成效分析

赤水市抢抓国家退耕还林契机，立足资源禀赋，因地制宜，利用当地独特的气候和环境，深入践行"绿水青山就是金山银山"理念，成功打造"竹经济"，使竹子成为当地脱贫攻坚、推进乡村振兴的"利器"，让 31 万人民过上了富"竹"生活。

(一)成为长江中下游的绿色生态屏障

赤水市退耕还竹改善了生态环境，水土流失得到有效遏制，每年使赤水河减少排入长江的泥沙量近 500 万吨，全市空气负氧离子含量高达每立方厘米 5.6 万个，空气优良率常年保持 100%，水源达国家一、二级水质标准，饮用水源水质达标率达 100%，赤水河出境断面水质常年保持在Ⅱ类水以上，连绵翠竹让赤水的山更绿、水更清、空气更清新，多年未发生大旱和洪涝灾害，为长江上游筑起了一道绿色生态屏障。赤水市于 2015 年荣获"中国长寿之乡""贵州省森林城市"称号，2016 年竹海国家森林公园被《中国绿色时报》评为"中国森林氧吧"。

赤水市退耕还林竹海

(二)成为农户增收脱贫的绿色银行

赤水市退耕还竹20多万亩,每亩年收入2000多元,带动发展竹丰产林100万亩,丰产竹林带动农民年增收7亿元,林下9.02万亩金钗石斛产业带动农民年增收5.6亿元,1000万羽乌骨鸡产业带动农民年增收6.3亿元,2.4万亩生态水产带动农民年增收2.53亿元,林业成为赤水市巩固脱贫攻坚成效最大的亮点。

(三)推动社会事业全面发展

竹制品已从编农具、造草纸,发展到现在加工企业如雨后春笋般出现,衍生出了纸制品、竹木家具、竹集成材、竹食品四大产业。赤水市132.8万亩竹林,每年可供应杂竹材100万吨、楠竹材1200万株、各类竹笋6万吨。在2015—2019年累计收购林农杂竹材256.96万吨,农户直接经济收益达12.848亿元;采伐楠竹材3555万株,林农收入达4.26亿元;采伐竹笋达25万吨,实现经济收入达11.5亿元。充足的原料供给,促成了赤水市以竹为主的"四大产业"发展,建成了竹业循环经济工业园区,园区内竹运、升翔、汇美佳缘等企业生产的纸产品远销欧美、澳大利亚、东南亚等地,真正实现了"一业兴百业"发展格局。

五、经验启示

赤水市坚持"生态优先、绿色发展、共建共享"的理念,依靠竹产业发展,实现了绿水青山就是金山银山的生动实践。赤水市初步实现退耕还林工程"退得下、稳得住、能致富"的目标,并形成了"资源有人管、产品有人买、森林有人游"的良性循环经济发展态势。其主要启示有:

(一)因地制宜选准产业

赤水市依托独特竹类资源,抓住了国家退耕还林还草政策机遇,用好用活了公益林森林生态效益补偿机遇，解除了农业产业发展和群众的"后顾之忧"，才让竹产业坚持多年依然"受宠有加"。创"人和"，即一个产业发展，必须要有龙头企业拉动，群众的主动参与。赤水竹产业从起步到高质量发展，均得益于企业将资源转换成为经济效益，促使产业得以长期发展并得到了突破性发展，成就了赤水百万亩竹林、百亿级产业。

(二)坚定信念做大产业

赤水市乘退耕还林东风，20年来持续接力，不断推进低产竹林改造、丰产竹林培育等工程，使全市竹林面积从退耕还林前的53.2万亩发展到132.8万亩，一跃成为"全国十大竹乡"之首，成为贵州"最绿""最美"的地方。

(三)立足长远做全产业

"一个产业，如果群众不能增收、企业不能获利，财政不见成效、社会不见效益，就不是一个优质产业"。事实证明，赤水市选择发展绿色竹产业，把资源培育与产业发展密切结合起来，对资源进行多层次综合利用，取得了巨大成功。

模式 33
贵州龙里退耕还刺梨旅游模式

龙里县隶属于贵州省黔南布依族苗族自治州，位于省会贵阳近郊，是贵阳市的东大门、黔南州的北大门，距贵阳市中心 28 公里，距龙洞堡国际机场 20 公里，交通十分便利。龙里县先后获得"中国刺梨之乡""中国物流实验基地""国家卫生县城""中国刺梨名县"等荣誉称号。龙里县抢抓国家退耕还林机遇，因地制宜地大力发展人工刺梨种植，成效显著。全县现有人工刺梨种植面积 10.5 万亩，刺梨已发展成为龙里县的农业支柱产业，实施退耕还林发展刺梨产业带领群众创造了一条脱贫致富之路。

一、模式地概况

茶香村属于谷脚镇，位于龙里县中北部，距龙里县城 16 公里，交通方便，有千洗公路（924 县道）过境，每个村民组已通硬化路，具有四通八达的通组公路连接。茶香村属省级二类贫困村。全村总面积 25.65 平方公里，耕地面积 2600 亩，现有刺梨面积 1.68 万亩。该村具有明显的亚热带季风湿润气候特征，气候宜人。年平均气温 14.8℃，无霜期在 290 天左右，海拔 1300 米左右，属立体气候。森林覆盖率达 86%。全村辖 9 个自然村寨组，有 476 户 2046 人，其中贫困户 45 户 126 人。

茶香村实施退耕还林种植刺梨取得了显著的生态、经济、社会效益，作为龙里县农村调整产业结构的典范，刺梨产业成为全县农村经济的主要支柱产业，在未来前景广阔。绵延数十里的"十里刺梨沟"，是乡村生态观光旅游好地方。

二、模式实施情况

茶香村是贵州最早试验种植刺梨新品"贵农 5 号""贵农 7 号"的地方，也是最早实施规模化种植之地，由于成效显著，借助退耕还林工程，模式辐射到龙山镇、哪嗙乡、醒狮镇、洗马镇等 14 个乡镇，龙里县因此获得"中国刺梨之乡""贵州省经济林（刺梨）基地建设示范县""贵州刺梨良种繁育地""无公害标识示范县""刺梨无公害产地"等称号。

茶香村 2000 年利用实施退耕还林工程发展人工刺梨种植 3000 余亩，现全村刺梨种植面积已达 1.68 万亩,刺梨已发展成为该村的支柱产业。通过发展刺梨产业人均纯年收入已达 1.38 万元,实施退耕还林成效显著。主要做法有:

(一)大户带动

1995 年,贵州农学院专家到茶香村进行人工种植刺梨品种选育试验。当时,村民多当看客,大胆的顾尚俊决定搏一搏,他拔掉自家坡地上的苞谷,让专家做试验、跟着专家种刺梨。两年后,刺梨丰收,顾尚俊一家也从贫困户一跃而成万元户。当时顾尚俊种在屋后坡地上的 3 亩刺梨,光鲜果就卖出 3 万多元,贵阳商贩直接到地头来摘。顾尚俊挣钱了,让村民看到了致富希望。不少村民开始跟着种刺梨。特别是到了 2000 年,国家实施退耕还林工程试点,每亩退耕地每年补助 300 斤粮食和现金 20 元。解决了"吃饱"的问题,大家没有了顾虑,纷纷跟着种刺梨。短短几年时间,村里荒山全部绿了。现在,这里的刺梨种植面积已达 2 万多亩。

(二)部门引导

龙里县抢抓国家退耕还林机遇,大力发展当时很火爆的刺梨产业。为做好退耕还林工程,龙里县各级各部门建立工作机构,层层签订责任状,抽调有关技术员深入基层指导。茶香村退耕还林发展刺梨,从规划设计到造林作业、从品种选择到采摘利用,都是在龙里县林业局的指导下进行的。

(三)科学选种

龙里县按照生态优先的原则,结合产业结构调整,促进经济增长,使农民群众脱贫致富奔小康,根据各村具体情况,科学选择退耕还林树种,既保护了生态又达到退耕还林目标。茶香村选用的刺梨优良品种有"贵农 2 号""贵农 5 号""贵农 7 号",生态、经济效益均不错。

刺梨优质品种

(四)加大科技培训力度

每年县林业局都聘请专家或技术人员对刺梨的施肥、修剪、采果等作科学的技术培训,让退耕农户真正掌握刺梨的科学管理方法。

(五)打造刺梨品牌

龙里县做了大量的宣传工作,在新闻媒体、报刊上做宣传,同时开展刺梨赏花品果节,开展山地自行车比赛等,通过多种方式宣传龙里县刺梨产业。刺梨是新兴产业,要想在市场上有一席之地,必须创建出自己的特色品牌。

(六)加大扶持力度

龙里县相继出台了《关于加快龙里县刺梨产业发展的实施意见》《刺梨种植奖励办法》《刺梨收购奖励办法》等,并明确提出"着力把刺梨产业培育成龙里县山区群众增收致富的支柱产业,加快农业产业化发展"。相关政策的出台为龙里县发展刺梨产业提供了强有力的政策支撑保障。

(七)狠抓龙头企业

龙里县按照特色农业发展需要,多层次、多渠道、多形式培植发展龙头企业,加强能带动群众增收的产业化龙头企业发展,在资金和项目安排等方面予以重点倾斜。龙里县现有刺梨深加工企业7家,年消耗刺梨原料1万吨以上,龙里县的刺梨产量基本能满足本地刺梨深加工企业的需求。

三、培育技术

(一)园地选择

刺梨园地宜选择坡度25°以下、开阔向阳的平地或缓坡地建园为好。坡度15°~25°的山地,建园时宜修筑水平梯带。土壤质地以壤土为好,土壤疏松肥沃,土层厚度60厘米以上,地下水位距地表1米以内,pH值5.5~7.0。

(二)苗木质量

采用经过审定的优良品种扦插苗。苗木质量规格为:苗高≥50厘米,地径≥0.5厘米,有分枝,≥5厘米的Ⅰ级侧根5条以上,要求苗木无检疫对象,色泽正常,生长健壮,充分木质化,无机械损伤,顶芽饱满健壮。

(三)栽培技术

农地采用全面清理;山地采用水平带状清理,带宽2~3米。整地规格为80厘米×80厘米×60厘米,挖穴时将表土与心土分别堆放。株行距2米×3米或2米×2米,每亩种植111~167株。栽植时间选择在秋季落叶后至次年春季萌芽前栽植,以每年的11月至次年2

月上旬为最佳栽植时间。选用2个能够互相提供授粉机会的品种栽培,以保证良好的授粉条件。主栽品种与授粉品种比例为4~5:1,行列式配制方式。

(四)肥水管理

刺梨需要适时施肥,以满足刺梨对各种营养元素的需求,多施有机肥,合理施用无机肥。严格按《肥料合理使用准则 通则(NY/T496—2010)》的要求执行。有微喷和滴灌设施的刺梨园,提倡液体施肥。施肥方法可根据具体情况选择环状施肥或穴状施肥。

(五)整形修剪

刺梨栽植后1~2年,以轻剪整形为主。选定主枝和副主枝,主枝过多适当疏剪,其他枝梢作为营养枝保留。刺梨栽植后3~5年,培养结果枝,保留辅养枝,疏去过密枝、细弱枝,保持枝条分布均匀;树冠内膛要适当留出结果枝,稀密适度,维持树势均衡,培养丰满树冠。修剪时期以落叶后的冬剪为主,辅之以生长期的适量疏剪。落叶后,疏剪病虫枝、过密枝和纤弱枝,尽量选留健壮的1年生枝条培养成结果母枝。

(六)病虫害防治

开展病虫害日常调查,发现刺梨生长异常,注意观察植株上有无病虫害,根据病虫害发生规律和标准统计,分析病虫发生的危害期、危害程度和危害范围。对病虫害发生轻度以上的刺梨园做好重点监测和防治准备工作。刺梨病虫害防治方法有物理防治、营林措施、人工诱杀害虫、生物农药、化学防治等。

(七)果实采收及其处理

刺梨在果实果皮由绿开始转为黄色时(8月下旬至9月中下旬)采收。宜选择无雨阴天的早晚采摘,采果时戴帆布手套将果实摘下放于容器中带回。采后剔除烂果、次果、小果,装入塑料果箱或纸果箱后即可运输、销售。

四、模式成效分析

茶香村的刺梨产业,得益于国家实施的退耕还林工程。它让一个穷得叮当响的"砍树村",变成了刺梨专业村,满山遍野结出了金灿灿的致富果。茶香村退耕还林发展刺梨产业3000亩,带动发展刺梨1.6万亩,使刺梨产业成为农民增收、农业增效、乡村振兴的主导产业,取得了较大的生态、经济和社会效益。

(一)助推脱贫攻坚

茶香村2000年通过实施退耕还林,选择刺梨作为退耕还林树种,退耕还刺梨3000多亩,目前刺梨已产生经济效益,每亩年平均收入可达4000元左右,加上刺梨育苗和出售刺梨扦插育苗枝条及加工产品,每户最高年收入可达10多万元,全村大部分农户通过实施退耕还林种植刺梨创造了一条脱贫致富之路。据统计，在实施退耕还林前，全村大部分农户为贫困户，现全村农户 476 户，只有 45 户为孤老、大病或残疾等特殊人群家庭。退耕还林种植刺梨有效推动了脱贫攻坚工作。

(二)生产生活环境明显改善

走进现在的茶香村，茶香村村民自己都不敢想象，十年前的茶香村虽然解决了温饱问题，但住的是低矮的土墙房，走的是泥土路，实施退耕还林种植刺梨增加了农户的经济收入，现在各家各户建起了小洋楼，修建了小庭院，大部分买上了小汽车。通村公路成了柏油路，串寨、串户路全部变成了水泥路，改变了过去晴天尘土飞扬、雨天泥浆飞溅的状况，人民的生产生活条件发生了翻天覆地的变化。

(三)为乡村生态旅游发展奠定了坚实的基础

茶香村实施退耕还林工程，不仅改变了茶香村村容村貌，而且美化了茶香村的自然生态环境，连绵十余里的退耕地刺梨，刺梨花开时节，与周边的青山交相辉映，形成了一幅美丽的画廊。每年的 5—9 月，茶香村刺梨花香迷人，果香扑鼻，前来赏花和采果的游客络绎不绝，令很多游客流连忘返。茶香村实施退耕还林种植的刺梨给茶香村带来了生态文化旅游的契机，为生态文化旅游打下了坚定的基础。

刺梨旅游业兴起

五、经验启示

退耕还林既是生态建设工程，也是改善民生工程，更是一项增加农民收入的具体经营活动。龙里县利用实施退耕还林工程大力发展人工刺梨种植，带领人民群众走上了脱贫致富奔小康之路，成效显效。

(一)政策引导是前提

2000年以来,龙里县利用退耕还林工程、巩固退耕还林成果专项资金建设项目、石漠化综合治理、植被恢复建设等林业生态工程,整合捆绑财政、扶贫、农业、水利、交通等部门资金,以茶香村作为刺梨产业核心区,实施产业化扶贫,引导群众种植刺梨。短短几年间,茶香村的开荒地和大部分包产地都变成了刺梨园。

(二)选择良种是保证

原贵州农学院在茶香村成功筛选出优良品种"贵农5号"为主栽品种、"贵农7号"为授粉品种,并大面积推广种植。2010年9月,经专家鉴定,确定茶香村刺梨品种均为"贵农5号"和"贵农7号"良种,并授予茶香村"贵州刺梨良种繁育基地"称号。茶香村成为贵州人工种植刺梨的品种发源地,有了这个优势,村民们都搞起了苗圃种植,卖苗成为村民们的主要收入来源。茶香村作为贵州省刺梨良种穗条和苗木的供应基地,仅此一项,全村年产刺梨苗1000余万株,年销售收入800万元。

(三)后续旅游添动力

茶香村的刺梨形成规模后,形成了"十里刺梨沟"的壮丽景观,龙里县在茶香村连续举办了6届刺梨赏花品果节和3届中国山地自行车公开赛,每年的花期和采果期,客人蜂拥而至,村民通过农家乐增加了收入。该村15户村民通过观花赏果农家乐活动和出售自己加工的刺梨果脯等产品,户均年收入10多万元。

模式 34
贵州湄潭退耕还茶模式

湄潭县在退耕还林工程中，充分发挥了本地自然优势条件，大力退耕还茶发展茶产业，推进了生态文明建设，创建了典型的退耕还茶模式，在精准扶贫中发挥了重要作用。湄潭县产茶历史悠久，茶圣陆羽在《茶经》上记述"茶生夷州，每得之，其味必佳"。湄潭地处古夷州之中心腹地，自古以来，湄潭人民爱茶、种茶，茶叶经济兴旺。国民政府于1939年春在湄潭成立"中央实验茶场"，新中国成立后发展为贵州省茶科所和湄潭茶场。茶叶，为湄潭经济带来一池活水，使昔日的荒山穷山变成了绿水青山金山银山。

一、模式地概况

湄潭县隶属贵州省遵义市。湄潭，中国名茶之乡，素有"云贵小江南"之美誉。是一座风光秀丽、茶香四溢的山水田园城市。全县土地面积1844.9平方公里，总人口50.2万人，2019年全县生产总值124.64亿元，农民人均可支配收入1.4万元。

湄潭县属中亚热带湿润季风气候，冬无严寒，夏无酷暑，雨热同季。总体地貌为黔中丘原和黔北山原中山峡谷类型，自然肥力高，富含氮、磷、钾和有机质。良好的气候与土壤条件为多种植物的生存繁衍创造了优越环境，境内森林资源丰富，主要森林群落有马尾松针叶纯林、针阔混交林、阔叶混交林、竹林、茶叶灌木林等。森林覆盖率65.43%，森林蓄积752.85万立方米。

二、模式实施情况

湄潭县退耕还林始于2002年，到2019年，退耕还林面积16.28万亩，退耕户9.27万户35.58万人，分别占全县农户数（12.42万户）和农业人口（42.02万人）的74.64%、84.67%。在退耕还林实施过程中，湄潭县始终坚持"宜茶则茶"的原则，适茶坡耕地基本退耕还茶，退耕还茶面积7.15万亩，占退耕还林面积的43.92%，退耕还茶农户5.21万户16.32万人。

(一)示范带动

退耕还茶开展前的 2001 年,湄潭县茶园面积只有 4.2 万亩。虽然湄潭县有着悠久的种茶历史及成熟的种茶技术,但种茶投入成本高(2000 元/亩)、见效慢(4 年),制约了农户种茶的积极性。实施退耕还林政策后,有国家补助支撑,减少了农户投入,农户踊跃实施退耕还茶,并带动了其他农户种茶,由此推动了湄潭县茶叶产业大发展。到 2019 年建成 60 万亩茶园,拥有 2 亩以上茶园的农户数 8.8 万户,从业人口 35.1 万余人。

湄潭退耕还林茶园

(二)建立茶叶市场

湄潭县在退耕还茶的同时,开启了茶青交易市场建设,同步鼓励茶叶加工企业发展。县里出资在茶区新建茶青交易市场;个人新建茶叶加工厂,县里根据建设规模予以补助 10 万~50 万元;原有企业更新设备、增加规模获市、省、国家"龙头企业"称号,以奖代补 10 万元、20 万元、100 万元。由此促进了茶叶市场活跃,茶青销售价格逐年走高,退耕户自主经营茶园积极性高涨,也进一步推动了退耕还茶的实施。全县茶区建有茶青交易市场 38 个,农户采摘的茶青均可在 30 分钟内进入市场交易。中国茶城建在湄潭,是农业部定点市场和商务部定点出口市场。

(三)探索私人订制模式

2013 年起,各茶叶企业为保障茶叶生产质量,先后开展"流转返租、私人订制"模式,全县茶园基本流转到企业按"欧标"管理,由企业出资统一生产,病虫害统防统治,统一配方施肥,返租农户耕种,茶青按市场价定厂销售,收入全额归农户。与此同时,企业大力联谊茶叶需求客户,打造"我在美丽湄潭拥有一片茶园"。企业按客户要求实行"私人订制"茶园及其茶叶产品。这既提升了茶叶质量,又拓展了客户,促进了茶产业进一步发展。

(四)打造茶叶品牌

湄潭县高度重视茶叶品牌建设,全县有茶叶商标 150 余个,湄潭的"湄潭翠芽"和"遵义红"被列为贵州省"三绿一红"重点品牌发展,占贵州省发展的重点品牌半壁河山。"湄潭翠芽"获"中国驰名商标"和国家农产品地理标志保护,品牌价值达 16.38 亿元。在 2015 意大利米兰世博会上,"湄潭翠芽""遵义红"均获得"百年世博中国名茶金奖"。

(五)培育龙头企业

湄潭县注重茶业龙头企业培育,全县拥有茶叶加工企业 528 家,其中国家级龙头企业 4 家、省级龙头企业 19 家、市级 17 家,涉及绿茶、红茶、黑茶及茶籽油、茶多酚、茶树花等 12 类综合开发产品。

(六)推动土地流转

湄潭县积极推进茶园经营权流转改革,增加了农民收入。2014 年县里对企业流转茶园每亩补助 600 元,全县流转茶园 20 万亩。企业通过茶园租赁、经营权流转、返租倒包等模式,实现了茶园高效经营,农民在茶产业链中分工协作,经济收入持续增加。

(七)推进茶旅一体化

湄潭县在做大做强茶叶一产、二产同时,建成"天下第一壶"茶文化博览园、翠芽 27°景区、中国茶海公园等 3 个 4A 级景区,中国茶海公园是贵州十大魅力景区之一。还有贵州茶文化生态博物馆、象山茶博园等茶文化标志性景点,全县旅游业增速连续两年位居遵义市第一位。

湄潭县贵州茶文化生态博物馆

三、培育技术

(一) 科学选择园地

湄潭县茶叶栽培品种多样，主要有福鼎大白茶、湄潭苔茶、黔湄 412、黔湄 601 等，不同的品种特色满足了多产品原料需求。在适宜气候条件下，茶叶适生于土质深厚肥沃的酸性土壤。故必须适地适茶，选择合适的立地条件造茶建园。

(二) 造茶密度

合理的造茶密度和种植规格，对于快速成园、高产稳产有重要作用。应用"密植免耕栽培法"标准，茶苗定植密度一般为 2200 株/亩，采用双行种植，按 1.5 米为大行，中间开挖 0.5 米宽的平底沟，开沟深度以挖除肥土层为宜，肥土堆放平整于大行间，挖松锄细平底沟底土壤后，按 0.4 米的小行距、0.4 米的株距双行定植。小行间覆盖杂草保墒补肥，利于茶苗成活。

(三) 整形修剪

整形修剪是提高茶叶产量和品质的关键措施。通过定型修剪、整形修剪，控制合适的茶蓬高度，促使茶叶分枝密实，受光均匀充分，便于采摘。茶叶修剪有定型修剪、整形修剪、更新修剪三大类，其目标和方法略有不同。

四、模式成效分析

湄潭县退耕还林工作紧紧抓住当地茶叶品种优良的优势条件，大力推广退耕还茶，取得了显著成效。

(一) 促进了生态环境改善

退耕还茶把原本粮食生产低而不稳的坡耕地变成了郁郁葱葱的景观茶园，茶园、森林、稻田与整洁的村庄构成了一幅幅美丽的画卷，极大地改善了生态环境，富裕了百姓，真正做到了"绿水青山就是金山银山"。森林覆盖率、森林蓄积得到同步增加，从 2002 年的森林覆盖率 33.04%、森林蓄积 242 万立方米，增加到 2019 年的 65.43%、752.85 万立方米。

(二) 实现了产业脱贫

通过退耕还茶 7.15 万亩，创新了茶产业扶贫模式，使农民参与到茶产业链条中，实现脱贫增收致富，湄潭县于 2018 年全面脱贫，每年每亩投产茶园茶青收入 6000 元以上。通过退耕还茶带动茶产业发展，茶产业成为湄潭县的支柱产业，其综合效益位居全国茶业百强县第二位，成就卓然，茶叶总产量6万吨，产值120亿元，其中农户茶青收入48亿元。

(三)促进了社会和谐

美观的黔北民居立于茶园、隐于森林，错落有致，凸显茶农殷实和谐。仓廪实而知礼节，衣食足而知荣辱！茶区环境卫生良好，人们精神状态饱满，特别是违法犯罪现象明显下降，凸显社会和谐。退耕还茶也带动了外地农户就业，据统计，全县退耕农户邀请外地农户0.35万户1.59万人到湄潭县茶区居家生活。湄潭因茶而美，茶叶使昔日的荒山穷山变成了绿水青山、金山银山。

五、经验启示

一方水土，养一方人。湄潭这方水土，天时地利人和造就了茶叶，退耕还茶顺势而为，带动了茶产业发展，取得了生态效益良好、经济效益巨大、社会效益明显、茶园景观风光凸显的显著成效，推动了美丽新农村建设，促进了乡村振兴。

(一)选准产业是前提

结合当地的资源禀赋、产业基础和生态环境因素退耕还茶，大力发展茶产业。在发展第一产业的同时，加快发展茶叶加工业，发展休闲农业与乡村旅游业等，促进了茶叶一二三产业融合发展。

(二)政策引导是关键

退耕还林之初，湄潭县就把退耕还茶发展茶产业作为后发赶超、产业脱贫的治本之策，制定切实可行的政策措施，激活茶产业发展动力，坚持不懈，一年接着一年干，一届接着一届干，创造了茶产业必然成就。

(三)农民受益是核心

产业真扶贫、扶真贫的唯一指标是农民受不受益，就是贫困农民是否参与产业发展过程，享受发展成果。通过茶产业链分工，让合适的主体做合适的事情，农户作为产业发展的重要力量，成为产业基地的重要人力资源，实现了茶产业可持续发展，退耕还茶户收入逐年增加。

(四)科技支撑是保障

湄潭县依托贵州省茶叶科学研究所技术支撑，并大力培养自有技术人才，着力用足人才、用好人才、用活人才，营造尊重人才的环境。同时依托各类职业技能培训平台，加大对技术人员和茶农的培训力度，每年对涉茶农户田间指导培训率达90%以上。由此提升了茶农生产技能，推动了茶园高质量培育与经营。

模式 35
贵州黔西退耕还藏柏模式

黔西县隶属于贵州省毕节市,位于贵州中部偏西北、乌江中游鸭池河北岸。1988 年 6 月,由时任贵州省委书记的胡锦涛同志亲自倡导,并报经国务院批准建立的"开发扶贫、生态建设"试验区。2006 年,毕节试验区专家顾问组以"喀斯特岩溶山区循环农业试验"为课题,将古胜村确定为绿色发展的试验田,并制定了"高海拔自然恢复,中海拔退耕还林,低海拔种经果林"的绿色发展思路,以直接提供苗木的方式,指导古胜村植树造林、种经果林,在"穷得只剩石头"的环境中通过生态脱贫攻坚,走出了一条喀斯特岩溶山区"生态治理、脱贫致富"的绿色发展道路。

一、模式地概况

古胜村隶属黔西县素朴镇,地处毕节试验区东端,位于乌江上游的西岸边,属典型的喀斯特岩溶山区,海拔 800~1400 米。古胜村辖 15 个村民组 574 户 2362 人,总面积 6.9 平方公里,年平均降水量 960 毫米。

过去的古胜村属一类贫困村,人多地少,村民为了生存,向山要地,陷入了"越穷越垦、越垦越穷"的恶性循环中。因为生态恶化,每年汛期过后,雨水带走了本就稀薄的泥土层,石头逐个从地里冒出来,村民自嘲道"我们这个地方石头会开花";同时因为交通不便,山高坡陡,为了运输生产生活物资和收割玉米,家家户户的马背左右都安装了驮篮,远远望去,就像长了"两只角"。"石头开花马长角"就是过去古胜村的真实写照。今天的古胜村,山青水秀,民富物丰。2015 年,古胜村荣获"绿化毕节模范村",2017 年分别荣获毕节市、黔西县文明村。

二、模式实施情况

2006 年以来,古胜村累计退耕还林 3038.5 亩,石漠化治理 710 亩,生态林自然恢复 3400 亩,种植经果林 2937.5 亩。全村生态环境得到明显改善,经果林产生了可观的经济效益,年产值已达 2000 余万元,户均年增收近 4 万元,同时带动了乡村旅游,增加了农

古胜村退耕还藏柏模式

民收入。2019年全村人均可支配收入达10600余元,真正实现生态美、百姓富。

(一)明确发展思路

古胜村海拔800~1400米,在海拔1250米以上的山顶,基本没有泥土层,不适宜植树,只能通过自然恢复;在海拔1050~1250米的地带,泥土层稀薄,几乎无人居住,适合退耕还林;在海拔1050米以下的地带,有一定泥土层,交通便利,气候温和,村民主要居住在该区域,利于经果林管护和采摘,适宜种植经果林。2006年,毕节试验区专家顾问组以"喀斯特岩溶山区循环农业试验"为课题,将古胜村确定为绿色发展的试验田,在深入古胜村充分调查研究的基础上,制定了"高海拔自然恢复,中海拔退耕还林,低海拔种经果林"的思路,并长期坚持这一绿色发展思路。

(二)科学选择树种

古胜村属喀斯特地区,石漠化面积大、类型多,如何适地适树选造石漠化治理树种是给林业工作者出的一道难题。对此,黔西县林业局给出了一份完美的答案。由于乡土树种侧柏具有独特的生物学、生态学特性,一般在石漠化治理中都会选用,特别是在重度石漠化区域,黔西县也不例外。黔西县林业局在素朴镇古胜村退耕地中还引种栽培藏柏,经过18年试验、示范,藏柏无论是在生物学表现上(2019年监测数据,林龄18年,样地立木平均胸径12.5厘米、平均树高9.8米、平均冠幅2.4米×2.4米)还是生态效益方面都优于侧柏。

古胜村石漠化耕地退耕还林藏柏

(三)抢抓政策机遇

古胜村绿色发展道路的成功,得益于国家退耕还林政策的支持,也得益于各级部门的重视,得益于毕节试验区专家顾问组的倾力帮扶和指导。自2006年毕节试验区专家顾问组将古胜村定为"喀斯特岩溶山区循环农业"课题试验田以来,专家顾问组筹资200余万元,提供了林苗,解决了缺乏启动资金的困难;同时,更得益于国家退耕还林政策的支持,近十年仅在古胜村兑付给群众的退耕还林补贴就达到868.1万元,解决了实施退耕还林初期群众的吃饭问题。

三、培育技术

藏柏原产于西藏自治区东南部,不丹和尼泊尔也有分布。在四川、云南等地引种栽培,经过培育驯化,在极寒冷和盐碱地也能很好生长,适于温带地区,是优良的造林绿化树种。藏柏在微酸性和钙质土上均能生长,以在湿润、深厚、富含钙质的土壤上生长最快,是石漠化造林的首选树种。

(一)选地

藏柏对土壤适应性强,中性、微酸性及钙质土均能生长,耐干旱瘠薄,稍耐水湿,喜土层深厚肥沃、排水良好的中性、微酸性土壤,特别在土层浅薄的钙质紫色土和石灰土上,其他树种不易生长,唯藏柏能正常生长。若土层较厚,生长更快。造林地最好选择在石灰岩、紫色砂岩、页岩等母质发育的中性、微酸性土壤,土层厚度40厘米以上,肥沃湿润的山腰、山脚、山谷、丘陵,海拔1300米以下。适宜营造混交林,林地以Ⅰ、Ⅱ类地为宜。

(二)整地

整地时间以秋、冬两季为主(10月至翌年2月)。结合具体情况,整地时间可调整到与造林时间同步进行。合理的整地方法能改善土壤的水肥等状况,提高苗木成活率和保存率,促进苗木生长。钙质紫色土和石灰土易发生水土流失,宜采用鱼鳞坑整地,整地规格为长径50厘米、短径30厘米、深10~30厘米,并可采取局部堆土筑穴的办法,尽可能增加土层厚度,筑穴后应将窝的外边坡筑紧,坑面稍向内倾斜,以增加雨水拦蓄量,防止水土流失。

(三)栽植

造林季节以11月下旬至翌年3月上旬植树为宜,这时树叶还没有开始萌动,在小雨或雨后湿润的阴天栽植最佳。造林密度:一般立地条件较好的地方可用1.3米×1.3米或1.3米×1.6米的株行距,即每亩300~375株。立地条件较差或缺材地区还可加大密度,采用1米×1.5米或1米×1米,即每亩400~667株,这样4~5年可郁闭成林。植苗造林主要采用裸根穴植法,穴的大小深浅应根据苗木大小、根系情况而定,把握好"深挖浅栽"。植苗前先在穴内回填土壤,使苗木根系分布于适当深度。

(四)修枝间伐

藏柏由于其本身的生物学特性,自然整枝不良,侧枝发达,尖削度大,出材率低,影响了木材材质、木材利用效率和经济效益。结合抚育,适当去除冠下的一部分活枝、全部的濒死枝和死枝,可促进主干通直生长,增加树干的圆满度,培育主干无节木材和提高木材品质。修枝强度1/4~2/4,方法可用平切法,紧贴树干用小锯子从枝条下方向上将活枝、死枝切掉。

(五)中耕除草

持续年限从造林后开始,直到郁闭成林为止,年限约3~4年,每年一次,时间在5—6月及8—9月,局部松土除草。松土原则是树小浅松,树大深松,沙土浅松,黏土深松。一般松土深度为5~10厘米,增深可达15~20厘米。

四、模式成效分析

古胜村通过退耕还林,在石漠化耕地上栽植藏柏,为石漠化治理做出了巨大的贡献,"山顶戴上了绿帽子,山脚就是钱袋子"。古胜村藏柏模式为黔西地区石漠化治理做出了典范。

(一)生态效益

10余年来,古胜村累计退耕还林3038.5亩,森林植被覆盖率从1988年的不足10%增长到 2019 年的 89.68%，水土流失量由 2005 年的每年 3500 吨/平方公里减少为 2019 年的 500 吨/平方公里。满山的包谷秆变成了生态林和经果林，全村生态环境得到明显改善。

(二) 经济效益

古胜村按照"高海拔自然恢复，中海拔退耕还林，低海拔种经果林"的思路，组织发动全村群众参与，对生态环境进行立体式修复。先后引进并种植玛瑙樱桃 1300 亩、五星枇杷 160 亩、美国甜桃 150 亩、宁波杨梅 75 亩、酥李等经果林 1200 余亩。目前，古胜村经果林退耕近 2000 亩，年产值达 2000 万元，大部分群众实现了从"粮农"到"果农"的蜕变。

(三) 社会效益

模式具有方略指导性，好的模式能起到示范和辐射效应。贵州省黔西县的古胜村地处我国西南石漠化地区，曾是一片乱石旮旯，经过退耕还林、生态修复，成为植被覆盖率近九成、飘着果香的绿色村庄。从以前的光秃秃到如今的绿油油，这一路，专家指导确定科学修复方案，村民协同参与，"生态优先、绿色发展"的理念在这里落地生根。

五、经验启示

(一) 古胜的今天，更多地体现了一种变化和对比

走进古胜村，其实也普通，一样的民房一样的路，一样的山坡一样的土。没有参天的大树，也没有大片的林场，只有新长成的藏柏和已挂果的林木，深入对比实在是平淡无奇。但是如果你深入了解古胜的过去、古胜的昨天，你就会惊叹于古胜的变化，震撼于古胜的发展。这些树可都是在光秃秃的山坡上种起来的，都是在石旮旯里长出来的，都是用种苞谷的土地退下来的。既不是原始森林，也不是自然果林，更不是上天赐予，而是古胜村老百姓亲手创造的。所以古胜的今天，更多地体现了一种变化和对比，横向比，平淡无奇，纵向比，翻天覆地。

(二) 古胜的经验，更多的是一种精神的传承和组织的力量

在古胜村艰辛的发展道路上，以"五皮"支书冯长书同志为代表的党支部班子充分发挥了战斗堡垒作用。为了动员群众种树，转变传统观念，村两委以"硬着头皮、厚着脸皮、磨破嘴皮、饿着肚皮、走破脚皮"的耐心和锲而不舍的精神，深深打动和感化了群众。尤其是在 2006 年，古胜村在回头弯搭建村党支部临时办公室，在植树现场办公的场景，真正做到了"做给群众看，带着群众干"。村党支部和党员干部的艰辛和汗水，换来的是人民群众的信任和拥护，全体村民积极投入到植树造林中，在喀斯特岩溶地貌的陡坡石缝中植树 40.84 万株，谱写了一曲绝地逢生、战天斗地的动人乐章。

(三) 古胜的模式，是可推广的绿色发展路子

古胜村的地貌特点，就是没有一块平整的土地，全村地形基本上都属于 25° 以上的坡

耕地，石漠化严重，是毕节试验区成立之初"生态恶化、贫穷落后"的一个缩影。而古胜村取得的成绩，并非"重金打造、重兵突击"的结果，而是"花小钱、办大事"的体现，是产业结构调整最成功、最长远的生动案例，基本实现了"小实验、大方向"的目的。其"高海拔自然恢复，中海拔退耕还林，低海拔种经果林"的绿色发展思路是可借鉴的，其充分珍惜和抓住各项政策机遇和外部因素谋发展的理念是可复制的，其不甘落后、战天斗地、后发赶超的精神是可推广的。

模式 36
贵州镇宁退耕还蜂糖李模式

镇宁布依族苗族自治县(以下简称"镇宁县")隶属贵州省安顺市,位于贵州省西南部珠江水系与长江水系分水岭。镇宁县境内的黄果树瀑布,是中国最大瀑布,也是世界上著名的大瀑布之一。镇宁县境内地势北高南低,坡度变化较大。县境属亚热带湿润季风气候,跨南亚热带、中亚热带、北亚热带及南温带等多个气候带,具有冬无严寒,夏无酷暑,雨热同季等特点,为生态林业发展提供了良好条件。

一、模式地概况

六马镇地处镇宁县南部,距县城 63 公里,与关岭、紫云、望谟三县交界,平均海拔 530 米,年平均气温 19.65℃,属典型的低热河谷气候。六马镇土地面积为 252 平方公里,耕地面积 102245 亩。下辖 19 个村、2 个社区,131 个自然寨,156 个村民组,共 7231 户 30685 人。

六马镇属典型的中亚热带干热河谷地带,为发展林业产业,当地林业局进行了长期的探索,先后种植过油桐、桉树、竹子等经果林、用材林,但都因经济效益不好而逐渐放弃。2014 年新一轮退耕还林实施以来,六马镇紧紧抓住机遇,大力发展蜂糖李产业,取得了巨大成功。

二、模式实施情况

六马镇乡土树种蜂糖李"六马系列李子"种植成效好,截至 2019 年,全镇通过退耕还林发展蜂糖李 6.6 万亩,可采收 3.5 万亩,总产值达 5 亿元,覆盖带动贫困户 3122 户 13797 人。六马镇种植蜂糖李已覆盖全镇 21 个村(居),其中以弄袍、板乐、果园、板阳、双许等村种植较为集中,规模较大。蜂糖李产业已成为六马人的脱贫致富产业,为决战脱贫攻坚、决胜全面小康提供产业发展支撑,助力农民增收致富。其主要做法如下:

(一)坚持因地制宜,抓好产业选择

六马镇属于典型的亚热带低热河谷气候,雨热同季,形成了蜂糖李特殊的生长环境。

在这个区域种植生长的蜂糖李，外包裹天然蜡粉、果实大果顶平、核小离核、味甘甜如蜂蜜，果肉致密酥脆、香味浓郁、食之不忘。蜂糖李原产地位于六马镇弄袍村（现有 72 株母株，已建栏设园专项保护），其市场价格非常可观，但一直因种植规模小，产值效益没有体现出来，"养在深闺无认识"。2014 年新一轮退耕还林实施以来，在专家多次实地考察和可行性论证后，最终选定退耕还林以"蜂糖李"为主打品种。

六马镇优质蜂糖李

（二）注重技术服务，按需培训农民

为产业发展注入科技含量，提高品牌影响力、竞争力和市场占有力。六马镇积极邀请技术专家开展种植示范及种植技术培训，培训内容主要包括品种选育、病虫害防治、果树栽培等，以提高蜂糖李品质。

（三）统筹资金筹措，完善园区建设

争取扶贫、林业等专项扶持资金 3000 余万元，带动全镇李子种植 5 万余亩。投入资金 80 万元，对 76 株蜂糖李母树进行保护，强化蜂糖李母源地保护，打造有文化底蕴的产业集群。整合专项扶持资金 1500 余万元，大力改善蜂糖李园区内道路状况，改善生产条件，同时将园区与园区之间形成互连互通，打造既具有观光性，又有实效性的高效园区。2016 年六马蜂糖李产业园区成功申报省级农业示范园区，并辐射带动周边乡镇发展蜂糖李产业。园区内工商注册企业 82 家，其中农业专业合作社 37 家，小微企业 45 家，带动农民就业 3500 余人。

（四）聚焦新型主体，优化组织方式

六马镇坚持培育壮大龙头企业、优化提升专业合作社、大力培养新型职业农民，不断推广"龙头企业+合作社+农户"组织方式。采用"龙头企业牵头、合作社参与、农户入股"方式，建设蜂糖李种植基地 200 余亩，取得了较好的社会、经济效益。蜂糖李基地的建

六马镇退耕还蜂糖李基地

设,不仅为群众提供了现实的致富榜样和学习机会,同时也是农业技术人员理论实践的平台,自建设以来,接待有关单位和部门组织的参观考察200余人次,专业技术培训3000余人次。基地建设效益还体现在联合各村级支部领办农民专业合作社,积极争取项目,引导贫困户加入合作社,由合作社统一提供技术支持、保底代销,不断壮大产业规模,提质增效。

(五)做好产销对接,拓宽销售渠道

六马镇在抓好直通直供直销工作的基础上,鼓励农户积极参与到合作社中,在保证"质"与"量"的基础上,吸引更多的外地客商进驻。积极引入农村淘宝、顺丰、"四通一达"等物流公司,不断充实物流链,确保销售途径的多元化。2019年,通过电商平台李子总销售量达1880万斤。同时,围绕"蜂糖李"的品牌效应,六马镇紧密结合实际,将宣传工作作为一项重要事项提上议事日程,通过电视、报纸等平面媒体和网络平台等新兴媒体渠道,不断提高"蜂糖李"的知名度,省、市、县各级媒体报道多达200余次。2017年5月"镇宁蜂糖李"通过国家农产品地理标志认证,并荣获"全国优质李金奖"荣誉称号。六马蜂糖李也以其生长环境独特不可复制、品种独特不可复制、口感独特不可复制而征服了市场,成为大众追捧的明星水果,经济效益显著。

三、培育技术

六马镇特殊的气候条件和地理区位优势,是以蜂糖李为龙头的六马系列李子种植的好地方,在海拔600米以上发展四月李、蜂糖李,在海拔600米以下的地区发展芒果,初步形成现代山地生态立体型农业发展模式,呈现"坡坡花果山、村村有果林、家家有果园、户户有收益"的生动局面。

（一）园地选择

选择坡耕地、荒山作为蜂糖李园地，其坡度在35°以下。坡度25°~35°建园时采取带状或大块状整地，带面宽度≥1.5米（大块状整地规格≥1米×1.5米），内低外高。

（二）栽植

蜂糖李栽植时间最好选择在春梢萌芽前栽植，最佳时间为春节前。容器苗或带土移栽不受季节限制。嫁接苗一般以株行距3米×4米为宜，即56株/亩；坡度≥25°，立地条件差的地方可按3米×3米栽植，即74株/亩；坡度平缓，土壤肥沃的地方按株行距4米×4米，即42株/亩。根蘖苗以株行距5米×4米为宜，即33株/亩；坡度≥25°，立地条件差的地方可按4米×4米栽植，即42株/亩；坡度平缓、土壤肥沃的地方按株行距5米×6米，即22株/亩。

（三）经营管理

蜂糖李幼龄果园可以种植绿肥或套种矮秆作物。投产期果园采取树盘清耕行间生草方式。绿肥选用紫花苜蓿、三叶草、豌豆、小豆、饭豆等，在绿肥生物产量达到最大时及时刈割翻埋于土壤中。矮秆作物可种大豆、辣椒、生姜等。投产期果园在株行间进行多次松土除草，经常保持土壤疏松和无杂草状态，园内清洁，病虫害少。

（四）整形修剪

蜂糖李适用的树形为自然开心形。选择三大主枝向外斜生，内膛不留大枝及大型枝组。蜂糖李定植后距地面50厘米剪截定干。在剪口下15~20厘米要有健壮的叶芽。萌芽后保留4~6个错落着生的健壮新梢，每节留一个枝，其余的一律抹除。根据树龄、产量等确定剪留强度及更新方式。采取幼树轻剪长放，老树更新复壮。夏季修剪：采用抹芽、定枝、新梢摘心、处理副梢等夏季修剪措施对树体进行控制。

（五）花果管理

冬季宜修剪回缩以减少花量，进行花前复剪，多留有叶单花枝，疏剪无叶花枝。在生果后1个月左右，需进行人工疏果。

（六）病虫害防治

实施翻土、修剪、清洁果园、排水、控梢等措施，减少病虫源，加强栽培管理，增强树势，提高树体自身抗病虫能力。用频振灯诱杀或驱避吸果夜蛾、金龟子、卷叶蛾等。人工捕捉吉丁虫、蚱蝉、金龟子等害虫。提倡使用生物源农药和矿物源农药防治害虫。常用的矿物源药剂有（预制或现配）波尔多液、石硫合剂、氢氧化铜等。禁止使用剧毒、高毒、高残留、有"三致"（致畸、致癌、致突变）作用和无"三证"（农药登记证、生产许可证、生产批号）的农药。限制使用中等毒性以上的药剂。遇暴发性病虫害发生时方可采取化学防治措施。

四、模式成效分析

六马镇抢抓退耕还林发展机遇,大力发展蜂糖李种植,走出了一条"生态产业化、产业生态化"的绿色发展新路子。六马蜂糖李也以个大、肉厚、果脆、汁多、味甜等特质征服了消费者。蜂糖李产业已成为六马镇决战脱贫攻坚、决胜同步小康的主力军。

(一)生态效益

六马镇退耕还林实施以前,全镇植被稀少,生态环境恶劣,属典型的生态环境脆弱带,退耕还林后植被覆盖率明显升高,生态环境明显改善。

(二)经济效益

六马镇退耕还林发展蜂糖李6.6万亩,2019年全镇蜂糖李总产值达5亿元,覆盖带动贫困户3122户13797人,同时,有效带动本镇及周边县、乡(镇)农村剩余劳动力就业,种植、管护、采摘、运输等务工收入每人每天120~300元不等。2019年,蜂糖李务工达70万余人次,劳务收入突破1.6亿元。

(三)社会效益

六马镇蜂糖李产业发展有效带动本镇及周边县、乡(镇)农村剩余劳动力就业。另一方面,大力发挥种养殖业的附属效应,引入农副产品深加工生产线,积极引导群众发展住宿、餐饮、农家乐等服务行业,实现一二三产都有收入。为决战脱贫攻坚、决胜全面小康提供产业发展支撑,助力农民增收致富。

五、经验启示

六马镇是贵州农村产业革命发展的一个生动缩影,是农村产业革命"八要素"破题"三农"发展的生动实践。立足自身实际,紧扣"八要素",抓出了全镇产业兴旺,吹响了破题新时代"三农"发展的"革命性"之举。其主要启示有三:

(一)发挥农民主体地位

六马镇在脱贫攻坚和产业发展中,采取规划引领和产业扶持导向原则,改善生活条件和生产条件相结合原则,主导产业与以短养长产业相结合原则,村级组织、致富能人引领带动这4条措施,将农民组织起来,积极投身于脱贫攻坚和产业发展,短短5年,农民人均收入增长4倍,产业规模增长了50倍。

(二)因地制宜选择主导产业

六马镇根据地理区位、土地资源、特有土壤和气候等优势,选择经过长期积累发展形成的六马特有的峰糖李作为主导产业，使六马镇的特色产业得以迅速发展壮大，实现增效、增收。

（三）因时因人选择经营模式

六马镇多次组织群众召开会议，探讨产业发展的组织形式，在引导的基础上，充分尊重农民主体地位，把决定权交给农民，最终选择"合作社+农户"的组织形式发展产业，实践证明这种因时因人选择产业生产经营的模式，能有效调动农民发展产业积极性，短短几年，实现产业规模、收入倍增。

模式 37
云南广南退耕还油茶模式

广南县隶属云南省文山壮族苗族自治州，是国家级油茶重点县、全国木本油料特色区域示范县和云南省 10 个油茶重点县之一。截至 2019 年底，全县油茶保存面积 29.5 万亩（新植油茶面积 17.2 万亩、老油茶林面积 12.3 万亩），2019 年全县产油茶干籽 6000 多吨，实现油茶产业产值 2.3 亿元。自 2014 年国家实施新一轮退耕还林工程以来，广南县根据深度贫困县、脱贫攻坚任务重的现状与实际，积极发展退耕还林经济林油茶主导产业，切实创建退耕还林产业扶贫典型模式。

一、模式地概况

岜夺村隶属广南县莲城镇，地处莲城镇东北边，属于半山区。岜夺村距离莲城镇 24 公里，土地面积 43.01 平方公里，海拔 1139 米，年平均气温 18℃，年降水量 1227.40 毫米，适宜种植水稻、包谷等农作物。全村辖 14 个自然村 15 个村民小组 673 户 3054 人，有建档立卡贫困户 151 户 668 人，人均纯收入 9864 元，为典型的深度贫困村。

二、模式实施情况

2014 年实施新一轮退耕还林工程以来，岜夺村群众转变传统生产耕作方式，利用坡耕地积极参与退耕还林产业发展。目前岜夺村已实施新一轮退耕还林 2331.1 亩（油茶 823.2 亩、杉木 1507.9 亩），涉及退耕农户 109 户 621 人，其中涉及建档立卡贫困户 24 户 117 人，退耕还林面积 369.3 亩。岜夺村退耕还林主要做法如下：

（一）推广云油系列油茶品种

云油系列云油 3 号、云油 4 号、云油 9 号、云油 13 号、云油 14 号等 5 个油茶品种，是云南省林业和草原科学院油茶研究所通过多年选育的优良品种，具有适应性强、挂果早（第 3 年开始挂果、第 5 年进入盛产期）、丰产性好、连年结果能力强、树势强等优点，在广南县历年栽培种植中表现出很好的适应性，经济效益不断凸显。

云油系列优质油茶

(二)引入龙头企业

通过调研走访、规划布局,及时锁定岜夺村荒山荒地和老油茶林资源,引进龙头企业,引领打造莲城镇及岜夺村万亩高产高效高原特色油茶产业扶贫示范基地,其中退耕还油茶300亩。采取"龙头企业+科研+贫困户+基地"发展模式,以高标准油茶示范基地建设发展村集体经济,辐射带动建档贫困户产业发展,全面建设万亩高产高效高原特色油茶暨新一轮退耕还林产业扶贫示范基地(新一轮退耕还林3000亩),其中涉及岜夺村新植油茶产业823.2亩。实现新型农业经营主体与贫困村、建档立卡贫困户建立利益联结机制,形成群众脱贫、企业壮大、产业发展和村集体经济提质增效的良好局面。

岜夺村万亩油茶示范基地(退耕油茶3000亩)

(三)创新经营模式

岜夺村与东昌公司合股,建设打造万亩油茶暨新一轮退耕还林产业扶贫示范基地,基地采取"资源变资产、资金变股金、农民变股东"的"三变"模式,走"龙头企业+科研+村集体+贫困户+基地"的研产供销油茶一体化产业链扶贫思路。农户以土地和涉农补助资金入股参与云南东昌农林产品公司合股建设油茶基地,合股年限50年,油茶基地建设投产后,东昌公司与农户按照60%和40%的比例对收益进行分成。公司在油茶投产前,给农户土地补偿费600元/亩。基地严格按照"统一规划、统一良种、统一技术标准、统一造林、统一经营管护"造林模式建设,实现了规模化、标准化、集约化、产业化经营管理。

(四)万亩油茶助力脱贫

岜夺村油茶基地以市场为导向、以群众增收为目标、以产业发展为抓手,精准发力,推动脱贫成效。岜夺村与东昌公司共建高产高效高原油茶产业扶贫示范区暨新一轮退耕还林示范基地10000亩,其中:宜林地新植油茶5000亩、退耕还林新植油茶3000亩、低产油茶林改造2000亩。

三、培育技术

(一)地块选择与规划

油茶喜温暖湿润的气候,对土壤要求不严,能耐较瘠薄的土壤,丘陵、山地都可选为油茶造林地,但以选择土壤深厚、疏松、排水良好、向阳的丘陵地为好。选择土壤条件好、长期进行林粮间作、土层较深厚(50厘米左右)、pH值5.0~6.5、坡度在30°以下的向阳山坡。为便于管理,应相对集中连片。

(二)整地

把规划地块内的杂草和灌木全部清除或有条件的进行全垦开挖台地,打塘规格宽、深为40厘米×40厘米。每塘可放1~2公斤钙镁磷或5~10公斤农家肥与泥土混合填入塘中作底肥,回土时从塘周围收集表肥土填入塘中,回填土要高出地面20厘米。

(三)油茶定植

一般采用嫁接苗木,造林时间为6—10月,雨季的6—8月造林成活率较高。选择阴天或雨天造林。苗木取后蘸上放有生根剂(普通型)的泥浆。造林时在塘中央根据苗木根系的深浅挖种植穴,先把苗木根系放入,回土至三分之一,提一下苗让根系舒展后踩紧,然后边覆土边踩紧,栽后用杂草对全塘覆盖,浇足定根水。

(四)抚育管理

每年进行除草2次、塘抚1次,除草塘抚均可结合施肥进行。幼树阶段(1~5年)追肥以氮肥为主;上坡林阶段(5~10年):油茶进入结果期主要采用氮、磷、钾配方施肥;红坡林阶段(10年以上):油茶进入盛产期,消耗较大,需要的肥料增多,以氮、磷、钾为主。油茶是阳性树种,整形修剪必须使枝条充分光照才能获得丰产,普遍采用的是自然开心形和自然圆头形,自然开心形就是使油茶树枝条在同层面上向四周伸展,加大树冠面积,保证了枝叶的光照,合理利用了空间,其各树龄阶段有不同的修剪技术要求。

(五)病虫害防治

油茶病害对生产有一定危害的主要有烟煤病、炭疽病等。油茶病害应以林业技术防治为主,加强林分经营管理,清洁林内环境,保持林内通风透光,降低林内湿度。病区在早春新梢生长后,喷射1%波尔多液进行保护,防止初次侵蚀感染。发病初期用50%托布津可湿性粉剂500~800倍液或波美0.3度的石硫合剂进行防治。

危害油茶的害虫主要有蚧壳虫、油茶天牛等。防治可采用的林业技术措施有夏铲冬垦灭蛹、灭幼虫、人工捕捉和灯光诱蛾;招引益鸟捕食害虫,施用白僵菌、苏云金杆菌,让害虫感病死亡等生物防治措施是油茶虫害防治的方向。药物防治只有在虫害大发生灾时才使用,一般情况下尽量不用或少用。

四、模式成效分析

2014年以来,广南县紧紧抓住国家实施新一轮退耕还林生态建设工程机遇,以退耕还油茶产业规模化、标准化、集约化、产业化的发展模式,全面推进林业产业大发展,取得了较好的生态、经济、社会效益。

(一)生态效益

广南县2014—2019年实施新一轮退耕还林40.55万亩,其中实施25°以上坡耕地梯田38.3万亩、水源地15°~25°坡耕地2.25万亩。结合退耕还林产业发展的实施,既转变了传统的耕作方式,调整了全县产业结构,又让石漠化区和水土流失严重地区得到了有效的生态修复治理,为实现绿水青山打下了坚实的基础。

(二)经济效益

岜夺村整体退耕还林经济效益初见成效,退耕还林营造油茶823.2亩,带动全村万亩油茶示范基地建设,油茶产业5年后进入盛产期,823.2亩油茶基地将实现年产值329.32万元,亩产值约4000元,退耕农户及贫困户实现油茶年产值收入1.2万元(与公司合股的40%)。

(三)社会效益

岜夺村完善了相关鼓励政策和方案,引导社会资本投入油茶产业建设,以云南东昌农林产品公司为龙头企业,辐射带动建档立卡贫困户参与油茶产业发展,筑牢利益联结机制,实现"科产供销"油茶全产业链升级,激发贫困人口发展油茶产业热情,提升内生发展动力,助推脱贫攻坚。

五、经验启示

芭夺村将退耕还林与生态建设和乡村振兴战略相结合，与县域生态环境修复、石漠化综合治理、重点路域绿化、乡村美化亮化、人居环境提升紧密结合，改善生态环境，建设"森林广南"和美丽乡村。

(一)选择良种，提升退耕还林成效

云油系列云油 3 号、云油 4 号、云油 9 号、云油 13 号、云油 14 号等 5 个油茶品种，是云南省林业和草原科学院油茶研究所通过多年选育的优良品种，目前已在云南多地区推广示范种植，具有适应性强、挂果早、丰产性好、连年结果能力强、树势强的优点，广南县将在 2021—2035 年进行中长期退耕还林工程建设中进行推进油茶产业大发展，全面提升和发挥广南油茶产业大县名片。

(二)结合脱贫攻坚，建设美丽乡村

退耕还林优先倾斜贫困乡、贫困村、建档立卡贫困户，力争每户建档立卡贫困户实施 1 亩退耕还林特色经济林，优先安排建档立卡贫困人口参与退耕还林造林、抚育、管护，增加贫困人口务工收入。积极引导贫困户采用"三变"模式入股发展退耕后续产业，实现稳定增收。

(三)创新经营模式，注重退耕还林实效

芭夺村结合退耕还林实施实际，切实创建工程建设模式，鼓励龙头企业流转退耕地，进行规模化、集约化发展林业产业，农户领取土地流转金后，可到基地进行劳动务工增加收入，实现订单农业，辐射带动周边农户退耕发展产业。

模式 38
云南芒市退耕还澳洲坚果百香果复合模式

芒市隶属云南省德宏傣族景颇族自治州（以下简称"德宏州"），相传"芒市"是佛祖到了此地刚好天蒙蒙亮而取的名，意即"黎明之城"。芒市是云南西边的窗口，也是德宏州的政治、经济、文化中心和中缅文化交流的窗口，更是中缅经济效益的门户。芒市商务繁荣，商贾云集，是通往瑞丽、陇川、盈江、梁河，直到缅甸的交通枢纽和商贸物资集散地。

一、模式地概况

芒市位于云南省西部，地处云南省西部，是德宏州府所在地。属亚热带季性风气候，年平均气温 19.5℃，冬无严寒、夏无酷暑、土地肥沃、气候宜人、降水充沛，全市大部分地区适宜澳洲坚果种植，有着得天独厚的地理条件和优势。澳洲坚果又叫夏威夷果，是世界上著名的食用干果，有"干果皇后"的美称。因其市场广阔，经济效益高，在芒市成为主要发展的经济林木。

芒市地处云南省西部，高黎贡山南麓，属滇西峡谷区，芒市大河沿西而过，板过河、南秀河穿城而过，境内河流众多，水利资源丰富。芒市城区占地约 10 平方公里，居民 6 万人，是边疆重镇。芒市商贸繁荣，生意兴隆，有珠宝玉石市场及其他商场、商店数百家，终日人流如潮，熙熙攘攘，是一个新兴的边陲重镇。

二、模式实施情况

芒市抓住国家西部大开发及退耕还林工程等契机，紧紧围绕"特色农业稳市"的发展思路，初步建立了政策引导、企业联动、农民开发、社会参与的产业发展机制，截至 2019 年末芒市发展种植澳洲坚果 17.5 万亩，近 3 年新种植面积 2 万亩，其中退耕还林澳州坚果约占一半，随着挂果面积的不断增加，产业经济效益正在逐渐凸显。

（一）推广"澳洲坚果+百香果"套种模式

随着国家西部大开发战略及退耕还林工程的实施和集体林权制度改革的推进，澳洲坚果种植面积不断扩大,针对澳洲坚果生长期长、株行距大,从种植到挂果需要5年时间的特性,利用澳洲坚果套种百香果,实现资源共享、优势互补、协调发展,为提高澳洲坚果的综合效益,芒市林业和草原局积极探索林药、林菜、林果、林粮、林下养殖等林下产业经营模式,充分发挥空间复合生产经营,促进农业增效、农民增收,努力提高林地综合效益。

芒市遮放镇"澳洲坚果+百香果"种植模式

(二)加强政策引导

澳洲坚果又名澳洲胡桃、夏威夷果,原产于澳大利亚昆士兰州南纬23°~29°地区,被称为"坚果之王"。从20世纪80年代引进试种成功以来,芒市把澳洲坚果种植作为推动经济社会发展的主要林业产业来谋划,通过龙头企业、种植大户、能人规模化示范种植带动,澳洲坚果产业发展迅猛,已经成为农户脱贫致富的"金果果"。

(三)加强技术推广

百香果种植虽然对土壤要求不高,但对温度、年降水量、年日照时数要求严格,适宜种植的区域有限,其产品在市场上供不应求,价格稳定。在林业部门的技术支持下,芒市在三台山德昂族乡出东瓜村澳洲坚果基地进行套种百香果试验,获得了巨大成功,林农当年获得了收益,亩均可获利润7000余元。自试种以来,百香果以其投入少、见效快、易管理、收益高等特点深受林农喜爱,目前已在全市推广。

三、培育技术

澳洲坚果套种百香果模式适宜于澳洲坚果种植1~2年未成林地。种植海拔800~1300米。经过多年栽培和观测,百香果选择适宜芒市生长的台农、紫香等品种。

(一)套种技术

在芒市,澳洲坚果套种百香果最佳种植时间:百香果2—3月或6—8月、澳洲坚果6—8月。套种规格、密度为:澳洲坚果种植规模为5.5米×6米,打塘规格80厘米×80厘米×70厘米,每亩种植20株;每2株澳洲坚果之间种植百香果2株,种植2行,打塘规格30厘米×30厘米×30厘米,每亩种植80株。

(二)水肥管理

基肥:在造林前1~2月前施基肥,百香果每株施农家肥3公斤和复合肥0.2公斤,澳洲坚果每株施农家肥10公斤和1公斤复合肥。

百香果施肥:百香果种植成活发2~3叶新芽后,每隔8~10天浇施一次尿素水溶液,每株施尿素20~100克,或者用250~300倍液的水溶肥4~8公斤;50~60天,当植株爬到架顶(头台),每隔15~20天施复合肥一次,每株100~200克。第二年开始每隔20~25天施肥一次,用量200~500克,每年10月下旬前后结合深翻扩穴施基肥。每次施肥后立即浇水,在水分供应上,要保证坐果后及膨大期的水分充足。

(三)修剪

百香果上架管理及修剪:幼苗恢复生长后,及时抹去侧芽,促使主蔓增粗,当主蔓长到30~50厘米时,设立支柱来引导上架。主蔓生长到2米架顶时,两条主蔓分别向两端延长生长,要经常牵导主蔓螺旋状地在铁丝架上缠绕生长,侧枝生长到2.5米时,断顶绑扎,促使侧枝萌发,每台留侧枝1~2条,每条留健壮花朵5~7朵。

澳洲坚果整形修剪:幼树定干一般在苗木定植成活后完成,在主干60~80厘米处短截,使其剪口下萌发新梢,培养主干。结果树的修剪:澳洲坚果进入成年结果树后,树冠内膛极易荫蔽,影响树体的通风透光,为培养良好的结果枝组,必须剪除丛生枝、病虫枝、交叉枝、下垂枝,让结果枝能进行良好的光合作用。

(四)病虫害防治

百香果主要虫害有蚜虫、叶蝉、蓟马、飞虱、果食蝇、螨类等,主要使用毒死蜱、阿维菌素、吡虫啉、啶虫脒、噻虫胺、噻虫嗪、红白螨死等农药喷雾防治。百香果主要病害有苗期猝倒病、疫病、花叶病毒病、茎基腐病、炭疽病等,主要使用猝倒立枯灵、苗菌敌、乙磷铝、瑞毒霉、世高、丙森锌、甲霜灵、小叶黄绝、病毒灵、菌毒毙、多菌灵、代森锌等喷雾防治。

芒市澳洲坚果常见主要虫害有蚜虫、蓟马、白粉虱、粉蚧、蛾类、蛀果螟、蚧壳虫、螨类、红蜘蛛等，主要使用噻虫嗪、啶虫脒、、联苯虫螨晴、阿维菌素、吡虫啉、氟氯氰菊酯、溴氰菊酯、联苯菊酯、氯氰菊酯等喷雾防治。澳洲坚果主要病害有炭疽病、溃疡病、树脂病、叶枯病、花疫病、青苔、疮痂病等，主要使用噻霉酮、百菌清、波尔多液、吡唑醚菌酯、苯醚甲环唑、戊唑醇、己唑醇、链霉素、噻霉酮、石硫合剂、代森锌等喷雾防治。

（五）果实采收

百香果一般在开花后60~80天果实成熟。果表黄或紫红占整果的80%为最佳采摘时期。百香果有完熟自落现象，充分成熟的果实品质最佳，利用这一特性，每天巡视果园从地面收集果实，省工又能保证果实质量。

澳洲坚果果实成熟期在8月下旬至9月，外果皮由绿色转变成褐色，中果皮由白色转变为淡褐色时，果实开始成熟，成熟的果实会自然脱落，采用人工捡拾，每隔2~3天捡拾一次，防止地面高温潮湿使坚果霉变。

四、模式成效分析

（一）生态效益

澳洲坚果地块科学合理地套种百香果，增加了地表覆盖，减少了地表裸露，有利于防止水土流失，并能起到增温、保墒和保肥作用。降低了劳动力投入成本，在管理百香果的同时，减少了澳洲坚果的田间管理；提高了肥料利用率，降低了农药投入成本。

（二）经济效益

澳洲坚果套种百香果经济收益可观，百香果定植当年就可以开花结实，第二年就进入盛产期，每年采收百香果达2次以上，平均年亩产鲜果2000公斤。按市场价每公斤4.5元（鲜果）计算，每年每亩产值达9000元以上，切实解决了澳洲坚果种植农户前期没有收入的生计问题。合理的澳洲坚果套种模式，促进了澳洲坚果、百香果产业的稳步发展，促进了群众的收入增加，实现了多个产业共同发展的目的，使得林农在短期内获得较大的收益，达到以短养长、长短结合的目的。

（三）社会效益

进行合理的澳洲坚果与百香果套种，可以有效缓解产业之间相互争地的矛盾，使有限的土地资源得到合理配置，发挥其最大效益。

芒市"澳洲坚果+百香果"间作模式

五、经验启示

（一）用好乡土资源

百香果种植在芒市有悠久的历史，也是芒市群众脱贫增收的经济来源之一，随着澳洲坚果种植面积的不断扩大，产业争地现象越发突出。进行合理的澳洲坚果套种模式，可以有效缓解产业之间相互争地的矛盾，使有限的土地资源得到合理配置，发挥其最大经济效益，同时又起到以短养长、长短结合的作用，实现了多种产业共同发展的目的。

（二）套种百香果增效

澳洲坚果生长期长，从种植到挂果约需5年时间，为提高澳洲坚果的综合效益，芒市林业部门积极探索林药、林菜、林茶、林果、林粮、林下养殖等林下产业配套模式，努力提高林地综合效益。其中"澳洲坚果+百香果"间作模式，就是成效最突出的模式之一。

模式 39
云南墨江退耕还八角茶树复合模式

墨江哈尼族自治县(以下简称"墨江县")隶属云南省普洱市,地处云贵高原西南边缘、横断山系纵谷区东南段。北回归线穿墨江县城而过,由此孕育了神奇的双胞文化现象,全县共有1200多对双胞胎。"哈尼之乡、回归之城、双胞之家"成为墨江靓丽的地域名片。

一、模式地概况

墨江县位于云南省南部,普洱市北部,总面积5312平方公里,辖12镇、3乡,168个村委会(社区)37万人,山区面积占99.98%。境内居住着25个民族,少数民族占总人口的73%,其中哈尼族占总人口的61.8%,是全国唯一的哈尼族自治县。全县林地面积593万亩,占土地总面积的74.66%,活立木蓄积量2151.831万立方米,森林覆盖率60.93%。

墨江县处于低纬度高海拔地区,全县2/3的地域在北回归线以南,1/3的地域在北回归线以北,属南亚热带半湿润山地季风气候,四季冷暖不太分明,但是干湿季明显。境内山高谷深,河流纵横,最高点海拔2278米,最低点海拔440米,相对高差达1838米。全县由于地形地貌复杂,海拔高差悬殊,气候垂直差异显著。气候随海拔增高而降低,雨量随海拔增高而增多。河谷热,盆地暖,山区凉,高山寒,立体气候明显。

二、模式实施情况

墨江县退耕还林工程自2002年启动实施以来,至2008年共实施8.1万亩(退耕地还林5.1万亩,荒山造林3.0万亩)。其中退耕还林采用"八角+茶树"模式的有8029.5亩。

墨江县退耕还林"八角+茶树"模式

三、培育技术

从立地条件、气候条件和生活习性上看,八角树与茶树相类似,因此,将八角与茶树套种,以提高茶树和八角的产量,对人们的生活水平提高具有重要作用。利用八角林下的丰富土地资源和遮阴条件,发展茶叶产业,促进双丰收,满足市场的需求,解决单一种植成本高、产量低的现状。

(一)园地选择及规划

选地时应根据八角和茶生长发育对环境条件的具体要求考虑。园地选择在海拔1000~1800米湿润、温暖半阴环境中;土质疏松深厚,呈微酸性;排水良好,坡度30°以下且靠近水源的区域;此外,还需要远离霜冻及冻害多发地域,以及湿度较高的背风山坡。

园地规划遵循"合理利用土地、方便田间作业"的原则。遵循科学合理和可持续发展的要求,实行园、林、路、水合理布局。

(二)合理配置、精细整地

八角种植株行距3米×4米,56株/亩;茶叶种植株行距1米×2米,334株/亩;八角"品"字形配置,带间种茶;穴状整地,八角种植穴规格50厘米×50厘米×40厘米,茶树种植穴规格30厘米×30厘米×30厘米。园地开垦前,必须先清理树根、杂草、石头等杂物。挖穴时表土和心土分开堆放,便于回土。茶树种植带逐年挖成台面。

(三)适时定植

八角和茶树定植时间在雨季6—8月进行。用一年生Ⅰ、Ⅱ级容器苗造林。定植方法:先在种植穴中央挖一个比苗木容器稍大稍深的穴,将苗木去除塑料袋后垂直放入定植穴内，注意容器土不能破散、苗木根系不能接触肥料，然后回填细土压实，使回填土盖过容器土 5 厘米左右，浇足定植水。

(四) 抚育管理

俗话说"三分种，七分管"。抓好八角、茶园地抚育管理，尤其是秋冬季茶园管理更是实现茶叶高产优质的重要措施。八角、茶园管理的主要工作有遮阳、耕锄、施肥、修剪、病虫防治等。

八角幼树管理时要做好遮阳工作。八角是较为耐阴的树种，过度的阳光照射会导致植株死亡。要及时清除杂草，每年进行 1~2 次中耕除草，以 1—2 月和 9—10 月各一次。要加强肥水管理，施肥主要以氮肥为主，每年在 1—2 月和 6—8 月分别施尿素 50~100 克/株，施肥量结合树苗实际的生长情况决定。施肥方法主要采取穴施覆盖土。八角喜潮湿的生长环境、不耐旱，在干旱阶段及时喷淋水，保障八角生长中对水分的需求。

(五) 适时采收

要想收获高质量的八角果，需要充分掌握有效的采收时间。每年 3—4 月是春果成熟阶段，最佳采收时间是清明节前后，八角果生长成熟之后自行掉落到地上进行采收。8—9 月是秋果成熟阶段，最佳采收时间为霜降前后，果实成长到黄褐色时爬到树上摘采。

(六) 病虫害防治

炭疽病是八角种植中较严重的病害之一，用 25% 的叶斑清乳油 1000~1500 倍液进行防治；煤烟病多发于八角的枝条叶片，通过有效防治能够充分治理蚜虫等害虫。需要定期修剪植株过密的枝条，从而使树冠的通风和透光性能得到保障，在发病的初始阶段可以喷洒相应浓度的波尔多液，有效控制病虫害。褐斑病主要对八角的叶片和枝条产生威胁，需在发病的初始阶段喷洒相应浓度的腈菌唑乳油或叶斑清乳油。

四、模式成效分析

退耕还林项目的实施，在墨江县具有可观的生态效益、社会效益和经济效益。"八角+茶树"模式有效解决了人工单一栽培八角、茶树占用土地资源，而且普遍存在产量低的问题，使用该模式发展八角和茶叶产业，促进双丰收，满足市场的需求，解决单一种植成本高、产量低的现状。

(一) 改善生态环境

退耕还林工程实施后，随着森林植被的恢复与增加，从根本上改变了全县的生态和生活环境。森林的蓄水、保土、保肥等功能逐渐增强，一方面遏制水土流失，有效地减少和控制滑坡、泥石流等自然灾害的发生；另一方面通过蓄水、保土、保肥等作用，保障农田稳产高产，为农民脱贫致富创造条件；此外进一步调整了林种结构，改善了林分质量。

(二)促进农村产业结构调整

结合退耕还林工程,墨江县已发展速生丰产林和竹林 5.2 万亩,经济林果 4.5 万亩(其中其中"八角+茶树"模式 8029.5 亩),林药 0.2 万亩,与退耕还林有关的龙头企业 3 个,为墨江县农民实现农业产业结构的调整提供了政策、资金、物资等方面的保证。模式成效突出,八角第 6 年开始收益,年收益 1125 元,茶树第 3 年开始采摘新叶收益,年收益 1850 元。八角、茶树随树龄增大收益随之增加。

(三)促进农村劳动力向二三产业转移

退耕还林消耗的时间和劳动强度都比种粮要少和低,按照目前的生产水平,一个强壮的男劳动力一年最多能耕种 4~5 亩粮食作物,而一个普通劳动力经营 7~10 亩林草还比较轻松,因此退耕还林工程的实施将大量释放农村劳动力,促进劳动力向二三产业的转移。

五、经验启示

墨江县在退耕还林中,根据不同的立地条件,紧密结合地方产业发展,尽量选择既有生态效益,又有经济效益的"八角+茶树"模式的推广,促使生态与经济效益紧密结合在一起,达到效益长短结合,对退耕还林的生态脱贫起到了高位推动作用,真正把"绿水青山"发展成"金山银山"。

(一)宣传发动是成功的前提

墨江县在退耕还林组织实施过程中,加强政策宣传,提高认识,让广大农户了解和掌握政策,使退耕还林政策深入人心,家喻户晓,广大干部职工和群众自觉参与到退耕还林工程建设行动中来。

(二)模式优化是成功的保证

本着突出重点、先易后难的原则,从墨江实际出发,搞好规划布局,积极探索退耕还林建设的经营模式和林种、树种配置模式,坚持退耕还林与产业开发相结合,解决退耕农户的后顾之忧。

(三)管护到位是成果的巩固

墨江县采取大户或专业队承包实施退耕还林,使其面积较为集中连片,便于技术指导和管护,有利于保障工程的进度和工程质量。统一管护与个人管护相结合,退耕还林涉及千家万户,地块零星分散,家家户户平时难于顾及,因此在相对集中的地方聘请专人管护,管理费由农户自愿筹集,这样既管好了退耕地,又方便了群众。

模式 40
云南凤庆退耕还核桃茶树复合模式

凤庆县隶属云南省临沧市，地处云南省西南部，临沧市西北部。凤庆是"世界滇红之乡"，种茶制茶历史悠久，全县共有茶园 30 万亩，境内有树龄长达 3200 多年的香竹箐栽培型古茶树——锦秀茶王，生产的滇红茶曾作为国礼赠予英国女王、斯里兰卡总统和总理等外国政要。凤庆还是"中国核桃之乡"。

一、模式地概况

安石村隶属于凤庆县凤山镇，地处凤山镇北边，距镇所在地 6 公里，到镇道路为水泥路，交通方便，距县城 6 公里。东邻水箐村，南邻凤庆县城，西邻落星村，北邻勐佑镇。据有关资料显示，该村辖 23 个村民小组，从事第一产业人数 660 人。全村土地面积 9.65 平方公里，平均海拔 1950 米，年平均气温 16.50℃，年降水量 1330.90 毫米，适合种植茶树等农作物。2019 年 12 月 31 日，安石村被评为"全国乡村治理示范村"。2019 年，全村实现经济总收入 7393.32 万元，农民人均可支配收入 17553 元。

安石村农民收入以种植茶树为主，拥有林地 14339 亩，其中经济林果地 7193 亩，人均经济林果地 2.35 亩，主要种植茶树等经济林果。2002 年以来，安石村紧紧抓住国家退耕还林政策机遇，牢固树立绿色发展、生态优先理念，全力发展核桃与茶叶产业，取得了良好成效。

二、模式实施情况

安石村依托前一轮退耕还林工程，立足自身资源禀赋及区位优势，大胆探索，先行先试，实施了"核桃+茶树""茶树+水果"等种植模式，2002—2003 年间共实施退耕还林 2289.1 亩，覆盖全村 23 个村民小组 810 多户农户，其中建档立卡贫困户 70 户 207 人。目前，安石村耕地、水田都已种上经济林果，实现全部退耕。全村累计建成以核桃、茶树为主的特色经济林 18169 亩，人均 5.8 亩。其中茶树 6664 亩，人均 2.1 亩；泡核桃 11000 亩，人均 3.5 亩；果园 505 亩，人均 0.2 亩。主要做法有：

(一)选择当地名茶退耕

安石村是一个拥有悠久的种茶、制茶历史的传统乡村,自 1938 年滇红茶在此试制成功以来,安石村就成为滇红茶的主要原料基地,茶叶产业成为安石村的第一支柱产业,"中国滇红第一村"的美誉更是成为安石村的特色和品牌。2002 年以来,安石村积极抓住了国家实施退耕还林政策的机遇,进行了产业结构大调整,把原有的农田、耕地都改植为茶园,共建成高优生态茶园 3560 亩。目前,全村共有茶园 6664 亩,农民人均达 2.1 亩。积极引进茶叶加工企业,以"支部+公司+基地+合作社+农户"的生产经营模式,切实解决全村茶叶销售及加工问题。2019 年实现茶叶收入 2100.6 万元,人均达 6507 元。

安石村素有"中国滇红第一村"的美誉

(二)选择优质树种核桃

核桃是当地名优特色树种,2004 年 12 月,凤庆县被国家林业局授予"中国核桃之乡"称号,全县核桃种植面积达 172 万亩。安石村在退耕还林工程建设中,在县林业部门的引导下,动员群众积极开展核桃栽植管护工作,大力发展核桃产业,充分调动群众积极性。目前,共种植核桃 11000 亩,人均 3.5 亩,其中投产面积 6921 亩。2019 年实现产值 1721.8 万元,人均达 5983 元。

(三)推广"核桃+茶树"混交模式

安石村依托新一轮退耕还林工程开展"村头村尾树成林,农户房前 10 棵树"活动,因地制宜地发展套种经济,不断探索"林茶"间种新模式,重点推广"核桃+茶树"混交模式,大力发展林果业,构建了"道路林荫化、村庄林果化"的良好生态格局,实现了生态效益向经济效益的转变。

安石村"核桃+茶树"混交模式

(四)创新工作机制

安石村在退耕还林中,加强利益联结机制建设,走"公司+基地+村委会+协会+农户"的路子,使龙头企业与茶叶生产基地建立起利益共享、风险共担的利益共同体,实行生产、加工、销售相衔接的产业化经营格局。在"公司+基地+村委会+协会+农户"经营管理模式下,公司与村民签订收购协议,根据市场变动制定收购价格,同时每年都制定最低收购价,保障村民种茶收益;公司通过协会来约束和规范村民的生产活动,公司、村委会、协会共同对村民进行茶树栽种技术如修枝、施肥培训。

三、培育技术

凤庆是滇红茶的发源地。1938年秋,由于日军侵华,中国原有的红茶产区沦陷,红茶作为重要战略出口物资货源断绝。为了开辟新的红茶生产基地,当时的中国茶叶贸易股份公司派著名茶叶专家冯绍裘先生到凤庆(原顺宁县)试制红茶,一举获得成功,定名为"滇红"。1939年,首批"滇红"约500担,通过香港富华公司转销伦敦,以每磅800便士的最高价格售出而一举成名。从此,"滇红"以特有的香高味浓而著称于世,以独具的形美色艳而驰名中外。"滇红"的培育技术如下:

(一)统一规划

新建茶园应据茶树对环境条件的要求,选择土壤pH值4.5~6.5的结构良好的红黄壤,土层深厚,土壤肥沃,坡度25°以下,水源充足,交通、电力、通讯方便的缓坡地带。要围绕水土保持、生态平衡这个中心,因地制宜,以茶为主,山水田林路全面规划、综合治理,认真做好道路排灌系统的设计,合理布局茶行及茶园遮阴树配置(一般亩植8~10

棵核桃为宜）。

（二）表土回沟整地

在规划好的茶行上挖种植沟，先将表土约 10~20 厘米，挖去放在两种植行间或内壁，再将新土挖去 20 厘米左右放在另一茶行间或在外埂，再把底土心土挖松 25 厘米左右，施入基肥，并充分混拌心土和基肥，再将表土翻入种植沟，拣去石块、树根，做成种植条行以备种茶。利用老茶园开垦条沟进行种植的，须用五氯硝基苯进行消毒处理。

（三）施足基肥

要求亩施有机肥 500 公斤以上，磷肥 50 公斤左右。肥料以有机肥为主，如饼肥、人粪尿、堆沤肥、猪牛栏肥、土杂肥、塘泥等，配合施用磷钾肥、复合肥等。

（四）适时栽植

种植时期一般以幼苗休眠期为宜，春栽以立春至惊蛰为好，秋栽以寒露、霜降前后的小阳春气候为好。移苗时尽量多带土不损伤根部，茶苗太高可于移栽前离地 15~20 厘米处进行修剪作为第一次定剪，应浇足定根水，再覆盖一层松土。其后做好防冻抗旱保苗全苗工作。

（五）合理修剪

幼龄茶树定型修剪一般要进行 3~4 次，春夏秋季都可进行，以春茶茶芽未萌发之前的早春 3 月为最好。第 1 次定剪在茶苗高 30 厘米以上时，离地 15~20 厘米处水平剪去，第 2 次在原剪口提高 15~20 厘米即离地 30~40 厘米处剪去，第 3 次在离地 55~60 厘米剪去，第 4 次在离地 60~70 厘米处剪成弧形并培养树冠。适当"打顶"的采养方法，即在茶梢生长达到定剪高度以上进行打顶采，坚决防止早采、强采和乱采。

（六）合理采摘

春季当茶蓬上有 10%~15%、夏秋季有 10% 左右的新梢达到采摘标准时即行开采，之后及时分批采摘，采用"春秋留鱼叶、夏留一叶"的采摘方法，尤其要注意夏季采净该季极易形成的对夹叶。霜降节气前后，最迟至 11 月上旬前即行结束茶季进行封园。

四、模式成效分析

2002 年，退耕还林项目在全国开始实施，安石村结合实际，积极抓住国家实施退耕还林的机遇，选择适合当地发展的茶叶、核桃作为主导产业，依托桃、李、柿、樱桃等温带水果为补充发展庭院经济，推动产业发展与生态治理的良性互动，实现了生态、经济、社会三大效益的共赢。

（一）生态效益

安石村通过退耕还林工程的实施，基本实现"春有花、夏有荫、秋有果、冬有绿"的发展目标,率先走出了一条景美民富绿色发展之路,实现了产业健康发展、人民富裕和谐、村庄生态宜居的良好局面。退耕还林后,安石村生态效益明显,生态环境有效改善,全村山体滑坡、泥石流等自然灾害明显减少。

(二)经济效益

安石村大部分村民居住在海拔 1800 米以上区域,属海拔较高、气候冷凉、粮食产量低的典型山区农业村。2002 年以前,安石村以农为主,生活水平十分低下,生产状况极度落后。退耕还林发展的核桃、茶树等特色经济林平均亩产值 8600 元,是 2002 年退耕前耕种粮食亩产值 300 元的 28 倍;贫困人口从 2002 年退耕前 2756 人减少到 188 人,脱贫 2568 人。

(三)社会效益

安石村通过退耕还林工程,成为了远近闻名的核桃村、茶叶村、水果村,各项事业蓬勃发展,先后被命名为"全国一村一品示范村""云南省生态文明教育基地""云南省退耕还林示范基地""中国滇红第一村""国家级文明村""国家森林乡村""全国乡村旅游重点村"等荣誉称号。

五、经验启示

安石村以茶叶、核桃为主发展绿色产业,走专业合作化道路,并引进了稳隆茶业有限责任公司和香竹箐古茶叶有限责任公司两户茶叶加工企业,形成了"公司+基地+农户"的生产经营模式,解决了农民茶叶销售和富余劳动力转移的难题,让村民的日子一天比一天富裕,创建了第一个"茶叶专业村",打造了"中国滇红第一村"品牌。主要经验启示有:

(一)村干部带头引导

实施退耕还林之初,村民普遍不看好这样的产业结构调整模式。那时普遍的观点是"手中有粮,心里不慌,还是种粮靠谱",这种观念严重制约安石村退耕还林工程实施。为及时解决问题,村干部根据退耕还林政策算账,在退耕前 2 年每亩补助 150 公斤大米和 20 元教育卫生费,让农户"手中有粮",之后 14 年则补助现金。通过村干部带头,给农户做思想工作,帮群众算清经济账:"种田每亩收入 600 元,种茶,每亩最低 2000 元。"通过以上工作,全村退耕还林得以顺利推进,安石村 2002—2003 年共退耕 2289.1 亩。

(二)选择合理模式

为解决退耕还林后短期内无种植收入是每一户退耕户担心的问题,对此,安石村发展"核桃+茶树"高效复合种植模式,茶树 3 年投产,核桃 10 年投产,这就做到"以短养长,长短结合";同时,为破解"销售难"的难题,2004 年安石村先后引进两家茶叶加工企业,形成"公司+基地+农户"的生产经营模式,为全村经济发展注入新活力。

(三)走生态产业之路

茶叶产业一直是支撑安石村经济发展的主导支柱产业。茶叶产业需要的各方面投入相对较少,生产成本相对较低。虽然安石村气候冷凉,但水资源条件较好,非常适宜茶树生长,茶叶品质优良,具有良好的市场竞争力,从经济效益看,种植茶树比种植其他农作物的增收潜力大,抗御自然灾害和市场风险的能力强。自 2003 年被确定为"三村"建设示范村后,安石村两委根据安石实际,确定了建设两个园,即茶园和果园的发展思路后,生态茶园与果园同时建设,安石茶园立体经济已粗具规模。

模式 41
云南云县退耕还澳洲坚果咖啡立体模式

云县隶属临沧市，位于云南省西南部。临沧因濒临澜沧江而得名，地处澜沧江与怒江之间。临沧生态良好、气候宜人，区位优势无可替代、战略地位极其重要，是中国西南边疆的绿色明珠。临沧地形地貌多样，光热水土条件好，孕育着丰富的物种，澳州坚果面积262.77万亩，占世界种植面积的52%，茶树、甘蔗的种植面积全省第一。2018年10月，第八届国际澳洲坚果大会在临沧举行，2019年、2020年又分别在临沧举办了国际澳洲坚果发展年会。

一、模式地概况

幸福镇隶属临沧市云县，位于云县西南部，总面积662.3平方公里，是全县14个乡镇中面积最大的一个镇。镇驻地海拔1030米，距县城公路50公里，直线距离38公里。年平均气温18~20℃，年降水量1100~1200毫米。下辖18个村委会，有194个村民小组，178个自然村。全镇共有20多个少数民族，少数民族占总人口的56.28%，主体民族为彝族、傣族、拉祜族等。

幸福镇石佛山区域长年种植低产低效的甘蔗、玉米等农作物，水土流失及干旱加剧，生态环境逐年恶化，严重影响下游群众居住安全和生产生活。为有效遏制水土流失，改善南汀河沿线生态环境，增加群众经济收益，保障人民群众生命财产安全，对处于幸福镇周边的石佛山区域实施退耕还林项目，采用以短养长的"澳洲坚果+咖啡+乌骨鸡"种植模式，取得了良好成效。

二、模式实施情况

依托国家新一轮退耕还林工程，2014、2015年度幸福镇在周边的石佛山区域实施退耕还林项目，用以短养长"澳洲坚果+咖啡"的种植模式，建设澳州坚果基地1万亩，项目覆盖幸福村、掌龙、慢蔗3个村委会17个村民小组1627户退耕农户，总投资1500万元，户均获益9219元。主要做法是：

（一）选择特色树种澳洲坚果

澳洲坚果又名澳洲胡桃、夏威夷果，原产于澳大利亚昆士兰州南纬23°~29°地区，被称为"坚果之王"。从20世纪90年代初，永德县引种试种澳洲坚果，到如今临沧市澳洲坚果种植面积达227.89万亩。临沧澳洲坚果种植创造了一个个奇迹，将一个真正的外来物种发展成为区域特色产业、热河谷区域生态修复的重要树种。如今，原产澳洲的坚果已在云南广泛种植，甚至超过原产地种植规模。云南红土高原独特的自然气候优势，为它的蓬勃生长提供了更为广阔的沃土。现在，澳洲坚果已成为临沧种植面积最大、发展速度最快、独具高原特色的优势产业之一，并且成为世界澳洲坚果的主要生产地。

（二）套种咖啡等作物增效

幸福镇积极探索林药、林菜、林茶、林果、林粮等立体套种模式，重点推广了"坚果+咖啡""坚果+魔芋""坚果+木本蔬菜"等套种模式，提高林地综合效益。咖啡是一种经济效益较高的作物，种咖啡的经济效益要比种甘蔗等其他作物高，因此，退耕还林澳洲坚果套种咖啡群众基础好，套种积极性高涨。

幸福镇推广退耕还林"澳洲坚果+咖啡"模式

（三）发展林下养殖

群众的智慧是无穷的。幸福镇退耕户又在澳洲坚果林下养鸡，鸡不仅能吃草、草籽和昆虫，控制了杂草和部分虫害，减少了除草剂和其他农药的使用，鸡粪发酵后还是很好的有机肥料，既能增加经济收入维持果园的正常运转，又能让果园更加绿色健康和生态。但也要注意的是，林下养鸡需要注意控制放养密度，定期更换区域，放养密度大，鸡会把坚果地上根系刨开造成根系裸露，影响果树生长。鸡粪需要发酵腐熟后使用，果园使用生鸡粪有一定的隐患，值得注意。

幸福镇退耕还林澳洲坚果林下养鸡

三、培育技术

澳洲坚果在市场上长期处于供不应求的状态,被列为世界上昂贵的坚果之一。澳洲坚果高产栽培技术如下:

(一)环境

澳洲坚果宜在年平均气温 19~23℃,极端最高气温≤35℃,最冷月平均气温>11.5℃,极端最低气温>-1.5℃,无霜冻地区种植。

(二)育苗

澳洲坚果商业生产都选用优良品种的嫁接苗和扦插苗(容器苗)。澳洲坚果的木质坚硬、皮薄,比其他果树难于嫁接;主要嫁接方法有劈接法和改良切接法。应选择适应种植区气候环境的丰产优质高效品种,宜选择使用农业部或省(区)级主管部门推荐的品种。云南主要以 H2、O.C.、344、788、660 等品种为主。

(三)选地

澳洲坚果属热带、亚热带高端经济作物,具有较强的适应性,适宜种植在海拔 1200 米以下的山区丘陵或平地,要求夏季最高温度一般不超过 35℃,最冷月平均气温>11.5℃;极端最低气温>-1.5℃,终年无霜或偶有轻霜,年平均降水量不少于 1000 毫米为宜,土层深厚,富含有机质,pH 值为 5.0~6.0,排水良好,旱季缺水时有灌溉条件。因该树树冠茂密、根系浅,不抗风,所以果园应选择在常年局地大风少的地方;易受台风影响的地区,要建防风林带,幼树期需用竹子、树枝作支撑,以抗风害。

(四)施肥

以有机肥为主,化学肥料为辅。施肥部位在树冠滴水线附近,开沟施肥,有机肥宜开沟深施；化学肥宜开沟浅施填土，并把握"晴天施水肥，雨天施干肥"的原则。

（五）树体管理

幼苗定植后3~4年内重点培养结果树形，促发结果枝，定植成活后进行摘顶定干促梢，定干高度60~80厘米，枝梢长至40厘米左右，再次摘顶促发二次分枝。形成层次性树冠，便于花期内膛枝的总状花序悬垂生长，提高坐果率。整形修剪对密集的树冠进行疏剪，疏去交叉重叠枝、徒长枝、枯枝及病虫危害枝，修剪时注意保留内膛结果枝，树冠低部位枝是投产初期的主要结果枝，修剪时应保留，待结果部位上升后再予修剪，避免在树冠内膛部位留下残桩，以免残桩萌发丛生枝或徒长枝，每次修剪的枝叶量以不超过树冠的1/4为宜。

（六）病虫害防治

澳洲坚果病虫害有炭疽病、煤烟病、根腐病、溃疡病、澳洲坚果缀枝蛾、咖啡豹蠹蛾、大袋蛾、毒蛾、刺蛾、蓟马、卷叶蛾等。茎干溃疡病，可在病区树干下部喷施80%的250毫克/升敌菌丹，或者喷施80%的25克/升甲霜灵。炭疽病，可以喷施50%多菌灵或75%的代森锰锌800~1000倍液。灰霉病，可用石灰水刷白树干，也可用三唑酮可湿性粉剂500~800倍液喷雾2次即可。

（七）注意事项

澳洲坚果对水分极为敏感，从开花至成熟都不应缺水，特别是果油积累期如缺水，会严重降低坚果质量和产量。当嫩叶萎蔫、成熟叶尖失去光泽时为缺水征兆，要及时灌溉。澳洲坚果忌积水，雨季注意疏通排水沟，防止果园积水。

四、模式成效分析

目前，幸福镇退耕还林澳洲坚果立体模式正在逐渐显现其良好的生态、社会和经济效益。

（一）生态效益

幸福镇围绕水土流失严重，泥石流、滑坡等地质灾害频发等重点区域，集中规划整治，把新一轮退耕还林指标任务优先全部安排在生态脆弱又符合退耕还林条件的幸福村、掌龙、慢蔗3个村，通过集中整治，建立退耕还林澳洲坚果基地1万亩，达到了区域生态快速恢复的预期目标。

（二）经济效益

幸福镇抢抓国家新一轮退耕还林机遇，大力发展"澳洲坚果+咖啡"产业，项目进入丰产期后，预计每亩可产咖啡鲜果1.5吨，产值可达4000元；坚果亩产可达0.15吨，产值可达 6000 元；部分退耕户还养殖山地乌骨鸡，每亩养鸡 100 只，年产值达 8000 元，可实现亩均总收入在 1.8 万元以上，实现"退得下、稳得住、能致富、不反弹"的目标。

(三) 社会效益

退耕还林还草已成为幸福镇绿色发展的代名词，成为当地林业发展历史上投资额最大、惠民最广、群众最拥护、成效最明显的林业生态惠民工程。如今，退耕还林澳洲坚果是脱贫增收树，也是边疆和谐树。在临沧，在幸福镇，它注定要承担起多重使命。

五、经验启示

(一) 发展特色林产业

云南地区位于我国的西南边陲，属于典型的亚热带季风气候，这对于澳洲坚果以及咖啡的种植极为有利。幸福镇退耕还林澳洲坚果的快速发展，得益于临沧市的大力引导。这些年，临沧市把澳洲坚果发展作为推动临沧经济社会发展的主要林产业来谋划，作为加快低热河谷地区小康建设的民生工程来部署，并通过本土企业、大户、能人规模化示范种植带动，澳洲坚果产业发展迅猛。

(二) 坚持生态产业化

幸福镇按照"生态建设产业化，产业发展生态化"的要求，根据不同的气候和立地条件，结合自身的资源优势，退耕还林与产业发展统筹推进，突出重点，通过"公司+基地+农户"的方式实现集约化和规模化经营，发展"澳洲坚果+咖啡"产业。

(三) 尊重农户意愿

幸福镇在充分尊重农户意愿的前提下，加强政策宣传、规划引导，提供技术服务，充分考虑农民切身利益，把需不需要退耕，退不退耕，种什么品种，诚恳而现实地跟农民交换意见，把农民自身的发展结合到国家的生态环境建设上。

第二篇 黄河中上游退耕还林还草实用模式

　　本区域包括山西、河南、陕西、甘肃、青海等5个省。由于退耕还林还草所占比重较小，河北、内蒙古、宁夏纳入三北风沙区。

　　黄河中上游地区海拔相对较低，多在1000~2000米，山体坡度也较缓，但流域内分布着大范围的黄土和沙化土地，水土流失严重，特别是黄土高原丘陵沟壑，植被稀少，雨量集中且多暴雨，黄土质地松散，沟壑纵横深切，陡坡耕地多，耕作制度不合理，抗蚀能力弱，造成了严重的水土流失。本区农耕地比重过大、陡坡耕地多，土地利用不合理，而且荒山荒坡较多，是我国水土流失最严重的区域，是黄河泥沙的主要来源地，生态状况亟待改善。

模式 42
山西陵川退耕还连翘模式

陵川县隶属山西省晋城市，自 2002 年实施退耕还林工程以来，陵川县累计完成退耕还林工程建设任务 13.5 万亩，其中退耕地还林 3.4 万亩，荒山造林 8.7 万亩，封山育林 1.4 万亩。2008—2015 年，陵川县实施巩固退耕还林成果干果经济林 0.91 万亩、薪炭林 0.69 万亩、补植补造 5.16 万亩、生态移民 52 人。

一、模式地概况

陵川县位于山西省东南部，海拔在 1200~1600 米。全县属石山丘陵区，境内万峰环列，丘陵密布，沟壑纵横，可划分为石质山区、土石丘陵区和平川区 3 种不同地貌形态。陵川县气候温暖偏寒，大陆性气候较为明显，年平均气温 8.3℃，年平均降水量 606.5 毫米，其中 5—10 月降水量 519.9 毫米，占全年降水量的 85.7%。年平均相对湿度 63%，无霜期 158 天，全年日照 2612.5 小时。陵川县土地总面积 255.65 万亩，其中林地面积 172.62 万亩，耕地面积 48.43 万亩。辖 12 个乡镇 256 个行政村，总人口 25.28 万，其中农村人口 18.29 万。农民主要收入来源是种植业、林下产业、旅游业及外出务工，2019 年底人均年收入 10309 元。

二、模式实施情况

陵川县累计实施退耕地还林面积 3.4 万亩，涉及 11 个乡镇 194 个村 10722 个退耕户 42888 人。乔木树种包括核桃、杨树、刺槐、油松、侧柏、桑树等，灌木树种包括连翘、金银花、山桃等，其中退耕还林连翘种植面积 5392.6 亩。2018 年，陵川县投资 800 万元，实施生态产业富民工程，种植连翘 5340 亩，涉及 9 个乡镇 72 个村 2425 户。

陵川县退耕还连翘基地

三、培育技术

(一)苗木选择

连翘苗木选择3年生以上、地径大于0.4厘米、主根发达、侧根完整、无病虫害、分枝力强的优质苗圃壮苗。

(二)栽植密度

为保证工程早日发挥生态效益和经济效益,设计造林密度为167穴/亩,株行距2米×2米,要求每穴3株苗木。

(三)整地

整地前,按设计要求先定点,确定栽植穴位置。整地时以穴点为圆心,挖定植穴40厘米×40厘米×40厘米。

(四)栽植

苗木运到后应及时假植,随栽随起;栽植前苗木要视情况截杆,截杆高度10~15厘米,同时将苗木的伤根烂根剪除,再用生根粉或根宝溶液拌泥浆,进行根部拖浆处理促发新根;栽植时做好"三埋两踩一提苗",分层踏实,做到苗正根展,回填土厚度略高于原地迹线1~3厘米为宜;栽植后修好树盘,要求直径1米,并及时浇水。

(五)抚育管护

除栽植时浇透水外,每年视气温及降水情况及时浇水。同时,在不同生长阶段及时进行施肥。每年冬季将枯枝、重叠枝、交叉枝、纤弱枝以及徒长枝和病虫枝剪除。生长期适当进行疏删短截。

（六）病虫害防治

连翘的常见病害是叶斑病，主要虫害是钻心虫、蜗牛。防治病虫害，要及时修剪，疏除冗杂枝和过密枝，使植株保持通风透光；要及时松土除草、清理树盘，清除枯枝落叶和杂草；要加强水肥管理，注意营养平衡。

四、模式成效分析

（一）生态效益

连翘根系发达，萌发力强，树冠生长较快，能有效防止雨滴击溅地面，减少侵蚀，具有良好的水土保持作用。大面积栽种连翘有利于改良土壤结构，防止水土流失，净化空气，具有良好的生态效益。

（二）经济效益

陵川县退耕还林连翘种植面积5392.6亩，经济收益可观。连翘生长周期为30~50年，种植一次可连续多年受益，具有可观的经济效益。若管理良好，新条萌发3年，连翘单株产量可达0.4公斤，6~8年进入盛果期，单株产量可达1.5公斤。根据近3年的市场价，连翘果实平均每公斤12元，以每亩167株计，初果期每年每亩收入达800元，进入盛果期每年每亩收入达3000元。

（三）社会效益

连翘作为乡土经济树种，种植成本低，成活率高。通过大面积发展连翘产业，一方面可调整未充分利用耕地种植结构，提高种植效益；另一方面可充分利用山区剩余劳动力，吸引外出劳动力回乡创业，实现山川增绿和农民增收互促共赢。

2018年陵川县第三届"太行连翘节"

五、经验启示

(一)强化政策扶持

陵川县为推动连翘产业发展,从 2009 年开始,确立在全县荒山、荒坡建设 20 万亩连翘基地的建设目标,采取政府供应苗木,部门提供服务,乡村两级组织,农户自愿种植,"谁栽、谁有、谁受益"的办法,县级财政共投入资金 800 多万元,免费供应苗木 8000 多万株,为这一兼顾生态效益、经济效益、旅游景观效果的富民工程如期建成提供了保证。

(二)强化技术服务

在连翘产业推进过程中,应始终把技术研究、引进、示范、推广作为一项重要举措,通过外引内聘,组织以专家为核心、本土人才为骨干、乡村"能人"为基础的技术队伍,从事连翘技术服务,有效缓解技术力量匮乏的矛盾。

(三)推进产业延伸

鼓励龙头企业带动,拓宽产品加工的深度与广度,挖掘传统工艺,引进现代技术,是连翘产业做大做强的主要因素。陵川县成功开发出的"晋之翘"连翘茶,使过去废弃无用的连翘嫩叶身价倍增,产品受到市场的广泛欢迎。

"晋之翘"连翘茶

模式 43
山西娄烦退耕还油用牡丹模式

娄烦县隶属山西省太原市，位于太原市西北97公里处的汾河上游，是太原最重要的水源地和生态屏障。全县总面积1289平方公里，总人口12万人，是集山区、库区、老区于一体的国家扶贫开发重点县，生态建设和民生改善要求迫切，脱贫攻坚任务繁重。娄烦县依托新一轮退耕还林工程，创新理念，转变机制，充分发挥工程在生态、经济、社会等多方面的综合效益。

一、模式地概况

娄烦县是山西省太原市下辖县，地理位置优越，属于中心城市近郊，距太原市97公里，太佳高速公路和太兴铁路从县境内经过。娄烦县境内西北部群山环绕，东北部丘陵起伏，山脊与毗邻县（市）成天然分界线，地势西南高东北低，最高海拔2708.9米，最低海拔1030米。

娄烦属山多坡广的黄土高原，县域总面积1289.85平方公里，约占太原市总面积的18.3%。有耕地42.47万亩，有林地面积44.37万亩，森林覆盖率为22.9%。

二、模式实施情况

娄烦县累计完成退耕还林工程建设任务18.469万亩，其中前一轮退耕还林11.7万亩，新一轮退耕还林6.769万亩。新一轮退耕还林工程涉及农户9128户27384人，其中贫困户3447户10341人。娄烦县利用新一轮退耕还林工程发展油用牡丹2万亩，实现生态效益和经济效益双赢，促进当地经济社会可持续发展。主要经验做法包括：

（一）良种选择

油用牡丹是一种灌木植物。野生的牡丹主要分布于甘肃、四川、云南北部，主要为紫斑牡丹，陕西省、山东菏泽、河南洛阳等地为凤丹牡丹。现在用于生产中的油用牡丹仅有凤丹和紫斑两个品种，其中紫斑又分为嫁接和实生品种。同时，牡丹自古就有"国色天香"

"花中之王"的美誉,给人富丽端庄之感,大面积成片栽植,花开时节气势磅礴,景色壮美,可同步发展旅游经济,与生态旅游、美丽乡村建设相结合。

娄烦县退耕还油用牡丹基地

(二)创新机制

娄烦县采取"企业+村委会+合作社+农户"的产业开发经营管理模式,农户技术培训后通过进行田间作业、工厂就业、园区服务等工作,增加就业收入;企业与村委会、贫困户建立利益联结机制,通过设置刚性保底收益解决贫困户生活保障和村级公益事业。

(三)结合生态旅游

娄烦县围绕"一山一水"进行产业规划布局,以娄烦镇向阳村为环汾河水库牡丹观赏带的花卉中心,以东岸庙湾乡 10 个村、西岸娄烦镇 5 个村、上游静游镇 5 个村种植的 1 万亩油用牡丹作为花卉海洋,构建花海连天的人间仙境。同时,以云顶山脚下的米峪镇乡下石村作为牡丹产品加工基地,以米峪镇乡南川河两岸 10 个村种植的 1 万亩油用牡丹作为区域性支柱产业,随着南川河的治理、云顶山的开发,努力打造国家农业公园或大型田园综合体。

娄烦县汾河牡丹园

三、培育技术

油用牡丹属芍药科芍药属牡丹组,是指结实能力强、能够用来生产种籽、加工食用牡丹籽油的牡丹类型,原产于我国的多年生小灌木,广泛分布于我国20多个省区。

(一)园地选择

油用牡丹的栽培宜选土层深厚肥沃、疏松透气、排水良好的地块,土质以沙质壤土为佳,质地黏重的地块不宜栽植,适宜pH值6.0~8.0。宜选择高燥向阳处,排水良好。要求年平均气温7~15℃,绝对最低温度不低于−28℃,绝对最高温度不高于42.5℃。年降水量300~1000毫米。经过试验论证,项目选址定于娄烦县庙湾乡、静游镇、娄烦镇、马家庄乡、米峪镇乡5个乡镇30个行政村。

(二)品种选择

选择产籽量大、出油率高、适应性广、老化速度慢、生长势强的紫斑品种。通过论证性种植,该品种在项目区生长良好,可进一步通过示范向北推广种植。

(三)种苗选择

种苗选择2年生优质壮苗栽植,优先较大规格苗木定植。依据初植密度,估算项目用苗量为161.6万株。

(四)整地

栽植前的2~3个月进行翻耕,深翻30~50厘米,清理杂草、石块,并结合整地施足底肥。底肥选择经过腐熟的粪肥或饼肥,忌用生肥,每亩施复合肥15公斤,均匀撒施后深翻整平。

(五)栽植密度

根据土地实际情况,株行距55厘米×70厘米,初植密度每亩1700株。株行距的选择宜考虑方便小型农机在大田中的使用。

(六)栽植

栽植前应剪去病残根、折断或过长(超过20厘米以上)的根,捆好后用50%福美双800液或50%多菌灵800~1000倍液全株浸泡10~15分钟消毒,捞出沥干后栽植。依照2年生紫斑牡丹苗从地面部分至根系末端长度打坑,挖栽植穴,将苗木置入穴内,使根系舒展;穴内添土后将苗木轻轻上提,使根颈部低于地面3~5厘米,然后踏实封土。栽植结束后,每株苗木浇水不得低于2公斤,待水渗透结束覆土掩埋至地平。如雨水较为充沛,土壤含水率到达60%以上,可不浇水。

(七)栽植时间

最佳栽培时期为9月中旬至10月中旬。油用牡丹入秋后有一个根系生长高峰,适时栽植可以使油用牡丹的根系在栽植当年得以生长并恢复,一般新根能长到10厘米以上,对第二年的生长有利。

(八)中耕除草

生长期内要经常松土保墒,灭除杂草,特别是定植一二年内,树冠尚未郁闭,杂草易于滋生,宜掌握"锄早、锄小、锄了"的原则及时除草。油用牡丹的种植大田应用除草剂需十分谨慎(田间禾本科杂草可用精喹禾灵等选择性除草剂杀灭)。

(九)水肥管理

油用牡丹喜肥。合理施肥,不断培肥地力,是油用牡丹丰产栽培的基础。栽植2年生苗,栽培后第1年,一般不需要追肥。第2年开始,年内追肥两次,第一次在春分前后,每亩施用40~50公斤复合肥;第2次在入冬之前,每亩施用100~200公斤饼肥加40~50公斤复合肥。第3年开始产籽后,可施肥3次,萌动后至开花前20天内追肥一次,或喷叶面肥一次;开花后至花芽分化前20天内追施一次复合肥;采籽后至入冬前施用一次有机肥和复合肥,穴施或开沟施入。

(十)病虫害防治

紫斑牡丹抗逆性极强,一般在种植区域内不会发生病虫害的侵袭,但由于小环境的差异,可能会出现以下几种病虫害:叶斑病,药剂可以选择50%多菌灵、70%甲基托布津等800倍液喷雾,同时,可以结合叶面肥混合使用,叶面肥可以选择2‰磷酸二氢钾或尿素;虫害,常见的有蛴螬、地老虎、金针虫等,可以采取撒施辛硫磷颗粒剂、用辛硫磷乳油拌毒饵诱杀等措施。

四、模式成效分析

油用牡丹是一种新兴的木本油料作物,具备突出的"三高一低"的特点:高产出、高含油率(籽含油率22%)、高品质(不饱和脂肪酸含量92%)、低成本(油用牡丹耐旱耐贫瘠,适合荒山绿化造林、林下种植),具有良好的生态、经济和社会效益。

(一)生态效益

项目与美丽乡村建设相得益彰,油用牡丹作为多年生灌木,极有利于水土保持和水源涵养,改善当地的生态环境,对汾河水库库区的水土保持和云顶山旅游开发奠定生态基础,具有良好的生态效益。

(二)经济效益

娄烦县利用新一轮退耕还林发展油用牡丹2万亩,5年生亩产可达300公斤,亩综合效益可达万元。退耕还林油用牡丹还带动了相关产业发展，项目建成运营后，牡丹苗木销售收入1200万元，牡丹深加工产品销售收入3600万元，花卉中心观赏服务收入600万元，年均总利润约3200万元，年均净利润约2400万元。

(三) 社会效益

田间作业可以吸纳劳务用工3500人，工厂加工就业600人，园区服务可以安排300人就业，人均预计增加年收入2万余元。通过项目的实施能带动贫困户3447户，贫困人口10341人脱贫。

五、经验启示

退耕还林既是生态建设工程，更是民生改善工程，企业和农民专业合作社的参与增添了退耕还林的活力。项目实施期间，林业部门积极主导、龙头企业带动，引导鼓励农民参与，促进了退耕还林规模化、集约化、产业化的良性运营发展。

(一) 良种推广是前提

良种选择是工程建设成效的基础，应建立在对其生物学特性充分了解及实验验证的基础上，根据需求择优推广。

(二) 政策扶持是保证

娄烦县将油用牡丹产业纳入当地经济社会发展全局统筹考虑，创优投资环境，纳入扶贫产业项目，给予大力的经济扶持。企业出资流转土地、建设基地，专业合作社及农户参与造林及管理，通过设置刚性保底收益解决贫困户生活保障和村级公益事业。

(三) 持续发展是关键

在完成油用牡丹2万亩种植的基础上，企业配套实施油用牡丹育苗600亩、加工基地一期、花卉中心二期等建设内容，形成完整的产业链。2019—2020年度完成加工基地二期工程建设，形成牡丹籽油年加工能力2400吨、牡丹花卉中心年接待游客20万人次的一二三产高度融合的产业格局，形成生产、加工、营销一条龙，有效保障了退耕还林后续发展，持续带动当地经济。

模式 44
山西盐湖退耕还米槐模式

盐湖区隶属山西省运城市，地处山西南部，是晋陕豫三省交界的中心区域。退耕还林工程实施以来，盐湖区深入研究，大胆探索，走出了一条经济、生态与社会效益显著的特色之路，形成了亮点纷呈的盐湖模式。

一、模式地概况

沟东村隶属盐湖区三路里镇，山岭连绵、沟壑纵横，是典型的晋南黄土丘陵沟壑区。年平均日照数2247.4小时，年平均气温14℃，无霜期200天左右，年有效降水量360毫米，主要集中在7、8、9月份。土壤贫瘠、干旱少雨是主要自然特征。

沟东村辖9个自然村，6个居民小组，全村174户596人。耕地面积3500亩，传统产业为小麦，平均亩产仅150斤左右。因为条件恶劣，2000年村民年平均收入仅为1500元，全村近3/4的农户处于贫困线以下，是盐湖区贫困村。

二、模式实施情况

沟东村2003年开始实施退耕还林工程，面积1550亩，树种为国槐，涉及农户158户552人，其中贫困户86户305人。退耕还林让沟东村真正从传统的尚不足以维持温饱生活的耕种方式中解放出来，卓有成效地走出了一条旱垣农业的创新之路，走出了一条精准脱贫的创新之路。沟东村退耕还林主要做法有以下几点：

(一)实施双季槐高接改造工程

双季槐一年可以采收两次槐米，2年见效，3年丰产，具有极强的丰产性和抗逆性。亩收益达4000~10000元，比传统产业小麦的效益高数十倍乃至上百倍。退耕还林栽植的国槐结米迟，产量低，见效慢，但正好可以进行双季槐的嫁接改造。沟东村经过两年推进，1550亩退耕国槐全部改造完成，高接改造当年见效，第二年亩效益近千元。双季槐的成功拉开了沟东村大力发展米槐产业的序幕。

沟东村的米槐基地

(二)走规模发展道路

显著的效益极大地调动了村民的积极性,沟东村向盐湖区林业局争取800余亩退耕还林指标,并延长机动地承包年限,实行一系列奖补措施,鼓励村民规模栽植。同时,牵头成立市场开发组、技术攻关组、烘烤制干组、综合开发组,带头成立了3个槐米种植专业合作社,千方百计推动产业发展。截至2012年,沟东村的3500亩耕地全部发展为双季槐,人均面积5.8亩,每年人均双季槐单项收入达到12000元,沟东村成为名副其实的"天下槐米第一村"。2011年5月19日,国家退耕还林验收组对沟东村在退耕还林中取得的成绩予以高度赞扬,党支部书记雷茂端先后荣获"全国脱贫攻坚奖创新奖""全国革命老区减贫贡献奖""山西省特级劳动模范"等40多项荣誉称号。

(三)典型示范引路

2012年后,山西省各级林业部门等相关单位把沟东村作为退耕还林产业成功的典型、作为一村一品特色产业的典型进行大力宣传,同时大力推动双季槐产业的发展。至2015年,盐湖区发展双季槐面积6万亩,运城市发展面积20多万亩,数百个旱垣山村、数十万贫困农民因此走上了脱贫致富道路。

(四)大力进行品种改良

2016年,双季槐槐米因为芦丁含量偏低,价格大幅下降,由原来的每斤18元降到每斤3元,槐农积极性受到严重打击,米槐产业面临严峻挑战。研发团队以数十年米槐栽植经验为基础,通过高芦丁米槐研究,成功选育出系列高芦丁米槐——高槐1号、高槐2号、高槐3号,其芦丁含量达29%~39%,比双季槐高出9~24个百分点,属目前全国芦丁含量最高的米槐新品种,槐米售价每斤达15元以上。沟东村以研发新成果为依托,大力实施双季槐的高芦丁米槐改造工程,奠定了米槐产业发展的坚实基础。

高芦丁米槐新品种——高槐 1 号

(五) 多管齐下帮助贫困户脱贫

产业发展之初,村两委采取"包栽植、包管护、包销售"的三包形式给予贫困户大力支持,在双季槐进行高芦丁米槐高接改造时,又为他们免费改造。经过产业连年稳步推进,沟东村 83 户贫困户全部实现脱贫。

三、培育技术

(一) 建园

宜选在海拔 1500 米以下的黄土丘陵或低山区,土壤为壤土、沙壤土、轻黏土,坡向为阳坡、半阳坡、半阴坡,土壤酸碱度 6~8.5。避开易积水的低洼地,园、林、路合理布局,相对集中连片。

(二) 栽植密度

实行小株距、大行距的栽培方式。株行距 2 米×5 米或 4 米×5 米,每亩以 33 株或 66 株为宜。

(三) 栽植时期

春、秋两季均可,秋栽宜早,时间 9 月下旬至 11 月上旬。春栽应在土壤解冻后至发芽前。

(四) 栽植方法

采用抗旱节水栽植法。树行起壕,易于雨水流入树行;挖小坑,以 40~50 厘米见方为宜;漏斗坑栽植,即将苗根附近的土稍加踩实,坑内四周的土用力踏实并使栽植坑呈漏斗形。随后浇水,待水渗下后再撒一层湿土,一二天之后踩实;覆膜,覆膜前将树坑整理成锅底形，覆膜后在底部打一孔，下雨时水可渗入，35℃以上时膜上覆土，浇水困难的地方在膜上再盖一层土，可有效保持土壤含水量。

(五)整形修剪

树形宜采用多主枝开心形。其树体结构是：中央主干着生5个主枝，分为2层；第一层3个主枝，每个主枝上着生3个左右侧枝；第二层2个主枝，每个主枝上2个侧枝；层间距1米左右；主枝开张角度70°左右，干高50~60厘米。

定干：高度80厘米，秋栽树可先剪到1米上下，第二年春再定到80厘米；春栽树栽后即可定干。

整形修剪方式：对所有枝进行短截，延长头剪留60厘米左右，辅养枝短于延长头。疏除竞争枝，其余枝压低角度，弱小于各主枝。在整形过程中，要调节各级骨干枝的生长势，过强的要加大基角或疏除过旺侧枝。干较弱的，可在中心干上多留辅养枝。生长势弱的骨干枝，可抬高其角度，通过调整使树体各级主侧枝长势均衡。

(六)病虫害防治

虫害主要有蚜虫、绿盲蝽、桑白蚧等，选择药剂有石硫合剂、吡虫啉、高效氯氢菊酯、噻嗪酮、噻虫嗪等。

病害主要是焦尖病。每年5月下旬至6月上旬因为营养生长过强出现的一种干尖现象，导致米穗抽出困难，造成大面积减产。防治方法：8月上旬至9月上旬，用米槐专用肥1斤兑水10斤搅成糊状，进行涂干，涂干宽度20厘米左右；第二年6月上旬，用米槐专用肥500倍液喷施叶面。

四、模式成效分析

(一)生态效益

盐湖区上王、上郭、三路里一带地处稷王山丘陵沟壑区，土质贫瘠，十年九旱，果树难以生长，光山秃岭，十分荒凉。自实施退耕还林政策，大力发展米槐产业以来，一座座荒山青了，一道道秃岭绿了，降水量明显增多，水土保持良好，土壤肥力增强，盐湖区米槐产业的发展，是"绿水青山就是金山银山"理论的成功实践。

(二)经济效益

沟东村退耕还林发展国槐(米槐)面积1550亩，米槐每亩收益4000~5000元，甚至达到1万元，比种植小麦收益提高了几十倍，人均收入由以前的1500元提高到12000元。贫困户顺利实现脱贫，村民收入节节攀升。沟东村的变化成为盐湖区数百个旱垣山村的缩影，因为发展米槐走上脱贫致富之路。

(三)社会效益

沟东村的槐米棒、槐米茶等产品加工产业持续完善，沟东村立足 3500 亩米槐基地，推出"游米槐园、赏山桃花、吃农家饭、爬稷王山"的旅游线路。同时，米槐产业的发展，吸引相当一部分农民工从事相关行业，促进劳动力转移，尤其是给广大妇女提供了很好的就业机会。

五、经验启示

(一)特色产业是成功的前提

选准产业是关键，应建立在深入详细的市场调研基础上，不可随波逐流，盲目跟风，选择低端单一、缺乏市场竞争力、没有特色的产业。

(二)政策支持是成功的保证

在区域规划、品种选择、高接改造、提质增效的进程中，盐湖区积极参与，每一个关键环节正确引导，尤其是在推动米槐规模发展形成产业优势上，政策的大力支持更是起到了至关重要的作用。

(三)规模发展是成功的要素

有规模才有效益，规模发展是产品研发、产业链条升级、集约化经营管理的基础，避免了零星栽植存在的品种不优、经营不细、管护不到位的弊端。

模式 45
山西永济退耕还香椿模式

永济市隶属山西省运城市，位于山西省西南部，晋、陕、豫黄河金三角交汇处，南依中条山，西靠黄河滩，北边是台垣沟壑区，生态地位突出。永济市古称蒲坂，传为舜都，历史悠久，人文荟萃，是中华民族的发祥地之一。

一、模式地概况

盘底村隶属永济市韩阳镇，地处中条山洪积扇区，同蒲铁路、运风高速公路、太风公路南北向穿越，交通便利。属暖温带大陆性季风气候，四季分明，光照充足，年均气温13.5℃，年日照2375.8小时，无霜期216天。年降水量约535毫米（60%以上的降水集中在7、8、9月份）。土壤为沙质壤土，春季升温快，适耕性好，持水力强，肥力较高，是早熟型经济林、早产型特色木本蔬菜的理想栽培地。

盘底村土地面积约8460余亩，其中耕地2300亩，林业用地7971亩，辖7个居民组388户1639人。盘底村的支柱产业为香椿，全村香椿种植1300亩，其中耕地种植香椿1000亩，宜林荒山荒地种植300亩。

二、模式实施情况

盘底村依托退耕还林的脱贫机遇，立足区位优势，把荒山绿化的生态效益和经济效益有机结合起来，发展香椿产业，叫响了红油香椿的品牌，鼓起了农民群众的腰包。自2002年实施退耕还林工程以来，盘底村累计完成退耕还林任务449亩，栽植品种为"红油香椿"，涉及农户323户，其中贫困户15户。主要经验做法有：

（一）适地适树选择优良品种"红油香椿"

香椿素有"树上蔬菜"之称，根据品种研究及市场调研，红油香椿品质纯正，色泽鲜美，清香可口，维生素、蛋白质、无机盐等含量丰富，具有极高的药理价值。韩阳镇临靠黄河滩，光、热、水、山地资源都非常丰富，具有种植香椿独特的地理优势与条件，成为晋、陕、豫黄河金三角地区最大的香椿产业集散地。

(二)创新"合作社+农户+基地"机制

盘底村依托合作社,积极探索发展深加工企业,通过"合作社+农户+基地"模式集中管理,统一销售,逐步完善将香椿传统产业做大做强。红油香椿芽于每年3月上市,目前已销往北京、天津、太原、上海、张家口等大中城市,深受市场青睐。截至2019年,韩阳镇共发展香椿万余亩,盘底村建起香椿加工厂,生产香椿芽酱,丰富产品类别。同时,在香椿种植、采收、收购、包装工作中,优先安排贫困户出工,不仅提高了贫困群众的收入,也增强了当地群众的劳动技能和生产积极性,让红油香椿产品成为当地极具地方特色的名优农产品。

永济市韩阳镇盘底村退耕农户喜摘红油香椿

退耕产品香椿芽酱

三、培育技术

(一)选种

红油香椿具有抗病性强、品质好、丰产的品种优势且适宜当地栽植。

(二)育苗

红油香椿育苗常采用根蘖繁殖(也称分株繁殖)。早春挖取成株根部幼苗,植入苗地,次年苗长至2米左右时再行定植。也可采用断根分蘖法,于冬末春初,在成树周围挖60厘米深的圆形沟,切断部分侧根后将沟填平。由于香椿根部易生不定根,断根先端易萌发新苗,次年即可移栽。移栽后喷施新高脂膜,有效防止地上水分蒸发,隔绝病虫害,缩短缓苗期。

(三)定植

定植时间一般在3月下旬至4月上旬或10月下旬至11月中旬。定植要求:苗木高出地面 20 厘米、直径 1 厘米以上、高 1 米以上的无病壮苗；每亩定植 2000~3000 株，行距 70~80 厘米，株距 30~40 厘米；定植前香椿种苗用杀菌剂、生根剂蘸根，且深耕整地施基肥，基肥每亩施腐熟厩肥 4000 公斤或腐熟饼肥 200~300 公斤，氮、磷、钾复合肥 25 公斤。肥料撒施后深翻，耕后细耙整平做畦。

(四) 田间管理

定植后浇足定植水，保证成活。开春解冻后，萌芽前浇水，随水每亩冲施氨基酸 5 公斤；5 月底平茬后，先开沟，每亩追施高氮复合肥 30 公斤，再浇足水；8 月上旬每亩施复合肥 40~50 公斤，施肥后浇水；10 月下旬至 11 月上旬浇足封冻水。

(五) 植株调整

平茬：5 月下旬，在树苗离地 10~15 厘米处短剪。化控：第 1 次化控在平茬后植株长至 50 厘米高 (6 月下旬至 7 月上旬)，用质量分数为 15% 多效唑 500~800 倍液和磷酸二氢钾 500 倍液喷洒；第 2 次化控在植株长至 80 厘米高 (7 月下旬)，用质量分数为 15% 多效唑 200~300 倍液和磷酸二氢钾 500 倍液喷洒；第 3 次化控在植株长至 100 厘米高 (8 月下旬)，用 15% 多效唑 100~150 倍液和磷酸二氢钾 500 倍液喷洒控制旺长，至 9 月新梢停止生长。

(六) 病虫害防治

农业防治：选择没有种植过香椿的田块，避免重茬；合理密植，深沟高畦，覆盖地膜；适时间苗，培育适龄壮苗，提高抗逆性；增施腐熟有机肥，清洁田园。物理防治：灯光诱杀、糖醋液诱杀、人工捕捉、拔除病苗、人工(机械)除草等。化学防治：7—8 月刺蛾发生高峰期，用苦参碱 1000 倍液、5% 高效氯氟氢聚酯(功夫)乳油 2000 倍液喷雾，7~10 天喷 1 次，连喷 2 次。防治云斑天牛，用注射器将 80% 敌敌畏乳油 800~1000 倍液注入虫孔内，然后用黄泥封口。防治斑衣蜡蝉，用质量分数 25% 噻虫嗪 5000 倍液，或用 5% 高效氯氟氢聚酯(功夫)乳油 2000 倍液喷雾、5% 甲维盐微乳剂 5000 倍喷雾，7~10 天喷 1 次。防治香椿蛀斑螟，用棉签蘸上质量分数 20% 氰戊菊酯 1500 倍液和 5% 甲维盐 1500 倍液塞入虫孔，并用黄泥封口。

(七) 采收

嫩芽长至 10~15 厘米，尚未木质化时采收。用剪刀从芽的基部磷痕处剪下，一般当年生苗一年采收 2~3 次，多年生苗一年采收 3~4 次。采收后分成 100~200 克的小捆，用塑料袋装好封口上市。

四、模式成效分析

(一)生态效益

盘底村可作做土地多为坡地与含盐碱地，一般作物产量低且易造成水土流失。2002年以来，盘底村抓住国家退耕还林等生态建设工程契机，全面开展生态扶贫，积极探索栽植各种生态经济树种，扶持群众发展经济林产业的同时，生态环境明显改善。

(二)经济效益

盘底村通过退耕还林栽种红油香椿449亩，辐射带动了祁家、辛店、三新等行政村的香椿种植基地。大地香椿每亩纯收入达3000~4000元。盘底村香椿合作社把香椿从室外移入高标准温室大棚，春节前开始销售，大棚每亩纯收入达到1万元以上。

(三)社会效益

盘底村因地制宜，发挥地理环境优势，大力发展特色产业，创新思路，依托红油香椿产业带动更多农户投入到现代农业产业中，实现韩阳镇传统农业向现代农业的转变，助力乡村振兴，使百姓过上更加富裕的生活。

五、经验启示

(一)良种选择是成功的前提

红油香椿以其颜色鲜红、口味香醇、成熟期早、品质上乘，比其他品种香椿早上市10天抢占商机。目前，香椿产业成为韩阳镇一项特色产业，为当地运输、餐饮、住宿、编织等相关产业的发展起到积极的推动作用。

(二)扶持引导是成功的保证

在招商引资、扶持龙头企业、发展专业合作社以及培育职业农民的一系列政策措施激励下，盘底村积极培育新型经营主体，兴办产品加工和营销企业，延长退耕还林后期产业链条，对退耕还林的生态效益巩固、产业发展起到有力推动作用。

模式 46
山西泽州退耕还养蜂模式

泽州县隶属于山西省晋城市,原为晋城市郊区。泽州县位于山西省东南端,太行山最南麓,晋豫两省交汇处,自古为三晋大地通向中原的要冲,史称"河东屏翰,冀南雄镇"。自 2002 年起,全县 16 个乡镇实施退耕还林 3.7 万亩,其中犁川镇下犁川村通过积极发展养蜂产业,走出了一条以林带蜂、增加收入、改善环境的好路子。

一、模式地概况

下犁川村隶属泽州县犁川镇,位于泽州县南部土石山区,南太行的背梁上,山地多,水源缺乏,年降水量 500 毫米,是沁河流域的水源涵养地。全村耕地 1680 亩,林地及荒山 2000 余亩。辖区 13 个村民小组 642 户 1695 人。农作物种植以小麦、大豆、玉米和小杂粮为主。

下犁川村是一个文化名村,从明代以来,不仅是晋沁大道与晋济古道交叉通过的中心,还是一个庙宇等非物质文化遗产十分发达的地方,村落从北到南,总长 1000 米,东西宽不足 800 米,但修建了五庙(南大庙、文庙、关帝庙、药王庙、魁星庙)两阁(三清阁北阁、南阁)。

二、模式实施情况

2003 年,下犁川村实行退耕还林 1000 多亩,还林树种为刺槐。为确保和巩固退耕成果,充分发挥林木空间优势,激发生态林的经济效益,经市场调查,下犁川村退耕农户开始发展养蜂产业,并组建山西太行明珠生物科技公司和山里泉养蜂专业合作社。山里泉蜂业已成为国家级首批示范合作企业,集蜜蜂养殖、种蜂培育、蜂产品科研、生产、加工、销售于一体的蜜蜂专业化实体企业,主打"山里泉"牌蜂蜜、蜂王浆、蜂花粉等系列蜂产品。经连年研发,产品取得国家 QS 生产许可证,获得国家"无公害产品、产地认证"证书,属纯天然绿色食品。目前,全村发展蜂箱 300 箱,年加工蜂蜜 50~60 吨。

下犁川村养蜂场

三、培育技术

(一) 品种选择

"中蜜一号"和"喀尔巴阡"两个蜜蜂品种,具有性情温和、抗病能力强、上蜜好、繁殖能力强、好饲养的品种优势。

(二) 蜂场规划及建造

蜂场的选址首先应避开人员密集区,远离养殖场、化工厂、果园和经常使用农药的菜园。其次,需要丰富的蜜源和无污染的水源,有自然遮阴或者人工蜂缝,缝与缝之间的距离在4米以上,或者多个方向有利于蜜蜂回巢。第三,选址的朝向要坐北朝南或者坐东北朝西南,避开北风和西北风。

(三) 养蜂管理

主要在春季,需注意以下几方面:

一是雨水节气后,选择晴暖的天气,促使蜂群排泄,排泄结束后,检查蜂群的数量、饲料,对蜂王做记号进行处理。

二是春季寒流频繁,昼夜温差大,蜂群需用麦草和稻草四面包装。塑料薄膜铺在下边防潮,上边铺上麦草,把蜂箱放在麦草上。可多箱包装,也可单箱包装,前边不包装,加强空间保温。

三是放王开繁,奖饲花粉。密封饲养中,要注意矿物质食盐的补充。蜂箱内多余的巢脾要取出,严防盗蜂。时时观察蜜蜂举动,隔天奖饲。随着蜂群越来越活跃,三周后幼蜂开始出房,老蜂逐渐代谢,蜂群度过恢复阶段,开始筑新巢。

(四) 病虫害的防治

春季要防治蜂螨,可打上草酸、烟叶等中草药;夏季防高温,注意通风;秋季防潮湿;冬季防鼠害。

退耕还槐蜜蜂源

四、模式成效分析

(一)生态效益

下犁川村是沁河流域的重要水源涵养地,经过十几年的退耕还林成果巩固,荒山荒地变成了绿色山川,山里小溪又恢复了潺潺流水,生态环境发生了明显改善。

(二)经济效益

通过下犁川村山里泉蜂业的技术和品牌优势,先后带动犁川、周村、晋庙铺、柳树口等乡镇70余户200多人养蜂增收,农户年均增收3000余元。同时,通过系统的实地调查制定特色化发展路线,"山里泉"天然蜂蜜系列产品种类逐步增多,品质进一步完善,逐步走出一条特色产业之路。

(三)社会效益

下犁川村兼顾退耕还林工程的生态建设和民生改善功能,为农户和合作社进行技术指导,积极推进惠及专业合作社的政策落实,实现技术和管理的专业化,以此为基础,借助品牌优势,结合山区生态和优质稳定蜜源,激发最大潜能,山区农民发展养蜂业的积极性被极大调动,养蜂成为特色扶贫产业,发挥了良好的社会效益。

五、经验启示

(一)合作社运作

2007年,下犁川村退耕农户在发展养蜂产业中,组建了山西山里泉养蜂专业合作社,主要经营范围是蜜蜂养殖、种蜂培育、食品生产、农产品收购,从事食品领域的技术开发、技术咨询、技术转让、技术服务。

(二)"公司加农户"经营

下犁川村退耕农户与山西太行明珠生物科技股份公司合作，采取"公司+农户"运作模式，提高退耕农户抗风险能力。

模式 47
河南嵩县退耕还皂角模式

嵩县隶属河南省洛阳市，全县林业用地面积335万亩，森林覆盖率65.21%，森林资源保有量全省第二，荣获"国家生态示范县"和"全国造林绿化百佳县"。嵩县是中药材大县。有中药材1300余种，种植面积26万亩，皂角、山茱萸、银杏、柴胡、丹参、金银花、杜仲等享誉国内外，素有"天然药库"之称，盛产于九皋镇的"嵩县皂角刺"是国家地理标志产品。民生药业、天士力和华东医药等8家全国知名的中药企业在嵩县战略布局，成功创建省级出口中药材质量安全示范区。

一、模式地概况

九皋镇位于嵩县东北部，全镇总面积93.7平方公里，人口2.2万，地处嵩县、伊川、汝阳三县交界处，S325省道穿镇而过，属黄淮流域丘陵山地，是一个标准的山区农业小镇。自20世纪60年代起，九皋镇群众自发到全国各地采集皂角刺，大力发展皂角刺采摘、加工、销售相关产业，是全国有名的皂角刺集散地。

二、模式实施情况

2002年退耕还林工程实施以来，九皋镇累计发展皂角1万余亩，从育苗、种植、采集到加工销售，全镇直接从事这一产业的有8500多人，每年可采集、销售皂角刺500多吨，年销售额超过6000万元，使得皂角刺产业成为九皋镇农民致富的支柱产业。

（一）种植规模化，推广良种壮苗

2002年，九皋镇栽植的皂角树仅1000余亩，随着皂刺价格稳中有升，退耕还林工程实施后，在九皋镇的支持下，群众开始大面积种植皂角树。到目前为止，从事皂角树种植的农民有8500余人，仅参与购销的有1500多人，育苗310亩、1100万株，已发展皂角树种植1.05万亩。同时，九皋镇在皂角产业发展中，不断培育优良品种，选育出了采刺品种"嵩刺1号""嵩刺2号""嵩刺3号""嵩刺4号"，采果品种嵩豆系列，通过了河南省林木品种审定会审定。

采刺品种"嵩刺1号"和采果品种嵩豆系列

(二)规范生产,提升产品质量

标准化生产关乎产品的质量,而质量问题是产业发展中的战略问题。九皋镇,年均降水量600~700毫米,土层浅薄,农户主要还是以种植玉米为主,发展皂角源于当地走南闯北收购皂刺发家致富的人的带动,使其成为当地农户脱贫致富的支柱产业。另外,皂刺加工可连枝带叶采收回来后在家里进行,且可很好地利用冬闲时间,不误农时,上至七八十岁的老人,下至十多岁的孩童均能操作,虽然每天只能加工10~15公斤,但收入比外出务工稳定。

(三)培育龙头,搞活产品流通

培植发展一个产业,龙头企业引领带动是关键。要把一个产业做强做大,核心在于龙头企业实力强劲、阵容庞大、集群发展、抱团经营。九皋镇培植了本土企业、合作社、经纪人,打造一流的销售团队,通过"公司+基地+农户"或"公司+合作社+基地+农户"的方式,形成皂角种植、仓储、贮运、加工、销售的一条龙产品生产体系。龙头企业在当地产业发展、加工营销、市场培育、产业升级中发挥了至关重要的作用。

九皋镇皂角深加工基地

三、培育技术

皂角树，又名皂荚，为豆科苏木亚科皂荚属植物，是我国特有的经济树种之一。是中原(黄河流域)地区古老的乡土树种，根系发达，生长旺盛，树高而冠大。喜光而稍耐阴，耐干旱、耐酷暑、耐严寒。适应性强，对土壤要求不严，在石灰质及盐碱甚至黏土或沙土均能正常生长，但喜温暖湿润的气候及深厚肥沃、适当湿润的土壤。栽植、管理较易。3~5年可进入采刺丰产期，每亩产值可达8000~12000元。

(一)地块选择

皂角要求无霜期不少于180天，光照不少于2400小时，年降水量300毫米以上，极端最低温度不低于-20℃；皂角(皂荚)属阳性树种，喜光；对土壤要求不严，只要排水良好即可，喜生于土层肥沃深厚的地方，在轻盐碱地上也能生长。

(二)造林密度

常规密植：株行距1.5米×2米，每亩222株。前3~5年产量上升较慢，但可间作低秆农作物或中药材。7~8年后可以移植出一部分。行间较宽便于施肥、喷药和修剪，冬季修剪后小型农业机械可以进入耕翻土地，节省劳力成本。适于中干形树形或高干形树形栽培。

强度密植：株行距0.75米×2.0米，每亩444株。此方式优点是产量增幅快，前期经济效益好，第2年每亩产值即可达3000元以上。由于密度大，4~5年时一般皂角树米径可达5厘米，可以隔株移除50%植株作为绿化苗木出售，也可移植建园，提高经济收入。移植时可以淘汰皂刺产量较低的植株，利于保留植株进一步提高产量。

超密皂角园模式：株行距0.5米×1.0米，每亩1334株。多选用丛状形树形，每年保留10厘米左右平茬，利用当年新枝采收皂刺，前期产量高，但郁闭早，管理不便。

果园防护林模式：在果园外围，按照株行距0.5~1米×1.5米双行栽植，兼顾防护与皂刺生产，多采用丛状树形。

(三)造林栽植

苗木选择要求采用优质壮苗造林。一般要求地径0.6厘米以上，最好粗细分级栽植。一般保留苗干30厘米左右截干造林，可明显提高成活率。苗木必须保持根系较完整，无病虫害，无机械损伤，不失水。栽植季节选在每年10月下旬霜降过后至翌年3月发芽前，但应避开严冬栽植。10月下旬至11月栽植，根系恢复早，有利于成活和提高长势。种植前，适当修剪苗木根系。将苗木根系放入清水或生根剂水中浸润12小时以上，促使苗木充分吸水。种植时保持根系舒展，埋土至原地际土痕以上5厘米处，尽量踏实。树穴整成漏斗形，浇透水，覆盖地膜。

(四)抚育管理

造林后 3 年内的幼林留 1 米见方的树盘。生长季节及时除草,每年 10 月份进行抚育,适于耕种的造林地可套种花生、豆类等低秆经济作物或绿肥,应保留 1 米见方树穴,雨季注意及时排水,严防受涝;干旱时可适当灌溉。施肥 1 年 2 次,第一次在 3 月中旬,第 2 次在 6 月上中旬,以施有机肥为主,可兼施氮、磷、钾复合肥。造林后 1~3 年,沿幼树 30 厘米处沟施,3 年后,沿幼树树冠投影线沟施。

(五)整修修剪

矮干形是专业采刺林的适宜树形,最终保留树干高 100 厘米左右,不留主枝。每年将 1 年生枝条全部裁剪出售,此树形采刺作业方便。缺点是因主干低,移栽出的树不能作为绿化树出售,降低了抗风险能力。高干形适于采刺并兼顾培育绿化大苗为目的采刺林,将主干高度培养至 200~300 厘米,以后每年截干。不留主枝,秋冬季将主干上萌发的枝条全部裁剪出售。5 年生主干胸径可达 5~7 厘米,能作为高档绿化苗木用作城镇绿化。因干高,采刺时上部枝条可使用高枝剪、人字梯等工具。虽然采刺不方便,但移植出的树干可作为城镇绿化苗木,经济效益较高。

(六)病虫害防治

危害皂角的病害很少,主要在于注意观察,发现问题,对症用药。危害皂角的害虫主要有蚜虫、卷叶蛾、蚧壳虫、天牛等。防治蚜虫,要消灭越冬虫源,清除附近杂草,进行彻底清田。对卷叶蛾类,可选用 Bt 可湿性粉剂 600 倍液,或 1% 阿维菌素乳油 1000 倍液防治。对蚧壳虫,改善通风透光条件,做好防疫工作,防止传播;用竹签刮除蚧壳虫或剪去受害部分,或喷洒 25% 的速扑杀 1000~1200 倍液防治。防治天牛,可人工扑杀成虫,树干涂白;用小棉签蘸敌敌畏等熏蒸剂堵塞虫孔,毒杀幼虫。

四、模式成效分析

在实施退耕还林工程的过程中,九皋镇从实际出发,大力发展以皂角为主的生态经济兼用林,把林业后续产业培育作为巩固退耕还林成果的关键措施来抓,科学规化设计,合理选择种植模式,取得了较好的成效。九皋镇也成为名副其实的万亩皂角树之乡、中国皂角之乡。

(一)生态效益

九皋镇陡坡耕地通过退耕还林得到了有效治理,水土流失量减少 30% 以上,地表径流和土壤侵蚀量等指标减少 21%~42%。以前暴雨季节,山洪咆哮,水土流失,现在已经不复存在,干涸多年的老龙水库重新流出了清水,野生动物数量也与日俱增,农民的生产生活条件有了明显改善。

(二)经济效益

皂角树全身都是宝，随着国家中药产业的蓬勃发展，皂角刺的价格也逐年攀升，由最初的每公斤1.6元，到2010年的每公斤90元。九皋镇退耕还林发展皂角1万多亩，5年后到盛产期每亩可产皂角刺60公斤，亩产值9000元。当地从事皂角树育苗的农户，每亩育皂角树苗3.5万株，亩产值1.8万元。无论是种植，还是育苗，每亩地的效益明显高于农作物种植。从事购销的大户，每年收入6万~20万元，每家都建有3~5层小楼，购买2~3辆不同类型的车辆用于购销活动。仅皂角刺这一个产业，九皋镇的年产值就达10400万元，人均年增收4530多元，使皂角刺产业成为当地农民致富的支柱产业。从育苗、种植、采集到加工销售，全镇直接从事这一产业的有8500多人，每年可采集、销售皂角刺500多吨，年销售额超过6000万元，使得皂角刺产业成为九皋镇农民致富的支柱产业。

(三)社会效益

工程实施后，调整了农村产业结构，有效增加了农民的收入，对农村经济发展起到了积极的促进作用。对比2002年统计数据，九皋镇农民人均纯收入由原来的2980元提高到10390元。同时，通过向退耕农户兑现政策补助，退耕农户从退耕地上获得一定的补助，可以将精力放在剩余耕地的精耕细作及其他行业上，从而对县域经济的发展起到明显的促进作用。

五、经验启示

退耕还林既是生态建设工程，也是民生改善工程，更是一项经济活动。退耕还林的经营主体也有单一退耕户，形成了农业专业合作社、家庭农场和专业户各种经营主体竞相发展、精彩纷呈的发展局面。因此要积极鼓励农民加入产业协会和合作社，促进退耕还林向集约化、规模化、产业化、经营化发展，积极探索"公司+基地+农户"退耕还林模式。其主要启示有四：

(一)适度规模、良种壮苗是前提

林业产业发展要想尽快得到收益，在实行规模化的同时，必须先选育好良种，建立属于自己的种子园和采穗圃，收集种质资源基因库，根据不同的经营目的选择适宜发展的品种。

(二)规范生产、提升质量是根本

标准化生产关乎产品的质量，而质量问题是产业发展中的战略问题。嵩县在发展皂角产业中，按照"政策推动、市场引导、企业带动、农民实施"的思路，解决了农户的后顾之忧，为林业产业的蓬勃发展提供强有力的后勤保障。

(三)培育龙头、创新模式是关键

培植发展一个产业,龙头企业引领带动是关键。要把一个产业做强做大,核心在于龙头企业实力强劲、集群发展、抱团经营。还要大胆推行业主制,创新经营模式,解决造林投入不足、重造轻管的问题,促使产业迅速发展。

(四)完善政策、加大扶持是支撑

产业发展必须依靠政策推动、扶持带动。九皋镇的主要经验是:整合有关项目,加大林业工程项目支持力度;完善产业人才政策,搞好科技服务;加大政策扶持力度。

模式 48
河南济源退耕还核桃冬凌草间作模式

济源市是河南省省辖市。济源因济水发源地而得名,是愚公移山故事的原发地。济源市历史悠久,上古时代这里就是夏朝故都,秦置轵县,隋开皇十六年(公元596年)设济源县。1988年撤县建市,1997年实行省直管体制,2017年3月被确定为国家产城融合示范区。济源境内有黄河小浪底水利枢纽、河口村水库等大型水利工程,担负着保护小浪底水库生态安全的重任,其生态功能的强弱对小浪底水库的生态环境、使用寿命和效益发挥具有重要影响,对黄河流域的生态安全也起着极其重要的作用。

一、模式地概况

济源市位于河南省西北部,黄河北岸,自古就有"古玉川福地,豫西北门户"之称,是沟通晋豫两省、连接华北平原和中西部地区的枢纽。济源历史文化底蕴深厚,最具特色的是"一山一水一精神","一山"是王屋山,"一水"是济水,"一精神"是愚公移山精神。济源山水秀美、景色宜人,有王屋山、五龙口、黄河小浪底、黄河三峡等一批独具特色的优秀景区。济源市面积1931平方公里,人口73.3万人,共辖5个街道办事处、11个镇,包括居民委员会72个、村民委员会453个。

济源市是闻名中外的冬凌草原产地,《地理标志产品济源冬凌草(GB/T22744—2008)》国家标准于2008年12月28日批准发布。由于独特的地形、地貌和自然环境条件,济源冬凌草的种群独特,与其他地方相比,甲素含量最高,具有清热解毒、活血止痛、健胃活血之效,尤其是对于急慢性咽喉炎、食管癌具有显著疗效,被公认为是中药抗生素之王。常年种植面积1.5万余亩,从事冬凌草加工的企业10余家。

二、模式实施情况

2000年以来,济源市累计完成退耕地造林14.68万亩,涉及全市10个镇1个街道办事处,37009个农户13.6万人。济源累计核桃发展面积已达15万亩,其中退耕还林地中有8万亩。

(一)选择优质树种核桃

核桃是著名的四大干果之一,在我国已有2000多年的栽培历史,历来被称为"木本油料"和"铁杆庄稼",是我国开发山区首选生态经济树种。特别是薄皮核桃具有其他果品不可比拟的营养价值,具有含油率高、取仁容易、早实丰产等特点,而且含有大量蛋白质、多种维生素和微量元素,是补气养血、润肺健脑、治疗心脑血管疾病的有效良药,又是滋补营养、风味独特、广泛用于食疗和高档菜肴之食品,深受广大消费者青睐。

(二)套种优质草种冬凌草

冬凌草属唇形科香茶属,又名冰凌草等,为多年生草本。其味苦,性微寒,富含36种有效药物成分,具有清热解毒、消炎止痛及抗肿瘤之功效,被专家誉为中药"抗生素"之王、中药"抗生素先锋",世界卫生组织对人类抗生素滥用屡屡提出严重警告,尤其是2003年"非典"后,为天然抗菌消炎、清热解毒类药物留下了巨大的市场空间,冬凌草的开发价值逐渐显现。

退耕还核桃间作冬凌草

冬凌草属阳性耐阴植物,略喜阴;萌蘖力强,耐干旱、瘠薄,非常适合林下套种。采取核桃与冬凌草间作模式,不仅可以充分发挥土地的生产力,也不影响核桃树生长,对冬凌草进行抚育时,还能对核桃树起到养护作用。

(三)标准化建园

核桃是集经济、生态、社会效益于一体的特色林业项目,具有投入少、效益高、应用领域广等特点,通过采取精细整地、选用优良品种、挑选健壮苗木、确定合理密度等措施建设标准化核桃示范园,精细管理,为建立"上中下、短中长"的立体经营格局奠定基础。

三、培育技术

(一) 整地

充分利用核桃树行间的空间土地，开垦平整，清除石块，将杂草埋入土中，以提高土壤肥力；秋、冬季土壤封冻前深耕40厘米；然后做成2~3米宽、长度不限的畦等待栽植。

(二) 栽植

栽植育苗：选2年生(野生的一般为多年生)以上、无病虫害的健壮冬凌草植株根部，切成6~10厘米长的小段，开沟，填入整好的苗圃畦中，压实后浇水。分蘖育苗：起苗时尽量不要损伤幼苗的根、皮、芽，严禁用手拔苗，保证每株带2~3个根芽。移植时首先在穴内施入适量的厩肥，然后盖一薄层土，防止根与肥料直接接触；为了使根系与土壤紧密接触，根要蘸稀泥浆，防止根系粘连；其次将种苗置于穴中央，深栽、浅提、分层填土踏实，做到根系舒展，栽植深度以土踏实后种苗根茎与地面持平为宜；最后，栽植完成后要及时灌水。

(三) 密度

根据地形、土壤等条件和不同栽培目的而定。以采收叶为栽培目的，株行距0.4米×0.6米；立地条件较差的地块，株行距0.4米×0.4米；以种子利用为主要目的，株行距0.4米×0.8米。

(四) 肥水管理

每年的6—8月是冬凌草开花前生长最旺盛的时期，也是冬凌草需水的关键时期，应适当灌溉，但要注意防止水分过多；雨季或低洼易涝地，要及时做好疏沟、排涝工作。以收种子为目的的，由于种子的发育需大量的营养，所以，进入生殖初期，应根据生长发育状况适当施肥，以氮、磷肥合施为宜。

(五) 植株抚育

冬凌草根系生长迅速，萌蘖力较强，密度逐渐增大。生长到第3年时，由于根系密集，根部生长点开始衰退，影响冬凌草的生物产量。一般需在第4年早春隔株挖根或将根全部挖出后重栽，换新土抚育复壮。

(六) 管护

要加强看护，设立防护带，防止牛、羊践踏和盲目采收。冬凌草一般不会有严重的病虫害，但长期干旱之后，叶上蚜虫较多，从而影响叶的产量和质量。生产中要注意及时灌水，发现病虫害要及时人工捕杀或将病叶摘下烧毁，不宜用化学药物处理，防止造成污染。

四、模式成效分析

退耕还林工程的实施带动了山乡村民增收致富,大大拓宽了济源的生态扶贫致富路。

(一)生态效益

济源市退耕还核桃间作冬凌草模式,进一步提高了生态效益,冬凌草具有耐寒、耐干旱、病虫害少等特点,管理容易,在绿化荒山、防风固沙、水土保持中有良好的利用价值。同时,冬凌草景观效果良好,每到冬季自然温度在0℃以下时,全株结满银白色冰片,风吹不落,随风摇曳,日出后闪闪发光,展现出神奇的自然景观,具有独到的观赏作用。

(二)经济效益

核桃、冬凌草间作,是济源市退耕还林地非常重要的套种模式之一,面积达到15000亩,每亩纯收入平均达到4000元,其中冬凌草的收入在1600元,核桃的收入平均达到近2400元,冬凌草的收入占到退耕地收入的40%,随着核桃年龄的增长,冬凌草的收入会略有下降,核桃的收入会大幅增长,最终每亩地的收入会稳定在5000元左右。

(三)社会效益

核桃、冬凌草都是济源市的主导产业,目前济源市具有完备的核桃、冬凌草产、供、销、加工体系,成立了专业合作社30余家,有冬凌草加工企业10余家,有力地支撑了核桃、冬凌草产业的发展。且这种套种模式,管理简单,适应性强,收益好,深受百姓的欢迎。

五、经验启示

通过在退耕还林地实施林药间作,充分利用立体空间,将近期和长期效益相结合,不仅可提高林果种植前期效益,增加农民收入,解决退耕农户长远生计问题,还可促进农村产业结构调整,使林果业发展成为农村经济发展的支柱产业和新的经济增长点,从而切实提高退耕还林的生态、经济和社会效益。

(一)长短结合提质增效

核桃、冬凌草间作套种模式不仅可以增加农户的短期收入,通过以短养长,既巩固了退耕还林成果,也提高了农户管理林木的积极性,有效减少水土流失面积,生态、经济和社会效益得到了同步提高。

(二)生态经济共赢

济源市在退耕还核桃林地上间作冬凌草,把生态保护与经济发展相结合,使昔日的一座座荒山变成绿色经济长廊,一个个贫瘠山村变得山清水秀、林茂果丰,实现了"生态美、百姓富"。

模式 49
河南卢氏退耕还连翘模式

卢氏县隶属于河南省三门峡市，位于河南省西部边陲，位于洛河上游，横跨长江、黄河两大流域，是河南省面积最大，平均海拔最高，人口密度最小的国家级贫困县。土地总面积5499万亩，其中林地面积442万亩，耕地56万亩。历年退耕还林9.3万亩，其中前一轮退耕还林面积5.38万亩，新一轮退耕还林3.92万亩。

卢氏县是全国十大中药材基地县之一，素有"天然药库"之称。卢氏连翘品质优良，其连翘苷含量和醇浸出物含量高，且富含维生素P，优于其他同类品种。销售范围遍及我国各省市及多个国家和地区。2004年，"卢氏连翘"被定为野生连翘保护基地和中国地理标志产品。2005年，卢氏连翘被定为国家级农业标准化示范项目。2013年，卢氏县被河南省科技厅评为河南省中药材规范化种植示范基地。2016年，卢氏连翘种植研究基地被升级为市级中药材工程技术研究中心。

一、模式地概况

卢氏县徐家湾乡小河口村距乡镇所在地15公里处，全村共辖13个居民组276户1036人，其中劳动力502人，有耕地795亩，2008年人均纯收入3126元。2006年以来，该村261户中有146户536人建有沼气，占全村总户数52%，以粮食种植、烟叶、养兔、桑蚕、劳务输出为主要经济来源。

小河口村位于徐家湾乡西部，山高沟深，交通不便，村民居住分散，土地稀缺而贫瘠，属省定贫困村。村民以前以种植袋料食用菌作为主要的经济来源。然而，天然林全面禁伐后，传统的食用菌产业将受到很大影响，村民的收入无法持续提升。国家退耕还林工程的实施，让该村找到了一条发展连翘奔小康的致富路。

二、模式实施情况

2015年开始，小河口村群众自发种植连翘，取得了比较好的收益，得到实惠后种植的意愿更加强烈。借力于2017年实施的新一轮退耕还林政策，小河口村开始转变生产方式，从传统耕种方式的自给自足逐渐转变成以连翘种植为主导的集约化产业发展方式，积极探索林业发展与乡村振兴的双赢模式。截至 2019 年，小河口村共种植连翘 2100 亩，所有农户及贫困户都有种植。小河口村退耕还林主要经验做法有：

(一) 栽植优良品种

"卢氏连翘"是目前卢氏县连翘的主要品牌，分布广泛，具有发芽早、抗寒性强、适应性广等特点，品质优良。2018 年，卢氏县凭借野生连翘资源丰富的优势，通过专业种植，间作套种花生、丹参等低秆作物和林间养蜂等方式大力发展人工连翘种植，打造出 5 个万亩基地和 34 个千亩基地。同时献民林业公司利用优质的连翘芽制作红茶、绿茶，既增加连翘的附价值又增加了农民经济收入，打造了"卢氏连翘"品牌的宣传新方式。

当地特产"卢氏连翘"

(二) 创新"三包一带"联户退耕机制

在卢氏县民政局班子和民政局驻村工作队的帮扶带动下，小河口村成立了嘉沃莱源农业专业合作社，主要负责对连翘的种植和管理加以规划，同时引进了昊豫实业公司在村投资 24 万元流转土地 800 亩推广种植连翘。推行驻村干部和帮扶责任人带贫困户、村党员带群众、各组组长带组员的"三带"机制，在退耕还林地和"五边"栽植连翘。连翘产业接连几年丰收，取到了很好的经济效益，促进了群众稳定增收、贫困户稳定脱贫。

(三) 与精准扶贫相结合

小河口村是深度贫困村，该村地处偏僻、产业发展滞后，贫困人口多、脱贫压力大。连翘确定为卢氏县脱贫攻坚的主打产业之后，对符合条件的建档立卡贫困户实行退耕还连翘产业精准扶贫，依托退耕还林工程建设精品连翘基地。鼓励大户、企业和农民专业合作社出资承包荒山、流转土地，连片集中发展连翘，就近安置贫困农户就业。

(四)探索建设观光游园模式

小河口村连翘种植及发展得到了国家、省、市、县多家媒体的大力宣传和报道。2016年，小河口村确定了在连翘发展的同时林下种植花生促进农民增收的做法，得到了上级部门的大力肯定，在中央电视台《新闻联播》节目中给予了报道；2017年和2018年河南电视台河南卫视和新农村频道分别给予了报道；2019年河南连翘走进央视新闻直播间；2020年3月打造了"卢氏·徐家 首届连翘花节"。各大媒体争相报道小河口村的发展历程，引来了周边省、市、县、乡的参观学习。面对接踵而来的参观学习和游玩团体，村组干部、乡镇及帮扶单位共同研究决定建设连翘生态观光园，发展现代休闲农业，规划已经结束，各项工作稳步推进。目前已经修建了300平方米广场、200平方米停车场、1500米休闲步道、300平方米农家乐。

卢氏·徐家 首届连翘花节

三、培育技术

"卢氏连翘"是在华北地区长期适应且表现优良的品种，具有持嫩性强、生长势好、适应性广、抗寒、抗病等优良特征。主要由卢氏县长庚职业培训学校和卢氏县工业中专到村开展技术培训：

(一)连翘育苗

育苗地最好选择土层深厚、疏松肥沃、排水良好的夹沙土地；扦插育苗地，最好采用沙土地（通透性能良好，容易发根），而且要靠近有水源的地方，以便于灌溉。要选择土层较厚、肥沃疏松、排水良好、背风向阳的山地或者缓坡地成片栽培，以有利于异株异花授粉，提高连翘结实率，一般只挖穴种植。亦可利用荒地、路旁、田边、地角、房前屋后、庭院空隙地零星种植。

(二) 精细整地

地选好后于播前或定植前,深翻30厘米左右,整平耙细作畦,畦宽1.2米、高15厘米,畦沟宽30厘米,畦面呈瓦背形。若为丘陵地成片造林,可沿等高线作梯田栽植;山地采用梯田、鱼鳞坑等方式栽植。

(三) 定植

苗床深耕20~30厘米,耕细整平,作宽1.2米的畦,于冬季落叶后到早春萌发前均可进行。先在选好的定植地块上,按株行距1.5米×2米挖穴(一般1亩地栽植222株),穴径和深度各70厘米,先将表土填入坑内达半穴时,再施入适量厩肥或堆肥,与底土混拌均匀。然后,每穴栽苗1株,分层填土踩实,使其根系舒展。栽后浇水,水渗后,盖土高出地面10厘米左右,以利于保墒。连翘属于同株自花不孕植物,自花授粉结实率极低,只有4%,如果单独栽植长花柱或短花柱连翘,均不结实。因此,定植时要将长短花柱的植株相间种植,才能开花结果,这是增产的关键措施。

(四) 土肥管理

苗期要经常松土除草,定植后于每年冬季在连翘树旁要中耕除草1次,植株周围的杂草可铲除或用手拔除。苗期勤施薄肥,也可在行间开沟。每亩施硫酸铵10~15公斤,以促进茎、叶的生长。定植后,每年冬季结合松土除草施入腐熟厩肥、饼肥或土杂肥,用量为幼树每株2公斤,结果树每株10公斤,采用在连翘株旁挖穴或开沟施入,施后覆土,壅根培土,以促进幼树生长健壮,多开花结果。有条件的地方,春节开花前可增加施肥1次。在连翘树修剪后,每株施入火土灰2公斤、过磷酸钙200克、饼肥250克、尿素100克,于树冠下开环状沟施入,施后盖土、培土保墒。早期连翘株行距间可间作矮秆作物。

(五) 整形修剪

定植后,在连翘幼树高达1米左右时,于冬季落叶后,在主干离地面70~80厘米处剪去顶梢,再于夏季通过摘心,多发分枝。在不同的方向上,选择3~4个发育充实的侧枝,培育成为主枝。以后在主枝上再选留3~4个壮枝,培育成为副主枝,在副主枝上,放出侧枝,通过几年的整形修剪,使其形成低干矮冠、内空外圆、通风透光、小枝疏朗、提早结果的自然开心形树型。同时于每年冬季,将枯枝、包叉枝、纤弱枝以及徒长枝和病虫枝剪除。生长期还要适当进行疏删短截。

(六) 病虫害的绿色防控

病虫害防治是连翘生产的重要组成部分,直接影响到连翘的内在品质和农药残留量。要增强连翘病虫害监测预警和防控能力,提高绿色防控水平,有效控制病虫害的发生,确保连翘芽、叶质量安全。根据病虫害发生特点,采用以生态调控为基础、理化诱控和生物防治为重点、科学用药为辅的病虫害绿色防控技术。大力推广灯光诱集、色泽诱杀技术,应用植物源、矿物源和微生物农药防治技术。主要害虫为钻心虫、蜗牛、蝼蛄。

四、模式成效分析

卢氏县依托国家退耕还林等生态建设工程契机，确定了核桃、连翘为卢氏县脱贫攻坚主导产业，取得了良好的生态、经济和社会效益。如今，卢氏连翘已成为国家地理标志产品，全县连翘面积达到100万亩，其中人工种植60万亩、野生抚育40万亩，连翘产量占到全国1/3左右，带动全县6000余户贫困户2.3万贫困人口脱贫增收。

(一)生态效益

小河口村在以前的发展中也走过不少的弯路，通过探索适宜项目、推进全面发展、拓宽发展道路，为群众致富脱贫找到了"金钥匙"，实现了生态建设与脱贫攻坚共赢。退耕还连翘栽植，小河口村面貌发生巨大变化，山下小区成荫、山上连翘成片，建成了生态宜居、人与自然和谐共生的山区小镇。现在都能看到多年不见的野生动物的足迹，野兔山鸡来到房前屋后，生态环境明显改观。

(二)经济效益

小河口村退耕还林经济效益初见成效，截至2019年连翘发展2100亩，亩均收益连翘500多斤，年产连翘达到105万斤，按2018年行情每斤8元计算，全村连翘产值达到840万元。带动全村贫困户189户689人顺利脱贫。

村支部书记梁振安说："以前我们种植小麦、玉米，每亩收益只有1000多元，后来群众也发展了蔬菜、果树，技术不到位，管理也跟不上，加上交通不便，产品销路也不好。苦于致富无门。2015年左右村里有人开始栽植连翘，管理简单，市场行情好且稳定，部分人尝到甜头后，就大面积铺开了。你看现在多好，每家光连翘收入都能达到3000元。群众要的是实惠，有了实惠也就不用动员，一个比一个干得有劲。"

(三)社会效益

连翘栽植管理相对简单，需要的人力物力也少。同时卢氏县长庚职业培训学校和卢氏县工业中专经常性地到村指导和开展技术培训，也培养了一批连翘栽植能手和管理能手。在退耕还林的政策推动下，积极从生态建设、产业发展和脱贫攻坚中寻找结合点，大力发展连翘产业，连翘产量和效益逐年上升，连翘茶也逐渐成为卢氏县生态产业的新名片。

五、经验启示

退耕还林既是生态建设工程，也是民生改善工程，更是一项脱贫致富工程。退耕还林的经营主体不单单只是退耕户，越来越多的大户、企业和农民专业合作社也参与到其中来。要积极发挥引导作用，出台相应的政策鼓励退耕还林向集约化、规模化、产业化、经营化发展，积极探索退耕还林新模式。其主要启示有三：

(一)群众得到实惠是成功的前提

在小河口村经济发展的过程中，先后尝试了多种发展类型和经营方式，由于政策、地理位置、种植方式、管理技术等方面的原因，吃过苦流过汗受过累，也没有成功。在摸着石头过河的过程中，逐步走出了连翘栽植这条道路，且越走越宽，就是因为群众看到了希望得到了实惠。

(二)优质良种是成功的基础

2004年，卢氏连翘被国家定为野生连翘保护基地和中国地理标志产品。卢氏连翘产量大，品质优，市场价格也稳定。

(三)科学管理是成功的核心

卢氏县在连翘种植中建立健全了科学的技术服务网络和疫病防治体系，相关服务部门组织开展常态化的免费技术培训，建立了县、乡两级集散市场，扶持发展了大户及种植合作社等队伍，不断提高种植技术水平和管理水平。同时利用林间空地大力发展林下种植，多渠道增加农民收入，提高综合效益。

模式 50
河南西峡退耕还杏李模式

西峡县隶属河南省南阳市，位于豫西南，伏牛山南麓，豫、鄂、陕三省交界处，是南水北调中线工程水源地丹江口水库的重要水源涵养区。全县区域面积518万亩，山区丘陵面积占到80%以上。西峡县发挥区位和资源优势，切实加强林业生态建设工作，推进县域经济转型升级，加快绿色发展，先后获得"全国造林百佳县""全国绿化先进单位"等荣誉称号。西峡县从2002年开始实施退耕还林，累计完成退耕还林任务30.21万亩。

一、模式地概况

孙沟村隶属于河南省西峡县田关镇，位于伏牛山南缘浅山丘陵区，处于西峡县西北高、东南低的倾斜地势阶地结构特征的东南地势最低区域中。气候属于亚热带季风区大陆气候，由于地理位置和地形影响，气候时空分布复杂，年际变化较大，山区气候特点明显。气候温和，雨量充沛，四季分明，无霜期长。年平均气温15.2℃，年均降水量840.3毫米，其中大部分集中在夏秋季的7、8、9月。

孙沟村距县城45公里，距镇9公里。全村辖6个村民小组，共180户765人，总面积3.5万亩。地形为丘陵地貌，土层瘠薄，农民传统种植小麦、玉米、红薯、花生等农作物，2002年实施退耕还林时为省级贫困村。

二、模式实施情况

2002年实施退耕还林工程以来，孙沟村开始转变生产方式，从传统耕种方式的自给自足逐渐转变成以杏李、李、杏为主的经济林为主导的集约化产业发展方式。该村依托退耕还林的脱贫机遇，积极探索林业发展与乡村振兴的双赢模式。孙沟村前一轮退耕还林完成任务1122亩，主要栽植杏李，涉及农户159户456人。孙沟村退耕还林主要做法有：

(一) 引进优良品种

孙沟村积极推进荒山治理、坡梯改造，不断引进符合市场发展前景的杏和杏李品种，集中连片发展果树面积 3.05 万亩。目前已成为全国最大杏李基地。主要有金太阳杏、凯特杏、风味玫瑰、味帝、秋季李、味王、红天鹅绒、红宝石、恐龙蛋、布朗李、味厚、引美六号等优质品种。

孙沟村退耕还林优质杏李

(二) 创新运营机制

孙沟村依托退耕还林发展机遇，从林果业产业化经营现状出发，在相关部门的扶持下建立一个"政策引导、市场主导、行业协会参与、林业技术服务站支持"的产业化组织模式，将公司与果农包含进来，形成"企业、协会、技术服务站"为主干，"市场+农户+社会组织"为补充的产业体系。在结合经营模式创新工作中，积极发挥林业技术推广服务的作用，大力推进林果业技术建设，加大良种推广力度，提升林果业基地建设水平，按照标准化、专业化要求，加快绿色、有机果品基地发展。

(三) 大户示范带动

长期在外做水果生意、已有 52 万元存款的"全村首富"马景龙，见多识广，敢想敢干，具有市场洞察力和前瞻思维，听说国家退耕还林政策后，积极回到村里发展小杂果，带动村民转变种植结构。在 2002 年村党支部换届中，马景龙以全票当选为村党支部书记，他短短的就职演说掷地有声："既然大家信任我，咱就一定让孙沟村变个模样。"几十年走南闯北，马景龙对孙沟的发展之道了然于胸：孙沟有荒山，发展林果业是出路。"前期投入不让村里花一分钱，全部开支我想办法。成功了算集体的，失败了算俺自己的。"马景龙郑重承诺。正是有马景龙的带动和引领，最早进行退耕还林的农户有了良好的经济效益，带动了村民退耕积极性，促使种植结构优化，辐射周边村庄发展林果业。

(四) 优化配套服务

孙沟村地处偏僻，产业发展滞后，群众思想保守。为推动退耕还林前期顺利开展，孙沟村带领村里大户和村组干部外出参观学习，解放思想、开阔眼界、学习技术、对接市场，解决了发展的内在动力。同时孙沟村在林业、水利、公路等部门大力支持下，多方筹资修建道路、水利等配套设施。在栽种果树的山上修了50多公里道路，建起大小蓄水池近百个，盖起水泵房5个，架通高低压电线20多公里。由于孙沟村的果树品种好、色好果大、含糖量高，购销商们纷纷与孙沟村果农签订包销协议，与全国各地8个储藏企业和5个加工企业、28个销售网点建立长期稳定的供销关系，孙沟水果销往广东、北京、上海、天津等10多个省市。

三、培育技术

2002年孙沟村从中国农业科学院郑州果树所引进杏李系列品种风味玫瑰、味帝、秋季李、味王、红天鹅绒、红宝石、恐龙蛋、布朗李、味厚、引美六号进行试栽试种基础上，重点推广风味玫瑰、味帝恐龙蛋、黑宝石等品种。主要培育技术有：

(一)园址选择

杏李杂交新品种适应性比较强，耐旱、耐瘠薄，在浅山丘岭区和平原沙区等都可以建园。为获得早期丰产，园地应选择地势较平坦、排灌条件良好、土层深厚、土壤肥沃、土壤pH值5~8的壤土为好。此外，提倡建立绿色无公害水果基地，注意选择园地周边水质和空气良好、土壤没有污染的地块。

(二)栽植方法

杏李苗移栽以每年2月下旬至3月上旬萌芽前为宜。选用一年生根系发达、无病虫害的健壮苗木，苗高应在120厘米以上，地径1.2厘米以上。栽植的株行距为3米×3米、2米×4米、3米×4米，每亩栽植56~83株。栽植前先进行整地挖穴，栽植穴大小一般为80厘米见方。挖穴时应将表土和心土分开放在栽植穴两侧，然后每穴施20~30公斤有机肥，与表土充分混均，回填至栽植穴深的1/2处，再回填心土至地面以下10厘米处，以利于浇水。栽苗时在回填后的栽植穴中央开挖深、宽各20厘米的小穴，将苗木根系舒展放置于穴内，取少量表土回填后，将苗木轻轻上提，使根系充分舒展，踩实后浇透水。苗木栽植深度以浇水沉降后根颈部与地表相平为宜，不宜过深或过浅。

(三)果园管护

合理定杆：主要是高度控制，高度在60厘米。肥水管理：主要是施好基肥、花前肥、促果肥、果实膨大肥和浇好萌芽水、封冻水；平时视果园墒情和天气情况，及时补充水分。疏花疏果：及时去除过密果、病虫果、畸形果、过小果、朝天果。定形修剪：杏李杂交新品种适宜的树形以自然开心形或两层疏散开心形为好。自然开心形树体结构为：干高40~50厘米，其上3主枝呈40°~45°角开张延伸，主枝上均匀分布2~3个侧枝。对一年生幼树进行冬季修剪时，应以轻剪缓放为主。具体修剪方法：主枝延长枝截留50厘米，对于主枝上的侧枝截留30厘米，促使形成结果枝组。对辅养枝进行缓放，不修剪。

(四)病虫害防治

杏李对病害的抗性较强,在良好的管理条件下病害较少,主要有穿孔病、褐腐病、流胶病、疮痂病及果锈病等,虫害有李实蜂、李小食心虫、桃蛀螟、蚜虫及金龟子等。穿孔病有细菌性、霉斑及褐斑穿孔病3种。防治方法:清除病枝、病叶、病果,消灭越冬病原,发芽前可喷4~5波美度石硫合剂。展叶后喷硫酸锌石灰液(硫酸锌1份,石灰4份,水240份)。落花后15天至8月,可喷65%代森锌500倍液,或新灵可湿性粉剂700倍液。

四、模式成效分析

西峡县以国家退耕还林工程为契机,提出了"生态大县、工业强县、旅游名县"的战略目标,生态建设以退耕还林等国家重点建设工程为依托,重点发展以杨树、泡桐、七叶树为主的生态林,以山茱萸、核桃、板栗为主的生态经济兼用林,以杏李、猕猴桃为主的经济林的种植格局。通过辐射带动,孙沟村取得了良好的生态、经济和社会效益。

(一)生态效益

退耕还林使孙沟村面貌发生巨大变化,山下建社区、山上建果园,一座座荒山绿了,一条条小河清了,生态环境明显改观。植被增加,环境改善,人退林进,促使鸟类、野生动物回归。

(二)经济效益

孙沟村利用退耕还林工程建设杏李基地1122亩,平均每人享受退耕还林1.5亩,不但按政策享受退耕补助,同时出售鲜果,取得了良好的经济效益。杏李目前处于盛果期,现在每株平均可挂果50公斤,平均每亩收入2000元。退耕农户每年每人可从退耕还林补助中直接收益800元。退耕后一部分剩余劳力从土地上转移出来,输出的劳动力每年每户可收入5000多元劳务费。国家补助政策期满后,农民还可通过林产品销售获得收入,从根本上解决长远生计问题。

(三)社会效益

孙沟村依托退耕还林的杏李基地,全村建设3.05万亩高标准果树基地,同时辐射带动周边牛角、磨石等村果树基地发展,形成周边最大的杏李基地,带动孙沟和周边村民3000余人脱贫致富。2010年以来孙沟村利用万亩杏李基地,年年举办"李花节""采摘节"。随着人们旅游爱好的转移,生态游逐渐成为了旅游热点,观光农业作为生态游的新兴游种,不仅集观光、休闲、度假为一体,游人还可以亲自采摘果实,体验劳动的艰辛,享受收获的快乐,这对长期生活在城市的人们来说,有着莫大的诱惑。同时,许多城里学生和家长,都希望能在娱乐中对子女进行热爱劳动等方面教育,观光农业正是一个非常理想的载体。因此，开发建设农业观光园，是一个极具市场前景的投资项目。

2018年孙沟村李花节

五、经验启示

退耕还林既是生态建设工程，也是民生改善工程，更是一项经济活动。只有生态效益、经济效益和社会效益得到同步发展才具有生命力。孙沟村的成功给大家主要三点启发：

（一）市场化是成功的前提

杏李到处都有栽植，之所以在孙沟具有较好的经济效益，主要是当地气候、土壤适合杏李生长，品种优良，果品品质好。更重要的是孙沟建设之初就以市场为导向，致力于上市时间的差异化、果品品质的标准化，从而让杏李产品保持较强的市场竞争力。

（二）扶持引导是成功的保证

在退耕还林的进程中，早期政策的支持至关重要，在林业、水利、交通、电力等部门支持下，解决水、电、路等基础设施，引进贮藏、加工、销售企业入驻，合作社组织联合群众。推行部门包抓、业主包建、合作社包联的"三包联户退耕"模式，让生态与经济紧密地结合在一起，对退耕还林的生态脱贫效益起到高位推动作用，使得青山绿水变成货真价实的金山银山。

（三）机制创新是成功的关键

生产要素的聚合可推动产业融合，在招商引资、扶持龙头企业、发展专业合作社以及培育职业农民等一系列政策措施激励下，积极培育新型经营主体，兴办产品加工和营销企业，可以延长退耕还林后期产业链条。

模式 51
陕西宝塔退耕还山地苹果模式

宝塔区是革命圣地延安的政治、经济、文化中心，也是全国退耕还林的发祥地和首批退耕还林示范县区。实施退耕还林 20 年来，宝塔区坚持把改善生态环境与发展地方经济、群众脱贫致富有机结合起来，立足"退得下，还得上，不反弹，能致富"的目标，结合当地实际，确立了实施退耕还林、发展山地苹果的长远战略目标，二十年如一日，一本蓝图绘到底，集中人力物力，大力发展苹果产业，探索出了一条改善生态、产业富民的发展路子，为全省乃至全国退耕还林工作提供了成功样板。

一、模式地概况

宝塔区隶属陕西省延安市，地处陕北黄土高原中部丘陵沟壑区，属暖温带半干旱气候，四季分明，雨热同季，日照充足，昼夜温差大，平均海拔 898.5 米，年均气温 9.4℃，年均无霜期 183 天，年均日照时数 2508 小时，年均降水量 550 毫米，大部集中在 6—8 月份。境内煤炭、石油、天然气、紫砂陶土等矿产资源储量丰富，土壤类型以黄绵土为主，土层深厚。小杂粮、苹果、红薯、洋槐蜜等特色农产品品质优良，远销全国各地。

宝塔区面貌

全区土地面积3556平方公里，总人口75万人，辖9镇、4乡、5个城市街道办事处，320个行政村、50个城乡社区。2019年全区生产总值328.95亿元，城镇居民人均可支配收入34570元，农村居民人均可支配收入10658元。

二、模式实施情况

1999年实施退耕还林工程以来，宝塔区累计完成退耕还林106.82万亩，其中上一轮退耕还林国家确认面积96.51万亩，新一轮退耕还林10.31万亩，基本实现应退尽退。实施退耕还林之初，宝塔区就认真吸取历史教训，坚持从恢复生态植被和解决群众长远生计出发，一手抓退耕还林，一手抓产业开发，积极调整农业产业结构，退耕还林发展山地苹果约20万亩，山地苹果的规模效益不断提升，成为农民增收的主渠道。

（一）立足独特地理优势，做大苹果产业规模

宝塔区自然气候条件独特，土层深厚，雨热同季，雨量适中，昼夜温差大，海拔高，无污染，符合苹果优生的全部七项指标条件，被世界粮农组织命名为世界苹果最佳优生区之一，当地生产的"延安苹果"品质优良、色泽艳丽、形正个大、皮薄肉细、脆甜多汁、耐储藏运输。1999年以来，宝塔区抓住退耕还林机遇，大力扩张山地苹果种植规模，目前全区山地苹果面积达到49.6万亩，其中退耕还林山地苹果约20万亩，挂果面积32万亩，分布在13个乡镇和2个街道，果农2.68万户12.6万人，占全区农业人口的56%。

（二）加强实用技术推广，提升苹果品质效益

宝塔区坚持以果业提质增效为目的，全面推广普及"大改形、强拉枝、巧施肥、无公害"四大关键技术，针对新建园、幼园和挂果园三类不同生产周期，分别总结推广不同的适用技术，做到"果、沼、窖、草、网"设施配套齐全，"灯、板、带、芯、捕食螨"绿色防控到位，全力提升苹果生产品质效益。

（三）高标准典型示范，带动全区整体推进

宝塔区以创建全国绿色果品基地县和市区标准化示范园为抓手，集中建成一批规模大、效益高、辐射能力强的示范乡镇、示范村和示范大户，实现了苹果产业从点上突破向面上拓展，整体推进，覆盖发展。目前，已经建成10万亩无公害苹果生产基地、4.8万亩认证有机苹果生产基地、5000亩绿色出口苹果生产基地、200亩富硒苹果生产基地，创建省级苹果示范园3万亩、市级标椎化示范园5万亩、苹果生态示范村4个。

秋季采摘苹果

(四)优惠政策引导,多方筹资加快发展

宝塔区在积极向上争取项目、对外吸引投资的基础上,本级财政每年投入 800 万元,捆绑项目资金每年不少于 1500 万元,在果树苗木、果园道路建设、集雨窖建设、沼气池建设、防雹网搭建等苹果生产基础配套方面出台补助政策,加大资金投入,加强苹果产业发展后劲。全区建成沼气池 8300 口、集雨窖 14520 口、果园防雹网 5.1 万亩,果园绿色防控灯、板、带、芯、捕食螨全覆盖。

(六)加强产业后续配套,提升苹果产业附加值

宝塔区坚持选果线、冷气库、直营店、加工企业、电商、物流综合发展,不断扩大"延安苹果"品牌知名度,提高市场占有率,让延安苹果穿上文化的马夹,插上互联网的翅膀,变苹果论斤卖为论个卖,优化营销,实现收益最大化,千方百计增加农民收入。目前,全区共建成 4.0 智能选果线 7 条、千吨以上大型苹果冷藏库 15 座、小型冷藏库 500 多座,苹果贮藏能力达到 6.8 万吨,有 20 万吨大型果品加工企业 1 个,苹果专业合作社 126 个,培育苹果专业经纪人 880 人,在全国一二线城市设立直销店 40 多个,畅销国内大中城市,远销俄罗斯、欧盟、亚洲各国和地区,备受各地客商和消费者青睐。

三、培育技术

宝塔区在逐年退耕还林、稳步扩大苹果面积的同时,全面推广四大苹果生产关键技术,认真研究苹果不同生产周期的特点,分别总结出三个类型的七项适用技术,在全区推广覆盖。

(一)新建园"七个一"技术标准

即选一株大(壮)苗、挖一个大坑、施一筐农家肥、施一公斤磷肥、浇一桶水、置一张防鼠网、埋一个大土堆(秋季栽植)或缠一条膜(春季栽植)。

(二)幼园管理七项技术

即多留枝、早拉枝(开角)、强拉枝、扶主杆、铺地膜、施液体肥(一年两次氮肥)、适切环。全区创建高标准幼园示范园11万亩,做到了普遍果苗幼园1年栽树、2年成花、3年挂果、4年丰产,大苗壮苗幼园1年栽树、2年挂果、3年丰产。

(三)挂果园管理七项关键技术

即标椎间伐、精细修剪、品种更新、有机肥园、覆盖保墒、绿色防控、授粉增色七项技术,为提高苹果品质打下了坚实的基础。

四、模式成效分析

退耕还林20年来,宝塔区坚持生态建设和产业开发两手抓,成功实践了绿水青山就是金山银山理念,生态环境发生了质的变化和飞跃,山川大地的基调实现了由黄到绿的历史性转变,实现了"国家要被子、农民要票子"的双赢目标,取得了良好的生态、经济和社会效益。

(一)生态效益

全区退耕还林106.82万亩,森林覆盖率由36%提高到46.92%,林草覆盖度由46.7%提高到78.2%,治理水土流失1580平方公里,年均降水量由450毫米增加到550毫米,空气优良天数由238天提高到315天,2017年被评为国家森林城市。

(二)经济效益

宝塔区退耕还林发展山地苹果约20万亩,全区山地苹果面积近50万亩,盛产期每亩收益达5000~8000元,以山地苹果为主的农村产业规模效益不断提升,成为农民增收的主渠道。苹果生产效益逐年增加,农民收入水涨船高,从退耕前的1313元增加到10658元。2019年人均苹果收入过万元的乡镇达到3个,苹果专业村达到130个,果业收入30万元以上的专业大户达到300户,收入10万元以上的大户800户,收入5万元以上的农户达到1.5万户。山地苹果不但是宝塔区特产的营养果、健康果、放心果,更是广大农民群众的脱贫果、致富果、幸福果。2019年全区山地苹果产量36.5万吨,产值14.5亿元,占全区农业总产值的65%,果农人均苹果收入1.2万元。

(三)社会效益

从社会效益来看,实施退耕还林后广大群众的生态意识明显增强,绿水青山就是金山银山观念深入人心，大量农村富余劳动力转移到高效农业和二、三产业上来，为做大做强宝塔山地苹果提供了基础保障。宝塔区苹果产业先后被授予全国果业生产重点县区、陕西省果业生产十强县区、陕西优质苹果最佳生产基地、全国现代苹果产业三十强县区等荣誉称号。2016年10月宝塔区成功为第一届世界苹果大会提供观摩现场，受到各国专家高度评价。

五、经验启示

实施退耕还林以来，全区人民发扬自力更生、艰苦奋斗的延安精神，顽强拼搏，实干创业，经过十数年的艰辛努力，退耕还林带来的生态效益和经济社会效益日益显现，推动了全区经济社会的全面发展进步。

(一)抢抓国家退耕还林机遇

宝塔区作为全国退耕还林的发祥地，被国家确定为全国首批退耕还林的示范县区，雷厉风行，积极行动，在省、市林业部门的指导下，采取得力措施，制定实施方案，配套相关政策，在全区范围内扎实认真地组织实施了退耕还林工程，大力发展苹果产业。

(二)明确发展思路

退耕还林之后，由于耕地大幅度减少，倒逼农民由广种薄收的粗放经营，转为农业生产上的精耕细作，转为发展林果业和棚栽业，促进了农村经济的转型发展，加快了农业经济结构调整的步伐。据统计，退耕还林以来，农村加大了基本农田修建的力度，使全区基本农田达到46.2万亩，人均可达2亩，2018年全区优质苹果面积达49.75万亩，产量29.6万吨，以大棚蔬菜为主的棚栽业面积达6.65万亩。

模式 52
陕西平利退耕还吴茱萸模式

平利县隶属陕西省安康市，居陕、鄂、渝三省市交界处，属典型的省际边关县。平利县历史悠久，被称为"女娲故里"，有女娲山景区。平利县是南水北调的重要水源涵养地，生态地位突出。平利县抢抓退耕还林政策机遇，坚持生态脱贫与产业脱贫并重，念好"山"字经、唱好"林"业戏、打好生态牌、走出特色路，多措并举实现生态保护与脱贫攻坚"双赢"，"绿水青山就是金山银山"的生态理念在山区群众中生根、开花、结果。

一、模式地概况

九龙池村隶属平利县兴隆镇，位于亚热带大陆性季风气候区，春季干旱多风，夏季湿热多雨，秋季温和凉爽，冬季干冷，冷热明显，四季分明，无霜期长。年平均气温15℃左右，年均降水量750~1100毫米，其中大部分集中在夏秋季的7、8、9月，适于中药材、茶树等农作物生长。

九龙池村山高坡陡，沟深人稀，土地贫瘠，是全县贫困发生率最高、贫困程度最深、脱贫任务最重的8个深度贫困村之一。全村总面积28平方公里，其中林地面积2.13万亩，耕地面积4411.86亩。辖7个村民小组，398户1197人。全村建档立卡贫困人口221户715人，分别占比56%和60%。2014—2019年完成脱贫212户696人，顺利实现整村脱贫目标。

二、模式实施情况

2018年开始实施退耕还林工程以来，九龙池村始终围绕"生态美、产业兴、百姓富"的目标，通过盘活土地优势资源、培育龙头企业、健全机制体制、发展富民产业等措施，大力发展中药材产业基地，积极探索退耕还林（中药材）与产业发展的有机结合，实现了生态与富民的共生共赢。截至目前，全村累计完成退耕还林1731.62亩，共兑现资金87万元，退耕农户经济收益获得大幅提高。

(一) 推动闲置土地集中利用

在深入推进退耕还林工程中,九龙池村积极鼓励和引导种植大户、合作社和企业发挥示范带头作用,推动农户土地规范有序流转,使闲置的土地向大户集中、向企业集中、向园区集中,实现贫困户土地流转得租金、园区就业得薪金、资金扶持得股金、订单生产得定金,促进了贫困户稳定增收、稳定就业和稳定脱贫。目前,全村发展中药材 2100 余亩,兑现流转费 94 万元,涉及农户 287 户。

(二) 创新"支部+×+贫困户"扶贫模式

在兴隆镇党委大力支持下,九龙池村全面推进"支部+×+贫困户"精准扶贫工作,充分发挥脱贫攻坚临时党支部战斗堡垒和党员干部的先锋模范带头作用,把产业发展与脱贫致富紧密结合,把专业合作社、干部帮扶等作为产业脱贫的有效载体,充分发挥临时党支部在政治引领、产业服务、致富带富、综合治理等四方面职能作用,让贫困户采取土地流转、协议用工、产业加盟等方式与市场主体结成利益共同体,获得稳定效益,让贫困户在市场主体的引领带动下实现稳定增收。截至目前,全村 5 家经营主体与 205 户贫困户建立了长效利益联结机制,兑付流转费用、劳务费用共计 210 万元,实现了贫困户稳定增收。

(三) 依托退耕还吴茱萸脱贫攻坚

九龙池村地处偏僻,产业发展滞后,全村建档立卡贫困人口 221 户 715 人,是全县 8 个深度贫困村之一。2018 年,兴隆镇带领农技人员,走村入户,征求群众意愿,并请来了市上的专家调研论证,最终确定了发展连翘和吴茱萸中药材产业的精准扶贫路子。对符合条件的建档立卡贫困户实行退耕还药产业精准扶贫,依托退耕还林工程发展中药材现代农业园区。在政策扶持引导和行政高

九龙池村退耕还林吴茱萸

位推动下,园区企业采取帮扶、帮建等形式参与精准扶贫,农林部门用活药材产业奖励、退耕还林补助政策支持贫困农户发展药材生产,园区企业、农民专业合作社出资承包荒山、流转土地,连片集中发展园区,就近安置贫困农户就业。

(四) 探索推广大户带动模式

在外创业回村的致富能人刘宗兵,主动与村上达成了开发协议,投资一百万元,吸收 99 户贫困户 287 人,流转贫困户土地 785 亩,建立中药材生产专业合作社,带动 143 户 502 人脱贫致富。面对下一步打算,刘宗兵信心满满地说道:"下一步,绿美缘中药材合作社将进一步充分利用九龙池村自然资源优势,加大推广力度,做大基地规模;建立更加完善的带贫益贫机制,充分调动群众参与的积极性;同时,加快建设中药材加工仓储销售

中心，在开拓市场和创优品牌上下功夫，不断做精做强，带动更多群众脱贫致富。"

三、培育技术

吴茱萸为芸香科植物，嫩果经泡制凉干后即是传统中药吴茱萸，简称吴萸，又名茶辣、吴辣等，有温中散寒、开郁止痛的功效，主产区为长江以南地区。

（一）整地造林

吴茱萸对土壤要求不严，一般山坡、平原、房前屋后、路旁均可种植。中性、微碱性或微酸性土壤都能生长，但作苗床时尤以土层深厚、较肥沃、排水良好的壤土或沙壤土为佳。低洼积水地不宜种植。每亩施农家肥 2000~3000 公斤作基肥，深翻暴晒几日，碎土耙平，作成 1~1.3 米宽的高畦。

（二）繁殖方法

根插繁殖。选 4~6 年生根系发达、生长旺盛且粗壮优良的单株作母株。于 2 月上旬，挖出母株根际周围的泥土，截取筷子粗的侧根，切成 15 厘米长的小段，在备好的畦面上按行距 15 厘米开沟，按株距 10 厘米将根斜插入土中，上端稍露出土面，覆稍加压实，浇稀粪水后盖草，2 个月后即长出新芽。

枝插繁殖。选 1~2 年生发育健壮、无病虫害的枝条，取中段。于 2 月间，剪成 20 厘米长的插穗，插穗须保留 3 个芽眼，上端截平，下端近节处切成斜面。将插穗下端插入 1 毫升/升（ppm）的吲哚丁酸溶液中，浸半小时取出，按株行距 10 厘米×20 厘米斜插入苗床中，入土深度以穗长 2/3 为宜。切忌倒插。覆土压实，浇水遮阴。一般经 1~2 个月即可生根，4 月 20 日以后地上部芽抽生新枝，第二年就可移栽。

分蘖繁殖。吴茱萸易分蘖，每年冬季距母株 50 厘米处刨出侧根，每隔 10 厘米割伤表皮层，盖土施肥覆草。翌年春季，便会抽出许多根蘖幼苗，除去盖草，待苗高 30 厘米左右时分离移栽。

（三）田间管理

吴茱萸移栽后要加强管理，干旱时及时浇水，并注意松土、除草。每年于封冻前在株旁开沟追施农家肥。当株高 1~1.5 米时，于秋末剪去主干顶部，促使多分枝。开花结果树应注意开春前多施磷钾肥。老树应剪去过密枝，或砍去枯死枝或虫咬空干枝，以利更新。

（四）病虫害防治

煤污病。5—6 月多发，为害叶部，此病与蚜虫、蚧壳虫为害有关。防治方法：虫害发生期用 40% 乐果乳油 1000 倍液喷施。

褐天牛。又名蛀杆虫，5 月始发，7—10 月为害严重，以幼虫蛀食树干。防治方法：5—7 月成虫盛发时，进行人工捕杀；用药棉浸 80% 敌敌畏原液塞入蛀孔内或用 800 倍液灌注，并用泥封孔；利用天敌天牛肿腿蜂防治。

柑橘凤蝶。3月始发、5—7月为害严重，以幼虫咬食幼芽、嫩叶或嫩枝。防治方法：用90%敌百虫800倍液喷施。

(五)采收与加工

吴茱萸移栽2~3年后就可开花结果。采收时因品种而异。一般7~8月，当果实由绿色转为橙黄色时，就可采收。宜在早上有露水时采摘，以减少果实脱落，干燥后搓去果柄，去除杂质即成。以果实干燥、饱满、坚实、无梗、无杂者为佳。正常植株可连续结果20~30年。

四、模式成效分析

九龙池村抢抓退耕还林、脱贫攻坚的历史机遇，深入贯彻落实绿水青山就是金山银山的发展理念，始终坚持把生态效益与经济发展统筹推进，鼓励贫困户发展退耕还林、林下经济、生态养殖，逐步实现了"生态美、产业兴、百姓富"的目标，在践行绿色发展、拓宽致富渠道、助力生态扶贫方面取得显著成效，为新一轮退耕还林探索出了生态优先、绿色发展的新路子。

(一)生态效益

九龙池村依托当地林业部门，把新一轮退耕还林与产业发展相结合，精准施策发力，让一座座荒山变成了青山，让一片片撂荒地变成了药材园，为群众致富找到了"金钥匙"，实现了生态建设与脱贫攻坚共赢。退耕还林及产业园的建设使九龙池村面貌发生巨大变化，植被得到了恢复，森林覆盖率提高了，多年不见的野生动物也多了，生态环境明显改观。

(二)经济效益

退耕还林成为一条农民增收的重要渠道。九龙池村2018年实施退耕还林任务1731.62亩，现补助资金87万元。经过"支部+×+贫困户"这种模式实施退耕还林后，使农户在原有应享受5年退耕还林补助1200元每亩的基础上，得到了大幅提高，贫困户5年内可以增收2250元(5年土地流转费750元，劳务用工1500元)。退耕还林中药材的实施，培育了新的产业项目，加快了农村产业结构的调整，增加了农民收入。随着中药材产业的初步建成，绿美缘中药材合作社可以持续带动贫困户每户每年人均增收1000元以上。

(三)社会效益

退耕还林工程是一项实施范围广、受益人数多、见效快、效益高、集长短期项目优势于一体的系统工程。因此，得到了广大群众的拥护和支持。此项工程实施以来九龙池村解决就近就业490余人，农村剩余劳动力得到有效转移，形成了群众天天有活干、人人有事

挂果的吴茱萸

做的局面，社会治安得到明显好转。

五、经验启示

退耕还林是生态工程，也是民生工程，更是助推乡村振兴和精准扶贫的有效抓手。九龙池村在做好退耕还林工作中，充分把退耕还林与特色经济林、林下特色种养等相结合，引导村民通过土地流转、参与务工、代种代养等方式，增加经营性收入、工资性收入和财产性收入，调整优化了农村产业结构，形成一大批特色专业示范园区，提升了农村活力。

（一）新型经营主体是产业发展的核心

新型农业经营主体通过经营模式创新、延伸产业链条，扩大主体规模，吸纳了广大贫困农民就业。同时新型农业经营主体可以为老弱病残的特殊贫困居民提供简单的工作岗位，使其获得长期稳定的工作，保障其基本生活需要。新型农业经营主体对经营主体内农户进行技术指导，通过改良生产技术，引进优良品种，提高农产品的产量和质量，从而增强了贫困农户的自身发展能力。

（二）龙头企业带动是产业发展的根本

绿美缘中药材合作社的带头人刘宗兵在合作社的建设与发展中起着至关重要的作用，合作社取得成功的关键在于选准了带头人。刘宗兵靠着敢想、敢干、敢闯的开拓意识和诚实、勤奋、能吃苦的创业精神，在合作社的经营发展中一步步成长起来，积累了丰富的生产经营经验，具有了一定的经营管理能力，赢得了群众的信赖。总结九龙池村绿美缘中药材专业合作社经验，应以合作社为平台，龙头企业为依托，按照"支部+×+贫困户"模式，真正把具备条件的重信用、会经营、善管理的"有本事人"培养成农民专业合作社的带头人。

模式 53
陕西吴起退耕还沙棘模式

吴起县隶属于陕西省延安市，曾因战国大将吴起在此屯兵而得名，更因毛泽东率领中央红军长征胜利到达陕北的落脚点而著称于世。吴起县有毛泽东旧居、革命烈士纪念牌、"切尾巴"战役遗址等，是进行革命传统教育的基地。吴起县是全国退耕还林实施县中封得最早、退得最快、面积最大、群众得到实惠最多的县份，成为全国退耕还林的一面旗帜。2016年中宣部、国家网信办组织近40家新闻媒体，以及中央电视台《焦点访谈》、凤凰网、央广网、环球网等对吴起的生态建设工作作了深度报道。

一、模式地概况

吴起县位于陕西西北部，全县辖8镇1个街道办91个行政村8个社区1110个村民小组，总土地面积3791.5平方公里，总人口14.3万人。海拔在1233~1809米之间，年均气温7.8℃，无霜期96~146天，近3年平均降水量521.3毫米，蒸发量1565毫米。属典型的黄土高原梁状丘陵沟壑区，也是我国具有典型区域特征的半干旱地区。

吴起县地处毛乌素沙地南缘与黄土高原丘陵沟壑区的过渡地带，属白于山核心区域，这里曾经缺林少绿、生态退化、水土流失严重、农作物广种薄收、社会经济极其落后。自1978年三北防护林体系建设工程实施以来，特别是1998年，吴起县积极响应中央提出的"再造一个山川秀美的西北地区"号召，在全国率先实施封山禁牧和退耕还林，营造防护林214.64万亩，对保障农业生产、控制水土流失、改善人居环境、促进区域经济社会发展发挥了重要作用，生动诠释了"绿水青山就是金山银山"的生态文明理念。

二、模式实施情况

吴起县抢抓国家退耕还林机遇，全县共完成国家前一轮退耕还林185.37万亩（其中退耕地93.98万亩，荒山造林90.49万亩，封山育林0.9万亩）；完成市级新一轮退耕还林面积21.3万亩（其中纳入国家新一轮退耕还林面积17.1万亩）。退耕还林工程实施以来，全县营造了大面积的沙棘纯林，目前保留沙棘面积125万亩，其中沙棘纯林71万亩，乔灌混交林54万亩。为进一步提高退耕还林工程综合效益，吴起县对部分沙棘林进行了低改。主要经验做法有：

(一)抚育间伐

早期退耕还林营造的沙棘林分，密度普遍过大，为了巩固退耕还林成果，实现生态效益、经济效益并重目的，有必要对低质低效沙棘林实施科学改造。基本方法是"砍二留三"，即砍2米留3米或砍2行留3行，在此基础上控制株距，株距一般控制在1米左右，减少密度，保证保留木的水分、养分和采光。同时，在结果期进行观察，对雄株采用红布条进行标记，第二年根据密度要求，清除雄株，雄株雌株比例逐步控制在1∶8。加强水肥管理，保证其高产高效。沙棘根萌蘖力强，在砍伐行内可以再次萌生，可以根据生产经营情况，逐年与保留行进行更替作业。

沙棘纯林抚育间伐

(二)补乔补绿

为提高沙棘的综合效益，在水分条件许可的地方，可以补植乔木树种，形成乔灌混交林，进一步提高生态效益。在城镇周边、道路、景区等地带，可以补植常绿树种，以改善景观，美化环境。在更新树种栽植过程中，补种的乔木树苗可沿沙棘带边缘栽植，且乔木行间呈"品"字形排列；整地方式采用集流鱼鳞坑整地，沿等高线挖坑，鱼鳞坑两侧修"V"字形集流坑。

补乔补绿后的沙棘针阔混交林

(三)平茬复壮更新

当沙棘生长衰退时,要进行平茬复壮更新,具体办法是将植株的地上部分剪去,让其萌发新的枝条。为了不间断生产利用,防止水土流失,平茬可在3~5年内隔行轮期完成。

沙棘集约化管理示范园

(四)引入优良品种

吴起县对退耕还林沙棘林进行改造时,还引入了一些优质沙棘新品种。一是"乌兰沙林"与"辽阜1号",这些品种是无刺、大果、高产品种,经济性状优良,经营管理方便。在水分条件适当、土壤条件基本良好地区可以选用。二是"桔丰""桔大",这些品种是适应幅度宽的稳产高产品种,可推广种植,不足之处是有一定数量的枝刺。三是"俄罗斯大果无刺沙棘",这些品种是从俄罗斯、蒙古等国家引进的无刺、大果高产沙棘,原产地为高纬度、寒冷地区,要求有一定水湿条件。

三、培育技术

(一)灌溉

虽然沙棘对于干旱有很强的适应性,但是作为以生产果实产业化为目标的沙棘园,干旱不仅对沙棘生长有一定的影响,而且对沙棘园的产果量影响很大。沙棘的吸收根集中分布在5~40厘米土层之间,只能利用土壤表层的水分。为了使沙棘对水分及养分的吸收不受影响,必须对沙棘园进行灌溉。每棵树的灌水总量不超过20公斤。为了保持田间水分和土壤的通气性,灌水后或降水后,应进行松土,减少土壤水分蒸发,提高灌溉效果。松土不宜太深,以免伤害表土层的沙棘毛根。

(二)施肥

沙棘是多年生植物,非常喜肥,施肥当年即可增产。农家肥、化肥不仅能加速沙棘当年的生长，也能促进次年的增产。沙棘春季开始生长时主要靠前一年的物质积累。在生长季节前半期，营养物质主要是氮钾，用于开花和枝条、果实的生长。在生长后半期，枝条停止生长，这时应补给磷钾营养，用于果实发育，促使花芽形成，并由叶转移到主干、枝和根。沙棘在初植期根系尚无固氮能力，定植时施入一定量的肥料，能提高苗木成活率，促进苗木生长，也能促使沙棘早结果、早丰产。腐殖质的肥料效能较化肥高，有效期在3年以上。所以，每隔3~4年应施用一次腐殖质肥料或农家堆肥。

(三) 树体管理

沙棘移植苗定植后至结果前，树冠一般不修剪，只对单茎植株略加截短，以使其萌芽分枝，形成多杆密植树冠。这种树冠能较好地利用营养空间，获得高产并利于手工摘果。随着树龄的增长，许多枝条，包括一些骨干枝也会发生干枯，从而影响摘果和田间管理。因此，在结实后，每年要进行卫生修剪，即剪去过密的枝条、病枝、断枝和枯枝。

四、模式成效分析

通过实施沙棘低质低效林改造，可增加森林资源量，改善生态环境，形成生物多样性丰富的生态系统，满足人们经济发展和生活水平提高对林产品和生态功能日益增长的要求。

(一) 生态效益

沙棘林在涵养水源、净化空气、保持水土、防风固沙、吸收二氧化碳、释放氧气、吸收有毒气体、消除烟尘、杀灭细菌、降低噪声、调节气候等改善生态环境功能方面发挥着巨大的作用。据有关测定，沙棘林达到中等质量的林分由森林植物保水量、枯枝落叶层持水量、森林土壤储水量组成的森林生态系统储水量总和可达30~40吨/亩。通过改造后林分每年可减少土壤流失450吨/亩左右。通过涵养水源，防止水土流失，改善气候，形成有利于农业生产的小气候，进一步改善区域的生态环境，森林的生态效益会更加显著，为农民脱贫增收致富奠定物质基础。

(二) 经济效益

目前退耕还林沙棘挂果面积60万亩，按每亩采果100公斤计算，每年每亩产值2000元，可采果6万吨，可提供加工纯果2万吨。通过沙棘低改，抚育间伐和平茬，每亩能获得100~200元收益，给人民群众带来经济收入。同时沙棘补针补阔提高了生态和景观效益，引入良种还增加了沙棘预期收益。吴起圆方集团为吴起县涉农龙头企业，在沙棘产品开发利用上已走出一条可行之路，研发的以吴起沙棘茶为主的沙棘系列产品现销往国内外，也带动全县部分农民在沙棘园的建设和改造上增强主动性。

(三)社会效益

森林的社会效益主要表现在提供生态安全、就业扶贫、农村产业调整、区域经济发展等方面。通过沙棘低质低效林改造，增强群众保护森林植被、改善生态环境的自觉性。特别是植被的恢复、林分质量的提高、人居环境的改善，为人们的生活创造了一个良好的环境。通过沙棘低质低效林改造实施，随着沙棘高产园的建成，通过经济效益的发挥，可进一步改善农村和林区生产生活条件、促进脱贫致富、解决剩余劳动力转移。

五、经验启示

(一)依托林业重点工程

吴起县积极争取三北防护林工程退化林修复、退耕还林森林抚育等林业重点工程项目，依托工程项目，多渠道筹措资金，采取项目支持一点、社会筹措一点、财政配套一点、群众投劳一点的办法，保证项目建设资金，逐步对沙棘低质低效林进行更新改造，保持规模优势，为产业发展奠定基础。

(二)先行试点逐步推进

在全县范围内，典型乡(镇)先期进行小面积沙棘低效林改造试点，探索改造技术路线和改造方案。在试点取得成功的基础上，后期在每个乡(镇)选择3~5个行政村进行改造技术推广，取得比较成熟的技术路线后再进行大面积改造。

(三)加强科技支撑

吴起县积极与水利部沙棘管理中心、西北农林科技大学、北京林业大学等科研机构合作，邀请专家对沙棘低质低效林经营和改造进行论证、开展指导培训，建立产学研相结合的实施机制，全面提升科技对项目建设的支撑能力。

(四)加快产业开发

吴起县通过招商引资，引进沙棘知名开发企业，通过土地流转自建生产基地或采取"基地+农户"等办法，不断壮大沙棘资源；通过自建工厂或与企业合作建设生产线等办法，利用知名企业的品牌效益，迅速占领市场。支持龙头企业的发展，拉伸产业链条，力求深加工，不断提升开发效益，力争果、叶和枝干的全方位开发利用，生产食品、药品、保健品、化妆品、饲料添加剂、食用菌、生物质能源和中密度纤维板等各类产品。

模式 54
陕西旬阳退耕还拐枣模式

旬阳县隶属于陕西省安康市,旬阳因旬水得名。秦时于旬水入汉水处设旬关,并置旬阳县。旬阳县位于汉江、旬河交汇处,曲水环绕,形似太极,被誉为"中华天然太极城"。

一、模式地概况

旬阳县地处陕西省东南部,北依秦岭,南踞巴山,汉江横贯其中,山峦起伏,河谷纵横,属北亚热带季风性湿润气候区,年均气温15.4℃,年均降水量852毫米,年均日照时数1790.4小时,无霜期252天。该地区气候适宜,生物资源异常丰富,主要特产有拐枣、核桃、狮头柑、樱桃、魔芋、香菇等。全县总面积3541平方公里,辖21个镇306个村(居),总人口46万人,其中有贫困村169个,贫困人口47334户143665人,产业贫困户13789户38905人。

旬阳县属长江流域汉江水系,河流密集,水质洁净,为南水北调中线工程重要水源涵养地,也是革命老区(县)、国家级扶贫开发重点县、秦巴山区连片扶贫开发重点县。在县域经济发展、民生改善、脱贫攻坚和保护水源的繁重任务和多项抉择中,旬阳立足资源优势,通过退耕还林工程建设,把退耕还林与产业脱贫有机结合,因时制宜发展拐枣、核桃、狮头柑等为农民持续增收的特色长效产业,有力地助推了脱贫攻坚和乡村振兴,让退耕还林工程真正成为老百姓的"绿色银行"。

二、模式实施情况

自1999年实施退耕还林工程以来,全县累计完成退耕还林造林75.08万亩,争取国家补助12亿元;实施新一轮退耕还林10.1万亩,涉及19个镇145个村30503户,其中贫困村134个,贫困户9457户33043人,贫困户退耕还林4.14万亩。通过实施退耕还林工程,全县森林覆盖率由退耕前的43.6%增长到2019年的55.18%,绿化率达到70%以上。退耕还林工程还撬动了产业结构调整,带动全县特色经济林产业总面积达120万余亩,实现林业综合产值21.63亿元。主要经验做法有:

(一)推广拐枣长效产业

旬阳地处北亚热带季风气候区,光、热、水、气自然资源充裕,气候温暖湿润,属于天然富硒带,是全国拐枣最佳适生区。当地农民素有种植拐枣、自酿"拐枣酒"习惯,资源丰富、品质优佳,且拐枣耐寒、耐旱、耐瘠薄,适生区域广泛,一次种植,可采果百年。旬阳县审时度势,将拐枣作为促进县域产业转型升级的长效扶贫产业之一,打造全产业链条,推进"一县一业""一村一品",走绿色化、规模化、品牌化、高端化发展之路,使拐枣成为最具潜力的优势主导产业。"旬阳拐枣"在2016年顺利通过国家农产品地理标志认证。新一轮退耕还林中拐枣面积达到5.92万亩,占退耕计划的75%,带动全县主导产业发展,有力地推动了脱贫攻坚和乡村振兴。

旬阳县退耕还林拐枣基地

(二)实施四种创新机制

针对贫困户缺劳力、缺资金、缺技术等问题,旬阳县组织引导贫困户依法自愿有偿流转土地经营权,积极探索龙头企业、专业合作社和农户之间"入股合作、雇工付酬"的利益联结机制,采取转让、合作、入股等方式参与实施新一轮退耕还林,促进贫困户深度融入产业发展,在产业链中共享收益,将退耕还林建设成为精品工程、亮点工程、富民工程。并通过财政扶持,壮大基地;通过流转土地,租金增收;通过农户参与生产,薪金增收;通过契约生产,保底收购。为了延伸拐枣产业链条,旬阳通过招商,培育、引进了四大龙头企业,研发出旬阳"拐枣王"酒、野生拐枣醋、汉澜拐枣饮料、拐枣茶等系列产品,其中"拐枣王"酒远销韩国、柬埔寨、越南等地,受市场热捧。加工企业的落地,可以让农民把种植全部变现,实现产、加、销一条龙体系。

(三)与精准扶贫相结合

旬阳县先后出台了《大力发展拐枣产业的指导意见》《拐枣产业基地奖补暂行办法》《贫困村贫困户产业扶贫奖补办法》等,完善产业发展的激励引导措施。县财政每年筹资2000

万元拐枣专项扶持资金，县农林部门整合退耕还林、涉农涉林项目向贫困村倾斜，为贫困群众免费提供种苗、化肥、农膜等生产物资，提高群众发展拐枣产业的积极性。同时，旬阳县还制定了贫困村、贫困户产业脱贫"双五"标准，把拐枣纳入对乡镇、部门的年度考核，凝聚各方工作合力。并采用"支部+合作社+基地+龙头企业+农户"的方式，把拐枣产业做大做强。该产业将带动6.8万农户受益，3.3万户贫困户脱贫，进入盛产期后可实现户均增收1万余元。

旬阳县退耕还林拐枣已挂果

(四)探索推广大户带动模式

旬阳县在退耕还林工程建设中坚持"抓特色、建园区、强基地、育龙头"的思路，实施强村大户战略。神河镇王义沟社区作为全县贫困村，因为交通不便、土地稀薄、产业不明晰、贫困户找不准脱贫路径，致富成为难题。2015年，镇、村经过调研后，瞅准家家都有房前屋后种植拐枣的习惯，结合退耕还林相关政策大力推广拐枣种植。经过多年尝试，拐枣茂然成林，该社区种植面积达到2560亩，500余农户从事拐枣相关产业。其中朱忠国就对拐枣有着特殊的感情，从2000年开始从事拐枣产业，2008年投资建设拐枣烘烤车间，将烘培好的拐枣推向韩国、印度等国际市场。对于家有4口人的贫困户鲁继成来说，因为缺劳力、缺技术，发现种植拐枣简单易行、收成好、有保障，种植拐枣8亩，年产值2万元，于2018年顺利脱贫。

三、培育技术

(一)生长条件

拐枣的适应能力较强，一般生长在向阳湿润的环境中。具体为阳坡，年平均降水量

600~1000毫米，且水量分布较均匀，空气相对湿度75%左右，土壤疏松、土层深厚的沙壤和壤土，相对含水量60%~80%，pH值为6.5~8.5的坡耕地、荒地。

(二) 育苗播种

拐枣树的繁殖主要以种子繁殖为主，11月后开始采收。种子采收后宜用湿沙对其催芽，一般两个月后就会出现胚根，然后开始播种。一般情况下，4月初便能出苗，等到苗长出5片左右真叶时，开始间苗。留强去弱，在苗期要经常浇水施肥，促进苗的生长。

(三) 两季栽植

拐枣在春、秋两季均可栽植，以秋季栽植为主，时间11月上旬至12月上旬。秋栽成活率相对较高，苗木能提前生根发芽，春栽易受春旱影响而降低成活率。苗木选用1~2年生木质化程度高的苗木，地径0.7厘米以上，苗高70厘米以上，生长健壮，根系完整。苗木栽植时，对苗木的主根适度修剪，保留长度15~20厘米，将根系在GGR6绿色植物生长调节剂溶液中浸泡1~2小时。栽植原则按照"四大一膜"，即大坑、大苗、大水、大肥、地膜覆盖技术进行。

(四) 中耕除草

中耕主要是除草、保墒、晾墒。在生长期适时进行中耕除草，深度10~30厘米，近根颈处宜浅，行间渐深，做到里浅外深，不伤害苗木根系。除草坚持"除早、除小、除了"的原则，保持园内清洁卫生。

(五) 施肥管理

每年春季3月中旬萌芽前，进行第1次施肥，主要以速效氮肥为主；夏季6—7月花期至果实膨大期进行第2次施肥，主要以磷钾肥为主，适量配施氮肥；冬季11月果实采收后进行第3次施肥，主要以有机肥为主。追肥在树冠垂直投影外缘挖穴(沟)施入。基肥采用放射沟或条沟、环状沟施入。

(六) 整形修剪

春季，在萌芽前根据树形要求调整结构，夏季(6—9月)，要经常抹芽和摘心。栽植前3年对主干要求长放，对侧枝进行抹芽、摘心促壮等技术处理，以使迅速形成树冠，高度达到2.3~2.5米可截头控高。进入初果期后，要经常疏除过细弱枝、病虫枝、下垂枝等，每年通过摘心、回缩控制树冠。

四、模式成效分析

旬阳县坚持以脱贫攻坚为统领，以退耕还林项目建设为支撑，按照生态产业化、产业生态化的发展思路，以拐枣等新型主导产业为重点，大力发展特色林果产业，取得了良好的生态、经济和社会效益。

(一)生态效益

旬阳县是"南水北调"重要水源涵养区和国家级扶贫开发重点县。旬阳县立足资源禀赋,秉持"绿水青山就是金山银山"发展理念,在决战决胜脱贫攻坚过程中,全面开展生态扶贫,把退耕还林与产业发展相结合,精准施策,问大山要收入,问生态要效益。通过多年努力,把"荒山"变成"青山",把"青山"变成"金山",实现了生态建设与脱贫攻坚共赢。退耕还林引领、生态红利释放、全民共享,换来群众的生态意识大提高,栽树、管树、护林成为民众自觉行动,实现了旬阳林业发展高质量、生态空间高颜值,使全县"一江三河"等重点区域的脆弱生态系统得到休养生息,森林植被得到快速恢复,生态环境得到明显改善。

(二)经济效益

旬阳退耕还林经济效益初见成效。通过退耕还林工程建设生态兼用性经济林 40 余万亩,生态林 40 余万亩,带动全县特色经济林产业总面积达 120 万余亩,实现林业综合产值 21.49 亿元,占全县生产总值的 10%,林业产业收入占林农人均纯收入达 35% 以上。

仅拐枣产业而言,旬阳县立足"生态+产业+效益"模式,在县林业局技术指导下,经过培育、改良、推广,至 2019 年种植总面积达到 36.9 万亩,挂果面积达 5.95 万亩,年鲜果产量达 8 万余吨,占全国拐枣总产量的 80% 左右,实现产值 1.57 亿元,每亩年产值 2638 元。全部进入盛产期后拐枣总产量可达 30 万吨,产值可达到 10 亿元,仅此一项可增加农民人均纯收入 3000 元,成为农民持续增收的致富产业。

(三)社会效益

退耕还林实施以来,旬阳县抓住退耕还林的历史机遇,把生态建设与经济发展紧密结

旬阳拐枣系列加工产品

合起来,大力发展拐枣产业。实现人均种植面积达到 1.5 亩。2016 年"旬阳拐枣"通过国家农产品地理标志认证,2017 年 6 月"旬阳拐枣"品牌被评为"2017 最受消费者喜爱的中国农产品区域公用品牌"。2017 年、2018 年央视 7 套对"旬阳拐枣"分别进行了专题宣传报道。"旬阳拐枣"已成为旬阳生态产业的新名片。

五、经验启示

(一)选准产业是基础

产业扶贫,关键在于调动贫困户广泛参与,产业选择既要考虑贫困户多样性需求,又要突出主导品种培育、实现握紧拳头培育优势产业的目的。旬阳县立足自然禀赋,大力发展拐枣长效产业,"一县一业"推进,构建科研、基地、加工、品牌全产链体系,兼顾了市场需求、农民期望,有利于形成合力。规划到 2020 年贫困县摘帽之时,全县建成规范化基地 30 万亩,以期实现农业产业转型升级,留下长效增收机制。

(二)政策扶持是保障

旬阳县按照"资金跟着穷人走、穷人跟着能人走、能人跟着市场走"的思路,坚持"多个渠道进水、一个池子蓄水、一个龙头放水"原则,筹集专项资金 1000 万元,出台拐枣产业奖补政策,针对贫困户、20 亩以上大户、500 亩以上龙头主体分类奖励补助,并把帮带贫困户作为经营主体项目申报、园区命名的前置条件,用"输血"促"造血",有效缓解筹资难的压力。

(三)示范引领是关键

旬阳县整合人财物力,县镇部门齐抓,全县共建成千亩以上示范村 30 个、百亩产业园 102 个、启动拐枣"三变"改革示范村 3 个。2019 年,共夯实各类主体带动全县 169 个贫困村 4054 户贫困户发展拐枣产业。通过招商培育的四家拐枣饮料、拐枣酒、拐枣醋、拐枣茶企业,直接加工转化 1.2 万吨拐枣鲜果,不仅解决贫困户发展产业最担心的销售难问题,还直接带动 31990 户贫困户脱贫。实践中形成的帮带机制已在全县落地生根,也被《中国扶贫》《陕西农业》《安康日报》等媒体肯定。

模式 55
甘肃宕昌退耕还双椒复合模式

宕昌县隶属于甘肃省陇南市。历史悠久，文化厚重。位于甘肃省东南部，陇南市西北部，地处长江上游西南高山峡谷区，居青藏高原东部边缘和西秦岭、岷山两山系支脉的交错地带。宕昌物华天宝，资源富集。特殊的地理位置和多变的气候，赋予了宕昌丰富的生物、矿产和水力资源。全县有127万亩森林、125万亩草场。中药材种类达692种，其中当归、党参、红芪、黄芪、大黄等名贵药材种植面积达40万亩，素有"千年药乡"之美誉。

一、模式地概况

张坪村隶属宕昌县官亭镇，位于宕昌县南部，距县城40公里，距镇政府所在地7公里，东邻仇家山村，地处岷江下游峡谷地带，海拔1480米，年平均气温13℃，降水量457毫米，无霜期250天，日照时数2100小时，属半干旱气候区。该地区物产丰富，主要特产有烟叶、柿子、花椒、党参、大黄等。全村辖4个社，总农业人口152户658人，总建档立卡贫困人口110户486人。

二、模式实施情况

1999年实施退耕还林工程建设以来，张坪村开始转变生产方式，从传统的耕种方式转变成以经济林为主的产业发展方式。该村依托退耕还林机遇，利用自然地理条件的优势，大力发展花椒产业，并适当套种辣椒，探索林业发展与脱贫致富的双赢模式。张坪村实施新一轮退耕还林1467.5亩，主要采用"双椒"模式（花椒套种辣椒），涉及农户148户，其中涉及贫困户104户457人。主要经验做法有：

（一）合理选择树种

根据新一轮退耕还林政策灵活的特点，宕昌县始终把改善生态环境与增加农民收入紧密结合，根据不同区域海拔高度、气候等特点，在充分尊重群众意愿的基础上，结合全县生态建设、产业发展的整体规划，按照因地制宜、适地适树、突出特色、规模发展、宜林则林、宜果则果的原则，合理确定栽植树种。针对张坪村地处岷江下游河谷地带，海拔低、气温高、降雨充沛的优势，结合群众意愿，合理选择确定了退耕还林主栽树种"大红袍"花椒，为群众增加经济收入奠定了基础。

退耕还林主栽树种"大红袍"花椒

(二) 发展"双椒"产业

张坪村是贫困村，该村产业发展滞后，贫困人口多。精准扶贫开始后，依托退耕还林，在政策扶持引导和行政推动下，林业部门无偿提供优质花椒苗木，支持张坪村发展林果产业"大红袍"花椒基地1467.5亩。同时，充分利用栽植的花椒树下空闲地块，套种辣椒，建成了有效增加群众收入的"双椒"产业。

张坪村退耕还林"双椒"基地

(三) 开展技术指导，保证工程质量

质量是退耕还林的生命线。张坪村在退耕栽植花椒过程中，始终把质量贯穿于全过程，在县、乡、村三级落实责任的同时，林业部门实行技术人员包点包干责任制，抽调技

术人员进行现场技术指导，严把实施关口，确保了苗木的规范栽植，保证了工程质量。在辣椒套种工作中，采取了统一下达计划、群众自种、自主采摘、统一收购的模式，实现了产量与实际效益挂钩。

（四）开展补植补造，有效巩固成果

造林任务结束后，对造林成活情况进行全面自查，通过自查，全面掌握因干旱、"倒春寒"等自然灾害造成成活率较低的造林地块。为了有效巩固退耕还林成果，对苗木成活率较低的地块及时进行了补植补造，通过补植补造，使退耕还林苗木成活率达到了合格的标准。

三、培育技术

（一）园地选择

花椒植株较小，根系分布浅，适应性强，可充分利用荒山、荒地、路旁、地边、房前屋后等空闲土地栽植花椒。山顶、地势低洼、风口、土层薄、岩石裸露处或重黏土上不宜栽植。

（二）播种

播种分春播和秋播。春旱地区，在秋季土壤封冻前播种为好，出苗整齐，比春播早出苗 10~15 天；春播时间一般在春分前后。每亩播种 25 公斤。小畦育苗可用开沟条播，每畦 4 行，行距 20 厘米，沟深 5 厘米，覆土 1 厘米，每亩播种 4~6 公斤，播后床面覆草保湿，出苗后分次揭去。也可采用培垄的方法育苗，秋播时，每隔 24~27 厘米开一条深 1 厘米、宽 9 厘米的沟，种子均匀撒入沟内，播后将两边的土培于沟上。

（三）苗期管理

花椒定植是关键，以芽刚开始萌动时栽植成活率最高，栽后应浇透水，生长季节追肥 2~3 次，干旱时施肥要结合浇水。花椒苗高 4~5 厘米时间苗定苗，保持苗距 10~15 厘米。苗木生长期间可于 6—7 月每亩分别施入人粪尿 3000~4500 公斤，或化肥 10~25 公斤，施肥要与灌水相结合，施后及时中耕除草。花椒苗最怕涝，雨季到来时，苗圃要做好防涝排水工作。1 年生苗高 70~100 厘米，即可出圃造林。

（四）覆膜增温

覆膜具有保湿增温的良好效果，一般可提高地温 3℃左右，有利于根系发育生长。覆膜应在扩穴施肥后及时进行，沿树行将土壤整细整干，近树干处略高，盖膜面积以稍大于树冠外缘为准。两块地膜的交接处用土压实，地膜尽量展平与地面贴紧，四周用土封严。4 月底在膜上加盖 5 厘米厚的细土，可防止杂草生长，延长地膜使用寿命。

(五)修剪复壮

夏季结合采收花椒,及时进行修剪。对衰弱树剪除部分大枝及病虫枝,秋季再抽去多余的大枝,最后每株保留 5~7 个主枝,同时适当疏除冠内密集枝,疏枝量一般不超过 25%,并缩剪部分弱枝到壮芽处;中庸树的中短枝一般不短截,以疏为主,并注意保护顶芽,对长果枝适当短截,保留大芽。

(六)采摘技术

花椒果实成熟期一般在立秋至处暑前后。花椒成熟时,果皮呈紫红色或淡红色,果皮缝合线突起,少量开裂,种子黑色光亮,可闻到浓郁的麻香味,这是最适宜的采收时期,采收果实一般是用手摘或剪子剪。强枝果穗的采摘:在花椒穗下第一个叶腋间有一个饱满芽,这个芽是下一年的结果芽,要妥善加以保护,采摘椒穗时,一定不要连同这个腋芽摘掉,以免影响来年产量。弱枝果穗的采摘:弱枝果穗下第 1 个芽发育不饱满,第 2 个或第 3 个芽发育较为健壮,在采摘时应保留第 2 个或第 3 个芽,否则影响来年产量。

四、模式成效分析

宕昌县是甘肃 58 个深度贫困县之一。官亭镇张坪村在退耕还林中,创新理念,依托退耕还林发展生态经济型花椒产业,取得了显著的经济效益,成为新一轮退耕还林中的样板。

(一)生态效益

宕昌县全面开展生态扶贫,把退耕还林与产业发展相结合,精准施策,让一座座荒山披上了绿装。通过扶持张坪村群众发展经济林果产业,实现了生态建设与脱贫攻坚双赢。退耕还林增加了林地面积,治理了水土流失,减少了地表径流,使张坪村出现了"水不下山,泥不出沟"的喜人景象,有效地维护了生态安全,为经济和社会可持续发展提供了有力的生态保障。

(二)经济效益

目前,张坪村通过退耕还林发展花椒 1467.5 亩,2019 年全村花椒产量达到 10 万多公斤,收入 200 多万元,户均 5263 元。进入盛果期后,产量还将大幅提升。合作社引导群众套种的辣椒,2019 年产量达 1.2 万公斤,为群众分红 40.7 万元,通过"双椒"发展,2019 年 47 户贫困户 246 人稳定脱贫。

(三)社会效益

退耕还林后,张坪村农村陡坡耕地逐渐退了下来,农村剩余劳动力转移到药材种植、养殖、加工、运输等行业,发展了农村第二、三产业,加快了脱贫致富的步伐。

五、经验启示

(一)选择花椒是基础

花椒适应性强,适宜温暖湿润及土层深厚肥沃壤土、沙壤土,萌蘖性强,耐寒,耐旱,喜阳光,抗病能力强,隐芽寿命长,故耐强修剪;不耐涝,短期积水可致死亡;但耐干旱,是干旱、半干旱丘陵山区造林的先锋树种。

(二)套种辣椒增收益

宕昌县为北亚热带、温带、高原三种气候的过渡地带,垂直气候显著,南北差异大,一般为温带大陆性气候,气候温和而湿润,按甘肃省气候分区,属陇南温带湿润区,适宜种植各类区植物。花椒套种辣椒,可以实现长短结合,增加经济收益。

模式 56
甘肃徽县退耕还核桃套种鸢尾模式

徽县隶属于甘肃省陇南市,因城北隅徽山下有徽山驿而得县名。徽县素有"陇上小江南"之称,有三滩、文池、青泥岭等风景名胜。名优特产有贡米、丝绸、银杏、土蜂蜜等。徽县地处甘肃东南部,西秦岭南麓、嘉陵江上游的徽成盆地,是重要的水源涵养林区,是保障长江下游生态安全的重要屏障。

一、模式地概况

耒子村位于徽县虞关乡东部,这里属亚热带向暖温带过渡带,气候温暖湿润,无霜期长,土壤肥沃,适宜各类动植物生长,因此,动植物资源十分丰富,适宜发展林果、中药材和中蜂养殖等林下经济。耒子村土地总面积 12.4 平方公里,耕地面积 1730 亩,林地面积 1.6 万亩,其中集体林面积 1.1 万亩,退耕还林面积 450 亩,林下种植鸢尾 400 亩,种植柴胡 50 亩。全村辖 5 个合作社,共 159 户 638 人,其中建档立卡贫困户 31 户 122 人,贫困人口较多,脱贫攻坚任务十分艰巨繁重。

二、模式实施情况

耒子村是典型的山区农村,山坡地多,因此当地群众对退耕还林积极性很高。自 1999 年实施退耕还林以来,村党支部依据当地立地条件和社会经济实际,把发展以核桃为主的经济林果作为当地主导产业来抓,制定发展规划,加强技术培训。在前一轮退耕还林 400 亩的基础上,新一轮又退耕 50 亩。共涉及农户 159 户 638 人,其中贫困户 31 户 122 人。该村的主要做法是:

(一)推广核桃高接换优

耒子村是核桃种植的大村,但由于先期受经费等因素的影响,前一轮退耕还林栽植的大都是核桃实生苗,结果迟、产量低,且品种混杂良莠不齐,为了解决这一问题,村上积极和县核桃服务中心联系,核桃中心选派技术人员对全村群众进行核桃高接换优技术培训,并免费提供优质良种接穗。全村共嫁接核桃幼树 8000 余株。新一轮退耕还林核桃苗全部采用优质嫁接核桃苗。高接换优和良种壮苗的使用为大幅度提高核桃的产量和品质提供了坚实基础,未子村林果产业开始由数量型向质量型发展。

(二)抓科技培训

未子村村民从核桃高接换优上尝到"甜头"以后,对核桃管理更加重视了。县核桃科技服务中心也把该村作为核桃综合管理示范村,从 2010 年开始每年在该村举办核桃综合管理技术培训班,为该村培养了一支懂技术会管理的农民技术员队伍,核桃管理水平迈上新台阶。

(三)发展林下经济

由于核桃幼苗期产量低,再加上春季晚霜冻害从而影响了核桃的产量和效益,为了提高土地利用率和经济效益,村民们在核桃树间套种黄豆等低秆农作物和柴胡、桔梗、鸢尾等中药材,经过几年不断的试验比较,终于探索出核桃树下种植鸢尾(当地人称马莲花)的林药套种模式,种植面积已经扩大到 400 亩。

未子村退耕还林核桃间作的鸢尾

(四)助力精准扶贫

虞关乡贫困面大,是县上确定的重点扶贫乡之一,未子村又是该乡的贫困村。虞关乡把产业发展与精准扶贫相结合,把以核桃为主的林果产业作为当地脱贫致富的主要特色产业和突破口来抓,在资金技术上给建档立卡贫困户予以支持帮助,使全村 31 户贫困户都种植 7~10 亩面积不等的核桃和鸢尾等中药材,为他们脱贫致富创造了有利条件。据调查,该村贫困户每年户均在林果和林下经济上的纯收入都在 4000 元以上,有的户高达 2 万元以上,使"绿水青山"真正变成了当地群众致富的"金山银山"。

三、培育技术

(一) 品种选择及授粉的配置

考虑到退耕还林地一般坡度较大,立地条件差,一般选择适应性较强的品种,如清香、中林5号、陕核5号、西洛1号、西洛2号等。授粉树与主栽树的比例为3~5:1,主栽品种为清香、西洛1号、西洛2号,授粉品种为扎343、中林1号。

(二) 栽植

核桃栽植时间有春栽和秋栽两种。春季栽植在土壤解冻后到春季苗木萌芽前进行栽植。秋季栽植是在秋季苗木落叶后到土壤封冻前进行栽植。根据当地退耕地的立地条件情况,密度确定为株距6米、行距8米,具体操作根据土地情况适当调整。

(三) 栽植方法

核桃定植穴要求直径1米、深0.8~1米,挖出的表土和底土分别堆放在两侧。土壤黏重或下层为石砾的加大定植穴,采用客土、掺沙等方法改良土壤。定植穴挖好后,将表土和有机肥、化肥混合搅拌,每穴施农家肥20~30公斤、磷肥1~2公斤。

(四) 苗木处理

栽植要对苗木进行处理,常见的措施有四个方面。修根:苗木主根下部用修枝剪剪平,去掉劈裂部分和损伤部分,同时将苗木严格分级。浸水:将修根后的苗木基部浸入清水中,浸泡12小时以上,使苗木充分吸收水分,便于快速缓苗。消毒:将从清水中捞出的苗木浸入1000倍高锰酸钾溶液中消毒1分钟。蘸生根粉:苗木消毒后,将苗木根系放进2000倍3号APT生根粉溶液中浸泡2~30分钟。

(五) 栽植及覆膜

先将混合好肥料的土壤填进坑内,将苗木放在坑中,栽植深度以苗木原入土深度为宜。栽植时要使根系舒展,均匀分布,边填土边踩实,并将苗木轻摇上提,直到将土填平、踩实。在树的周围做树盘,浇足定根水。水下渗后,在其上覆盖一层松土,并覆盖一层1米见方的地膜,中间略低,四周用土压紧。

(六) 修剪

核桃修建中要去弱留强,先放后缩,或放、缩结合培养枝组,间疏各种无用的密挤枝、细弱枝、徒长枝。修剪程度根据树势的强弱和栽培条件而定,树势强旺,枝条生长量大,修剪宜轻,反之宜重。辅养枝是此期修剪的主要对象,树体有空间的可长期保留,促进多结果,空间小的及时回缩。

四、模式成效分析

未子村的发展实践证明,核桃间作套种中药材鸢尾这种发展模式不仅经济效益高,而且具有良好的生态效益和社会效益。

(一)生态效益

地处嘉陵江畔秦岭南坡的未子村,是重要的水源涵养林区,山高坡陡,生态重要性不言而喻。保护好这一方生态,自然成为当地的重要职责,也是实施退耕还林的主要目标。核桃树间套种中药材鸢尾是当地多方探索成功的退耕还林模式,使退耕还林与产业发展、精准扶贫相结合,所走出的一条生态扶贫、产业扶贫好路子。这种模式不仅最大限度减少了水土流失,而且极大改善了当地生态环境,整个山村呈现出绿树成荫、鸟语花香的喜人景象。

(二)经济效益

未子村由于采用了良种,加上科学的管理,林下套种中药材鸢尾,使得退耕还林地经济效益大为提高。据调查,第一轮退耕还林地核桃亩平均收入可达2000元。鸢尾的根是一种药材,其果实在幼嫩时期可以做凉拌菜食用,是一款无污染的绿色食品,餐桌上的美味佳肴。鸢尾当年种植当年见效,而且它是多年生草本植物,因此可一次种植多年受益,年亩收入平均可达3000元,高的可达1万多元。鸢尾花期较长,是一种优良的蜜源植物,因此,种植鸢尾还可以带动蜜蜂养殖。由于种植鸢尾生产管理成本小,且耐旱易管理,所以很适合山区农村发展。近年来,经过县、乡、村大力推广,核桃套种鸢尾这种种植模式已在全县适宜区得到广泛应用,并取得了良好成效。

退耕还林核桃核桃套种鸢尾模式

(三)社会效益

未子村实施退耕还林,发展林下经济,不仅保护了生态环境,增加了群众收入,还产生了可观的社会效益,为一部分群众在家门口创造了就业致富门路。鸢尾花色彩艳丽,一到春天漫山遍野的鸢尾花、油菜花和其他植物的花次第开放,构成了一幅幅五彩缤纷的美丽乡村画卷,不仅招蜂引蝶,美化环境,还吸引来众多游客前来观光,摄影,游玩,给平日偏僻安静的小山村增添了不少人气,也带动了当地乡村生态旅游和天麻、猪苓、木耳、竹笋、土蜂蜜等当地土特产品的销售,提高了地方知名度,可谓一举数得。

五、经验启示

虞关乡位于徽县南部,是徽县6个重点贫困乡之一,这里山高坡陡,群众居住比较分散,生活比较困难,扶贫任务十分艰巨。为了解决好生态保护和脱贫攻坚这两个重要问题,未子村根据当地气候温暖湿润的自然资源优势,大力发展以种植核桃为主的的退耕还林,并在林下套种鸢尾等低秆中药材,为全县退耕还林探索出了一条效益好、见效快的良好发展之路。

(一)扶持引导是关键

虞关乡未子村在村支部书记赵国虎的带领下,因地制宜,经过调查研究,比较分析,探索出适合当地的最佳退耕还林模式——核桃地套种鸢尾中药材模式。乡、村两级经过及时总结和分析研究,认识到鸢尾根系浅,植株不高,对核桃生长影响小,特别适合当地核桃退耕还林地间作种植。退耕地套种鸢尾,效益高,投资小,风险小,群众易于接受,特别是对那些想脱贫致富又缺发展资金的贫困户来说,无疑是一条十分适宜的致富门路,于是,为了尽快推广这种好的种植模式,乡村迅速行动,进行安排部署,大力进行技术培训和组织发动,从而使这一产业在全乡乃至全县各适生区乡镇迅速形成燎原之势,得到快速发展,为全县脱贫攻坚增添了新动力。

(二)能人示范是基础

如若时光倒回到6年前,在未子村鸢尾的种植还是一片空白。在全国核桃产量大幅提升、价格快速下滑的情况下,如何提高核桃退耕还林地的效益,巩固好退耕还林成果,增加群众收入,成为摆在大家面前的一道亟需解决的难题。村里少数有头脑和商业眼光的农户,从其他地方发展鸢尾的成功事例中意识到发展鸢尾种植在当地也许是一条可行的致富门路,于是开始试种。随着这一小部分农户先行试种成功并取得良好的效益之后,村里群众慢慢意识到种植鸢尾是一个不错的好项目,再加上乡、村及时有效的组织引导,鸢尾种植逐渐在未子村大面积推广,一个林药间作套种模式就这样被创造出来,并借助退耕还林的东风得以迅速发展壮大。事实证明,没有第一个敢于吃螃蟹的人冒着风险去探索试验,就不会有今天末子村全村乃至全乡发展鸢尾种植的喜人局面。很显然，在鸢尾发展种植上，少数种植户的先期示范带动作用功不可没。

(三)规模化发展是前景。

一个产业的发展，必须要有一定的规模才能形成较为稳定的市场，小打小闹是不行的；产品有了规模，才能进一步吸引更多客商前来采购商品，才能使产品拥有较高的知名度，也才能吸引投资者投资建厂，进行产品深加工。目前，在当地林业部门大力支持和帮助下，当地一家民营企业经过分析论证、筹划准备后，已开始了核桃和鸢尾系列产品深加工的生产车间建设，预计该项目可于 2020 年底建成投产，该项目的建成将会极大促进核桃和鸢尾种植发展，带动更多农户走上致富之路。

模式 57
甘肃嘉峪关退耕还红梨套种模式

嘉峪关市位于甘肃省西北部，河西走廊中部。嘉峪关是古丝绸之路的交通要冲，又是秦朝万里长城的西端起点，素有"天下第一雄关"之称。嘉峪关市地处内陆干旱地区，气候条件恶劣，土壤瘠薄，植被覆盖度低，生态环境十分脆弱。

一、模式地概况

文殊镇隶属于嘉峪关市，位于河西走廊西段，嘉峪关市区以南，文殊山北麓。面积134平方公里。总人口7967人，辖6个行政村。

文殊镇属大陆性干旱气候，冬长夏短，全年干旱少雨。地处内陆戈壁，昼夜温差较大，年平均气温日较差16.67℃，最大日较差29℃（1979年4月11日）。降水量随地势升高而增加，戈壁绿洲地带年平均降水量仅85.3毫米，降水集中于6—8月，年最大降水量165.7毫米（1979年），年最小降水量35毫米（1956年），文殊山年平均降水量在150毫米以上。

二、模式实施情况

文殊镇采用龙头企业带动模式，2016年完成新一轮退耕还林任务1256.1亩。丰源农业科技示范园有限公司通过流转嘉峪关市文殊镇河口村集体土地，对流转土地进行土壤改良、置换，发展标准化果园，建成红梨种植基地1500亩，建成冷藏库5座，并通过提供平价果树苗、免费技术指导等措施，有效带动了周边农户发展林果产业。

（一）选择优质红梨

公司引进种植美国红巴梨、新西兰红梨、蜜梨、雪山红梨、黄南果梨、红南果梨等抗热、抗旱、抗寒、适应性强、抗病性能突出、适宜本地区生长环境的特色梨品种6个。

引进优质品种雪山红梨

(二) 套种多种绿肥

梨树栽植第一年, 可在行间树冠投影面积外缘种植与梨树无共性病虫害的浅根绿肥或牧草, 如三叶草、毛苕子等绿肥作物, 通过翻压、沤制等将其转变为农家肥料。

文殊镇退耕还红梨套种绿肥

(三) 加大基础建设

丰源农业科技示范园有限公司在退耕还林的政策推动下, 积极从生态建设、产业发展中寻找结合点, 大力发展生态种植园, 为实现果品打包、储存方便, 公司自建生产车间1500平方米、年产300吨塑化果筐生产线一条; 兴建冷链保鲜库、冷冻库, 具备10万立方米的储藏能力, 形成生产、包装、储藏、销售一体化格局, 从而加快公司农业产业化进程。公司应自身发展需求, 引进了水肥一体化滴灌系统。

(四) 加大技术培训

公司采取"走出去、请进来"的方式, 与甘肃省农科院、甘肃农业大学、河南省农科院、辽宁省农科院等大专院校、科研院所进行技术交流和业务往来, 极大地带动了科研水平的整体提升, 加快了科研步伐。同时公司派单位技术人员外出学习苗木种植、嫁接及育苗等技术。

专家对梨树嫁接进行技术指导

三、培育技术

(一) 土壤改良

由于地理条件限制,嘉峪关市的种植土壤普遍达不到果树种植条件,因此,需对立地条件差的土壤进行改良,如种植油菜花进行土肥改进,提高有机质含量,直到达到适宜于美国红巴梨、新西兰红梨、蜜梨、雪山红梨、黄南果梨、红南果梨等生长的土壤条件。

(二) 栽培技术

嘉峪关地区一般以春季栽培为主,春栽以发芽前一周为宜,栽植时间在4月5日—15日。采用杜梨作砧木。注重科学栽植,边填土边提苗,踏实,埋土到根颈处;浇透定植水,覆盖地膜保护。定植后按照整形要求立即定干,定干高度80~100厘米,并采取适当措施保护定干剪口。9—10月,结合施基肥,进行扩穴深翻或全园深翻。从树盘树冠向外挖深沟,土壤回填时混以有机肥,每亩分层压入农家肥料或有机肥2000~3000公斤,土壤回填时表土放在底层,底土放在上层,并充分灌水,使根土密接。梨园树盘在生长季降雨或灌水后,适时中耕除草,保持土壤疏松无杂草。

(三) 人工嫁接

采用露地栽培模式,第一年栽植杜梨,砧木选择生长健壮、根系发达、无病虫害、与根穗有亲和力的植株;第二年进行人工嫁接,选用抗病虫砧木嫁接改良品种,必要时对接穗、苗木进行消毒处理。

(四) 果园管护

果园树木每年进行1~2次深松和旋耕,树冠周围人工进行松土、除草。深翻土地、土壤消毒和改良土壤、杂草较小时人工连根拔除，降低杂草结实草籽。幼树以夏季轻剪为主，实行"轻剪、少疏枝"。剪除病虫枝、干枯枝，疏剪密弱枝、斜生枝和下垂枝，及时复壮更新结果枝组，保持生长结果平衡。对树体过高的树，逐渐降低树高，适时疏、缩剪骨干枝。

（五）病虫害的绿色防控

坚持"预防为主，综合防治"的原则，推广绿色防控技术，优先采用农业防治、物理防治和生物防治措施，配合使用化学防治措施。农业防治：通过加强土肥水管理等措施，以保持树势健壮，提高抗病力。物理防治：根据病虫生物学特性，采取糖醋液、黄板、频振杀虫灯以及树干缠草绳等方法诱杀害虫。生物防治：利用寄生性、捕食性天敌昆虫及病原微生物，调节害虫种群密度；人工释放赤眼蜂，助迁和保护瓢虫、草蛉、捕食螨等害虫天敌。化学防治：提倡使用生物源农药、矿物源农药，并交替使用农药；禁止使用剧毒、高毒、高残留和致畸、致癌、致突变农药。

四、模式成效分析

在集体林权制度综合配套改革的基础上，文殊镇紧紧围绕"以林增收、以林致富"的发展目标，抓住国家退耕还林等生态建设工程契机，加强政策引导，深挖林地增收潜力，大力发展特色经济林，依托企业、农民专业合作社、家庭林场发展经济林产业，取得了较好的发展势头。

（一）生态效益

文殊镇通过退耕还林发展绿色果品和防风林带的种植，建设沙漠绿洲成效突出，特别是文殊镇河口村原本1000多亩的砂石戈壁荒滩变成了一片绿色，生态环境得到了明显改善。

（二）经济效益

文殊镇退耕还林经济效益初见成效，截至2019年，退耕还林梨树种植面积达1256多亩，林木果品品种达6种之多，苗木种植3年挂果、4年丰产，丰产期亩产梨达到3000公斤，亩收入达到6000元，年销售收入达到750万元；亩投入成本3000元，每年投入成本375万元，每年可实现利润375万元；利用退耕还林基地的新品种和新技术，带动农民发展2000亩果园，每亩增加收入3000元，增加产值600万元；培训农民200人，技术人员5名，使技术人员能够开展戈壁梨树种植与日常技术指导。

（三）社会效益

文殊镇退耕还林红梨产业的发展，带动下岗职工和农村剩余劳动力560户就业，户均年增收0.76万余元，稳定提高农户收入，带动间接就业2000余人次，人员平均月工资收入 1500 元，带动了周边经济的发展，进一步促进城乡经济一体化。从事退耕还林红梨产业的丰源公司各项技术也发展成熟，于 2017 年申请注册了"丰源"商标。2018 年 9 月被甘肃省农牧厅评为"甘肃省创业创新项目创意大赛三等奖"。该公司林果业每年稳步增长，成为当地农村经济发展和农民增收的支柱产业之一。

五、经验启示

自 2003 年实施退耕还林工程以来，特别是 2016 年实施的新一轮退耕还林，文殊镇瞄准以特色经济林为主导的规模化、集约化、产业化发展路子，鼓励农业企业、种植大户、农民专业合作社等流转土地，实施退耕还林发展特色经济林产业，形成了以"公司+园区+合作社+基地+农户"的模式，涌现出了嘉峪关丰源农业科技示范园公司。

(一)因地制宜，发展特色经济林产业

根据自然禀赋条件，找准特色经济林产业是关键。文殊镇引进适应本地区生长环境的梨品种，雪山红梨、美国红巴梨、新西兰红梨、蜜梨、红南果梨等新品种梨，抗热、抗旱、抗寒、适应性强、抗病性能突出。特别是雪山红梨不仅适宜本地区生长，且果肉细嫩、脆甜多汁，非常适合大众口味，成熟期较早，耐储存，具有良好的经济价值，可抢占市场先机。

(二)政策引导，优化经营管理模式

要促进退耕还林政策落到实处，让群众感受到实实在在的实惠，需要统筹考虑生态效益和经济效益。将农户"单打独斗"变为"组团发展"，依托龙头企业和专业合作社，推动林果业发展，坚持资源优势的转化，走市场牵龙头、龙头带基地、企业带发展的路子。

(三)示范带动，提升产业和产品竞争力

坚持典型引路，以先进典型示范引导，发展规模化、标准化、产业化、市场化的现代化经济林产业模式，鼓励农业经营主体开展无公害、绿色、有机产品和地理标志产品认证，提升产业和产品竞争力。

模式 58
甘肃金塔退耕还杏桃模式

金塔县隶属于甘肃省酒泉市。在历史的长河中,金塔县境域曾孕育着中国古老的创世神话,燃烧着原始文明的灿烂火光,谱写着汉唐盛世的强大武功,承载着华夏文明的多元文化脉膊。勤劳慧的先民,留下了丰富的文化遗产。金塔县曾获"全国农业信息化示范县""全省商务体系工程建设示范县""全国信息网络示范县""甘肃网络第一县"等称号。

一、模式地概况

红光村隶属金塔县金塔镇,地处县城北郊,地理位置优越,交通运输便利,信息网络畅通,全村共有9个村民小组515户1785人,耕地面积3710亩,人均耕地2亩。

近几年来,红光村依托本地特色杏树资源,举办以"相约金塔赏春色、品味红光杏花香"为主题的杏花文化艺术节,推动特色林果和乡村旅游深度融合发展,进而引导群众大力实施新一轮退耕还林,发展地方名优特色杏、桃品种,探索出了一条环境美、产业兴、百姓富的新路子,为新一轮退耕还林创造了一个鲜活样板。

二、模式实施情况

新一轮退耕还林工程实施以来,红光村利用城郊优势,结合乡村旅游,积极探索林业发展与乡村振兴的双赢模式,发展以桃杏为主的地方特色林果产业,全村共栽桃杏1500亩,户均达2.6亩,其中累计实施新一轮退耕还林任务1013.7亩,涉及农户219户。

(一)选择适宜本地种植的品种

红光村杏树资源丰富,品种多,产量高。尤其是该村出产的李光杏(又名李广杏),果实皮薄肉厚味美,杏仁香甜可口,果形平整,果面无茸毛,熟果呈橙黄色,深受市场青睐。李广杏抗旱耐寒,丰产,适应性强,属金塔地方杏树优良品种,是退耕还林的主栽品种。同时,为丰富特色林果品种,积极推广丰产性好、适应性强、果实风味佳、成熟期不同的地方特色品种李光桃(酒泉当地对本地油桃的统称,是普通桃的变种)以及选育的油桃

红光村新一轮退耕还林李广杏

等品种，实现优势互补、错季上市，实现经济效益最大化。

(二) 与发展乡村特色旅游相结合

红光村立足城郊优势和桃杏特色优势，强抓乡村旅游产业发展的良好机遇，着力打造"一乡一品牌，一村一风景，一园一特色"的发展格局，不断提升文化内涵，拓展文化外延，围绕杏花美景成功举办了三届"相约金塔赏春色，品位红光杏花香"杏花文化艺术节活动，向省内外游客展示了乡村特色旅游文化资源的独特魅力，得到了社会各界的广泛认可和高度评价，打开了全县发展乡村文化旅游业的大门，以花为媒、以节会友、以游揽客，以热忱和优质的服务吸引着更多的新老朋友来金塔踏青观光、休闲娱乐，积极展示金塔开放包容、自然和谐风采。

(三) 与建设国家森林乡村相结合

红光村以农村美、家园绿、建设生态宜居美丽新家园为目标，注重人与自然和谐发展，坚持科学规划、因地制宜、生态优先原则，抓好乡村道路、四旁植树、村庄绿化、庭院绿化等身边增绿工程，全域推进村庄绿化美化工作，着力打造绿化生态示范村，稳步提升林木覆盖率，建设生态宜居美丽新农村。2020年，金塔镇红光村入选国家林业和草原局第二批国家森林乡村名单。

(四) 与精准扶贫相结合

红光村积极动员和扶持贫困农户实施新一轮退耕还林，并从提供优质种苗和技术人员上门技术指导等方面进行政策和技术扶持，充分调动了贫困户实施新一轮退耕还林的积极性。通过第一年种苗费和现金补助的拨付兑现，贫困户户均增收2000多元，人均增收400多元，对促进贫困户脱贫增收、夯实林果产业扶贫做出了积极贡献。

三、培育技术

红光村退耕还林选择当地适应性强且表现优良的李广杏为主，桃树以李光桃为主，所选品种具有栽培历史长、丰产性好、抗性强、适应性广、抗寒、抗病、果实风味佳等优良特征。主要培育技术有：

(一)园地选择

桃树、杏树都是耐旱、耐瘠薄、喜光照的树种，杏树花期易受晚霜危害。因此，园地选在背风向阳、地势较高、排水良好、土质疏松、通气性好、土层深厚的地块建园，同时建立防护林体系。另外，核果类(如桃、李、杏)的"再植病"问题较突出，新建园最好避开原栽植地。

(二)品种选择及配置

选择山毛桃、山杏做砧木，地径≥1.0厘米、高度≥1.2米、无病虫害、根系损伤轻的壮苗，提高抗寒越冬能力。当年新植苗在夏末秋初芽接或第二年春季枝接优良品种。主栽品种不宜过多，应早、中、晚熟品种合理配置。一般5亩以下，选择2~3个品种；5亩以上的，选择3~5个品种；多个品种依面积隔1~3行配置1个品种。

(三)栽植密度及时间

栽植的桃树和杏树大都采用3米×4米的株行距，亩栽56株；或者是采用2米×4米的株行距，亩栽83株。小面积栽培的，行向以地块实际长度而定；大面积栽培的，行向与当地主风方向一致，当地多西北风，以东西行向为宜，以减少病虫害发生。栽植一般在3月下旬至4月上旬春季土壤解冻后，栽植前苗木根系在清水中浸泡12小时左右。

(四)定植沟开挖

桃树和杏树都怕水涝，不宜开沟定植，考虑到定植后2~3年内间作矮秆经济作物，为便于灌水，可开挖定植沟，具体标准是：沟深15~20厘米，沟底宽50厘米，沟两边埂高、宽各30厘米。地块两头要预留操作行，宽度2.5~3米，以利于中耕除草、防治病虫害等机械化作业。

(五)嫁接技术

春季嫁接的接穗要选3年生以上优良品种的新枝条，且枝条要光滑细嫩、生长健壮、无病虫害、花芽饱满充实，茎粗要与砧木保持一致。接穗采集时间为2月中旬至3月中旬，采集时要挂上标签，注明品种名称。接穗采集完成后，要放在恒温库或地窖中沙藏。秋季芽接的接穗，选用树冠外围中上部发育充实、芽饱满、无病虫害的当年新梢，然后剪除新梢叶片和叶柄。副梢和未充实的新梢不宜作接穗。

(六)整形修剪

整形修剪一般可分为夏季修剪和冬季修剪。夏季修剪时间在6—9月进行，主要有抹芽、摘心、拉枝、疏枝等几种修剪方法。冬季修剪是在认真做好夏季修剪的基础上进行的，在树体落叶后到萌芽前这一段时期，具体时间应在2月中下旬完成，冬季修剪方法有短截、疏枝、长放、回缩。

(七) 病虫害防控

桃树的主要病害有褐腐病、疮痂病、炭疽病，主要虫害有桃蚜、桃粉蚜、桃瘤蚜、山楂红蜘蛛、二斑叶螨、梨小食心虫。杏树的病害主要有杏芽瘿和杏疔病；虫害有食心虫、蚧壳虫和蚜虫。在田间管理中，应根据各种病虫害的发生情况和活动规律，在搞好科学管理、培养健壮树势、增强抵御病虫能力的基础上，采取人工防治、生物防治和化学防治相结合的综合防治措施，控制和减少病虫危害，大力推广灯光诱杀，应用植物源、矿物源和微生物等低毒、低残留的农药防治技术，并注意农药交替使用，采果前30天不使用农药。

(八) 越冬管理

灌冬水后，土壤湿度达到"手握成团，丢下即散"时，进行埋土或套袋装土两种方式越冬，以免发生冻害或抽干。埋土主要用于生长弱小的幼树，套袋装土主要用于生长粗壮的幼树。1~2年生幼树一律采取埋土或套袋装土越冬保护。

四、模式成效分析

红光村紧紧围绕金塔县"1555"行动计划和"1151"产业富民增收工程，认真落实退耕还林措施，以建设"林果大县"和推行"一乡一品、数乡一品"为核心，大力推广杏桃等特色林果种植，注重培育地方品牌，强力推动林果产业发展，取得了良好的生态、经济和社会效益。

(一) 生态效益

红光村把新一轮退耕还林与建设国家森林乡村相结合，先后共投资1200万元，对该村121户农户庭院进行花园式改造，新建小康住宅74户，铺筑油路3.3公里，衬砌渠道3.6公里，铺筑台沿2万平方米，改造门面3.6万平方米，架设景观灯128盏，修建文化广场2500平方米，围绕环境美、产业美、生态美、生活美、乡风美"五美"目标，扎实开展生态绿化、基础改善行动，全村生态环境显著改善。

(二) 经济效益

红光村通过新一轮退耕还林发展李光桃和李广杏1013.7亩，目前已经挂果，每亩杏桃收益为2000~4000元。同时，依托退耕还林杏资源举办"杏花节"，大力发展乡村特色旅游，开办"九碗三行子"等民俗特色农家乐8家，家庭旅馆2家，手工黑醋、粉皮加工为主的手工作坊3家，对促进文化旅游融合发展、推动镇域经济转型升级发挥了重要作用。

(三) 社会效益

红光村大力推广退耕还桃杏，着力探索桃杏发展新举措，为实现"以桃杏促游、以游

挂果中的李广杏

兴桃杏、桃杏旅融合"发展再助力。红光村在退耕还林政策推动下，积极从生态建设、产业发展和脱贫攻坚中寻找结合点，大力发展桃杏产业，"杏花村"已成为红光村的新名片。

五、经验启示

退耕还林既是生态建设工程，也是民生改善工程，更是一项经济活动，退耕还林经营主体涉及千家万户，要使新一轮退耕还林产生经济效益最大化，最终要走规模化、产业化、市场化发展的路子，积极探索林产品的深加工，做大做强做深地方品牌。主要启示有以下几个方面：

(一)突出地方品牌

红光村种植的李光桃和李广杏都属于地方优良品种，市场前景好，果实风味佳，选择成熟期不同的地方特色品种李光桃以及选育的油桃等品种，实现优势互补、错季上市，实现了经济效益最大化。

(二)示范典型带动

红光村二组村民朱旭明，全家3口人，种植李光桃5.2亩，2018年总收入达6万元，亩均收入1.15万元。其他农户看到桃树产生的经济效益后，纷纷在自家房前屋后种植桃杏树，使红光成为名副其实的"杏花村"，在带动乡村特色旅游发展的同时，也拓宽了农民增收渠道。尤其是红光村积极动员全村精准扶贫户种植桃杏树，有效推动了贫困户依靠退耕还桃杏脱贫，真正实现了林果产业扶贫之路。

(三)完善后续政策

坚持落实"谁造林、谁所有、谁投资、谁受益"的政策，县乡配套制定了发展优质经济林果政策，采取以奖代补、先干后补、投资实物等多种形式鼓励退耕农户发展后续产业，形成了生态、经济协调发展的地方特色经济。

模式 59
甘肃秦州退耕还大樱桃模式

秦州区隶属于甘肃省天水市，是天水市政府所在地。秦州区地处甘肃省东南部，属渭河支流和西汉水上游，黄河、长江两大流域的分水岭，生态地位突出。秦州区是水果和蔬菜生产基地之一，苹果、桃等温带水果和农副土特产质优品繁。

一、模式地概况

烟铺村隶属于秦州区玉泉镇，位于天水市城郊北山罗玉沟流域，秦巴山地丘陵沟壑区，距市区仅3公里之遥，早在七八千年前母系氏族部落就在这里繁衍生息。烟铺村是典型的半湿润半干旱温带气候，冬无严寒，夏无酷暑，雨量适中，光照充足，肥水中等，土层深厚。得天独厚的自然资源优势，特别适宜无公害优质果品生产，是我国最佳的大樱桃生产区域之一。

烟铺村土地面积1800亩，其中耕地面积1400亩，总户数178户，总人口779人，辖2个自然村3个村民小组，劳动力370个，2016年农民人均纯收入8400元。

二、模式实施情况

自1999年实施退耕还林工程以来，烟铺村依托退耕还林的历史机遇，充分利用特色区位优势，大力发展大樱桃产业基地，积极探索林业发展与乡村振兴的双赢模式。烟铺村前一轮退耕还林完成任务1402.3亩，主要栽植树种为大樱桃，涉及农户123户593人，其中涉及贫困户4户21人。烟铺村退耕还林主要做法有：

(一)选择当地优质品种大樱桃

烟铺村区域地理位置特殊，有着得天独厚的水肥、气热、光照资源，所产的大樱桃果实色泽鲜艳、美味可口、优质无公害，被誉为"春果第一枝"，深受广大消费者青睐。烟铺村充分利用地域环境优势，以退耕还林为契机，提出转变传统种植模式，发展大樱桃产业，走特色优势产业的思路，使大樱桃产业成为村民致富增收的支柱产业。烟铺村如今火了起来，远近闻名，每逢大樱桃上市之际，来这里摘采观光的游客和洽谈订货的商客络绎不绝，无不称赞大樱桃味美色艳。通过发展大樱桃产业，村民的腰包也鼓了起来。

烟铺村退耕还林大樱桃基地

（二）能人示范带动

2000年退耕还林工程实施初期，秦州区林业局广大干职工根据烟铺村的地理位置及气候特点，试点引进栽植大樱桃。为了改变种植结构，王建瑞积极响应政策，当年一次性在自家耕地退耕还林栽植大樱桃8亩。至2011年果树的产量在不断提高，果品质量也达到最好，年产值在10万元左右。通过近十年的摸索与经验总结，王建瑞更大胆地流转其他村民耕地80余亩全部种植了大樱桃。为了更加注重品质的提升，积极引进新型套袋技术，2012年自学网络销售模式，并取得一定成效。市场上售价40元/公斤，网格在线销售高达70~80元/公斤。2011—2017年，每年收入都呈万元的增长趋势。截至2017年，共流转土地265亩，全部用于发展大樱桃栽植，大樱桃真正成为王建瑞名副其实的"摇钱树"。

（三）重视技术培训

烟铺村积极实施农村实用人才开发及劳动力培训工程，注重"选苗子、育骨干、树典型、带发展"，大力培养"田秀才""土专家"，加强农村实用人才队伍建设，积极为农民提供信息技术服务，促进产业化发展。通过内请外聘，开展形式多样的技术培训，推广新品种、新技术。烟铺村在在春、夏、秋三季，组织技术骨干人员参加秦州区举办的大樱桃丰产栽培技术培训班三期300人次，镇级培训班四期1500多人次。烟铺村以掌握先进技术的骨干种植户为主，举办不同形式的村级培训15场次，参训人员达2500人次，累计年培训人员达到3000多人次，发放农业科普知识读本500本、技术宣传单2000余份。

（四）发展旅游观光

通过积极争取资金投入，再通过各方筹资配套，建成占地15亩、概算投资1600万元的大樱桃产业基地，新建面积1000平方米的钢结构交易市场一处，800平方米的大樱桃基地综合培训楼一栋。同时，按照功能划分，布置培训室、展示室、阅览室、信息室、合作社等功能区，添置桌椅、电视、电脑、投影仪等设备。并引进天水绿之缘农业发展公司，建成10000吨恒温气调库一座。以村村通项目为依托，加快道路基础设施建设。投资420万元在烟铺北山新修产业水泥路12公里，极大改善了交通状况。随着道路的畅通，带动消费者在大樱桃基地休闲观光，鼓励种植户走生态园、采摘园、观光园三园合一的新路子，让游客入园自由采摘，使大樱桃价格达到每公斤100元左右，比在市面每斤高出40~60元/公斤，极大地增加了农民收入。

烟铺村退耕还林大樱桃观光

（五）加大品牌认证

2008年，"烟铺大樱桃"被中国绿色食品发展中心认定为绿色食品A级产品，许可使用绿色食品标志；2010年6月，在北京优质樱桃擂台赛上，"烟铺大樱桃"获得金奖；2016年，被农业部认定为全国"一村一品"示范村；2019年5月，在中国农产品市场协会会同有关单位组织开展的2019中国最美樱桃推介活动会上，"烟铺大樱桃"荣获"2019中国十大好吃樱桃"称号；2020年5月18日，"莺果缘"杯2020年中国樱商大会在中国烟台举行，秦州区玉泉镇被推荐为"中国樱桃产业高质量发展示范镇"。

（六）多渠道宣传推介

以新闻媒体为依托，不断提升品牌影响力。2013年6月，在秦州区主办的中国樱桃年会上，来自全国各地的大樱桃专家共300余人齐聚秦州大樱桃基地，作为现场观摩点，赢得了高度评价，被评为"中国优质甜樱桃生产基地"。同时，每年通过举办大樱桃推介会、美食节、采摘节等活动加大宣传，还举办了秦州大樱桃推介会暨"环烟铺樱桃园"山地自行车骑行活动。

三、培育技术

秦州区因昼夜温差大，日照时间长，土壤肥沃，以及远离工业污染，生态环境良好，所产大樱桃具有色泽艳、口感好、风味香、无污染等特点,深受客商青睐。栽培有品种主要有红灯、美早、意大利早红、早大果、胜利、拉宾斯、8-102、萨为脱、宾库、艳阳、先锋等20多个,其培育技术有:

(一)选址及规划

大樱桃适宜海拔高度在1500米以下,选择地势平缓、光照充足、背风向阳、土层深厚肥沃、土质疏松、土壤pH值5.6~7之间、水源方便充足、排水良好的地方建园。

(二)整地

采用大坑整地方式,栽植坑80厘米见方,表土和底土分开堆放。挖好后先在穴底放入麦草、玉米秸秆、杂草等有机物10~20厘米,然后再按每株施农家肥20~25公斤、磷肥0.2公斤、氮肥0.1公斤,将肥料与表土充分混合填入坑内。回填后坑面要高出地面10厘米,同时沿整个栽植行做成高10厘米的垄。

(三)栽植

苗木栽植可分为秋植与春植,以春植为主。栽植前一天,清除苗木的烂根及分枝,将苗木根系置于清水中浸泡24小时,或用生根粉药剂处理,再用黄土和鲜牛粪混成的浆蘸根处理,然后栽植。栽植时把苗木放入穴中心,根系向四周舒展,前后对直、横竖成行,嫁接口朝向要一致,然后边填土边提苗,并用脚踩实土壤,使根系与土壤紧密接触。栽好后修树盘,浇足定根水,待水完全下渗后用细土封埯坑面,覆膜增温保墒,提高成活率。

(四)果园管理

覆膜:覆膜是提高定植成活率,促进苗木前期生长的重要技术。3月上中旬,挖出埋土防寒的苗木,扶直苗干,铲平土枕,整好树盘,浇水后覆盖地膜,方法有单株和整行覆膜两种。定干:为减少苗干蒸腾失水,定植后应立即定干。定干高度以剪口下选留4~6个饱满芽为原则,以利萌发成长枝,可以灵活掌握。果园间作:实行合理间作是确保幼树健壮生长的关键。果园实行行间间作,要求留足100厘米宽的通风带。选择间作作物的原则是不与果树争光、争肥、争水,有较高的经济价值,与果树无共同的病虫害。可间作洋芋、黄豆、箭舌碗豆等低秆作物。

(五)水肥管理

施肥分基肥、追肥和根外追肥。基肥宜在8—9月早施为好,以农家肥为主。追肥宜在花前、花后和采果后追施,常用肥料种类有尿素、硝胺、复合肥。根外追肥宜在花期和果实膨大期进行,花期喷施200倍的尿素或200倍的硼砂或600倍的磷酸二氢钾,可提高坐果率。果实膨大期喷施多元复合微肥,可提高果实产量和质量。

(六)整形修剪

整形修剪是樱桃栽培中一项不可缺少的技术措施,可使樱桃早结果、早丰产,降低生产成本，使植株不仅在个体上，而且在群体上，能充分利用土地、空间和接受光能，最大限度地获取优质果品，实现长期壮树、高产、优质的生产目的，取得最大的经济效益。树形主要有自然开心形、主干疏层形和纺锤形。修剪方法有短截、缓放、疏枝、回缩、摘心、拉枝、抹芽和刻芽。其修剪时期分冬季和夏季，并应以夏季修剪为主。

四、模式成效分析

烟铺村为有效解决果农持续增收问题，主动适应发展趋势，不断探索大樱桃现代营销模式，联合天水在线网络平台在烟铺村打造了天水电商第一村，探索出农村电商的"烟铺模式"，在全市乃至全省推广。

(一)生态效益

烟铺村通过扶持群众发展经济林产业，为群众致富找到了"金钥匙"，实现了生态建设与脱贫攻坚共赢。退耕还林及樱桃园建设，使烟铺村面貌发生巨大变化。现如今路边建楼房、山上建果园，一块块耕地绿了，多年不见的野生动物也多了，生态环境明显改观。

(二)经济效益

烟铺村大樱桃产业园成效显著，截至2019年，通过退耕还林大樱桃建园示范，带动罗玉沟发展的樱桃园1万亩以上。据保守估算，秦州大樱桃盛果期平均亩可产达到500公斤，每亩收入在10000~15000元，为玉泉镇罗峪沟流域每年创收15000多万元。

(三)社会效益

烟铺村退耕还林大力发展大樱桃产业园，并通过兴建产业基地、交易市场、综合培训楼、产业楼等举措，着力增强樱桃园带动力，为秦州区实现"以园促游、以游兴园、园旅融合"发展再添助力。目前，秦州区在退耕还林的政策推动下，积极从生态建设、产业发展和脱贫攻坚中寻找结合点，大力发展樱桃产业，"秦州大樱桃"已成为一张生态产业的新名片。

五、经验启示

烟铺村把新一轮退耕还林与产业发展相结合，精准施策发力，让一块块荒地变成了青山。

(一)品种选择是成功的前提

烟铺村距天水市区仅3公里之遥，是典型的半湿润半干旱温带气候，冬无严寒，夏无酷暑，雨量适中，光照充足，肥水中等，土层深厚。得天独厚的自然资源优势，特别适宜无公害优质果品生产，是我国最佳的大樱桃生产区域之一。烟铺镇万亩樱桃园栽培的品种有红灯、8-129、美早、意大利早红、莫莉、早大果、巨红、佳红、佐滕锦、胜利、友谊、拉宾斯、8-102、斯坦勒、萨米脱、宾库、那翁、艳阳、奇好、宇宙、先锋、雷尼尔、7-101等23个，每年5月中旬左右成熟上市。

(二)扶持引导是成功的保证

秦州区依托退耕还林工程，以农村"三变"改革为抓手，积极培育新型经营主体"五小产业"，培育乡村发展新动能，为烟铺村大樱桃产业发展提供了坚强后盾。

(三)加大宣传是成功的秘诀

每年通过举办大樱桃推介会、美食节、采摘节等活动加大宣传，通过举办秦州大樱桃推介会暨"环烟铺樱桃"园山地自行车骑行活动提升品牌影响力和知名度。2015年起，CCTV《中华情》总导演郭霁红受邀担任"烟铺大樱桃"公益代言人。

模式 60
青海德令哈退耕还枸杞模式

德令哈市隶属青海省海西蒙古族藏族自治州(以下简称"海西州"),是自治州的首府。德令哈市地处青海省中部,是历史上著名的南丝绸之路主要驿站、古羌属地、蒙族牧场,青藏铁路、国道315线穿城而过,德令哈民用机场建成投入运行,是南进西藏、北上甘肃、西通新疆、东接省会的交通枢纽。德令哈是柴达木循环经济试验区的盐碱化工工业园,是柴达木盆地内生态绿洲农牧业的最大灌区之一,也是青海省统筹城乡一体化示范区。

一、模式地概况

德令哈市地处享有"聚宝盆"美誉的柴达木盆地内,于1988年经国务院批准撤镇建市,是海西州州府所在地和全州政治、科技、文化、教育中心,也是海西东部经济中心。德令哈系蒙古语,意为"金色世界",现辖3镇1乡3个街道办事处,辖区总面积2.77万平方公里,常住人口7.31万人。

德令哈市地域辽阔,地形复杂,形成山、川、盆、湖兼有的地貌特征。气候属大陆性气候,干旱少雨,风沙大,日照长,昼夜温差大。德令哈市土地总面积为32401平方公里,其中:可利用草场面积为1474万亩,宜农土地30万亩,河湖面积310万亩。宜农土地全部分布在德令哈盆地,这里地势平坦,东北高、西南低,无丘陵沟壑,坡度小,适宜引巴音河与巴勒更河的河水进行自流灌溉。土壤为灰漠钙土,土层厚度为0.8~6.12米,吸水力较好,大部分排水性能良好,开发潜力很大。

二、模式实施情况

德令哈市2002年开始实施退耕还林工程,退耕还林(草)任务94.96万亩,其中:退耕还林6.56万亩、荒山荒地还林52.6万亩、封育35.8万亩。涉及3个乡镇、2个街道办事处,共计146个小班,306户退耕户,人口918人。

(一)选择主栽树种枸杞

德令哈市抢抓退耕还林机遇,按照"东部沙棘,西部枸杞"的发展思路,将枸杞产业发展作为地方农业结构调整、农牧民增收及防沙治沙的重点工作,退耕还林发展枸杞5万多亩。

德令哈市退耕还林万亩枸杞园

(二)龙头企业引路

德令哈市枸杞种植从2001年由柴达木高科技药业公司率先种植3000亩,至2004年达到盛果期并产生效益后逐步开始种植。2008年海西州实施枸杞产业化种植项目后,德令哈市把枸杞产业发展列为全市农业结构调整、农牧民增收、防沙治沙及发展生态农业的重点工程,引导和培育龙头企业进行规模化、产业化经营,采取补贴种苗、集中连片种植、配套推广滴灌模式等方式大规模种植枸杞,枸杞产业种植基地得到了迅速发展。2016年,全市枸杞种植达11.7万亩,总产量达15450吨;参与枸杞种植的散户达424户,枸杞种植专业合作社及企业近73家(其中合作社62家,企业11家)。

(三)采用良种壮苗

枸杞苗木是建立枸杞园的最基本条件。枸杞苗木的优劣,对枸杞园的质量、产量等有着密切的关系,因此培育优质苗木就成了建立枸杞园区的首要任务。柴达木地区枸杞育苗的技术路线就是以科技为先导,通过与宁夏农科院专家强强联手,采取科学、先进的育苗手段培育优质枸杞苗木,建立枸杞育苗基地,为德令哈市退耕还林后续产业种植枸杞提供苗木保障。推动枸杞育苗建设规模化、专业化、标准化,壮大了德令哈市枸杞产业的发展。

(四)推进枸杞产地认证

德令哈市通过有机枸杞认证的枸杞种植面积达2万余亩,有机枸杞年产量达1800吨。

另外,推广宁杞 7 号、柴杞 1、2、3 号等新品种 1300 亩。枸杞加工企业和枸杞种植户签订统防统治协议,明确病虫害防治指标及双方的责任、权利、义务、服务内容和收费标准。种植农户严格按照有机枸杞要求进行种植生产,统一使用无公害生物农药防治病虫害,有效控制化学农药和添加剂使用,进一步保证了枸杞品质提升。

(五)发展枸杞加工

目前,德令哈市建成枸杞烘干线 76 条,已全部投入使用,年烘干能力达 7200 吨(干果)。通过招商引资,已有青海藏地集团、德令哈林生生物科技公司及诺蓝杞等枸杞深加工企业入驻柴达木绿色产业园区,从事枸杞深加工和枸杞交易。

(六)狠抓示范基地建设

紧紧抓住国家实施退耕还林(草)工程机遇,在确保农牧民增收的同时,围绕退耕还林后续产业——枸杞种植科技示范点项目,积极推进枸杞产业发展,以示范点建设带动枸杞资源综合开发。

三、培育技术

德令哈市种植的枸杞防沙效果好,又能增加经济收入,短短的十几年内,德令哈市 10 万亩枸杞园初步形成规模。

(一)育苗地选择

枸杞的适应性很强,对土壤条件要求不严,而要实现优质高产的目的,建园时对土壤条件的选择还应注意三点:一是最好选择土层深厚、有良好通气性的轻壤、沙壤和壤土建园;二是土壤有机质含量在 1.0% 以上,土壤含盐量 0.5% 以下,pH 值为 8 左右,有效活土层 30 厘米以上;三是应选择交通便利、地势平坦、有排灌条件的土地。

(二)推广无性系苗木

利用种子繁殖苗木的方法,短期内能育出大量的苗木,成本低;但其生产出的苗木变异性大,母树优良性状不能保持,且结果迟,品质差。现一般不采用此方法。无性繁殖是利用植物某一营养器官繁育植株的方法,包括枝条扦插、根茎分株、根条移栽等。

(三)苗木处理

插穗为宁杞 1 号,剪取当年生长发育充实、无病虫害的 1 年生枝,剪成 15 厘米长的插穗,上剪口要平,下剪口斜,通常 20~100 根一捆。扦插前先用 3‰ 的高锰酸钾消毒,然后用生根粉浸泡 12~24 小时。扦插前以 10 厘米×30 厘米的株行距在地膜上打小孔,孔径为 2~4 厘米。直插或斜插畦上,每畦插 3 行,扦插深度以插条顶端露出 1 厘米为宜,插后浇透水。

(四)抚育管理

扦插20天后检查发芽情况,有发芽的破膜,放芽后再把膜压严,当苗长至15厘米左右时抹芽,每株留1个健壮的苗体,其余侧芽全部抹除,当苗体长到50厘米时掐头(摘心),然后根据苗体长势,结合浇水补施一次肥,后期控水长根。在管理过程中前期重点除草,本着"除早、除小、除了"的原则,及时拔除杂草,在雨后或灌溉后进行,除草以不伤苗木根系为宜,切不可造成草荒。

(五)病虫害防治

病虫害主要有白粉病和枸杞木虱、枸杞瘿螨、枸杞蚜虫等。对高效节能型日光温室枸杞的病虫害,必须做到以防为主。

四、模式成效分析

德令哈市通过退耕还林大力发展枸杞产业,探索出了一条高原生态防护、经济效益、社会效益显著的多赢之路。德令哈市枸杞在创造了巨大的经济效益的同时,其生态效益也非常好,特别是节水、防风固沙、改造荒漠意义重大。

(一)生态效益

退耕还林种植枸杞是德令哈植树造林的一个缩影工程。"十二五"期间,德令哈市用在植树造林上的投入累计近4亿元,先后实施绿化工程近80个,完成人工造林86万亩,城市绿化率达到42.46%,人均绿地面积达13.6平方米。通过退耕还林工程,德令哈市柯鲁柯镇和怀头他拉镇有机枸杞标准化出口基地原本是一片荒漠,地表植被稀疏,环境蛮荒苍凉。如今86万亩枸杞一片片、一排排、一行行,枝繁叶茂,郁郁葱葱,让这昔日的荒漠变成了绿洲,不仅经济效益显著,其生态效益更是让人惊叹。

(二)经济效益

德令哈市退耕还林发展枸杞5万多亩,带动全市枸杞种植面积达11.7万亩,亩年均收益近3000元。坐在穿行于德令哈的火车上,便可看到两边昔日的戈壁滩已蜕变为连点成片的枸杞林地,这里种植的11.7万亩枸杞,总产值达3亿多元,不仅鼓起了当地杞农的"钱袋子",还使大批省内外来打工的农民增加了收入。

(三)社会效益

在戈壁新城德令哈,枸杞不仅仅是单一的植物种类,它更是一种生态、经济和社会价值的体现。小小的枸杞不仅让德令哈快步走上绿色发展的复兴之路,也让外界从这晶莹剔透的果实中重新认识和定位对德令哈乃至海西的认知。枸杞产业已经不再是单一的农业产业,还是集聚带动一二三产业融合发展的产业体系。退耕还林枸杞种植还带动了枸杞鸡、枸杞羊、枸杞花蜜、枸杞配方饲料等林下产业的发展。

德令哈市退耕还林枸杞采摘现场

五、经验启示

在缺水干旱的德令哈，绿色是生命的颜色。因为绿色产业的崛起，这片被蒙古语意为"金色的世界"的地方，焕发出生命原有的颜色，充满无限生机。德令哈市以西约15公里的沙漠，如今变成了绿树环绕的万亩枸杞园。

（一）要选择合适的树种

枸杞，对这一既有经济效益又能防沙治沙的树木，生态专家在柴达木有这样的测试：利用枸杞改善环境效率高，成本低，种植乔木树木成本在3~15元之间，种植绿地是种植枸杞投入成本的数十倍，也就是说种1平方米的绿地需要的费用，就可以种植几十平方米的枸杞，意义重大。随着枸杞种植面积逐年扩大，柴达木的林地也在增加，这对改善城市生态环境、防风固沙、防止水土流失、减少农田用水量等发挥着越来越明显的作用。

（二）要勇于探索

枸杞既能防风固沙，又能增加当地群众收入，德令哈人在不断探索总结防风治沙经验的斗争中，最终选择枸杞种植。德令哈市柴达木防沙治沙有限责任公司经理史连奎说，枸杞防沙效果好，又能增加经济收入，短短的数十年内，德令哈市就发展了10万亩枸杞园。在德令哈最早种植枸杞时，因为缺水，枸杞成活率较低。随着枸杞生态效益和经济效益显现，多项实用技术得到推广应用，德令哈枸杞逐渐形成规模。

（三）要规模化发展

距离德令哈市区40多公里的怀头他拉枸杞种植基地，已形成10万多亩连片的标准化生产基地。规模化基地在节水设施方面，便于采用国外先进的设备和技术，为发展绿洲农业探索出了新路，为固沙防沙积累了用水资源。

模式 61
青海平安退耕还乔灌混交模式

平安区隶属青海省海东市。海东市因位于青海湖以东而得名，气候属半干旱大陆性气候，矿藏资源和水能资源丰富。海东市下辖 2 个市辖区、4 个自治县。人口相对集中，经济较为发达，是青海重要的农牧业经济区和乡镇企业较发达地区之一。

一、模式地概况

平安区是海东市的两个市辖区之一，位于海东市中心腹地。平安区是唐蕃古道和古丝绸之路南线的重要驿站，有青藏高原"硒都"之称，是青海省东部地区重要的政治、经济、文化、交通、科技、教育中心之一。

平安区地处湟水流域中部，具备典型寒温带大陆性气候特点，总面积 769 平方公里。山地、丘陵面积占总面积的 88.9%，全区分布在"三条河流一条川内"。拉脊山自西向东横贯南部，是境内巴藏沟、白沈沟、祁家川三条河流的发源地。境内海拔在 2066~4167 米之间，年降水量 300~650 毫米，年均温度 0.3~6.4℃。平安区辖 3 镇、6 乡，111 个行政村，总人口 11.39 万人，其中农村人口 7.15 万人，农村劳动力 3.76 万人，2019 年农村居民人均可支配收入 11875 元。

二、模式实施情况

2000 年以来，平安区共完成退耕还林(草)26.62 万亩，其中退耕地还林还草 9.62 万亩，周边荒山造林种草 15.5 万亩，封山育林 1.5 万亩。主要造林模式为青海云杉+白桦+中国沙棘。共涉及全县 3 镇、6 乡，83 个行政村，9805 户。

三、培育技术

平安区退耕还林乔灌混交模式主要分布在巴藏沟乡、古城乡、三合镇(原寺台乡)、石灰窑乡等脑山村庄。该模式可在青海省海拔 2700~3100 米之间，年降水量在 400~500 毫

平安区退耕还林乔灌混交模式

米之间的东部浅山区推广，每亩栽植密度 222 株。

(一) 树种选择

本模式选用乔木树种为青海云杉、白桦，替代树种可选用紫果云杉、青杆、川西云杉、红桦等；灌木树种为中国沙棘。

(二) 种苗要求

青海云杉选用 80~150 厘米 I 级移植苗，要求顶芽饱满，无损伤，冠幅 60~80 厘米，土球 35 厘米左右；白桦采用 2 年生播种苗，要求色泽正常，充分木质化；中国沙棘采用 1~2 年生 I 级播种苗，要求充分木质化，苗木要有"一签两证"，禁止使用带有危险性森林病虫害的苗木造林。

(三) 造林整地

坡度在 25°以上的坡耕地，沿等高线自上而下采用鱼鳞坑或水平沟整地；坡度在 15°~25°坡耕地，沿等高线方向，采用水平沟或反坡梯田整地。

(四) 植苗造林

全部为植苗造林。栽植穴的大小和深度，要大于苗木根系。沙棘裸根苗造林时，根系应舒展，栽植深度适宜，分层填土踏实，最后覆土。容器苗造林，应拆除根系不易穿透的容器。植苗造林应随起随栽，对不能及时栽植的苗木必须进行假植。

(五) 造林季节

以春季造林为主，土壤解冻到适宜深度即可造林，最迟不得延至树木发芽。春季造林时间一般为 3 月中旬至 5 月下旬。

(六) 抚育和保护

及时浇水：每次浇水要浇足，使根部土壤全部湿润，一般隔 10~15 天浇水一次，并进行覆土保墒。及时清除杂草：防止草荒。及时进行病虫害防治：控制病虫害大面积发生。

及时补植补栽：每年4—5月对退耕地成活率不高的造林地块进行补植补栽。

四、模式成效分析

在退耕还林工程中，平安区注重生态效益和经济效益相结合，当前利益和长远利益相结合，取得了显著的成效。

(一)改善生态环境

2000年以来，平安区退耕还林区及其他生态治理区域，普遍实施了"封山禁牧、舍饲圈养"的措施，植被得到有效恢复，水土流失得到有效遏制，生态环境明显改善。生态环境的好转，有效扼制和减少了山洪、暴雨、干旱等自然灾害的发生，也使广大群众从中得到实惠，增强了生态环境建设和保护意识，激发了他们造林种草的积极性。

平安区退耕还林成效显著

(二)增加农民收入

平安区退耕还林主要采用青海云杉+白桦+沙棘乔灌混交模式，乔木树种成材后有一定的经济收益，灌木树种沙棘每亩年收益50~500元。退耕还林还促进了劳务经济的发展。由于耕地面积减少，大量的农村劳动力从土地中解放出来，形成有特色的劳务大军，拓宽了农民增收的渠道。到2019年全区以精准扶贫为契机，制定有力政策措施，推进农村劳动力地域转移和产业转移，农村劳动力转移规模、外出务工人数规模明显增加，促进农村居民工资性收入的快速增长，全区农村居民人均工资性收入4237元。

(三)推动全县农村经济结构的调整

退耕还林后，山区农民的耕种面积减少了，农业种植方式从传统的粗放型经营逐步向精耕细作、发展特色优质农作物转化，油料、马铃薯、豆类等经济作物的耕种面积不断扩大，蔬菜、食用菌、花卉、药材的种植面积由无到有，呈现出由单一化向多元化的发展趋势。

五、经验启示

(一)改善生态是生存要素

平安区石灰窑回族乡、寺台乡、古城回族乡等乡镇在退耕前每逢大雨，洪水泛滥、桥梁被毁，水土流失相当严重，直接危及群众的生命财产安全。河沟内水流量减小，干旱时经常断流。经退耕还林后，这些地区山变绿了，水变清了，气候变正常了，林草植被屡遭破坏、水土流失严重的现象少了，小溪的流量也大了。

(二)调整结构是发展的需要

平安区退耕还林(草)工程实施后，退耕区耕地面积减少，致使农村富余劳动力增多，也迫使农民摆脱了土地的束缚，大量中青年劳力得以外出打工、跑运输、做买卖。这些农民不但增加了收入，而且关键的是在外长了见识，开阔了眼界，从而引发了思想观念的根本转变。外出务工和创办实体，从事二三产业的农民越来越多，有力地促进和推动了农村经济的快速发展。

第三篇 三北风沙区退耕还林还草实用模式

　　本区域包括东北西部、华北北部、西北大部干旱地区，范围包括北京、天津、河北、内蒙古、宁夏、新疆共6个省（自治区、直辖市）及新疆生产建设兵团。由于退耕还林还草所占比重较小，陕西、甘肃、青海纳入黄河流域，辽宁、吉林、黑龙江纳入其他地区。

　　本区历史上曾是森林茂密、草原肥美的富庶之地，由于种种人为和自然力的作用，使这里的植被遭到破坏，沙进人退现象突出。生态区位有京津风沙源区、科尔沁沙地、古尔班通古特沙漠和塔克拉玛干沙漠周边地区。区域内分布着八大沙漠、四大沙地，从新疆一直延伸到黑龙江，形成了一条万里风沙线。本区风沙危害十分严重，木料、燃料、肥料、饲料俱缺，农业生产低而不稳。对严重风沙地退耕还林还草，特别是在沙漠边缘地区有计划地营造带、片、网相结合的防护林体系，阻止沙漠扩张，是改变农牧生产条件的一项战略措施。

模式 62
北京延庆退耕还栗蘑模式

延庆地处北京市西北部，为北京市郊区之一。延庆区作为首都生态涵养发展区，始终坚持生态立区理念，全面实施生态文明发展战略，推进"两山"理论实践创新基地建设。先后获得"全国绿化模范县""ISO14000 运行国家示范区""国家园林县城""国家生态县""国家森林城市"等荣誉称号。

一、模式地概况

大庄科乡位于延庆区东南部，南与昌平的长陵镇接壤。昌赤路南北贯穿全乡，距县城 38 公里，距北京 65 公里。乡域四面环山，村落散布其间。全乡 29 个行政村，1900 户，5000 多口人。土地总面积 126.57 平方公里，其中有林地面积 13.5 万亩。主产果品是板栗，现种植总面积 2 万余亩。

二、模式实施情况

自 2002 年退耕还林以来，大庄科乡退耕还林种植的板栗面积达 5400 亩，其中水源条件较好的 2000 余亩。每年板栗枯树和修剪下来的废弃枝条约 4500 吨以上，为栗蘑就地生产提供了宝贵原材料。大庄科乡栗蘑产业发展模式的主要做法有：

（一）利用枯枝废叶发展栗蘑

秋收后收集栗树废弃的树叶树枝，然后进行加工粉碎，加入一些种料进行装袋，再灭菌，而后进行发菌，制成栗蘑菌棒，来年在栗树地进行种植，对栗蘑进行浇水保温生长，不仅收获了栗蘑，还为栗树提供很好的有机肥料，种一次，可以增加 3 年的有机肥料，丰收后再继续进行栗蘑菌棒制作和种植，打造了树上板栗、树下栗蘑立体循环相互促进的经济模式。

延庆区退耕还林栗蘑培育

(二) 利用合作社组织村民

为了使农户先掌握好栗蘑种植技术，确保种植成功率，大庄科乡成立了合作社，组织村民统一经营。初期试种栗蘑面积为 21 亩，涉及全乡 14 个村 41 户。通过试种，取得成功，农户反映良好，积极性很高。后又发展了 135 户，扩大种植 200 余亩。并通过了北京中绿华夏认证中心的有机认证。良好的经济效益刺激合作社进一步加大栗蘑种植规模，计划将栗蘑种植面积再扩大 500 亩，预计年产值将达 560 万～1400 万元，使大庄科乡的人均板栗及栗蘑年收入增加 1000～2000 余元。

合作社每年在全乡范围内举办两次种植板栗蘑菇培训班，聘请了中国科学院微生物研究所专家文华安教授、河北迁西县食用菌专家付子河先生、迁西县种植大户李振刚师傅为大家讲解栗蘑种植技术。

三、培育技术

(一) 整地做畦

选好栽培场地后，挖东西走向的小畦，长 3～5 米，过长不便管理且通风不好。畦宽 50 厘米，深 20～30 厘米，畦间距 80 厘米，作走道及排水用。在畦四周筑成宽 15 厘米、高 10 厘米的土埂，以便挡水。挖出的深层土放一边做覆土用。畦做好后暴晒 2～3 天，以消灭病虫害。栽培前一天，畦内灌一次透水，水渗后在畦面撒少许石灰（以地见白就行）。石灰不宜过多，否则影响土壤的酸碱度。撒石灰的目的是增加钙质和灭杂菌。

(二) 脱袋排放

从上口用小刀纵向划开薄膜袋，然后用手撕开袋。如发现有杂菌斑，须将杂菌块挖除干净，并做远离菇场深埋处理。脱袋的菌块应直立排放畦内，菌块之间要挨紧，做到上平。排完菌块后要及时覆土，覆土时应先把四周填完，再向畦面覆土。覆土时要尽量将菌块间隙填满，厚度约1~2厘米，然后用水管向畦内喷水，使土湿透。喷水时不要用大水，防止菌块浮起。等水渗透后，菌块缝隙出现，再覆第二层土，把缝隙填满后，菌块上覆土1~1.5厘米，再用水淋湿，外不露菌袋即可，然后搭盖小拱棚，罩膜，覆草帘压牢。

（三）出菇管理

出菇前棚内挂温湿度计，以便更好地了解棚内温湿度变化。早春由于温度较低，不能及时出菇，要每隔7~15天向畦内浇一次水。经过20~35天适宜温湿度的地下培养，菌丝开始扭结形成菇蕾，一般温度高、覆土薄、畦浅的出菇早，相反则出菇迟。原基形成后需采取以下措施：①保持湿度，畦内菌块含水量保持在55%~65%，棚内空气相对湿度保持在80%~95%。②注意通风换气，原基形成后对氧气需求量迅速增加，此时应注意加大通风量，通风会降低空气相对湿度，应结合喷水同时进行。通风时间每次半小时左右，每天2~3次。③原基形成后，光照强度达到棚里面能看书报程度即可。④调控温度，栗蘑生长的最适温度为18~25℃，当棚内温度超过30℃就应采取调控措施，增加喷水次数，加盖遮阴物，加强通风，还可以把草帘上喷水以降低环境温度。⑤为防止栗蘑菇体沾染沙土，原基分化后可在周围摆放一些小石子（小石子之间应有2厘米左右的空隙，为核桃大小，使用前需用石灰水做灭菌处理）。

（四）栗蘑采收及采后管理

栗蘑从原基出现到采摘的时间，在其他条件相同的情况下，随温度的不同而有所不同，温度适宜的条件下，一般18~25天可以采摘。应根据子实体生长状况来定，一般八分熟就可采摘。采摘标准：一是观察菌孔，幼嫩的栗蘑菌盖背面洁白光滑，成熟时背面形成子实层体，出现菌孔。栗蘑采摘以刚出现菌孔，尚未释放孢子，菇体达到七八成熟时为采摘最佳时期。二是观察菌盖边缘，光线充足时，栗蘑菌盖颜色较深，可以观察到菌盖的边缘有一轮白色的小边，当小边白色变得不明显，其边缘稍向内卷时，即为采摘适期。适时采收，栗蘑香味浓，肉质脆嫩，商品价值高。采摘时注意不能损坏栗蘑根部下方，即菌根，且采前不要灌水。栗蘑采摘后用小刀将菇体上沾有的泥沙或杂质去掉，轻放入筐。捡净碎菇片，清理好畦面。畦内2~3天不要浇水，让菌丝恢复生长。3天后浇一次透水，继续按出菇前的方法管理，过15~30天出下潮菇。栗蘑全部出菇结束后，需要做好场地处理。清理出所有的废弃菌棒，做远离菇场处理，并对菇场地进行灭菌消毒，以备来年继续栽培使用。

四、模式成效分析

大庄科乡是著名的板栗之乡，特别是国家退耕还林政策实施以来，成片规范的板栗果园更是随处可见,每年都有大量修剪下来的枝条,使得当地在发展板栗蘑菇方面具备了得天独厚的生态、物质资源,开启了林业产业良好链条的新模式,探索出了促进当地农民致富增收的新途径,创造了退耕还林间作的新亮点。大庄科乡栗蘑种植在实现农民收入增长的同时,使全乡的经济效益、社会效益和环境效益得到和谐快速发展,促进全乡农业经济走上良性循环的轨道。

(一)生态效益

栗蘑种植解决了农村林果副产品(枯枝败叶)的污染问题,将每年修剪下来的枝条、栗壳等变废为宝,在发展了特色循环产业的同时,改善了农村生态环境。

(二)经济效益

如果按一般产值计算,平均每亩地栗蘑的产量为1600公斤鲜重,目前市场上栗蘑的价格为30元/公斤,则每亩地产值为4.8万元;扣除成本费2万元,则每亩地的纯利润为2.8万元。种植户卢汉发说:"我种植0.5亩栗蘑,当年可采收5茬,共投入成本11000元,当年回收成本后,保守估计可获纯利润15000元。"

延庆区退耕还林栗蘑采摘

(三)社会效益

大庄科乡大力发展栗蘑种植,形成了本乡特色支柱产业,填补了北京市场的空白,同时,也解决了农村剩余劳动力就业。项目实施之初计划发展150户,可达到3000人左右的就业创收,为全乡的精神文明、政治文明建设提供了保障。

五、经验启示

退耕还林既是生态工程,也是改善民生工程,更是一项经济活动。对大庄科乡来说,发展栗蘑种植,不仅能巩固退耕还林成果,也探索出了促进当地经济的新模式,其主要启示有:

(一)丰富的板栗资源是基础

大庄科乡历年来以林业生产为主,自古就有栽培栗子、核桃、红果、杏仁等干鲜果树的习俗和经验。特别是2000年以来,国家退耕还林政策实施,进一步调动了广大村民植树造林的积极性,规模化的栗树园随处可见,全乡每年修剪各类果树及枯木在1万吨左右。通过挖掘自身优势,发展特色产业,大庄科乡抓住自身果业优势,发展了栗蘑种植产业,践行着"绿水青山就是金山银山"的理念。

(二)政策扶持是保障

国家支持"三农"的力度逐年加大,各级相关职能部门历来对大庄科乡高度重视。只要是符合当地实际情况,具有经济、生态和社会效益的项目,无不给予大力的扶持和帮助,对推动栗蘑产业发展提供了有力保障。

模式 63
北京延庆退耕还杏间作黄芩模式

延庆区千家店镇位于延庆区东北部山区，自然资源相对匮乏，村民的收入主要来源于外出务工，收入普遍不高。自2000年以来，千家店镇响应国家号召，为保护北京市饮用水源安全，大力实施退耕还林及林下黄芩种植，取得了明显成效。

一、模式地概况

千家店镇属山地生态保育区，距延庆城区60公里，距北京市区130公里，是北京市最边远的山区大镇之一。镇总面积371平方公里，占全区总面积的1/6，全镇辖19个行政村83个自然村，3864户，人口10160人，劳动力5763人。

千家店镇生态地位突出，黑白河流经镇域，地处北京市的上风上水地区，为保护好首都的这一方净土、净气、净水，该镇按照可持续发展的战略，加大了退耕还林、植树造林、绿化美化力度，加大了对植被的恢复和保护力度，几年来退耕还林1.9万亩，封山育林12万亩，植树造林8万亩，先后荣获县级绿化美化先进单位，市级绿化美化达标乡镇。

二、模式实施情况

千家店镇自2000年开始实施退耕还林，累计退耕还林面积1.9万亩，其中利用退耕还林地种植杏树1.4万亩。为发展林下黄芩提供了丰富的生态资源。

(一)试点先行

2004年千家店镇在千家店村试种黄芩基地500亩，于2006年收获黄芩茎块约25万公斤，销售收入75万元，纯收入50万元，平均亩纯收入1000元，收入高于林下种植的其他作物。林下黄芩种植的试种成功，极大地调动了农民种植黄芩的积极性。

(二)扶持引导

千家店村退耕还林杏树林下黄芩试种的成功，坚定了千家店镇发展林下经济的决心和信心。为推广林下黄芩种植，千家店镇在区政策每亩补贴100元的基础上，对集中连片的黄芩每亩再补贴20元，极大地推动了林下黄芩种植的发展。到2009年，黄芩覆盖面积已达1.5万亩。

延庆退耕还杏间作黄芩模式

(三) 加工增值

为促进黄芩茶加工产业的发展，千家店镇分别在千家店村和花盆村镇域内兴建黄芩茶加工厂两处，有效地开发了千家店镇丰富的黄芩资源，提高了黄芩种植效益，增加了农民收入。

(四) 发展乡村旅游

千家店镇自古便是京北山水重镇，黑白河作为贯穿全镇的天然纽带，两岸生态景观依山带水，山、水、林、村、寺、路相互衬托，相得益彰，自然形成了一幅美丽的山水画卷。2009年该镇依据特有的自然禀赋，按照规划，启动了"百里山水画廊"旅游特色沟域经济建设项目。发展黄芩产业，打造千家店镇黄芩茶特色旅游产品，能够促进当地旅游业的发展，成为了千家店镇建设符合北京市沟域经济发展规划的重要组成部分。

三、培育技术

黄芩为唇形科黄芩属植物，多年生草本，中药，具有清热燥湿、泻火解毒、止血、安胎功效。主治湿温、暑湿等症。主要间作技术如下：

(一) 选种

播前对种子进行精选，除去霉坏、破碎、混杂和遭受病虫危害的种子，发芽率应达到80%以上。

(二)播种

以条播为宜,按行距 30~40 厘米,距离果树 40 厘米以上,开 0.5~1.0 厘米浅沟,均匀地将种子撒入沟中,覆土 0.5 厘米,搂平,稍加镇压,使种子与土壤紧密结合并保持畦面湿润。

(三)定苗

黄芩苗高 5 厘米时定苗,定苗株距 10~12 厘米。如有缺苗,带土补植;如缺苗过多时,以补种为宜。

(四)中耕除草

黄芩出苗后至封垄前,中耕 3~4 次,保持田间土壤疏松。在雨后或浇水后,要及时进行中耕。中耕宜浅,不能损伤根部,并做到严密细致。同时要将果树间的杂草清除,做到随长随除。

(五)追肥

黄芩一年生苗生长需肥量较小,可不施或少量施肥。在第 2 年或第 3 年返青后施一次有机肥。施肥方式是沟施或穴施,在黄芩根部 15 厘米处,开沟(穴)深 5~8 厘米,施肥后覆土,以提高肥效。

(六)浇水及排灌

黄芩耐旱,且轻微干旱有利于根下伸,但干旱严重时,需浇水或喷水,忌高温期灌水。黄芩怕涝,雨季要及时排除田间积水,以免烂根死苗,降低产量和品质。

(七)病虫害防治

根腐病:及时拔除病株,用石灰处理病穴;发病初期用 50%多菌灵或 50%托布津 500 倍液浇灌病穴。叶枯病:发病初期用 50%多菌灵可湿性粉剂 1000 倍液或 120 倍波尔多液喷雾,每 7~10 天喷一次,连喷 2~3 次。白粉病:用 50%代森铵 1000 倍液或 0.1%~0.2% 可湿性硫黄粉喷施。舞蛾:发生期用 90%敌百虫 800 倍液或 40%乐果乳油 1000 倍液喷雾,以控制住虫情为害为度。

(八)适时采收

经研究测定最佳采收期应是 3 年生、秋季地上部分枯萎之后,此时商品根产量及主要有效成分黄芩甙的含量均较高。黄芩根系深长、根条易断,采收时需要深挖,不能刨断根。去掉残茎,晒半干剥去外皮,捆成小把,晒干或烘干。在晾晒过程中,避免暴晒过度发红,同时防止雨淋及水洗,否则根条会变绿发黑而影响质量。

四、模式成效分析

千家店镇实施退耕还林后,为了保障广大退耕户的根本利益,积极调整种植结构,充分利用丰富的林下资源，发展林下黄芩种植，开发黄芩茶加工，探索出了一条改善生态环境，促进农户增收致富的新路子。

(一) 生态效益

从生态环境效益方面看，发展林下黄芩种植，有效地提高了植被覆盖率，增加了绿化面积，达到了保持水土、净化空气、涵养水源的生态效果，提高了北京市的空气质量和饮用水源安全。

(二) 经济效益

千家店镇每年可采收林下黄芩3000亩，每亩产量可达300公斤，销售价格7元/公斤，可实现销售收入630万元，每亩年收入2100元。开发黄芩茶加工产业后，将原本废弃的黄芩叶加工成茶，还可进一步提升种植效益，每亩可采收高品质黄芩叶100公斤，5公斤黄芩叶可加工成1公斤黄芩茶，黄芩茶售价平均80元/公斤，除去原料费40元及加工成本10元，每公斤黄芩茶可实现纯利30元/公斤，每亩再增收600元。

千家店镇黄芩加工产品

(三) 社会效益

从社会效益方面看，全镇黄芩种植面积达1.3万亩，几乎涉及全镇所有农户。黄芩茶加工厂的建立，还可以将原本废弃的黄芩叶加工成黄芩茶，可以有效提高黄芩种植效益，明显提高农民收入，惠及全镇农户，为农民致富开辟了一条崭新的途径。同时还可以为该镇提供就业岗位，使农民转变成工人，拿到稳定收入，有利于社会和谐稳定。

五、经验启示

退耕还林既是生态工程，也是改善民生工程，更是一项经济活动。对千家店镇来说，发展林下黄芩产业，不仅能巩固退耕还林的成果，也探索出了促进当地经济的新发展模式，其主要启示有：

(一) 优良的生态自然资源是基础

千家店镇挖掘自身优势，发展特色产业，抓住自身生态环境、自然资源优势，在退耕还林地块上发展了黄芩种植及黄芩茶加工产业，践行着"绿水青山就是金山银山"的理念。

(二) 政策扶持引导是发展的保障

国家支持"三农"的力度逐年加大，各级相关职能部门历来对千家站镇高度重视，只要是符合当地实际情况，具有经济、生态和社会效益的项目，无不给予大力的扶持和帮助，对推动林下黄芩产业发展提供了有力保障。

模式 64
北京密云退耕还梨观光模式

密云区位于北京市东北部，是首都重要饮用水源基地和生态涵养区。密云属燕山山地与华北平原交接地，是华北通往东北、内蒙古的重要门户，故有"京师锁钥"之称。全区东、北、西三面群山环绕、峰峦起伏，巍峨的古长城绵延在崇山峻岭之上；中部是碧波荡漾的密云水库，西南是洪积冲积平原，总地形为三面环山，中部低缓，西南开口的簸箕形。密云生态环境优美，有山有水，是京城最美的郊区，是京郊最美的新城。

一、模式地概况

密云区是北京一个典型的边远郊区县，而庄头峪村又是密云区的一个边远山区村。除此之外，这里还属于京津风沙源治理区，位于有名的密云水库范围内。对庄头峪村而言，除了一条穿境而过的京承公路外，历史上这里是名副其实的穷乡僻壤。借着国家退耕还林的东风，庄头峪村大力发展红香酥梨产业，成效突出。

庄头峪村隶属于北京市密云区穆家峪镇，位于城东北 18 公里处，京承公路穿村而过。全村 502 户 1460 人。村域总面积 2.1 万亩，其中粮田面积 2205 亩，果树面积 1800 亩，山场面积 6800 亩。

二、模式实施情况

庄头峪村在穆家峪镇的统一号召下，全村开展了退耕还林工程，沿 101 国道两侧的浅山丘陵区域全部实施退耕还林，栽植红香酥梨标准化示范园，采取统一标准，合作社管理，分户经营方式，先后建成红香酥梨 1000 亩，杏园 500 亩，栗园 200 亩，涉及户数 495 户，及时浇水管护，当年成活率在 95% 以上。

(一)成立果业合作社

庄头峪村在千亩红香酥梨基地初果期，263 户果农以自愿的方式入股，以"民办、民管、民受益"为原则，成立了北京庄头峪村潮河果业合作社，并规定了管理机构、社员的权利、合作社职能、合作社财务管理等 7 章 31 条款的合作社章程。现已发展入股社员 383 户。通过合作社不懈的努力，现在千亩红香酥梨已供不应求，在市场上有了一定的知名度。

(二) 开展有机认证

庄头峪村潮河合作社向北京路桥有机食品认证中心、北京中创等多家有机食品认证中心申请了有机食品认证。2007 年，庄头峪村红香酥梨正式成为有机食品，且每年都要通过有机认证，并成为北京果品协会果品物流中心认证的 36 家有机果品生产基地之一。

三家产品有机认证证书

(三) 成立林果生产农机服务队

2006 年 5 月，庄头峪村潮河合作社成立了庄头峪村林果生产农机服务队。农机服务队是全区第一个可为有机食品园区提供林果生产机械化作业服务的社会化、专业化的农机服务队。它以"方便社员、诚信服务、互利双赢、开拓创新"为宗旨，并在农机中心的帮助下确立了各项规章制度，对工作人员进行了相关培训。2019 年，服务队有固定资产 11 万元，果园生产机械设备 15 台件，办公用房 30 平方米，机械储存库房 50 平方米。可为潮河果业合作社成员提供剪枝、树下旋耕除草、植保打药、施肥、残枝粉碎堆肥、果品运输、有机肥供应等多项专业的机械化作业服务。

(四) 制定标准化实施方案

在标准化工作方面，庄头峪村开展了多次专题调研，对标准化工作进行宣传，组织管理者和生产者进行培训，培训内容涉及标准要求、实用技术操作方法、管理措施及方法。在果品生产过程中，严格按标准体系的规定进行实施；在果园管理、果树栽培、修剪、土肥水管理、病虫害防治、果实套袋、采摘、包装、运输、贮存等地上地下综合管理中，严格执行 28 项标准，其中技术标准体系 12 项，管理标准体系 8 项，工作标准体系 8 项，使标准化措施落到实处。示范区果农安全食品生产、标准化管理认知率达到 95% 以上，为果品按标准化组织生产打下了良好的基础。密云区电视台曾多次对红香酥梨示范区进行专题宣传报道。

(五)加大观光采摘园基础设施建设

庄头峪村在千亩红香酥梨示范区的基础上,加大基础设施建设,保证采摘观光园健康稳步发展。投入资金40万元建设50立方米低温保鲜库一座。近几年,全村梨产量逐渐增多,原有保鲜库不能保证全部储藏,已陆续申请新建保鲜库项目,新库的建成将有效改变红香酥梨不易保存的问题,实现果品的反季节销售,提高果品市场竞争力,降低农民经营风险,同时实现水果季产年销,对树立红香酥梨品牌和增加农民收入将起到积极的推动作用。

穆家峪镇庄头峪村千亩梨园观光

三、培育技术

庄头峪村千亩梨园全部采用3米×4米株行距,每亩栽植55株,总栽植2.7万株。全部采用小管出流节水灌溉,按照有机梨园管理要求进行管理。

11月至次年3月上旬:一是清扫果园:把落叶、枯枝、病虫果清扫干净,集中烧毁。二是灌冻水:11月上旬必须灌水完毕,水量以接上底墒为准。三是冬季修剪:按照确定的树形,本着适期结果丰产稳产的原则。幼树尽早成形;结果树维持中庸树势,树组细密修剪,防止"大小年"的出现。四是病虫害防治:刮除树干上的老翘皮。

3—4月:一是修整水土保持工程:3月上旬完成,有灌水条件的要修好渠道。二是追肥灌水:施用前一年堆制好的有机肥,施肥后灌水。三是病虫害防治:萌芽前全园喷5波美度石硫合剂。使用背负式的喷雾器,使用前要清洗。四是灌水防冻:在临近开花期时灌一次水,以减轻霜冻危害。五是疏花:在花序伸出时进行,留花量占总生长点的37%~45%。

5月:一是病虫害防治:20日左右喷1:2:200~300波尔多液一次。二是疏果:有果枝要达到总生长点的30%，应在幼果脱去花萼后进行。三是套袋：疏果的同时即可套袋，套袋必须在落花后40天内完成。四是施肥、灌水：结果的大树，5月下旬施用草木灰。施肥后灌水、松土。5月下旬开始，每20~25天进行一次叶面喷施(自制营养叶肥)。

6月：一是病虫害防治：由于果实套袋，以保叶为主，防治蚜虫用百草一号(生物制剂)，病害防治使用1：2：200~300波尔多液。二是灌水中耕：根据天气情况灌1~2次水，灌水后中耕除草。三是覆草：人工清除树盘杂草，进行树盘覆草，覆草厚度不能小于20厘米。

7月：一是病虫害防治：防治蚜虫用百草一号(生物制剂)，病害防治使用1：2：200~300波尔多液。二是拉枝：要进行拉枝，开张角度。三是除草、压肥：果园人工除草，将杂草翻到树下，沤制绿肥。

8月：一是病虫害防治：树干上围捆草把，诱集害虫于草内，落叶前拆除草把烧毁，喷1：2：200~300波尔多液防治病害。二是采收准备：准备好纸箱，以及摘果用的手套。

9月：采收：旅游观光采摘后剩下的果品进行人工采收，采收后入库储存，有专人管理。

10月：一是施基肥：采收后至11月上旬施完，幼树每株施果园堆制的有机肥25~50公斤或压绿肥75公斤；结果大树根据每公斤果施有机肥2公斤。二是深翻：结合施基肥进行。深翻时应注意勿伤大根。

四、模式成效分析

庄头峪村通过退耕还林，建立千亩红香酥梨示范区，发展社员495户，直接受益农民1000余人，彻底改变了过去那种分散经营、单打独斗式的生产经营模式，推动了乡村经济的全面发展。

(一)生态效益

通过合作社不懈努力和近20年的有机果品生产，不仅提升了果品质量，增加了产品的市场竞争力和知名度，更改善了本地区的生态环境，使示范区的生产与周边的生态环境浑然一体，显现出优美的环境，优质的产品，良好的效益。

(二)经济效益

2005年，庄头峪村千亩红香酥梨总产量达到了10万公斤，采摘价达到了每公斤9元，销售价每公斤6元，每亩收入600多元。2006年产果20万公斤，每亩收入1200多元。2007年，产果40万公斤，每亩收入2400多元。至2019年产果1000万公斤，每亩收入达6000元。随着知名度的提高，红香酥梨的销路不用发愁，村民生活水平得到明显提升。

(三) 社会效益

红香酥梨示范区建设，新增就业岗位 300 个，户均增收 1 万元，真正富裕了农民，为农民致富找对了路子。庄头峪村以千亩红香酥梨示范区为依托，通过果树"认领"等活动，从而拉动全村民俗旅游、餐饮、采摘业的发展，促进了村整体经济发展。例如果农赵永杰过去自己经营 150 棵树，自己一家一户经营效益低下，年收入不足 1 万元。通过参加协会组织的各种培训，学习了管理技术，了解了市场，年收入增加到 4.5 万元。

五、经验启示

(一) 专业合作社添动力

为了保证果农的整体利益，庄头峪村组建合作组织，增强抵御市场风险的能力，提供产前、产中、产后等多种形式的经济和技术服务。同时积极与县、镇经管部门取得联系，制定了成立专业合作社的各项规章制度，统一技术服务、统一信息、统一销售。

(二) 园区标准化保质量

庄头峪村按照《农业标准化示范区管理办法》的要求，对示范区建设进行了总体规划安排，制定了详细的标准化生产实施方案。主要有组织管理、目标要求、工作计划、管理技术措施等内容，使工作有目标、有计划地实施。在区技术监督局、园林绿化局的大力协助下，结合梨树生长的特性、栽培条件、病虫害防治和生长地的实际条件制定了符合基地实际的标准管理体系，包括基地的技术标准体系、管理标准体系、工作标准体系。

(三) 统一管护规范市场

随着生产规模的发展，果树一家一户的管理模式在发展和管理上出现了困难，如在生产技术管理、病虫害防治、除草、修剪、施肥等多方面都出现了不同程度的问题。为此，经过广泛的征求果农意见和反复的讨论，为了更好地为果农服务，提高果树产量，2006 年 5 月合作社成立了"庄头峪村林果生产农机服务队"，统一管理果园，并提供机械化作业服务。

(四) 特理防治保安全

为了确保采摘观光园不使用化学合成农药及任何生长调节剂而达到防虫防病的效果，示范区投资 30 万元架设示范区电力低压线路 3000 米，安装植保病虫害防治设备频振黑光灯 30 盏，利用物理防治减少病虫害的发生。

(五) 观光采摘增效益

在村党支部的带领下，利用退耕还林成果和山地果园优势，建设观光采摘园，砌坝护堤，设围栏，立牌，建门楼、凉亭，修环园路，建停车场，旅游设施齐全。2019 年产果 1000 万公斤，总收入达 7000 万元。

模式 65
北京平谷退耕还桃旅游模式

平谷区隶属北京市，位于北京市的东北部，西距北京市区 70 公里，东距天津市区 90 公里，是连接两大城市的纽带。平谷区是北京市生态涵养区之一，属海河流域北三河水系，境内有河流 32 条，洵河是境内最长河流。大桃产业是平谷区农民收入的重要来源，"平谷大桃"是平谷的一张名片。

一、模式地概况

平谷区地处京津冀交界处，是环渤海经济圈的"京东发展门户"，同时平谷区位于北京市"东部发展带"，是城市未来重点发展的地区。随着京津冀一体化的战略发展，平谷区凭借优越的区位优势，可真正融入到京津冀经济圈内。同时，环京津冀的市场优势为平谷区果品产业提供了广阔的发展空间。

平谷区土地面积 950.13 平方公里，全区户籍人口 40.6 万人，其中农业人口 18 万人，从事大桃种植农业人口约 7 万人。平谷区是北京市农业大区，"平谷大桃""北寨红杏""茅山后佛见喜梨"获批国家地理标志保护产品。

二、模式实施情况

平谷区退耕还林工程自 2000 年开始实施，2004 年完成。全区共完成退耕还林 6.37 万亩，其中生态林 4.51 万亩，经济林 1.86 万亩。涉及 15 个乡镇、1 个街道，169 个行政村。经济林中基本以退耕还桃为主，桃树栽植面积 1.60 万亩。

(一)充分利用优质乡土资源

平谷区的大桃产业经历了 30 多年的发展历程，成为了中国著名的大桃之乡，世界最大的桃园，现有面积 19.4 万亩，2019 年总产量 2 亿公斤，总收入 11.4 亿元。大桃面积占北京市桃树栽培面积的 62%，占北京市桃生产收入的 80% 左右。平谷区以大桃产业为主的果品产业已成为全国农业产业结构调整的特色代表，是名副其实的富民产业、生态产业，

平谷区退耕还林大桃

对农民就业、农村稳定和社会主义新农村建设起到了重要作用。

(二)选择优质品种

平谷大桃产于素有"中国桃乡"之称的北京市平谷区,退耕还林工程中选择的主要栽培品种有大久保、庆丰(北京26号)、14号、京艳(北京24号)、老24号、燕红(绿化9号)等优质品种。平谷大桃以个大、色艳、甜度高、无公害而驰名中外,深受广大消费者青睐。

平谷大桃优质品种大久保

(三)退耕还林示范带动

平谷区在退耕还林工作中积极推进退耕还桃,增加大桃种植面积,助力大桃产业发展,探索退耕还林融入地方主导产业的模式,增加退耕农户收入,带动了全区大产业的大发展。2006年8月7日,国家质量技术监督检验检疫总局正式授权"平谷大桃"地理标志保护产品专用标志。

(四)发展观光采摘

平谷是大桃之乡,每年春天举办桃花节,观赏露蟠、京红、京玉、庆丰、碧霞蟠桃等主栽品种不同的桃花,进入桃林区犹如走进天上蟠桃园让您真正感受人间仙境,给观光者带来极大兴趣。秋天举办各种采摘节，金秋，正是瓜果飘香，各式各样水果收获的季节，而秋天的北京又是一年中最美的时节，是全家出游的好时候，到平谷采摘大九保，是许多人长久的期望。

三、培育技术

(一) 果实套袋

2000年初在刘家店镇万家庄村和刘家店村的蟠桃园进行果实套袋试验，获得初步成功。随后，平谷区加大了套袋技术推广力度，由蟠桃逐步向油桃、白桃方向试验、示范推广，利用10年的时间，平谷实现了全园果实套袋。果实套袋技术不但使果面洁净，减轻病虫危害，还增加了果农的经济效益，相同条件下的套袋桃比不套袋桃增加2~3倍的收入。

(二) 施用发酵腐熟有机肥

土壤有机质低是平谷大桃生产存在的主要问题之一。要生产优质果品，土壤有机质含量最好超过2%，而全区大部分果园土壤有机质含量为0.6%~1.0%，直接影响了果实质量，施用腐熟有机肥是增加土壤有机质含量、提高桃品质的关键措施。发酵腐熟有机肥技术的推广，实现了平谷区桃园施肥的三个变革，即变直接施用生畜禽粪为施用发酵腐熟有机肥，变表面施肥为挖沟深施肥，变春季施肥为秋季施肥。

(三) 树形调整修剪技术

为了适应果品市场发展的需要，实现由产量效益型向质量效益型的转变，2003—2004年，平谷区聘请中国农业大学教授开展了高光效树体结构调整和长枝修剪试验示范，提质增效效果明显。自2005年起，平谷区在全区广泛发动，展开了一个个大规模的骨干枝调整、长枝剪技术培训，全面实施此项技术。经过3年的推广，桃树长枝修剪技术得到全面普及。

(四) 大桃增甜技术

2009—2013年，平谷区实施了大桃增甜工程，推广普及了高培垄整地覆盖黑地膜、倒拉枝、施用钾肥等大桃增甜关键技术。7、8月是平谷区集中降雨的月份，园内积水如果不及时排出，不仅影响到桃果的甜度，还会加重病虫害的发生，因此，此时期桃园的排水沥水是关键，采取高培垄覆黑地膜技术有明显效果。倒拉枝技术能够有效地改善通风透光条件、稳定树形，防止因果实重量造成主枝下垂、树体郁闭，保证树体和果实正常生长，同时，还能够降低园内湿度，减轻病虫害的发生，减少打药次数。

四、模式成效分析

平谷区在退耕还林工作中，大力推广退耕还桃，紧紧把握平谷"一主多特"的果品产业布局，发展大桃产业，助力大桃产业做大、做强。因为平谷区大桃产业是较为成熟的产业，退耕还桃能够迅速搭上"快车道"，利用现有技术体系、销售网络、品牌效益，实现退耕农户快速增收致富，效果显著。

(一)生态效益

退耕还桃既绿化了当地的生态环境，也美化了当地人文旅游环境。春天的平谷是桃花的海洋，粉白、雪白、淡粉、深粉、淡红、深红，似雪花、似热血、似烈火，白似层层云、红出满天霞，灿烂无比。

(二)经济效益

平谷是全国最大的桃乡，全区已发展大桃40多万亩，其中退耕还林发展大桃1.60万亩，亩产可以达到3000~4000公斤，每公斤批发价4元，亩产可达1万元以上。

(三)社会效益

退耕还林工程进一步扩大了平谷大桃的影响力。平谷是全国最大的桃乡，"平谷大桃"为地理标志保护产品，享誉海内外，以个大、色艳、甜度高而驰名中外，深受广大消费者青睐。平谷大桃知名度不断攀升，被海内外誉为"平谷仙桃"。

五、经验启示

平谷区退耕还桃模式取得了良好的生态效益和经济效益。退耕还桃的成功，有如下启示：

(一)选对产业是成功的前提

平谷区大桃历史悠久，产业体系成熟，是发展果品产业的优势所在，选择退耕还桃能够很好地借助现有大桃产业体系，从品种选择到栽培技术，从病虫害防治到果品销售，都可以借助现有产业体系，既可以降低风险，又能够提高退耕农户收入。

(二)推广优新技术是成功的保障

在退耕还桃的过程中，要不断推动技术创新，通过果实套袋、施用有机肥、长枝修剪以及增甜技术推广等一系列优新综合配套技术的推广应用，提升果品质量，提高销售价格，才能实现"退得下，保得住"。

模式 66
天津蓟州退耕还林下经济模式

蓟州区隶属于天津市，位于天津市最北部，地处京、津、唐、承四市之腹心。蓟州区是天津市唯一的半山区县，被称为天津市的"后花园"，是天津市水源供应区，生态地位相当重要，被列为全国生态示范县和全国首家绿色食品示范区。

一、模式地概况

蓟州区位于天津市北部，全区面积 1590 平方公里，地处燕山南麓与华北平原的交接地带，北部为中低山丘陵和山间盆地，南部为平原和洼地。属暖温带半湿润大陆季风气候，四季明显，日照较足，年平均气温 12.3℃，年均降水量 550~680 毫米，夏季降水量约占全年的 80%。

二、模式实施情况

蓟州区从 2002 年开始实施退耕还林工程，2002—2004 年，共完成国家下达的 7 万亩退耕还林任务，涉及全县 23 个乡镇 524 个村 2.3 万农户。蓟州区退耕还林主要分布在以下三个重点区域：

一是北部山区，在产量低而不稳的坡耕地栽植以核桃、板栗为主的兼用林 1.7 万亩。

二是于桥水库周边地区，重点在坡耕地、沟谷地、河滩地营造以杨树为主的水库护岸林 2 万亩和以葡萄、苹果为主的经济林 1.3 万亩。

三是南部平原洼区，重点在低洼易涝、产量低的耕地和漳河、州河、沟河、兰泉河等主要河道沿岸沙化趋势明显的土地，及土壤条件一般、有潜在沙化危险，并且农民有退耕意愿的地块，营造以杨树为主的速生丰产林 2 万亩。

三、培育技术

为巩固退耕还林工程建设成果，真正做到退耕还林"退得下、还得上、稳得住、不反弹",采用了科学合理且易于退耕农户接受的退耕还林模式。同时,为提高林农管护积极性,拓展农户的增收渠道,从2002年开始,结合"北部山区防风阻沙、水源保护及综合治理"等项目的实施,先后在西龙虎峪、尤古庄、下营、五百户和穿芳峪等乡镇进行林下间作试点示范,探索出了林草结合、林菌结合、林药结合以及林禽结合等模式。

(一)林菌结合模式

主栽树种为杨树,林木株行距3米×4米,行间空地4米,在林下重点培育食用菌,主要为木耳和香菇。

蓟州区退耕还林菌结合模式

(二)林药结合模式

主栽树种为杨树,林木株行距3米×4米,行间空地4米。在树木未郁闭之前,林下种植板蓝根、太子参、菊花、山药等药材。该模式以培养速生杨树用材林为主,短期种植药材,长短结合。

(三)特种生态林栽植模式

在北部山区,农民经济基础较差,因此,在退耕还林工程中重点推广农民易于接受的核桃、板栗等兼用林和经济收益较快的特种生态林。

特种生态林示范点选在下营镇刘庄子和道古峪两个村,根据该地区土质条件,品种选用玫瑰,玫瑰根系发达,适应性强,抗旱耐旱、耐贫瘠,对土壤要求不高。为解除农民的后顾之忧,与天津粮油进出口有限公司签订了购销协议,经营机制采取"公司+农户"的方式。通过种植玫瑰,不仅达到了生态防护效果,同时使退耕农户在退耕第二年就有了每亩1000元的经济收入。

蓟州区退耕还林药结合模式

四、模式成效分析

2001年以来，通过京津风沙源治理、退耕还林、封山育林和巩固退耕还林成果等工程的实施，不仅改善了工程区生态环境质量，同时也带动了林果、旅游等相关产业的快速发展，取得了较好的效益。

(一) 生态效益

蓟州区是京津生态屏障，在京津冀协同发展大局中被定位为生态涵养功能区，发展林业责任重大。得益于退耕还林、京津风沙源等工程，2019年，全区林木绿化率达到53%，山区林木覆盖率达到74%，位居京津冀区域前列。金秋季节，蓟州山区美景如画，盘山的油松绿意葱茏，八仙山、梨木台的白桦林、山杨林绿中染黄，形成漂亮的彩叶林。

(二) 经济效益

以发展林下种植、林下养殖业为主，大力扩展山野家庭旅游业等。截至目前，蓟州区已发展退耕还林林下经济1万多亩，涉及3000多户，户均增收5000元以上。其中，西龙虎峪镇通过发展林下食用菌，直接经济收入就达到2000万元以上，同时解决了近千人就业问题，并带动保鲜、烘干、营销等相关产业的发展。穿芳峪镇刘相营村林下栽植板蓝根120亩，年产量4.8万公斤，平均每亩效益为1500元左右。良好的经济效益带动了周围林农发展林药的积极性，解决了生态林前期效益低的问题，增加了林农的收入。

(三) 社会效益

蓟州区是一座历史文化古城，文物古迹众多，景区、景点大多以生态林为依托。退耕还林工程实施以来，先后在盘山、长城、九龙山等景区及其周边实施封山育林、人工造林10万多亩。不仅改善了景观质量，也提升了景区的档次和品位。极大地带动了旅游产业的发展，特别是以森林生态旅游为主的特色山野家庭旅游异军突起，到 2019 年，全区发展旅游专业村 50 多个，农家旅游专业户 1000 余户，旅游综合收入达到了 10 亿元以上。

五、经验启示

林下经济弥补了退耕还林生态林周期长、见效慢的缺点，能进一步提高退耕还林综合效益，达到长短结合、以培养长的目标，适宜推广面广。

模式 67
河北迁西退耕还板栗模式

迁西县隶属于河北省唐山市,地处燕山南麓、长城脚下,京、津、唐、承、秦(秦皇岛)腹地,内有林地面积143万亩,森林覆盖率达63%,创造了享誉世界的"围山转"工程,是著名的"中国板栗之乡",从而为迁西县退耕还林工程打下了良好基础。

一、模式地概况

迁西县地属大陆性季风气候,气温适宜,日照时间长,热量充足,降水丰富,年降水量600~800毫米。山地主要由片麻岩组成,土壤以褐土为主,土层较厚,结构疏松,有机质含量高,pH值在5.6~7之间,通气透水性好,自然肥力高,为板栗生长提供了优越的自然条件。迁西县总面积1439平方公里,人口39万,辖17个乡镇、1个街道办事处、417个行政村、8个居委会,总人口41万,是一个"七山一水分半田、半分道路和庄园"的纯山区县。

迁西县是著名的"中国板栗之乡",其土壤富含磷、钙、镁、锰等营养元素成分,适宜优质板栗生长。迁西县境内板栗种类及品种很多,从20世纪70年代初开始,通过科学选种和嫁接,培育出了多个优良品种,其中燕山早丰、燕山魁栗、大叶青3个品种获国家科研成果奖。

二、模式实施情况

2002年实施退耕还林工程以来,迁西县共完成国家下达的建设任务4.6万亩。主要为生态经济兼用树种板栗,涉全县17个乡镇236个行政村,涉及退耕农户3.2万户10万人,退耕户人均年收入6626元,退耕农户人均退耕面积0.4亩。

迁西县退耕还板栗模式

三、培育技术

(一)推广使用有机肥,发展生态板栗

自然生浅根的杂草在夏季高温、干旱的天气有抗旱的作用,杂草的根系与菌根共同生长有利于菌根的透气性,不会对板栗树的营养根造成争肥争水。用微型旋耕机把杂草旋入土壤内,转化为有机质,又等于给板栗树补充了一次微肥,栗农有句古话"刨地如施肥"。一年旋耕两次,第2次是落叶后把板栗树叶翻入土壤,还有利于保墒,保护生态平衡,又增加秋季根系的透气性。

(二)发展林下经济,提高板栗生产综合效益

在板栗林下间种经济作物,可根据树体的大小、空间而定。空白地大的可种花生、豆类;空白地少,占树下1/3空间可种谷子;行间快愈闭了,可种药材。实现长短结合,进一步提高板栗的综合效益。

(三)多措并举,提高栗树节水抗旱能力

退耕还林时采用围山转水平沟整地,能保持水土,不让一滴水下山。在经营措施上,改春耕为秋耕有利于保墒,促进板栗树安全越冬。由于迁西境内春季雨水很少,所以板栗树落叶后是刨树下地的好时机。一般的年份,在上冻前有一次降雨,加之一冬之内有几次降雪的过程,增加了蓄水能力,为春天干旱提前浇了水。

(四)推广压冠控高修剪技术,提高板栗产量

一是压冠控高把心开,树体矮化产量高。控高可加快水分在树体内新陈代谢速度,开心可提高采光面积。新建板栗园高度控制在2米左右,已成型的要分3~5年改造完成。二是留码方圆一尺好,高产秘诀这里找。板栗树的杆是黑色的,吸热能力强、储存能量大,

要想持续高产，必须达到枝、叶、杆都着光。为了解决通风透光的问题，留码时，码与码之间不小于一尺，不大于一尺半。三是结果母枝再短截，粒大饱满品质好。4个芽体以上，保3去1。通过短截调整各枝组发枝平衡，控制芽体过多，调节大小年，促基础芽枝发育。四是回缩修剪掌握好，百年树木不枯老。为了解决结果枝连续结果和枝组外移问题，利用粗壮的基础芽枝作结果枝是连续结果的保障。

四、模式成效分析

迁西县具有千年板栗栽培史和百年出口史，板栗产品销往国内170多个大中城市和日本、韩国等20多个国家和地区。截至2019年末，全县板栗种植面积已达70万亩，4000万株，常年产量3.5万吨，板栗产业已成为迁西农民增收致富的"绿色银行"，早在新中国成立前迁西板栗就出口日本。

（一）生态效益

退耕还林进一步改善了迁西县生态环境，加速了森林植被恢复。退耕还林生态效益监测结果表明，迁西县退耕还林工程生态效益显著，防风固沙、吸收污染物、固碳释氧、涵养水源、固土保肥功能都得到明显改善。

（二）经济效益

迁西县退耕还林发展板栗4.6万亩，对促进农民增收致富发挥了重要作用，板栗经济效益年均达3000元/亩。退耕还林的实施对林业产值、人均收入等方面产生积极的正面影响，提高了农民收入。

迁西退耕还林板栗营销

(三)社会效益

退耕还林发展板栗对调整农村产业结构、农村经济发展具有重要作用,是解决好退耕农户长远生计问题的根本保障。退耕还林促进了社会主义新农村建设,改善了农村基础设施,提高了农业综合生产力,培育了新的农村支撑产业,提高了农民收入,落实了公示制度,推进了农村民主政治建设,使农村经济步入良性循环的发展轨道。

五、经验启示

迁西县在退耕还林中,大力发展板栗产业,减少了水土流失和风沙危害,促进了农业结构调整,增加了农民收入。

(一)示范带动是要点

迁西县在退耕还林及后续成果巩固项目中,选择在相对集中连片地区,注重发挥规模效应,努力打造出了一批高质量、高效益、模式新、机制优的示范点,辐射带动其他地区持续发展。

(二)发展后续产业是关键

迁西县充分利用区位、资源优势,建立具有竞争力强、区域分工合理、种养加销统筹、协调发展的板栗产业体系,促进产业结构优化升级。迁西县安排专项资金投入,激励、引导合作社建设,突出特色,打造品牌,抓好林产品宣传推介,形成全社会参与林业产业发展的格局。解决退耕农户当前和长远的生活问题,确保退耕农户长远生计得到有效的解决。

(三)政策扶持是保障

在退耕还林的进程中,要促进退耕扶贫的政策落实到实处,就必须调动合作社、企业和农户三方之间的合作联动,更加需要一个强力有效的管理模式作为支撑,才能真正将"绿水青山"变成"金山银山"。

模式 68
河北磁县退耕还核桃模式

磁县隶属河北省邯郸市，西依太行，北靠古赵，东临邺城，位于中原经济协作区中心地带。磁县位于河北省南端，太行山东麓，境内有漳河、滏阳河两大河流和岳城、东武仕两大水库，是重要的水源涵养区，是天津、邯郸等大中城市的重要水源地。磁县西部山区自然条件差，经济发展落后，民生改善需求迫切。2002年以来，磁县依托退耕还林工程发展核桃产业，在保护生态环境和乡村振兴的过程中，探索出一条生态美、产业兴、百姓富的新路子，成为实施退耕还林的典型样板。

一、模式地概况

柴庄村位于磁县西部山区，行政隶属北贾璧乡，海拔510~850米，属漳河流域，是岳城水库的重要水源涵养地。全村127户520人，面积6500余亩，森林覆盖率达55%，从事森林相关产业的农民户均收入6000元，占家庭年总收入的30%，2019年被评为国家森林乡村。

二、模式实施情况

2002年磁县实施退耕还林工程以来，柴庄村累计退耕还林1302亩（其中种植核桃800余亩，双季槐、花椒等500余亩），林下种药材700余亩，封山育林1100亩，退耕还林投入资金达361万元。主要做法是：

（一）引进优质高效新品种

柴庄村依托退耕还林工程及后续产业项目，重点引进清香核桃、双季槐作为该村主栽经济树种。其中清香核桃是日本核桃品种中最优良的，20世纪80年代初由河北农业大学郗荣庭教授从日本引进，具有产量高、品质好、丰产时间长等优良特性，是优质的薄皮核桃新品种。

磁县退耕还林核桃基地

自2012年起，柴庄村积极调整农业种植结构，大面积退耕还林，先后从保定德胜公司引进优质清香核桃苗3.5万株，从山西引进双季槐苗木2.5万株，共栽植核桃800余亩，双季槐500余亩，替代原有玉米种植。同时从河北安国、河南卢氏等地引进柴胡、远志、黄芩、桔梗等种子，发展林下中药材700余亩。

(二)创新退耕还林机制

柴庄村为巩固退耕还林成果，深度挖掘土地利用价值，2012年3月，由当时的村主任柴春玉(现任该村支部书记)牵头成立了磁县亿达种植专业合作社，全村100余户村民把承包土地委托给合作社，实行组团式退耕还林，合作社委派专人对树木的栽植、浇水、施肥、修剪、防火、禁牧等进行统一管理，提高了经济效益，增加了退耕户经济收入。

(三)加强配套设施建设

为方便树木管理、果品运输，确保引进品种早见成效，林业部门先后投资180余万元，该村自筹200余万元，在核桃基地打475米深井一眼；在环村山坡上修建蓄水池7个，可蓄水3700立方米；修建蓄水井20个，可储水1000多立方米；在环山林带修建节水灌溉管道25公里；为保证荒坡蓄水能力，整修梯田300余亩，整修田间道路5公里。通过水利等基础设施建设极大地方便了植树浇水、护林防火，树木成活率、保存率均达到95%以上。

(四)强化科技支撑

柴庄村每年聘请县林业局和河北定州德胜公司的技术人员进行定期技术指导，努力打造经济林和生态林同步发展模式，即沟底以清香核桃为主，同时发展中药材、红薯等林下经济，山腰坡耕地发展双季槐等经济树种，山顶进行封山育林，树种以侧柏、连翘、黄栌等生态树种为主。

林下中药材

三、培育技术

(一) 园地选择

核桃栽植地点要求背风向阳的山丘缓坡地或排水良好的沟坪地,土壤厚度1米以上,地下水位在地表2米以下。土壤质地以保水、透气良好,pH值为7.0~7.5的壤土和沙壤土较为适宜。

(二) 品种配置

清香核桃为典型的雄先型品种,一般雌先型品种都可与其搭配栽植。

(三) 苗木质量

优质清香核桃芽接苗,要求接口愈合良好,没有病虫为害,须根发达,整齐健壮,苗高在1米以上。

(四) 栽植密度

清香核桃的栽植密度可根据立地条件决定,一般可采用4米×5~6米的株行距,土壤深厚肥沃、管理条件较好的地方可适当加大株行距。

(五) 挖栽植坑

栽植前要挖1米×1米×1米的栽植穴,并施入有机肥50公斤、尿素及过磷酸钙各1公斤,肥与土混合后填入坑内,为防止土壤下陷,土壤回填要分层踩实。

(六) 栽植技术

栽植时间为春季土壤解冻后至芽萌动前。栽植深度以苗木原深度为准,不能过深,否则缓苗慢。栽后踩实并做好树盘,及时灌水。水渗后,覆盖1平方米地膜进行保墒,增加地温，确保成活。

（七）幼树防寒

为防止早春受冻或"抽条"，定植当年入冬前采用地上枝干涂聚乙烯醇、套塑料筒或弓形埋土等措施做好幼树防寒工作。

（八）土肥水管理

每年秋季要进行土壤深翻，增施有机肥，并加入少量速效肥料，每年灌水2~3次，即3月中旬、5月上旬、11月下旬各灌水一次。

（九）整形修剪

树形应根据分枝情况，采用主干分层形，干高60~100厘米，在中心主干上选留主枝3~5个，树高控制在4米左右。修剪中应注意树体结构的调整，一年生发育枝可适当进行中、轻度短截，以促发健壮结果母枝。春季可采用刻芽等措施，增加枝量。

（十）病虫害防治

春季核桃萌芽展叶期有黑绒金龟子、大灰象甲食害新芽嫩叶，喷洒5%来福灵3000倍液进行防治；7月中旬、8月中旬除治木橑尺蠖幼虫，分别喷5%来福灵2000倍液2次。果实成熟期应注意炭疽病和黑斑病的防治。

四、模式成效分析

（一）生态效益

通过退耕还林项目建设，有林地增加5.5万亩，全县森林覆盖率提高5个百分点，全县生态环境得到显著改善，有效控制了水土流失、庇护了农田、提高了土地涵养水源和抵御自然灾害能力，洪水泛滥得到有效控制，改善了项目区小气候，使项目区下游农业生态条件得到明显改善。柴庄村退耕还林1302亩，2019年森林覆盖率达到55%，人居环境显著改善，森林涵养水源的功能显现，对保障漳河、岳城水库生态安全发挥了重要作用。

（二）经济效益

通过退耕还林项目建设，磁县核桃总面积增加了3万亩，其中清香核桃推广1万余亩。2019年全县核桃平均亩产量达100公斤，总产量达300万公斤，每亩收益2000多元，直接经济效益6000余万元，为山区脱贫攻坚做出了积极贡献，极大提高了农民的种植积极性。柴庄村退耕还林发展核桃800多亩，亩均收益2000多元，2019年从事森林相关产业的农户经济效益达80余万元，户均收入6000余元。

（三）社会效益

柴庄村退耕还林促进了林果产业发展，生态环境和村容村貌显著改善，外出务工的少了，90%的闲散劳动力实现了就业，从事林果产业、生态管护等就业人数30人。柴庄村

2019 年被评为国家森林乡村，社会知名度和人气指数高涨，村民的幸福感显著提升，促进了柴庄村更加和谐稳定。

五、经验启示

通过退耕还林核桃种植，柴庄村农民人均收入明显提高，生产效益的提高极大地带动了全村林果产业化的发展，对促进农村社会繁荣稳定将做出了积极贡献。

（一）创新发展机制是关键

创新产业发展机制，尽快使森林、林木、林地使用权合理流转起来，鼓励全社会参与林业产业开发，采取公司加农户、企业建基地、股份合作、租赁经营、业主承包等多种方式优化资源配置，实现规模经营和集约经营，提高后续产业经营成效。

（二）加强科技服务是保障

柴庄村积极参与科技院校交流合作，引进先进的技术和品种，并对退耕农户进行技能培训，因地制宜建立技能培训体系，有针对性开展各类技能培训，力争为每个退耕农户培训一名掌握有关林业实用技术的明白人。要建立完善林业经济合作组织和中介服务机构，为退耕农户发展后续产业提供必要的技术、资金、信息、人才等服务。

（三）完善生态补偿增收益

要建立健全生态效益补偿机制，逐步将退耕还林地纳入生态效益补偿范围，提高补偿标准，调动广大退耕农户参与生态建设的积极性，有效巩固退耕还林成果。

模式 69
河北临漳退耕还林间作药材模式

临漳县隶属河北省邯郸市，位于太行山东麓，河北省最南端，京珠高速贯穿南北，漳河自东向西穿过，属漳河冲积扇平原，地势自西向东缓缓倾斜，地势起伏，沟坡相间。临漳县自实施退耕还林以来，积极引导农户在退耕地发展林下产业，全县共形成了林药、林菌、林禽、林畜、林草等多种退耕还林典型模式，实现经济效益1.5亿元。

一、模式地概况

西冀庄村隶属临漳县杜村乡，土壤沙化，广种薄收，生态环境恶劣，风沙危害是抑制沙区经济发展的主要因素。西冀庄村属于暖温带半干旱、半湿润季风气候区，年平均气温13.2℃，极端最低气温41.9℃，年平均降雨量565.7毫米，多集中在夏季。年平均无霜期203天，日照百分率为55%，形成夏季炎热多雨、冬季干旱寒冷、冬春季风突出、十年九旱的气候特点。西冀庄全村3300余人，总面积6000余亩，人均纯收入14198元/年。

二、模式实施情况

西冀庄2002年实施退耕还林1500余亩，主要造林树种为杨树、核桃、白蜡。为巩固退耕还林成果，从2008年开始，探索林下经济。2014年，进行了林下种植芍药、牡丹、知母等中药材试验，筛选出油牡丹优系。2017年以来开始结合美丽乡村和村庄绿化环村林建设，在临邺大道一侧推广种植，获市科技进步二等奖。西冀庄村通过多年油用牡丹的综合开发，积累了林下种植油用牡丹的丰富经验，构建"村在林中，人在景中"的香化、美化村庄，探索出一条适合全村发展的后续产业之路。

三、培育技术

西冀庄村退耕还林林药间作模式主要有杨树、核桃、白蜡与油用牡丹间作。现以杨树间种油用牡丹为例，介绍培育技术。

西冀庄村退耕还林间作油用牡丹

(一)园址与整地

园址应设在杨树、核桃、白蜡等栽植初期退耕地内，林地郁闭度0.2~0.5以内，交通便捷、干燥向阳、灌溉方便、排水良好的地方。土壤以壤土为宜，最好是沙壤土，疏松透气，土壤pH值6.5~8.4，肥力较好。园址应远离疫区、病源区和虫源区。在栽植前2个月左右进行整地翻耕。

(二)选苗及处理

杨树选择2年根1年干的一级苗木，主根明显，侧根发达，无病虫害健壮苗木。油用牡丹选用"凤丹"品种，选用1~3年生实生苗，提倡用3年生苗木，根茎直、无弯曲、侧根多、无病斑、芽头饱满的优良苗木，茎部以下不能少于15厘米，采用5%福美双800倍液浸泡5~10分钟，蘸200倍生根剂，晾干后栽植。

(三)栽植密度

杨树一般宽行距窄株距，株行距2米×6米为宜。油用牡丹一般株距30~50厘米、行距60~80厘米，每亩栽植2000~4000株苗木；1~2年后，可隔一株移除一株，移除苗可用作新建油用牡丹园，也可用作观赏牡丹嫁接砧木，剩余部分定植继续管理。

(四)栽植方法

栽植时，用宽度30厘米的铁锹插入地面，撬开一个宽度5~8厘米、深度为25~30厘米的缝隙，在缝隙两端各放入一株牡丹小苗，使根茎连接部低于地面2~3厘米，保持根部舒展，然后踩实。栽植后按行封成高10~20厘米的土埂，以利保温保墒，春季地温升至5℃以上即可扒开。

(五)田间管理

定植后及时浇灌定根水，分别在抽芽时、开花时、越冬前浇水为宜。生长期内及时松土除草，开花前深锄，深度可达3~5厘米，开花后浅锄，深度控制在1~3厘米。定植第二年追肥，3月底到4月上旬每亩施复合肥40~50公斤，11月上旬至12月初每亩施腐熟的厩肥1000~1500公斤。第三年开始结籽后，在土壤解冻后至牡丹抽芽前、开花后半月内、入冬前每亩分别施用复合肥40~50公斤。根据定植植株大小、苗木栽植密度、生长快慢、枝条强弱在春秋季灵活进行定干、整形修剪和平茬，以促进单株增加萌芽和分枝量，增加开花量，提高产量。

（六）收获脱粒

牡丹籽在8月上中旬陆续成熟。当果实渐成黄色时摘下，放室内阴凉处，使种子吸收果荚内养分慢慢成熟，每隔2~3天翻动一次，以免发热腐烂，大约10日内果荚自然开裂，种子脱出或用剥壳机进行脱粒，然后收集种子，去杂精选种子。种子脱出后，继续摊晒至水分12%左右时即可将种子放于阴凉干燥处贮藏或运往加工厂加工，或将种子放到0~5℃冷库中贮藏备用。

四、模式成效分析

（一）生态效益

退耕还林间作油用牡丹生态效果突出。油用牡丹耐旱耐寒耐贫瘠，可在荒山荒地、林下种植，俗称"铁杆庄稼"，大面积推广林下油用牡丹，既优化了农村种植结构，又防止水土流失、控制土地沙化，加强了乡村生态环境整治，提高了村民幸福指数。

（二）经济效益

在核桃、杨树间作油牡丹经营模式中，间作5年生的油用牡丹，产籽量100公斤/亩以上，5年生核桃产量200公斤/亩，5年生杨树材积量达到5立方米/亩以上。油用牡丹籽按20元/公斤计算，产值可达2000元/亩；与5年生核桃间作，当年核桃产值2400元/亩，综合收益可达4400元/亩；与杨树间作，杨树产值2000元/亩，综合收益可达4000元/亩。另外，发展旅游业还可增加部分收入。

退耕还林杨树间作油牡丹模式

(三) 社会效益

退耕还林间作油用牡丹模式的推广，提高了当地油用牡丹生产技术水平和科技含量，提升了油用牡丹企业技术创新能力和市场竞争力，促进了油用牡丹产业化、标准化、规模化发展，带动了深加工、旅游等相关产业的发展。

五、经验启示

退耕还林是一项重大的生态工程，更是一项民生工程、经济工程，只有取得了明显的经济效益，林业生产才能突破瓶颈，进入良性循环，退耕还林才能有生机、有动力。经验启示有以下几点：

(一) 林下经济拓宽了退耕还林效益

充分利用林下空间发展经济，如林下种养、林下休闲、林下体育、林下文化、林下旅游、林下采摘等活动，让人们近绿、享绿，心中才能播绿，才能营造爱绿、护绿的社会氛围。

(二) 创新机制增强了退耕还林活力

退耕地由散户分散经营到大户统一经营的转变，有利于激发退耕活力。老退耕户往往缺乏先进的经营理念和技术，如果以联户、入股等方式流转给大户承包统一经营，更能释放退耕活力。

(三) 退耕还林与村庄绿化相结合

根据"三区三线"在村庄周围规划农业空间，实施退耕还林工程，打造"村在林中，人在景中"的香化、美化村庄，助力乡村振兴。

模式 70
河北兴隆退耕还山楂模式

兴隆县隶属河北省承德市,是一个"九山半水半分田"的石质山区,山高坡陡,森林覆盖率很低。面对严峻的现实,兴隆县借助退耕还林工程转变发展思路,走出一条"以林为本,果业先行,三产紧跟,绿色振兴"的生态发展路径,真正实现了一方山水富养一方百姓。

一、模式地概况

兴隆县位于河北省东北部,地处长城沿线,燕山深山区,毗邻京、津、唐。属燕山山脉东缘,地势北高南低,山峦起伏,沟壑纵横,坡降悬殊。主要特点是山高谷深,山地面积大,坡度陡,耕地少。燕山主峰雾灵山是全县最高点,海拔2118米,纵卧于县境西北,蜿蜒于东南。南部最低处为八卦岭,海拔150米。兴隆属暖温带半湿润向半干旱过渡大陆性季风型山地气候,气候温和,四季分明,雨热同季,光照充足,雨量充沛,年降水量740毫米,是山楂主产区之一。土壤以棕壤、褐壤为主,有机质含量高,土质肥沃,非常适宜山楂的生长。

兴隆县土地总面积453.86万亩,其中耕地面积14.43万亩,有林地面积323万亩,森林覆盖率达到71.2%,居全省县级首位。下辖15个镇、5个乡、6个国有林场,289个行政村,总人口32.4万人,其中农业总人口29.1万人。粮食总产量2.23万吨。农民人均可支配收入1.38万元。

二、模式实施情况

兴隆县自2002年实施退耕还林工程以来,在中北部11个乡镇大力培育以山楂为主的林果业,大力发展山楂产业基地。兴隆县完成前一轮退耕还林任务19.5亩,其中栽植山楂7.2万亩,通过示范带动,全县山楂规模发展到25万亩。涉及6.16万农户23.5万人,其中贫困人口3.43万人。兴隆县退耕还林的主要做法:

(一)依托工程建基地

兴隆县依托退耕还林和巩固退耕还林成果项目,按照统一规划、统一配套设施、统一生产标准、统一技术管理的"四统一"管理方法,集中连片新建或改造山楂、板栗、苹果、梨、桃、核桃等六大林果基地。全县培育了10个有机果品生产基地、10个百亩新建或改造提升标准化示范果园。每个乡镇建立2个以上老果园提质增效示范园,每个村培养示范户2户。全县山楂面积达到25万亩,其中形成有机、绿色、无公害基地生产面积达到18.5万亩。

兴隆县依托退耕还林建立山楂基地

(二)强化品牌培育

按照"典型带动、重点扶持"的原则,大力培育"雾灵""澳然""紫瑜珠""栗利福"等品牌,提升市场竞争力。加大对"兴隆山楂""兴隆板栗"地理标志产品的宣传力度,鼓励企业、合作社使用"兴隆山楂""兴隆板栗"地理商标,扩大市场影响力,提高兴隆农产品及加工品的知名度。目前,该县"妈妈煮"山楂制品饮料、"燕山"牌水果罐头等8个系列产品被评为全省著名商标或名牌产品。

优质品种"兴隆山楂"

(三)依托科技增效益

兴隆县在工程管理中不断加强技术培训，优化管理模式，打响品牌效应。以山楂标准化栽培管理技术为重点，培训2万人次，培养农民技术能手300名；该县每年安排200万元作为"产学研"一体化财政专项资金，强化优良品种引进、示范和推广。先后研发了山楂果胶胶囊系列保健品、"仙灵泉"牌山楂红酒系列产品。并与中科院、河北农业大学签订科技合作协议，与南京大学生命科学院共同研发新产品。目前，该县已与11所合作单位共同研发出科技成果40多项，提升了兴隆食品加工业的可持续发展能力，增加了退耕地的附加价值。

三、培育技术

(一)建园选址

山楂属于喜光又比较耐阴果树，果园选址适宜在表土层30厘米以上的平地及坡度小于20°的山地，土壤pH值以5.5~7.5最为适宜，沙质壤土和土层深厚有机质含量大于1%的土壤最好。

(二)标准整地

在平地建园株行距可为4米×5米，采取穴状整地"品"字形配置，长、宽、深分别为100厘米、100厘米、80厘米。山地建园株行距为3米×4米，整地则以等高水平沟或竹节壕为主，沟宽1米、深80~100厘米，表土与心土单独放置，将腐熟好的农家肥按每株25~50公斤的用量施入，整地最好在苗木定植前一个生长季完成。

(三)科学栽植

苗木要选择品种纯正、高100~120厘米、地径1厘米以上的一级苗木，芽体饱满，干条木质化程度高，苗干无病虫害和机械伤，苗木根系完整，无劈裂伤。栽植前要修剪根系，过长根剪留20厘米。一般春季栽植较好，在清明后至谷雨前后进行。将苗木栽于定植穴中，使根系舒展，严格采用三埋、两踩、一提苗法进行栽植。栽后浇一次透水，水渗下后封坡，同时扶正苗干，封坡后不能再踩踏。封坡后覆盖地膜，地膜四周用土压实，做以树苗为中心的直径0.8~1米的树盆。要及时定干，距顶端芽1厘米左右、于顶端芽对侧呈45°角下剪，定干后用灭腐新封闭剪口。发芽后要检查苗木的成活情况，尽早完成补植。时间来不及的也可以在翌年春季补植。

(四)精细管理

新建园可以间作矮秆作物，忌种黄豆及十字花科蔬菜。要合理培育树型，建山楂园时一般选择小冠开心形，干高0.5米，树高3.5米左右，分两层主枝，两层主枝间距1~1.2

米，第一层主枝 3 个、角度 60°～70°左右；第二层主枝 2 个，角度 50°～60°左右，无中心主枝。要强化水肥管理，有条件的果园可分别于山楂树发芽前后到开花前、开花后到幼果膨大期、果实采前速长期、封冻前浇 4 次水。幼树和初结果树每年每株施有机肥 20～100 公斤，盛果期树每年每株施有机肥 100～200 公斤，并配合适量的复合肥。要突出整形修剪，提倡一年四季进行，即冬剪、春剪、夏剪、秋剪。以冬季修剪为主，冬季修剪在落叶后至萌芽前进行，主要是调整树体结构，均匀摆布结果枝组，解决通风透光问题。

(五) 综合防治病虫害

对于山楂园病虫害防治应采取综合防治措施，首先要搞好果园卫生，包括清扫落叶、落果，剪除病虫枝和刮粗翘皮，集中深埋，防止病害蔓延。其次以物理防治措施为主，合理配置频振式杀虫灯、性诱剂、粘虫板密度，利用生物手段防治病虫害，有效减少虫口密度，大大减少用药次数，降低农药残留和害虫抗药性。再次要选用优质、安全、高效药剂防治病虫害，确保果品质量安全，实现绿色无公害生产。

四、模式成效分析

自 2002 年以来，兴隆县紧紧抓住国家退耕还林工程建设契机，确定了"生态立县"战略发展目标，取得了明显的生态、经济和社会效益。

(一) 生态效益

兴隆县是密云水库和潘家口水库的重要水源地，同时也是河北省省定贫困县。兴隆县积极开展生态扶贫，利用退耕还林工程，大力发展森林旅游，努力践行"绿水青山就是金山银山"的生态发展理念，生态建设成效显著。经过 10 多年的生态发展建设，兴隆县生态建设取得了巨大成就，森林覆盖率达到 71.09%。2019 年获得了"国家生态文明建设示范县"称号。

(二) 经济效益

兴隆县通过实施退耕还林工程，栽植山楂 7.2 万亩，目前全部进入盛产期，每亩年收益 2000 多元。通过示范带动，全县山楂规模发展到 25 万亩。农民的林果收入占总收入的 60%，山楂产业成为兴隆县的主打产业，同时也成为富民产业。在山楂主产区，户均收入达到 5 万元，成为农民脱贫致富的重要保障。通过大力发展森林旅游，年吸引外地游客百万余人，旅游收入占县财政收入的 60%。

(三) 社会效益

兴隆县通过退耕还林工程，耕地应退尽退，调整了农村产业结构，节省了大量劳动力，农民纷纷进城打工，增加了收入，开阔了眼界，转移了大量农村剩余劳动力。对维护社会稳定、促进农民增收起到了巨大的助推作用。

五、经验启示

退耕还林工程既是生态工程，也是富民工程，惠及子孙万代。兴隆县通过实施退耕还林工程，有以下三点启示：

(一)政策主导是成功的保障

从国家实施退耕还林工程开始，政策扶持一直是工程建设的关键。退耕还林建设20余年来，国家投入了大量的人力、物力、财力，取得了巨大的生态建设成就，改变了农村面貌，促进了农村发展，为实现城镇一体化发挥了重要作用。这里每一个环节都离不开政策的主导作用。

(二)农民参与是成功的重要支撑

退耕还林成为富民工程，这与农民的积极参与是分不开的。每一棵树的成活，每一亩林子的形成都离不开农民的辛勤劳动。农民通过自己积极的参与从退耕还林中获得了巨大的效益，这也正印证了"绿水青山就是金山银山"理念。

(三)科技支撑是成功的重要基础

兴隆县在山楂培育过程中，不断优选优势品种，推广高效技术，实现生产基地化、产品系列化、销售灵活化、市场多样化，产业附加值不断提升。产业发展离不开科技支撑，科技进步带动了产业发展，活化了区域经济，促进了农民增收。

模式 71
河北围场退耕还苹果模式

围场满族蒙古族自治县隶属河北省承德市,位于京津正北方,河北最北部,是滦河的发源地,肩负着维护京津生态安全的重任。退耕还林实施以来,围场县立足于为京津阻沙源、保水源,为当地增资源、拓财源,抢抓机遇,精心谋划,强化措施,狠抓管理,扎实推进退耕还林工程。累计实施退耕还林104.44万亩,全县有林面积达到797万亩,人均有林地面积达到15亩、林木蓄积量达到52立方米,相当于每人在绿色银行存款万余元。

一、模式地概况

四道沟乡地处河北省围场县最南端,南与隆化县接壤,境内东西长16.5公里,南北宽3.6公里。属寒带、中温带、半湿润、半干旱大陆性季风型高原山地气候,海拔710~1100米,年平均气温6℃,年降水量400~500毫米,蒸发量1430毫米,适合栽培金红、k9、黄(红)太平、苹果梨等特色杂果。

四道沟乡距县城28.5公里。土地总面积15.2万亩,其中耕地1.13万亩,林地9.66万亩,果树3.6万亩,森林覆盖率63%。下辖6个行政村,人口0.8万人。全乡共有贫困户601户1214人。

四道沟乡著名的金红苹果

二、模式实施情况

2000年退耕还林工程启动实施以来，该乡积极动员农户参与，在退耕还林、巩固退耕还林成果等工程项目的持续推动下，全乡累计实施退耕还林1.5万亩，其中栽植特色杂果1.35万亩，在工程带动下，全乡共建成了特色杂果基地3.6万亩，主要品种为金红苹果和黄(红)太平。全乡人均果树面积达到4亩。四道沟乡退耕还林的主要经验有：

(一)依托工程建设，壮大林果产业

四道沟乡林果业发展自20世纪80年代起步，特别是在退耕还林时期，四道沟乡积极组织、强力发动，推行基地化管理，产业化经营，持续加大政策扶持力度，引入社会资金大面积注入林果产业，推动全乡林果产业蓬勃发展。

(二)依托科学技术，促进增产增收

随着特色杂果发展规模的不断壮大，围场县林草局和四道沟乡把经营管理放在同等重要的地位。2007年起，林草局为全乡配备了专职的果树协助员1人，常年驻村下乡，服务果农。四道沟乡每年都聘请专业院校的教授、专家及技术能手到各村讲授果树管理、整型、病虫害防治等内容，全乡实现了每户都有懂果树管理的技术能手，果树管理日趋规范化。四道沟特色杂果品相好、品质优、口感佳，深受消费者喜爱。

(三)依托配套设施，实现优质高产

为提高林果抗灾能力，确保优质、稳产、增效，全乡把果园水利灌溉设施建设放在首位，落实果园水利工程投资200余万元。通过争取实施引水上山、坡面工程等项目，全乡水浇果园面积发展到5000余亩，果园水利工程覆盖面不断扩大，果园效益显著提升。

(四)依托果业协会，开拓市场创品牌

为适应林果产业飞速发展的需要，2003年，四道沟乡牵头成立了翠怡果品协会。协会为果农提供产前、产中、产后服务，并注册了"翠怡"商标。2007年又成立了"满山红"果品产销合作社，此后全乡陆续成立了15家果品专业合作社。协会自成立以来联系并建立稳定客商80余户，果品畅销北京、天津、内蒙古、福建等地，为果农解决了果品出路的难题。

(五)依托龙头企业，提高附加值

2004年四道沟乡积极外联，投资80万元，建成金盛达果品加工厂，该厂以加工果丹皮为主，年设计加工当地鲜果400吨，年生产成品320吨，月销售收入10万元以上，现有职工60余人，年可实现利润30万元，从而延长了果品产业发展链条，解决了果农残次果品销售问题。

三、培育技术

四道沟乡特色杂果以金红苹果(又名"123")为主,系金冠和红太平的杂交品种,果实呈卵圆形,果皮黄红鲜艳,酸甜可口,营养丰富,果实含有多种人体所需的微量元素,具有醒脑、润喉、清肺、健胃、增强肌体抗病能力等功效。其主要培育技术有:

(一)增大苹果个体技术

苹果增大技术主要是水肥管理。在灌溉时随水冲施迪米佳复合肥或氨利果冲施肥,作到肥水一体化。加强根外补肥,可采用高浓度果友氨基酸叶喷,果农试验表明,果友氨基酸 120 倍液叶面喷施效果很好。对于着色不好的果园可以加入磷酸二氢钾 200 倍液;对于黄叶病、小叶病果园可以加入斯德考普叶面肥 8000 倍液;对于果体偏小的果园,在果实膨大期每隔 7~10 天连续喷施 3~4 次,也可以进行氨基酸涂干,选用不含激素的果友氨基酸原液进行涂干,每隔 15~20 天涂干一次,连续涂干 1~2 次。同时要作好保叶工作。

退耕还苹果林苹果增大技术应用

(二)提高果面光洁度和果实硬度技术

为提高果面光洁度和果实硬度,要加强补钙工作,实施全程补钙措施。从苹果采收前 40~50 天开始,连续补钙 2~3 次,特别是摘袋以后,注意将钙肥喷施到叶片正反面及果实上。钙肥药剂可选用重钙 2000 倍液或盖利施 600 倍液或乳酸钙 600 倍液等。

(三)果面着色均匀技术

着色问题是当前苹果外观质量当中最主要的问题,通过包括果实套袋、摘叶转果和铺设反光膜等措施,使所有的苹果都达到全红,提高果品外观质量,进而大幅度提高果品价格和果农收益。果实采收前 21~24 天摘袋,3 天后摘除离果实 15~30 厘米左右的叶片。铺反光膜时间：套袋果园一般可在去袋 3~5 天后进行，没有套袋的果园宜在采收前 1 个月进行。

四、模式成效分析

四道沟乡通过工程建设，林草植被快速恢复，特色产业蓬勃发展，山青水绿，花果飘香。群众在受益于退耕还林工程建设的同时，对人与自然和谐发展规律，对生产发展、生活富裕、生态良好的文明发展道路，有了更深刻、更理性的认识，生态意识、绿色意识显著增强，加强生态建设、保护生态环境已成为全社会的广泛共识，生态文明理念深入人心。

（一）生态效益

随着四道沟乡特色杂果基地规模的壮大，四道沟乡逐渐变得远近闻名。春赏花、夏避暑、秋采果成为北京、天津、唐山等城里人的重要选择，也进一步拓宽了四道沟乡林果产业发展思路。

（二）经济效益

四道沟乡依托退耕还林工程建设，栽植特色杂果 1.35 万亩，带动发展金红、黄太平等特色杂果 3.6 万亩，年产果品 6 万吨，产值 7000 万元以上，农民人均增收 8000 元以上。全乡靠林果年收入 5 万元以上的农户 200 多户、2 万~5 万元的有 400 余户。全乡贫困发生率由 2000 年的 35.5% 降低到 2019 年的 0.6%，贫困人口较 2000 年减少了 2906 人，截至 2019 年底全乡 6 个村全部脱贫摘帽。

（三）社会效益

四道沟乡依托现有资源打造了万亩特色杂果观光采摘基地，建立了质量追溯体系，实行产品认证，推行标准化生产，生产绿色无公害产品，推动全乡林果产业逐步由规模数量型向生态观光型转变。有效地带动了旅游、餐饮、服务、中介等行业的发展，实现产业升级。

五、经验启示

退耕还林既是生态建设工程，也是民生改善工程。围场县四道沟乡退耕还果的经营主体虽是退耕户，但企业、产业协会和农民专业合作社与退耕群众形成合力，使工程建设迸发出了巨大活力，对群众生产生活产生了深远影响。其主要启示有三：

（一）良种是成功的前提

四道沟乡主打金红苹果，又引进了寒富、锦绣海棠、龙丰水果等新品种，这些品种最大特点是适合本地气候条件、土壤条件，果品酸甜可口，营养丰富，广受市场认可。在不同地区选择适合的品种，通过不断优化，筛选出适合本地最佳品种，进行推广栽培，是实现有效收益的基本前提。

(二)合力是成功的保证

在退耕还果的进程中，要促进退耕扶贫的政策落到实处，就必须调动起合作组织、企业和农户三方之间的合作联动性，需要一个具有强力推动功能的有效管理模式作为支撑，让生态与经济紧密地结合在一起，对退耕还果的生态脱贫效益起到高位推动作用，使得"绿水青山"变成货真价实的"金山银山"。

(三)合作社优化了生产要素

生产要素的聚合可推动产业融合，在招商引资、扶持龙头企业、发展专业合作社以及培育职业农民的一系列政策措施激励下，积极培育新型经营主体，兴办产品加工和营销企业，可以延长退耕还果后期产业链条。

模式 72
内蒙古阿拉善左旗
退耕还梭梭接种肉苁蓉模式

阿拉善左旗隶属内蒙古自治区阿拉善盟，位于内蒙古西部，地处干旱荒漠地区，生态环境非常脆弱，生态区位十分重要。阿拉善左旗自2002年实施退耕还林工程，根据自然地理、社会经济条件和当地实际情况，大胆实践，积极探索，充分利用阿拉善左旗得天独厚的优势、成功的经验和成熟的技术条件，发展梭梭、肉苁蓉产业，取得了良好成效。

一、模式地概况

阿拉善左旗因山得名，系"贺兰山"一名异译，蒙古语称东为左。阿拉善左旗属温带荒漠干旱区，主要为荒漠、半荒漠草原，沙漠面积3.4万平方公里，主要是腾格里、乌兰布和两大沙漠。全旗总面积80412平方公里，辖4个街道、9个镇、6个苏木，有蒙、汉、回、满、朝鲜、达斡尔等14个民族，少数民族人口占28.3%，是一个以蒙古族为主体、汉族居多数的少数民族聚居的边境旗。

阿拉善左旗利用国家退耕还林等政策机遇，大力发展梭梭林接种肉苁蓉产业。2016年，共完成梭梭林种植126.27万亩，接种肉苁蓉33.7万亩，接种锁阳14.05万亩，从事梭梭、肉苁蓉、锁阳产业的林业合作社23家、农牧民近800户，人均年收入3万~5万元，部分农牧户人均年收入达到10万元以上。

二、模式实施情况

阿拉善左旗高度重视退耕还林还草工作，2000—2013年，阿拉善左旗完成前一轮退耕还林任务16.37万亩，其中退耕地还林0.97万亩、荒山荒地造林10.2万亩、封山育林5.2万亩；2016年，安排阿拉善左旗新一轮退耕还草0.8万亩。阿拉善左旗在退耕地造林中，大力推广梭梭林接种肉苁蓉模式，共发展接种面积2752.6亩，占全旗退耕地造林的28%。

阿拉善左旗退耕地梭梭造林

(一)政策扶持引导

阿拉善左旗把发展梭梭、肉苁蓉产业作为生态环境建设、调整农牧业产业结构、促进农牧民增收的重要抓手,鼓励人工种植围封梭梭和种植肉苁蓉。出台了《阿拉善左旗百万亩梭梭肉苁蓉基地建设方案》等政策,退耕还林种梭梭每亩再补贴100~120元,调动了社会各界和广大农牧民参与种植梭梭和接种肉苁蓉的积极性。2016年阿左旗提高种梭梭补贴标准,每亩涨到200元,接种肉苁蓉、锁阳每亩再补60元。

(二)推广梭梭林接种肉苁蓉模式

阿拉善左旗积极将人工营造梭梭林接种肉苁蓉这一实用技术应用并推广,将生态治理与退耕户增收有机结合在一起,退耕户的生产生活条件不断改善,促进了阿拉善左旗林业健康发展。阿拉善左旗在退耕还林工程中大力推广实用技术,退耕地造林共推广人工营造梭梭林接种肉苁蓉面积2752.6亩,占全旗退耕地造林的28%。

梭梭接种肉苁蓉

(三)加大宣传力度

阿拉善左旗在退耕还林工程中,注重宣传引导。利用"三下乡"宣传月活动,采取设宣传点、印发传单、专家讲课等多种形式进行广泛宣传,提高了退耕户林业科技意识,宣传范围覆盖阿拉善左旗所有苏木(镇)。

(四)强化技术服务

各基层林工站技术人员应经常深入退耕区,指导和培训退耕户,推广和普及人工营造梭梭林接种肉苁蓉技术,采取科技讲座、技术咨询、技术指导、现场演示等多种形式,开展短期技术培训。

(五)引入龙头企业

阿拉善左旗还先后培育引进了阿拉善苁蓉集团公司、内蒙古曼德拉沙产业公司、阿拉善华鸿沙产业公司等一批从事苁蓉加工的企业,并开发出苁蓉礼品、苁蓉酒、苁蓉茶、苁蓉口服液等一系列产品,更加激发了当地群众种梭梭、苁蓉的热情,越来越多的农牧民靠种植梭梭和肉苁蓉逐渐过上了好日子。

三、模式成效分析

阿拉善左旗通过退耕还林工程发展梭梭、肉苁蓉产业,从生态效益、经济效益、科研技术等方面均取得了较好的成果。

(一)生态效益

项目区通过推广和采用退耕还林营造梭梭林接种肉苁蓉,实现了以生态建设促产业发展,以产业发展促生态建设,既取得了显著的生态效益,也使阿拉善左旗梭梭、肉苁蓉产业发展取得了长足进步,达到了大地增绿、退耕户增收的良性循环。

(二)经济效益

接种肉苁蓉增加了退耕户经济收入,退耕户通过人工营造梭梭林接种肉苁蓉,3年后每亩年均收益近650元。

(三)社会效益

在大面积推广退耕还林造梭梭林接种肉苁蓉技术的同时,对梭梭、肉苁蓉产业发展的瓶颈问题组织技术攻关,加大科技对产业发展的贡献率,这些技术为阿左旗大面积大规模开发梭梭、肉苁蓉产业提供了有力的技术保障。2012年8月,"阿拉善肉苁蓉"获国家农业部农产品地理标志。

四、经验启示

阿拉善左旗通过实施退耕还林还草取得了生态改善、农民增收、农业增效和农村发展的显著综合效益，有效保障了祖国北疆的国土生态安全，得到了广大干部群众的一致拥护和支持。

通过在退耕还林工程中推广人工营造梭梭林接种肉苁蓉这一实用技术，对周边地区起到了项目的辐射、示范和带动作用，进一步调动了全旗农牧民开展生态建设和发展梭梭、肉苁蓉产业的积极性。

模式 73
内蒙古林西退耕还苹果模式

林西县隶属于内蒙古自治区赤峰市，是长江以北最大的锡冶炼基地、中国北方最大的甜菜生产加工基地、赤峰地区重要的氟化工产业基地，有蒙东最大的活畜交易市场。林西县是国家第一批国家扶贫工作重点县，民生改善需求迫切，脱贫攻坚任务繁重。退耕还林工程为林西县绿色发展提供了一条新的路径。退耕还林不仅保护了生态，也为优化农村产业结构、加快经济发展、促进贫困户脱贫增收打下了基础。2007年，林西县被全国绿化委员会授予"全国绿化模范县"荣誉称号；2012年，被国家林业局评为"全国生态文明示范工程试点县"。

一、模式地概况

七合堂村位于内蒙古赤峰市林西县南部，新城子镇北端，204省道西侧，全村共228户村民，902口人，集中在3个自然村内，全村总面积32320亩，其中耕地面积6108亩，水浇地不足200亩，其中绝大多数是25°以上的坡耕地，是一个典型的山区农业区。

七合堂村坐落在两山夹持之间，干旱、风沙，严重缺水。到1990年时，这里由于过度砍伐、超载放牧等原因，生态环境极度恶化，山是光秃秃的，山洪常常泛滥，百姓吃粮靠返销，花钱靠借贷。一句顺口溜很形象地描述了当时这里的状况：山秃草木稀、耕地效益低、沙飞石乱滚、人穷向外移。

就是这样一个普普通通的小山村，几经磨难，经历了天翻地覆的大变样：一个具有现代庄园经济雏形的发展模式基本形成，农民年人均收入近万元，2009年该村被国家水利部授予"全国水土保持示范村"，被全国绿化委员会授予"全国生态文化示范村"，被中宣部、文明办、全国绿化委、国家林业局评定为"全国绿色小康村"，被国家农业部列为"国家农业资源持续高效利用实验区"。

二、模式实施情况

自2000年实施退耕还林工程以来，七合堂开始转变生产方式，从传统耕种方式转变为经济林为主导的产业发展方式。利用地区特色优势，大力发展"123"苹果等果树产业基地，积极探索林业发展与乡村振兴的双赢结构。七合堂村完成退耕还林任务5388亩，主栽树种为"123"苹果。

(一)推广"123"苹果等优良品种

"123"苹果是内蒙古农业科学院果树研究所培育的优良品种。特点是结果早、丰产性强，系金冠和红太平的杂交种，果质美观，品味酸甜可口，平均果重75克，汁多、味美、芳香，品质上等。早在林西县南部乡镇种植，现已向北部蔓延。以典型为带动，加快了经济林基地建设步伐。

七合堂是赤峰市林西县新城子镇的一个山区行政村，20年前曾经是一个典型的贫困村。经过多年的生态治理，已经成为一个具有现代庄园经济雏形的新农村发展模式，现有果树面积7300多亩，其中退耕还林发展果树5388亩，农民年人均销售果品收入达2万多元，占全村人均年收入的80%，群众生活安居乐业，生态环境现状良好，全村除了有4户因病返贫以外，其余贫困人口全部稳定脱贫。这一切，退耕还林可谓功不可没。

新城子镇七合堂村退耕还林苹果

(二)统筹规划，规模发展

七合堂村坚持"五统一分"规划，即采取统一规划、统一整地、统一购苗、统一栽植、统一节水设施，分户经营管理的办法，联户发展、成坡发展、沿路连村成流域发展，规模栽植金红"123"苹果、黄太平等优质果树，建成了以七合堂为中心的流域林果产业带。通过实施规模化建设理念，积极引导贫困农户通过土地流转、集中经营，实现增收脱贫。

(三)推广"管死、放活、调优"三大管护措施

封禁"管死"。从养殖业入手，改放养为舍饲圈养，对造林地块进行了封禁管理，并对封山禁牧工作狠抓不放。

流转"放活"。就是对土地、荒山、林地进行承包，把经营权放活，七合堂村在全县率先实行宜林地承包、流转的有益探索。把所有荒山，荒坡全部承包到户，积极发动群众实

施土地流转，在农户自愿的基础上通过耕地互换使土地实现集中连片经营。全国著名农业专家刘振邦教授来七合堂村调研时，把这种生产模式命名为"庄园经济"模式。

结构"调优"。就是围绕生态建设把产业结构调优，因地制宜搞栽植，对准市场调结构，向生态效益要经济效益。对所有的宜林荒山荒坡进行优化调整，在治理措施上实行山、水、田、林、路综合治理。在树种上，宜乔则乔，宜灌则灌，樟子松与其他乔木、灌木、经济林相结合，走上了依托项目推动，向生态效益要经济效益之路。

三、培育技术

在长期的造林植树建设中，七合堂村逐渐摸索出了符合本县实际情况的一套比较完整的抗旱造林技术和操作规程，即"八步造林施工法"，使苗木成活率提高了20%~30%。

（一）推广"八步造林施工法"

七合堂村采用以提高苗木成活率为核心的抗旱造林系列技术：主要包括高标准整地、良种壮苗、覆膜套袋、坐水栽植及使用保水剂、生根粉等抗旱措施，形成了抗旱造林"八步施工法"：挖坑、浇水、插苗、填土、回填并踩实、覆膜、定干、抹漆。

（二）落实五个造林环节

在造林过程中，严格落实五个环节：一要科学编制作业设计，二要保证种苗质量，三要立足抗旱造林，四要严格检查验收，五要落实管护责任，全面提高造林质量水平。同时，进一步加强和完善合同制造林、先造后补造林和招投标造林三种造林机制，支持鼓励专业造林队、造林大户造林，确保了造林任务全面完成。

四、模式成效分析

七合堂村20年前曾经是一个典型的贫困村，通过退耕还林工程的带动和多年的生态治理，已经成为一个具有现代庄园经济雏形的新农村发展模式，七合堂村退耕还林"123"苹果模式实现了生态效益、经济效益和社会效益的"三赢"。

（一）生态效益

增加了绿化面积，提高了森林生态功能，加强了生态系统的环境调节能力；有利于减少水土流失，降低洪涝灾害，增加水资源储量，提升水资源质量，有利于生物多样性保护，维护了生态平衡。

（二）经济效益

七合堂退耕还林发展果树5388亩，年亩均收入近1万元，农民年人均销售果品收入达2万多元。大规模造林绿化工程建设完成后，促进了林木产业、林果产业发展，提高了林地利用率和生态休闲产业的扩张力,延伸了林副产品加工产业链,产生了巨大的经济效益。

七合堂村退耕还林"123"苹果丰收

(三)社会效益

退耕还苹果可以带动其他产业的发展,为农业结构调整做出了贡献,提高了农业劳动生产率。观光采摘、森林游憩带动了森林旅游服务业的发展,促进了文化交流和社会文明的进步。退耕还苹果及生态工程建设期间,可使用大量农村劳动力,增加了农民经济收入,缓解了社会压力,增强了社会稳定因素。

五、经验启示

七合堂村没有躺在功劳簿上止步不前,而是牢固树立"绿水青山就是金山银山"的强烈意识,为构筑祖国北方牢固的生态屏障、谋求兴民富民的绿色发展,重整行装再出发,让山更绿、水更清、天更蓝,努力实现美丽和发展共赢。

(一)政策支持是保证

七合堂村退耕还林取得的成绩,完全得益于国家及省县乡的大力支持。林西县注重把生态建设与扶贫工作结合起来,在保证全县基本农田保有指标的情况下,对贫困地区沙化耕地尽可能纳入退耕还林范围,做到应退尽退。

(二)庄园经济添动力

七合堂通过退耕还林,大力推广庄园经济模式,重点构筑经济林产业基地,以发展现代林业和助力脱贫攻坚、富民增收为主线,采取多种有效举措,强力推进特色经济林建设。

模式 74
内蒙古海拉尔退耕还两行一带模式

海拉尔区隶属内蒙古自治区呼伦贝尔市，是呼伦贝尔市政治、经济、文化中心。海拉尔区自 2002 年实施退耕还林工程，在退耕还林规划设计阶段就充分考虑当地的实际情况，因地制宜，科学选择造林模式，将生态建设与农民生产、生活密切结合起来，从而达到"稳得住、能致富、不反弹"的奋斗目标。

一、模式地概况

海拉尔区位于呼伦贝尔市中部偏西南，地处大兴安岭西麓，东西长 77 公里、南北宽 40 公里，总面积 1319.8 平方公里。海拉尔区属于低山丘陵向呼伦贝尔高原过渡区，地势东高西低，地貌类型可分为低山丘陵、平原和河滩地。海拔在 603~776.6 米之间。共有 5 个土壤类型，依次为黑钙土、栗钙土、暗色草甸土、沼泽土、风沙土，以风沙土为主。

截至 2018 年末，海拉尔区户籍总人口 28.56 万人，其中城镇人口 27.54 万人，乡村人口 1.02 万人，年末总户数 108723 户。海拉尔区城镇常住居民人均可支配收入达到 37820 元，城镇常住居民人均消费支出达到 29783 元，农村常住居民人均可支配收入达到 28104 元。

二、模式实施情况

海拉尔区自 2002 年实施退耕还林工程以来，始终将其作为为农民办实事的民心工程，推进农业结构调整、促进农民增收的富民工程，取得了阶段性成果。2002—2008 年海拉尔区完成退耕还林任务 8.45 万亩，其中退耕地还林 2.95 万亩，荒山荒地造林 3 万亩，封山育林 2.5 万亩，涉及 3 个乡镇 13 个行政村、2 个林场、1 个农牧场管理局，共 2345 户农户。

三、培育技术

海拉尔区地处农牧交错带，大部分农户有养畜经验，多以散养为主，规模较小并对生态破坏严重，林牧矛盾较为突出，为缓和这一矛盾，海拉尔区以生态优先为出发点，坚持乔灌草相结合的原则，在退耕地重点推广了"两行一带"林草间作造林技术模式。

(一) 采用"两行一带"模式

"两行一带"模式是内蒙古自治区林业厅专家经过多年探索，总结实践经验形成符合干旱地区特点的造林模式，并在内蒙古9个盟市全面试点推广。"两行一带"造林模式实行窄林带、宽草带技术，"两行"林木栽植规格为2米×2米，即株距2米、行距2米，树种选用适宜本地生长的樟子松、榆树、杨树、沙棘等，实现针阔混交，并合理确定混交比例。"一带"为草带，带距8米，林带间种植多年生优质牧草，主要品种有披碱草、羊碱草等。

海拉尔区退耕还林"两行一带"模式

(二) 整地栽植

整地：造林前机械开沟整地，沟上口宽0.5米，沟深0.3米，沟底宽0.2米。

苗木要求：樟子松苗高15厘米以上，地径0.3厘米以上，须根发达，根系长度20厘米以上，顶芽饱满、针叶完整、色泽正常、无损伤、无病虫害Ⅰ级苗、Ⅱ级苗，苗木必须具备质量检验证、植物检疫证和种苗产地标签。

栽植：栽植时，沟内挖穴，穴的大小和深度应略大于苗木根系，苗干要竖直，根系要舒展，深浅要适当，填土一半后提苗踩实，再填土踩实，最后覆上虚土。

栽植容器苗时，尽量选用可降解的容器，如选用了根系不易扎透容器，要脱掉容杯或袋，覆土后从侧方踏实，尽可能浇足水，再覆一层疏松干土，埋深至容器以上1~3厘米。

(三)抚育管理

由于干旱等因素,海拉尔退耕还林后需要抚育8年。主要内容为浇水、除草松土、病虫害防治、防火及防止人畜破坏。

四、模式成效分析

海拉尔区通过在退耕还林工程中推广"两行一带"造林技术模式,引导农户开展林间种草,不仅使海拉尔的生态环境得到明显改善,风沙危害状况逐步下降,而且使得农户从中得到实惠,增加了牧草收入,每亩退耕还林地间作牧草收益为500~2000元,拉动了林业经济效益和社会效益逐年提高。随着封山禁牧工作的开展,农户的饲养观念也在转变,圈养牲畜意识提高,增强了饲养水平,使海拉尔区的畜牧业得到了长足的发展,为退耕还林后续产业发展奠定了基础。

五、经验启示

"两行一带"造林模式最初是于1985年由内蒙古敖汉旗林业工作者和广大农牧民群众在生产实践中探索、创新、总结出来的。该项技术在1998年通过内蒙古自治区科委组织的技术鉴定,2000年获自治区科技进步三等奖。目前,全区采用该模式造林面积累计达到1000万亩左右。

(一)适应干旱地区造林

"两行一带"造林模式符合内蒙古地区干旱、半干旱的自然气候特点,符合国家标准,是一种比较先进的也受群众欢迎的造林模式。

海拉尔区退耕还林"两行一带"的宽草带

(二)林草长短结合

"两行一带"造林模式对农村牧区种植结构、经济结构的调整有积极的促进作用,能够调动农牧民群众造林的积极性,有助于农牧林业生产长短结合、以短养长,特别是为退耕还林工程后续产业的发展奠定了良好的基础。

(三)合理利用资源

"两行一带"造林模式可以合理利用空间、光照、水分等因子,能够充分发挥边行效应,生态、经济、社会三大效益突出,是内蒙古自治区今后治沙造林的主推模式之一。

模式 75
内蒙古凉城退耕还乔灌混交模式

凉城县隶属内蒙古乌兰察布市，位于内蒙古中南部、乌兰察布市南部，是蒙、晋、冀三省区交界地带的中心，处于乌兰察布、大同、呼和浩特三市环绕的三角中心，区位交通优势明显。全境山明水秀，风景极佳，是远近闻名的旅游胜地。凉城县先后荣获"全国造林绿化百佳县""全国造林绿化先进集体""全国绿化模范县"等荣誉称号。

一、模式地概况

凉城县土地总面积3458.3平方公里，辖6个镇（鸿茅镇、岱海镇、麦胡图镇、六苏木镇、永兴镇、蛮汉镇）2个乡（天成乡、曹碾满族乡），130个村民委员会、14个居民委员会，871个村民小组、49个居民小组。

凉城县素有"七山一水二分滩"之称，全县耕地95万亩，其中水浇地24.02万亩（水浇地中节水灌溉面积10万亩），占总耕地面积的25.28%；旱地70.98万亩，占总耕地面积的74.72%（其中沟湾地18万亩，占总耕地面积的18.95%）；人均耕地3.99亩；林地146万亩；草地140万亩；林草覆盖率62.08%，森林覆盖率35.76%，位居全区前列，全市第一。

二、模式实施情况

凉城县自2000年实施退耕还林工程以来，退耕还林总面积达76.5万亩，其中大部分是灌木林，树种以柠条、沙棘、山杏为主。但由于灌木林生态、经济价值较低，凉城县结合工程区立地条件，因地制宜，加大乔木林比例，探索推广乔灌混交模式。凉城县退耕还林乔灌混交模式主要分布在永兴镇、岱海镇、天成乡、麦胡图镇、曹碾满族乡、六苏木镇等6个乡镇，乔木树种主要是油松、杏树、杨树、落叶松等，灌木主要是柠条、沙棘，乔灌混交规模1.695万亩。

凉城县退耕还林油松、沙棘乔灌混交模式

三、培育技术

(一)技术思路

通过把不同生物学特征的树种适当地混交，能够比较充分利用空间。如喜光与耐阴、深根与浅根性、速生与慢性不同树种搭配在一起，可以占有较大的地上、地下空间，有利于各树种分别在不同时期和不同层次范围内利用光照、水分和养分。

混交林积累的森林枯落物数量比纯林多，成分较纯林复杂。森林枯落物分解后，可以改良土壤，并有效提高土壤肥力。混交林是一个结构复杂的生态系统，其在抵御各种自然灾害方面的作用相当明显。

(二)混交树种的选择

混交树种应具有与主要树种不同的生态要求、不同的生长特点和不同的根系类型，以便使各树种关系融洽，彼此协调一致。混交树种最好是耐阴、生长速度较慢的树种。混交树种最好具有较强的耐火和抗病虫害的特征，尤其是不应与主要树种有共同的病虫害。混交树种最好是萌芽力强、繁殖容易的树种，以利于采种育苗，造林更新，以及实施调节种间关系后仍然可以恢复成林。

混交方法有株间混交、行间混交、带状混交、块状混交。混交比例在数量上的变化与混交林各树种种间关系的发展方向和混交效果有密切关系，在确定混交比例时，要始终保证主要树种占优势。混交树种的比例，应以有利于主要树种生长为原则。竞争力强的树种，混交比例不宜过大，以免抑制主要树种。

(三)技术要求及标准

为主要树种慎重地选择混交树种，确定合适的混交方法、混交比例及配置，预防种间不利作用的发生，保证混交林的顺利生长。可错开造林时间，使用不同的苗龄和不同的株间距等措施，调节种间关系。树木管理抚育常采用平茬、修枝、间伐等措施，土壤管理采用施肥、松土以及间作等措施调节。

四、模式成效分析

凉城县探索推广乔灌混交模式，积极调整林业产业结构，想方设法促进农民增收致富，有序推进生态建设，有效促进退耕还林建设的生态、经济、社会效益相结合。

（一）生态效益

混交林能够发挥很好的生态效益和社会效益，林冠浓密、根系深广、枯枝落叶丰富，因而其涵养水分、保持水土、防风固沙和净化大气等多方面的生态效益比纯林显著，混交林还可以提高生物多样性，因为混交林有类似天然的复杂结构，为多种生物创造了良好的繁衍、栖息和生存的环境条件，而纯林无这样的效益。配置合理的混交林还能够增强森林的美学价值、游憩价值及保健功能等多种社会效益。

（二）经济效益

凉城县在退耕还林工程中，探索推广乔灌混交模式，加大乔木树种比例，主要乔木树种有油松、杏树、杨树、落叶松等，这些混交树种应有较高的经济价值，采伐后每亩出木材5~10立方米，产值4000~8000元，增加了群众收益。

凉城县退耕还落叶松、沙棘乔灌混交模式

（三）社会效益

乔灌混交模式改变了项目区一望无际的灌木林景观，为乡村旅游、招商引资等提供了良好基础。乔木树种的加入，为后续林产品加工业发展提供了资源基础。

五、经验启示

由于灌木林防风固沙、景观和经济价值相对较低，因此凉城县在退耕还林工程中探索采用乔灌混交模式，引入综合效益较高的油松、杏树、杨树、落叶松等乔木，更好地发挥了退耕还林工程生态效益、经济效益和社会效益。本模式适用于干旱、半干旱地区且水资源适宜的地区。

模式 76
内蒙古乌拉特前旗退耕还枸杞模式

乌拉特前旗隶属内蒙古巴彦淖尔市，位于内蒙古中西部，总面积 7476 平方公里，总人口 33.26 万人，其中农村人口 20.9 万人，是一个以农为主、农牧结合的旗县。乌拉特前旗地处河套平原，光照充足，昼夜温差大，水质独特，黄河水灌溉配套设施便利。正是这一独特的气候和地理环境为枸杞生长提供了优越的自然环境。乌拉特前旗将退耕还林工程与发展枸杞产业结合，枸杞已发展成为全旗的支柱产业，枸杞树托起了农牧民的"致富梦"，农村面貌发生了深刻变化，取得了明显的生态、经济和社会效益。

一、模式地概况

先锋镇坐落于乌拉山脚下，地处呼、包、鄂金三角地带，东与包头市接壤，西与旗所在地乌拉山镇相连，南临黄河。属典型的温带大陆性气候，日照充足，昼夜温差大，年均日照时数 3202 小时，年平均气温 7.2℃，大于 10℃ 有效积温 3100℃，无霜期 135 天，年降水量 100~200 毫米；土壤类型主要有乌拉山冲击平原与黄河河套平原淤积形成的洪积土、灌淤土，矿物质含量极为丰富，腐殖质多，熟化度高，耕作性好。

先锋镇总面积 670.37 平方公里，辖 12 个行政村 169 个村民小组 20205 户 51398 人，耕地面积 35 万亩，是典型的农业大镇。先锋镇林地面积 6.99 万亩，其中有林地面积 0.83 万亩，灌木林地面积 5.2 万亩，未成林地 0.26 万亩，森林覆盖率 6.6%。先锋镇内盛产枸杞、西甜瓜、架豆、葵花等农副产品，其中枸杞最负盛名，有 40 年的枸杞种植历史，2013 年被中国经济林协会授予"中国枸杞之乡"。

二、模式实施情况

先锋镇退耕还林地面积为 2.4 万亩，约占全镇总土地面积的 8%，退耕还林栽植枸杞面积为 2.3 万亩，约占全镇退耕地还林面积的 96%。受退耕还林工程发展枸杞特色产业的带动，目前全镇枸杞种植面积已达 4.5 万多亩。

(一)加大政策扶持引导

除了国家补偿资金,当地还制定了多项政策性文件,采取税费优惠、资金奖励、无偿提供优质苗木等多项措施,引导经营者按照产业规划种植枸杞,确保生态得到有效保护的同时,农民可以增收。枸杞采收期需大量人员,先锋镇很难满足采摘枸杞人力需求,旗里派出人员帮助到外地组织劳务采摘工,每年到先锋的采摘工达1.5万~2万人,每人在采摘期40天可获5000~6000元收入,同时也促进当地的经济发展。

乌拉特前旗退耕还枸杞林基地

(二)推广"公司+基地+农户"的模式

在乌拉特前旗和先锋镇高度重视下,依靠枸杞资源建成规模化的有机枸杞种植、加工、销售体系,其中以华融扶祥农贸专业合作社和内蒙古乌拉特前旗昌兴达公司为代表,已建成规模化、集约化、规范化的有机枸杞栽培、生产、销售一体化组织。农户按企业、合作社要求完成枸杞抚育采收,枸杞品质有了保证,农民收入也有了保证,企业有了优质枸杞原料,形成联系紧密的互动效应。

乌拉特前旗华融扶祥农贸专业合作社

(三)抓好优良品种的选育工作

在林业科技部门指导下,运用科学技术手段,通过自然杂交和人工选育的方法,获得了品质优良的枸杞新品种蒙杞系列,选育的蒙杞粒大色鲜,皮薄肉厚,口感纯正,甘甜爽口,果型美观,包装不结块,久贮不腐烂。经中国医科大学、内蒙古农业大学等权威部门的多次化验证明:在同类产品中,先锋枸杞富含铁、锌、锂、硒、锗等使人益寿延年的多种微量元素,多糖含量高,除含有丰富的无机盐、蛋白质、维生素等人体必需的物质外,还有人体所需的18种氨基酸。

(四)坚持品牌发展战略

2011年华融扶祥农贸专业合作社成功注册"扶祥"牌商标,并在第二届国际林产品博览会暨第四届中国义乌国际森林产品博览会上荣获金奖。2014年,先锋枸杞被农业部中国绿色食品发展中心认定为"中国绿色食品"A级产品,产品可直销我国台湾及欧洲等地。2016年12月28日,原国家质检总局批准对"先锋枸杞"实施地理标志产品保护。

三、培育技术

枸杞是经济生态兼用树种,退耕还林采用枸杞造林模式,在乌拉特前旗黄灌区中重盐碱耕地使用最广泛,推广面积大,生态、社会、经济效益结合得最好。主要栽培技术有:

(一)建园选地及规划

由于枸杞耐盐碱,在一般的盐碱地上均能生长,其最大耐盐碱极限为pH值8~10,含盐量<0.6%。建园时最好选择土壤深厚,通气性良好的轻壤、沙壤和壤土建立种植园,土壤有机质含量最好在1%以上,地下水位保持在1米以下,枸杞喜水又怕水泾,所以栽植地要选在平整并有排灌条件的地块,做到旱季能灌水、雨季能排水,种植地道路方便运输。

(二)整地挖坑

栽植枸杞前应进行全面整地,在头年秋深翻地后浇秋水,第二年春季栽植。盐碱较重的土地,要采取翻晒、泡伏水、压麦草等措施进行压碱后栽植。按株行距挖坑40厘米×40厘米×40厘米,坑内施入2~3厘米厚和熟土拌好的腐熟农家肥。

(三)枸杞定植

定植苗木选择生长健壮、根系发达的扦插苗木,品种为蒙杞、宁杞系列。栽植时间4月上旬至5月上旬。栽植密度:为了便于机械作业和早期丰产,一般采用株距1米、行距3米规格或株距1.5米、行距2米规格。定植方法:定植穴心土与肥料混合均匀后填入表土,放入枸杞苗木,最后用脚踏实,栽苗深度要求和原来苗圃中生长时的深度相一致,栽植后要及时灌水一次，以达到封土保墒的目的。

（四）土肥管理

土壤管理：主要是春秋两季对杞园土壤进行翻耕，破坏病虫害的生存条件。春季翻地于4月下旬开始，目的是提高地温、保墒、熟化土壤，以促进萌芽生长。秋季翻地在9月下旬到10月上旬进行。

施肥：可分为施基肥和追肥两种方式。一般结合春季翻地，对每株树盘施入腐熟的农家肥加二铵作基肥，翻入地下；枸杞进入旺盛生长期，结合中耕除草和浇水等措施进行追肥。

灌水：枸杞对水分需求量大，合理灌水是保证枸杞生长发育的必要条件。每年5月初6月中旬是枸杞新梢生长及开花结实的旺盛期，应及时灌水，秋季灌封冻水，但不能爬冰。

（五）整形修剪

定植后第二年主要培养树冠基层，在头一年选的骨干枝上，选留新徒长枝短剪，以形成小树冠；第3年培育冠层，第4年放顶成型。

（六）病虫害防治

主要虫害有蚜虫、瘿螨、负泥虫，可用40%氧化乐果1000倍液或20%达螨灵可湿性粉剂3000~4000倍液喷雾防治。病害常见的是枸杞黑果病，危害花、蕾、茎、叶、果，应在发病初期用120倍波尔多液或多菌灵1000倍液喷雾防治。

四、模式成效分析

先锋镇借助退耕还林发展枸杞产业，以此促进农村产业结构调整，加速生态环境建设和治理。在先锋镇努力打造"中国枸杞之乡"的过程中，取得了良好的生态、经济和社会效益。

（一）生态效益

枸杞属旱生灌木，抗旱、耐盐碱，是河套盐碱地造林理想的经济和生态兼用树种。大面积的枸杞在防止土壤沙化，及保持水土、改善生态环境方面发挥了巨大的生态作用。通过实施退耕还林，当地生态状况得到明显改善，农村面貌发生了深刻变化。

（二）经济效益

先锋镇通过退耕还林发展枸杞2.3万亩，通过科学栽培亩产枸杞干果250公斤，近两年枸杞干果平均每公斤35~40元，亩效益0.8万~1万元，枸杞林地抚育采摘成本占40%，农户种植枸杞每亩纯收入0.4万~0.6万元。先锋镇年产枸杞1万~1.3万吨，每吨3.3万~3.7万元，全镇枸杞年产值达3.7亿~4.6亿元。枸杞已成为农民致富、地方经济发展的支柱产业。

(三) 社会效益

枸杞产业已经不再是单一的农业产业，还是集聚带动一二三产业融合发展的产业体系。枸杞种植的发展吸引了一大批工商资本投身其间，并不断研发新产品延伸产业链，同时采摘、加工、包装活跃了旗内劳务市场，解决了社会富余劳动力的就业，同时也促进物流业、服务业、旅游业等发展。

五、经验启示

先锋镇地处沿黄贫困带，通过多方探索，盐碱地上退耕还林种植枸杞成为当地脱贫致富的支柱产业，获得了诸多启示：

(一) 政策引导是前提

当地切实把枸杞产业建设作为经济工作中的大事来抓，统一思想，花大力气，狠抓快上。同时，要加强对枸杞基地建设的组织，树立长远的战略思想和全局观念，认真研究枸杞产业的相关政策，解决好配套资金，成立科研机构和配备专业人员，深入研究枸杞生长规律，制定一整套枸杞生产技术规程，引导枸杞种植户生产出优质、安全、绿色的枸杞产品。

(二) 扶持发展枸杞龙头企业

乌拉特前旗昌兴达实业有限责任公司和华融扶祥农贸专业合作社作为当地枸杞生产龙头企业，从规模到生产加工能力，都还有待进一步提高和扩大。普通枸杞的市场价格在每公斤 40 元左右，昌兴达实业有限责任公司的有机枸杞经过包装以后，每公斤价格达到 180 元，效益是普通枸杞的 3 倍多。因此，引导龙头企业发展，对先锋镇的枸杞生产发展具有十分长远的战略意义。

(三) 选择优良品种

先锋镇生产的枸杞药性醇厚，品质优良，粒大色鲜，含糖量高，以独有的肉厚味甜口感好而著称。

模式 77
宁夏彭阳退耕还林流域治理模式

彭阳县位于宁夏东南部，六盘山东麓，西连宁夏原州区，东南、北分别环临甘肃省镇原县、平凉市和环县。现辖4个镇、8个乡，156个行政村、4个居民委员会，总人口24.9万人，土地总面积2533平方公里，其中林业用地204万亩。彭阳县先后荣获"全国退耕还林先进县""全国生态建设先进县""全国绿化模范县""全国造林绿化先进县""全国经济林建设先进县"等荣誉。

一、模式地概况

大沟湾综合治理流域位于彭阳县城西南部，涉及白阳镇、新集乡2个乡镇8个行政村24个村民小组676户3339人，总面积30平方公里。境内山多川少，沟壑纵横，土地贫瘠，植被稀疏，属全国重点水土流失区。

彭阳县气候属温带半干旱气候区，为典型的大陆性季风气候，主要表现特征为：冬寒长、春暖迟、夏热短、秋凉早；干燥少雨、日照充足、蒸发强烈、无霜期短。年平均气温7.4~8.5℃，年均日照时数2518.1小时，无霜期147~168天；年平均降水量350~550毫米，年蒸发量1436.5毫米，降水量分配差异大，雨季(7—9月)降水占全年降水量的60%以上。

二、模式实施情况

2000年退耕还林以来，大沟湾流域内退耕29985亩，其中退耕地造林22862亩，荒山荒沟造林7123亩，发展优质经果林6000亩，嫁接改良山杏1500亩，种草5000亩，新修道路6公里，绿化道路17.3公里，修建基本农田10433亩，打水窖102眼，治理程度达到87.4%。地貌以梁、峁、沟壑为主，地形破碎，治理前水土流失严重。

(一)地方重视

2000年实施退耕还林以来，彭阳县认真贯彻"退耕还林，封山绿化，个体承包，以粮代赈"的综合措施,抢抓国家退耕还林机遇,先后打造出了大沟湾、麻辣湾、阳洼、淘涂、丁岗堡等10多个退耕还林流域治理模式,其中最有代表性的大沟湾小流域综合治理模式是黄土高原综合治理流域推进的一个典型样板。

(二)采用综合治理

大沟湾流域采用综合治理,是一个以林草为主体,农、林、牧同步发展,点、线、面协调配套的生态农业体系,按照"山顶林草戴帽子,山腰梯田系带子,沟头库坝穿靴子"的治理模式,树种选择上以"山顶沙棘戴帽,山腰山杏山桃缠腰,杨柳刺槐下沟道"的树种配置模式,实行山、水、田、林、路、草统一规划,梁、峁、沟、坡、塬综合治理,工程、生物、耕作措施相配套,乔灌草种植相结合的发展模式。通过综合治理,该流域呈现出了生态效益与经济效益共赢的综合治理示范区,是黄土高原综合治理整流域推进的一个典型样板。

彭阳县大沟湾流域退耕还林综合治理

(三)选为教育示范基地

目前大沟湾小流域综合治理体被宁夏自治区人力资源和社会保障厅、公务员局确立为全区公务员特色实践教育基地,承接全区各级各类公务员教育培训。2016年大沟湾流域被自治区林业厅、教育厅和共青团宁夏区委命名为第一批自治区生态文明教育基地。

彭阳县大沟湾流域退耕还林成果显著

三、培育技术

(一)科学配搭选择

按照树种生物学特性、乡土树种优势表现,科学配置林草树种。总体上按照"山顶沙棘戴帽,隔坡、外埂苜蓿、柠条,山坡桃杏缠腰,土石质山区针阔混交"的树种选择模式。具体到大沟湾综合治理流域,在当时老百姓不愿意退耕还林的条件下,要充分考虑退耕农户种植习惯和退耕还林后农户收入来源,考虑到退耕还林工程植被配置组成,乔灌草合理搭配,选择树种为山杏、山桃、柠条,草种为苜蓿。流域内普遍采用带内山杏、外埂柠条、隔坡苜蓿的乔灌草混交林,不仅生态结构相对稳定,而且增强了退耕还林地的美学价值,为西北地区生态建设树立了范例。

(二)推广泾流林业整地技术

大沟湾综合治理流域属于黄土丘陵干旱半干旱地区,水是制约还林还草成活的关键因子,抗旱造林整地技术的选择尤为重要。退耕还林开始,结合退耕地较为平缓而且疏松的特点,创造性地推广了"88542"隔坡反坡水平沟(沿等高线开挖深80厘米、宽80厘米的水平沟,筑高50厘米、顶宽40厘米的外埂,回填后反坡田面达到2米)整地技术,水平沟间距6~8米,达到了以水定林、水土保持、提墒保墒、活土还原的效能。

(三)采用干旱造林技术

预先整地:彭阳县是春夏季整地、秋季造林(除柠条5—6月雨季点播),或者秋季整地、春季栽植,做到截蓄降雨径流,雨时蓄水旱时用。截干深栽:山杏、山桃、刺槐等树种截干保留5~10厘米,有效减少苗木地上部分的水分散失;造林时适当深栽,让苗木根系达到土壤含水量相对稳定的40厘米左右土层,提高幼树的抗旱能力。浸泡处理:造林前有条件的地方将苗木用清水浸泡一昼夜,让苗木吸足水分,运输前将浸泡的苗木蘸上泥浆,保持水分。种子包衣:柠条和苜蓿种子采取机械包衣,表面均匀喷布粘合剂、杀菌杀虫剂或者保水剂,明显提高种子发芽率、生长量,减少病虫危害。

(四)补植补造

造林第二年集中补植补造是彭阳县提高退耕还林质量、巩固退耕还林成果的法宝。彭阳县成立了县、乡、村三级专业补植补造专业队,与退耕户、村委会签订补植补造合同,规范补植补造整地标准和苗木规格。在补植品种上,尊重退耕户意愿,"什么树能活就补什么树,老百姓愿意栽什么树就补什么树"。在补植措施上,利用容器苗抓住雨季补植补造。

(五)鼠害防治

大沟湾流域内甘肃鼢鼠的防治是确保退耕地不反弹的重要组成部分,要根据鼢鼠生活习性，监测鼢鼠的活动规律，利用人工弓箭捕杀和林地投药的办法，大力推广人工捕杀、洞内投药、林地内投药等防治技术。

四、模式成效分析

退耕还林工程实施以来，大沟湾综合治理流域取得了明显的生态效益、经济效益和社会效益。

(一)生态环境大为改观

通过退耕还林工程的实施，大湾沟流域生态效益大为改观，林地面积增加371085亩，有效地增加了森林覆盖率，生物种群不断丰富，林草覆盖度明显提高，群众生产生活条件显著改善，基本达到了"水不下山，泥不出沟"的治理目标，实现了"山变绿、水变清、地变平、人变富"的初步目标，生态步入良性循环的历史性转变。

(二)农民收入明显增加

退耕后农民直接从退耕还林中得到了受益，发展经果林6000多亩，挂果后每亩年收益2000~5000元，有效地增加了农民的经济收入。同时坚持适地适树、合理布局、注重实效的原则，采取流域综合治理模式，实现单一林业发展向综合性发展模式转变，努力促进"生态型林业"向"生态经济型林业"转变，山杏、柠条、苜蓿等乔灌草混交也取得了一定的收益，间作牧草每亩产出50~1000元。

(三)促进农村劳动力转移

退耕还林使一大批农民从单一的农耕劳动中解放出来，逐步转向养殖、经商、加工、运输、劳务输出等行业，有力推动了当地农村产业结构的调整。种植业已由广种薄收向精耕细作转变，产量提高；设施农业、优质高效农业增长迅速，收益提升；养殖业比重不断加大，收入增加；专业合作社、生产经营大户、农副产品加工营销等生产经营组织不断涌现，活跃了农村经济。大量农村劳动力外出打工或从事二三产业，增长了见识，开阔了眼界，转变了观念，增强了脱贫致富的能力水平。

(四)社会效益日趋明显

彭阳县探索总结推广出的隔坡反坡水平沟整地方式和乔灌草相结合的退耕还林建设模式，综合成效明显。先后多次迎接了国家相关部委及专家教授的视察、调研和检查，党和国家领导人先后视察退耕还林工程，对彭阳生态建设给予了充分肯定。

五、经验启示

彭阳县大沟湾小流域综合治理模式之所以取得成功，在黄土高原同类型地区全面推广，主要有以下几点经验：

(一) 建设思路明确，注重规划设计

彭阳县在退耕还林工程中，科学规划，合理布局。坚持生态优先，合理配置。流域内不同地类，设计时宜林则林、宜草则草、宜荒则荒、乔灌草合理配置，实行林草结合、林果结合、林下养殖结合，为后续产业发展奠定基础。小流域综合治理内涵越来越丰富，越写越美丽。以治理水土流失为重点，"山顶林草戴帽子，山腰梯田系带子，沟头库坝穿靴子"的立体规划布局，有步骤有计划地推动了退耕还林工程。

(二) 坚持科技带动，提高建设水平

针对彭阳县干旱少雨、立地条件差的实际情况，提出了提前整地、三季造林等措施，推广了"88542"隔坡水平沟整地模式，因地制宜地配置林种、树种、草种，实行"山顶沙棘、山桃、柠条戴帽，山坡两杏缠腰，缓坡林草混交"的配置模式。同时，积极推广生根剂、保水剂、地膜覆盖、截干造林等抗旱造林技术。使流域内造林成活率和保存率提高了10~20个百分点。

(三) 加强工程管理，切实巩固成果

自2003年开始，彭阳县年年开展退耕还林工程"回头看"，对保存率达不到65%的地块及时安排补植补造，同时深入开展政策宣传，落实退耕农户的补植补造和抚育管理责任，2008年，国家安排了补植补造专项资金，使补植补造更加有了保障，更加规范，质量显著提高，有力确保了小流域治理成果。

模式 78
宁夏同心退耕还文冠果模式

同心县地处宁夏中部干旱带核心区，既是深度贫困地区，也是生态脆弱区，脱贫攻坚与生态建设任务异常艰巨。文冠果作为一种特有的木本油料树种，广泛分布在我国北方地区。它根系发达，特别耐干旱、耐瘠薄、耐寒冷，适合北方年降雨量偏少地区的丘陵、山坡、荒地造林，可以作为退耕还林、绿化荒山、荒漠化治理的首选树种，并且集食用油、药用资源、生物柴油等多种功能于一身。

一、模式地概况

同心县地处鄂尔多斯台地与黄土高原北部的衔接地带，境内沟壑纵横，按照地质地貌和开发程度的不同，可分为"西部扬黄灌区、中部干旱山区、东部旱作塬区"三大区域，中部丘陵、沟壑、山地、沙漠等地貌类型占总面积的65.4%。

同心县总面积4662.16平方公里，辖7镇、4乡、1个开发区，142个行政村、5个居委会，总人口38.1万人，是革命老区、民族地区、贫困地区，"三区叠加"特征明显。同心县耕地总面积212.45万亩，其中水浇地40.05万亩、旱耕地172.4万亩，宜林地270万亩，宜牧地241万亩。同心县土质适合生长洋芋、红葱、豌豆、扁豆、荞麦、瓜果等作物，尤其红葱闻名全区，瓜果含糖量高、耐储存。

二、模式实施情况

2000年实施退耕还林工程以来，同心县累计完成退耕还林237.40万亩（退耕地还林72.48万亩，荒山荒地造林148.42万亩，封山育林16.50万亩），其中退耕还林种植文冠果面积8万多亩。

(一)制定发展计划

同心县把发展文冠果作为脱贫富民的主要产业来抓，编制了《同心县生态经济林文冠果发展规划(2018—2022年)》，制定了《同心县生态移民村生态经济林文冠果种植实施意

同心县退耕还林基地

见》等扶助政策，着力打造绿色经济示范县。全县累计种植文冠果 34.4 万亩。其中，建成万亩以上连片种植基地 6 个，千亩以上示范基地 2 个。目前文冠果长势旺盛，成活率均达到 85% 以上，文冠果已成为同心县造林绿化的主选品种和农民增收的朝阳产业。

(二) 大力扶持引导

同心县积极引导贫困群众参与文冠果种植，目前全县文冠果种植面积已达到 34.4 万亩。其中，退耕还林发展文冠果 8 万多亩，每亩自治区财政补助 300 元，县财政补助 200 元，补助资金直接补助给退耕农户，使群众直接受益；生态移民迁出区种植文冠果 15.1 万亩，每亩补助 1000 元；生态移民村文冠果种植 2.1 万亩，县财政每亩补贴 200 元，连续补 5 年，目前已兑付补助资金 1147.6 万元；生态修复及土地整治项目种植文冠果 2.1 万亩，每亩投资 1200 元。

(三) 加强跟踪服务

同心县积极与大专院校、科研院所进行联系与协作，聘请区内外文冠果专家成立文冠果产业发展专家服务工作站，对文冠果品种选优、生产技术及产品深加工等核心技术进行科技攻关。加强文冠果科研机构和推广服务机构建设，为文冠果产业发展提供技术支撑。积极培育和引进信誉度高、技术力量强、资金实力雄厚的龙头企业，开展文冠果抚育管护、高产改造、科技实验、下游产品研发等工作。

(四) 推广专业合作社

同心县加快培育种植大户、专业合作社、家庭林场等新型林业经营主体，抓好示范引领带动，发展"龙头企业+专业合作+基地+农户"等经营模式，鼓励文冠果立体种植和综合开发，提高林地利用率和文冠果综合生产能力，加强人才引进与培养，加大对基层技术人员和种植农户开展实用技术培训，加快技术成果转化应用，提高农户经营管理水平，助推文冠果产业快速发展。

三、培育技术

文冠果属于无患子科文冠果属，春天开红白花，花期可持续20余天，花序大而花朵密，在绿叶衬托下甚是美观，是我国珍贵的观赏兼油料树种，在园林中配植于草坪、路边、假山旁或建筑周围都很合适。

(一)育苗技术

文冠果繁殖以播种为主，也可分株、插根育苗。播种育苗：一般在秋季果熟后采取，取出种子即播育苗。分株育苗：把壮树根部的萌蘖苗挖出，分株移栽，成活率也很高。播根育苗：从壮龄母树上挖出部分粗度0.3厘米以上的根，截成15厘米的根段，插入土中，顶端低于地表2~3厘米，灌土沉实。

(二)园地选择

文冠果应选择土壤深厚、湿润肥沃、通气良好、无积水、排水灌溉条件良好、pH值7.5~8.0的微碱性土壤，按经济林标准，进行集约经营管理。

(三)造林栽植

文冠果的栽培管理很简单，病虫害少。一般早春开花前结合施肥进行春灌和保墒，花谢后适当灌水可以减少落果，封冻前进行冬灌，在雨季要进行排水，防止烂根。对过密枝加以适当修剪，使树冠通风透光，提高结果量。

(四)修枝修剪

文冠果当年生枝条很软弱，造型圈枝较容易。当侧枝长40厘米左右时，进行疏剪，留4~5个侧枝进行圈枝；以后选留3个侧枝作为骨干枝进行固定；每年春季重剪一次，留下两个枝为长枝，一个枝短截作为预备枝，以后逐年轮换更新修剪；秋后，回缩枝条，矮化造型，促进开花结果。

四、模式成效分析

同心县在退耕还林中，把生态文明建设作为永续发展的根本大计，把改善生态环境作为政治责任、经济发展的根本要求，大力发展文冠果，建设天蓝、地绿、水美的美丽同心。

(一)生态效益

退耕还林文冠果种植，实现防风固沙，减少大风扬尘，防止水蚀风蚀，遏制土地沙化，使风灾带来的损失降到最低。实现国家要"被子"、群众得"票子"的美好愿望，以及生态效益和经济效益双赢的目标。通过文冠果的基地建设，走绿色发展道路，使全县森林覆盖率再提高 2 个百分点。

(二)经济效益

全县累计种植文冠果 34.4 万亩，其中退耕还林发展文冠果 8 万多亩，每亩年收益达 2000 多元，使全县贫困人口人均拥有 3 亩文冠果，盛产期贫困群众人均每年可增加 6000 元左右收入。到 2020 年底，同心县 10 万贫困人口如期脱贫，与全国同步建成小康社会，让文冠果种植的经济效益更好地转化为富民成果，让广大农民得到更多实惠。

(三)社会效益

同心县退耕还林及文冠果产业建设，带动了社会事业全面发展。围绕建成天蓝、地绿、水美的美丽同心目标，认真贯彻落实习近平总书记在黄河流域生态保护和高质量发展座谈会上的重要讲话精神，建设宜居宜业之县。

五、经验启示

同心县在退耕还林工程中，加大文冠果种植力度，着力建设生态保护、生态治理和生态修复"三大功能区"，走产业兴旺、生态宜居、乡风文明、治理有效、生活富裕的发展路子。主要经验启示有：

(一)扶持引导是基础

同心县发展文冠果产业的思路是明确的、信心是坚决的。在县财政十分困难的情况下，筹措资金 1000 万元用于补助新一轮退耕还林文冠果种植；通过整合涉农资金、三北防护林工程资金、生态经济林文冠果种植工程资金等 1.25 亿元，支持文冠果产业发展。

(二)选对树种是关键

同心县干旱少雨，风多沙大，生态环境脆弱。文冠果耐寒耐旱、耐贫瘠、抗风沙，经济价值高。文冠果生态适应性很强，在丘陵、山坡石砾地、黏土地及黄土地均能生长，耐轻盐碱、耐寒冷。同心县抢抓国家退耕还林机遇，大力发展文冠果，带动了全县文冠果产业发展，使文冠果产业真正成为同心县改善生态环境的"花果山"和群众稳定增收的"金饭碗"。

(三)部门协作添动力

同心县相关部门从项目规划设计、争取政策资金支持、工程实施、技术指导、质量把关等各个环节上全程服务、跟踪指导、严格把关；发改、财政、自然资源、水务、审计等部门分工负责，密切协作，做到了项目优先立项，资金优先保障，灌水、土地等优先供给，有效保障了文冠果产业的发展。

模式 79
宁夏西吉退耕还林下经济模式

西吉县位于宁夏回族自治区南部，六盘山西麓，属黄土高原干旱丘陵区。西吉县发扬艰苦奋斗的革命精神，与天斗与地斗，先后荣获"全国粮食生产先进县""全国科普示范县""国家级马铃薯标准化示范县""全国国土资源节约集约模范县"等荣誉称号。

一、模式地概况

龙王坝村隶属于西吉县吉强镇，主要地貌类型有黄土丘陵、河谷川地和土石山地，属大陆性季风气候边缘地带，为中温带半湿润向半干旱过渡地区，隶属干旱草原生物气候带，生态环境脆弱，"十年九旱"，灾害频繁，百姓生活贫困，收入极低。1972年，联合国粮食计划署官员将西吉县描述为"最不适宜人类生存"的地方之一。

龙王坝村坐落于宁夏南部山区著名的红色旅游胜地六盘山脚下，位于火石寨国家地质森林公园、党家岔震湖和将台堡红军长征胜利会师地三大景点之间，距离县城10公里，北接309国道，依托福银高速、西会高速，交通便利，发展旅游业条件可谓是得天独厚。龙王坝村土地总面积12000亩，其中耕地面积5700亩。原是西吉县238个贫困村之一，建档立卡贫困户208户。有8个村民小组401户1764口人，其中80岁以上的老人有40多位，90多岁的老人有8位，是远离城市喧闹的原生态长寿村寨。目前依靠发展生态旅游，

龙王坝村今昔对比

村民已摆脱贫困。

二、模式实施情况

2000年实施退耕还林工程以来，龙王坝村逐步转变生产方式，在山坡上种植沙棘、柠条以及山毛桃，在致富带头人的带领下，发展林下经济，利用梯田山地景观以及位于县城周边的交通便利条件，大力发展生态旅游，探索出林下养鸡、养中蜂等农业模式。龙王坝村累计完成退耕还林1500亩，其中退耕造林300亩，荒山造林1200亩，涉及农户100户323人，其中贫困户16户45人，主要经验做法有：

(一)建设林下经济创业园孵化基地

西吉县心雨林下产业专业合作社于2012年投资500万元，在西吉县龙王坝村规划建设林下经济创业园孵化基地。设立创业服务中心和孵化基地管理办公室，配备专职工作人员10名，负责为大学生和当地农民旅游创业提供政策咨询、工商税务登记代办、开业指导、创业交流、培训和后勤保障等相关服务，2012年基地被西吉县认定为县级创业园区，2016年6月被固原市认定为市级创业园区，2018年1月被自治区认定为自治区级创业园区。

(二)建设休闲采摘日光温棚

龙王坝村建设以市民生态休闲观光为主，融休闲度假、主题教育、拓展体验为一体的综合休闲农业示范园，兼备青少年活动基地、社会化旅游采摘、度假接待服务功能为一体的休闲山庄，景区群众户均经营1栋休闲采摘日光温棚。据调查测算，农民经营1栋供游客采摘的草莓、油桃、西瓜、西红柿、黄瓜等果蔬的日光温棚，年最低创经济收入1.5万元，最高可达到3万多元。

(三)套种特色作物

利用退耕还林林下空旷闲地资源，选择适宜本地生长的油用牡丹、沙棘、大果榛子、中药材等，有效利用了土地资源，加大推广种植力度，做到"保护—开发—再保护—再开发"的良性循环。农民户均种植2亩油用牡丹，年亩产量最少达400公斤，按照市场最低价40元/公斤计算，年创收达1.6万元。初步建成了有规模、有示范效应的试验基地，推进了产业的发展，提高了经济效益和社会效益。

(四)利用民房改建乡村民宿

采取市场化运作、专业化经营，走以旅游促产业、以发展兴旅游的良性发展之路。以园区为中心向周边拓展乡村文化游、生态保护游及红色基地游等，扩大乡村旅游服务范围，提高服务质量。景区农民户均修建3间客房，按照每间住3~4人、每天住宿3~9人、每人30元计算，每天可创收90~270元，平均按90元最低价计算，月收入2700元，年收入达 3 万多元。

(五) 推广合作社模式

在西吉县心雨林下产业专业合作社的示范带动下，流转农村闲置梯田地，种植中草药、采摘果树以及观赏花卉等，以"生态休闲立村、休闲旅游活村"为思路，成立西吉县心雨林下经济创业园孵化基地，以"四个一工程"为抓手，依托本村丰富的梯田自然景观资源，大力推进生态旅游开发，积极拓展脱贫攻坚新道路。2019年12月，西吉县心雨林下经济创业园孵化基地被农业农村部评为全国农村创新创业孵化实训基地。

(六) 养殖林下生态鸡

由合作社按照每只90元的价格，投放给每个农户4只鸡，养殖1月以后，由合作社按每只120元的价格，统一回收打包出售，一个循环周期，农户可收效差价120元，年创收1000多元。

三、培育技术

(一) 沙棘繁育技术

扦插繁殖，插条选择中等成熟的生长枝，插期以6月中旬至8月末为好，插时株行距为5~10厘米×10~15厘米。第2年春移植，株行距为15~17厘米×30~60厘米。用1~2年无性繁殖苗造林，种植密度以密植为好，株行距2米×4米。对果实成熟期不同的类型或品种，可分片栽植，便于管理。栽植时，注意雌雄合理配比，一般8株雌株配植1株雄株。

(二) 大果榛子栽培技术

株行距2米×3米，每亩用苗110株，4月15日前栽完，栽植深度不要太深，以根系上埋土深度6~10厘米即可，然后灌足水。栽后立即定干，苗高40~45厘米，定干要留4~5个芽，头一年不能追肥。保留一个主干，以后依据树木自身的特性进行整形修剪，形成合理的骨架。

四、模式成效分析

龙王坝村通过退耕还林工程，大力开展国土绿化、水土保持、植被覆盖等活动，秉持"绿水青山就是金山银山"的伟大理论，在开展经济建设的同时，不以污染环境、浪费生态资源为代价，在进行生态旅游开发的同时，充分保护现有植被景观，根据现有的自然条件，营造适宜的文化景观，取得了良好成效。

(一) 生态效益

退耕还林增加了森林面积，改善了当地小气候，退耕还林以前一到暴雨季节，山洪咆哮、水土流失，现在这种情况已经不复存在；保护了农田、道路和村庄，在水土流失区，中上部多为退耕还林地，下坡多为缓坡耕地，中上部得到治理后，真正实现了"水不下山，泥不出沟"的生态治理目标；退耕还林区对村内调节水源起到了一定的作用，村内野生动物数量也与日俱增，同时村内的粮食产量也逐渐递增，农民的生产生活条件有了明显改善。

（二）经济效益

龙王坝村树完成退耕还林 1500 亩，退耕后农户每年还可发展林下经济，如通过养鸡、养蜂等获得新的增收渠道，每亩收益 100~2500 元。同时，退耕还林工程的实施，削减了种植业面积，越来越多的本村农户开始从事生态旅游等其他行业，经济收入增加明显。

（三）社会效益

调整了农村产业结构，有效增加了村民的收入，对龙王坝村的经济发展起到了积极的促进作用。由于村内的生态环境改善，不仅促进了农业发展，也在一定程度上带动了乡村旅游业的发展，为村内实现脱贫致富起到了很好的助推作用。2015 年龙王坝村被中国生态文化协会评为"全国生态文化村"。

五、经验启示

龙王坝村坐落于宁夏红色旅游胜地六盘山脚下，村里利用退耕还林大力发展生态旅游，收到了良好成效。

（一）利用生态资源延伸产业维度

俗话说，靠山吃山、靠水吃水。合作社依托村里得天独厚的自然资源，建成了窑洞宾馆、滑雪场等，同时把本地农产品变成礼品，延伸了产业链，培育了新的农民增收点，实现了合作社带动农户致富的目标。

（二）依靠生态旅游实现共同富裕

退耕还林建立起来的生态资源就是龙王坝村创新发展的最坚实的基础，因为退耕还林政策促生了景区生态的保护与合理开发，让更多的人爱上了这个黄土高原里的世外桃源，这就迅速产生出巨大的"流量"，最终实现共同富裕。

（三）搭建生态平台助力乡村振兴

龙王坝村利用退耕还林基地平台，由合作社负责对接企业和农户，共同在退耕还林的基础上大力发展乡村振兴产业，调动企业、合作社和农户联动，鼓励村民参与生态旅游的开发，同时鼓励和吸引大学生、返乡青年、复转军人、转型小老板、高校农业专家、文化企业等到龙王坝创业，为实现乡村振兴助力加油。

模式 80
宁夏盐池退耕还柠条转饲模式

盐池县隶属宁夏回族自治区，位于毛乌素沙漠南缘，县境由东南至西北为广阔的干草原和荒漠草原，以盛产"咸盐、皮毛、甜甘草"著称，全县分布着大小 20 余个天然盐湖，因此得名"盐池"。盐池是"中国滩羊之乡""中国甘草之乡"，先后被评为"全国防沙治沙先进县""全国林业科技示范县""全国绿化先进县""国家园林县城""国家卫生县城"等。

一、模式地概况

盐池县位于宁夏回族自治区东部，是著名宁夏滩羊集中产区。盐池县总面积 8377.29 平方公里，其中耕地 133 万亩、林地 273.9 万亩、草地 453 万亩，是宁夏土地面积最大的县，辖 4 镇、4 乡、1 个街道办事处，总人口 17.3 万人，102 个村 656 个村民小组、17 个社区，68294 户，其中农业人口 14.57 万人，是宁夏旱作节水农业和滩羊、甘草、小杂粮的主产区。

盐池属典型的大陆性季风气候，气温冬冷夏热，平均气温 22.4℃，晴天多，降水少，光能丰富，日照充足；温差大，冬夏两季气候迥异，平均温差 28℃ 左右，秋冬交节之际，昼夜温差可达 20℃。盐池属鄂尔多斯台地向黄土丘陵区过渡地带，年均降水量 280 毫米，其中大部分集中在 7、8、9 月份，蒸发量达 2200 多毫米，境内地表水和地下水资源极其匮乏，风大沙多，生态环境十分脆弱。

二、模式实施情况

2001 年实施退耕还林工程以来，盐池抢抓生态建设机遇，大力实施退耕还林工程，2001—2019 年，全县共实施退耕还林 174.52 万亩，其中：退耕地 47.97 万亩，荒山造林 121.25 万亩，封山育林 5.3 万亩。退耕还林累计种植柠条 161.82 万亩。主要经验做法有：

（一）适地适树选择柠条

盐池县土地广阔，"盐池滩羊"获国家驰名商标，是该县农业主导产业，传统的放牧方式致使土地沙化严重。柠条营养价值很高,一年四季均可放牧,尤其在冬春枯草季节和特大干旱或大雪时期,柠条更是一种主要的饲草饲料,称为"救命草"。因此,盐池县选择柠条作为退耕还林的主要树种,退耕还林累计种植柠条 161.82 万亩,全县柠条种植面积累计达 260 万亩。大力发展柠条及转饲加工利用对于推动盐池滩羊舍饲养殖具有重大意义。

盐池县退耕还林柠条基地

(二)注重柠条转饲加工利用

2002 年全县实行封山禁牧,滩羊进行舍饲养殖。柠条成林后,枝条老化,利用率低,生态和经济效益下降,为此,盐池县积极探索柠条利用办法,按照"科技+公司+基地+农户"和"高科技支撑、市场化运作、社会化服务"的产业化运行机制,规范柠条饲料加工利用技术等环节,培植龙头企业,创办多类型农民协会组织,拓宽开发应用渠道,培育产业市场,促进草畜业、饲草料加工业等相关产业的发展。

大型机械平茬柠条

（三）培植龙头企业

依托盐池县毛乌素沙地柠条资源优势，在花马池镇建设重点科技示范基地，集种植与养殖和新技术开发示范于一体，试验研究和转饲加工柠条，将柠条加工机械纳入农机购置补贴政策范围，结合柠条平茬项目大力扶持加工企业，企业平茬柠条每亩补助15元，种植农户每亩补助15元。培植春浩林草产业、千禾饲草料配送等16家龙头示范加工企业，开发出全株柠条粗饲料、青贮类饲料、配合类饲料三类共8个系列产品和两项产品专利，成本低廉，饲喂效果好，可取代玉米、苜蓿饲料使用，解决饲料与粮食争地问题，具有很好的市场前景，既可以满足广大农户舍饲养殖生产需求，又可以满足企业加工和产业化发展的需要，加快了全县柠条饲料集约化经营和产业化发展的步伐。

（四）建立多类型农民协会组织

根据柠条资源分布区域面积的大小和立地类型，以乡镇为单位，打破村与村的界限，成立8个柠条饲料加工利用农民联户经营协会（如柠条饲料保护利用协会、柠条草畜业发展协会等）组织，由协会组织管辖行政村、自然村的试点开发。

（五）建设重点示范点

建设重点示范乡、村、组、户，根据其林权面积及生物量的多少，以农民协会组织、联村联户收割点的运行方式，建设柠条饲料加工利用收割重点示范户，推进示范推广。

（六）加大科技支撑

柠条转饲加工以北方民族大学生物工程学院和山东六丰牧业为科技支撑单位，主要加工滩羊育肥柠条全混饲料颗粒（配方中柠条占35%）、草粉、包膜青贮饲料，并建立"实践教学基地"。

（七）注重推广营销

2020年，盐池县整合投入9000万元大力推进滩羊产业标准化生产、质量追溯、品牌宣传保护、市场营销四大体系建设，着力实现滩羊产业持续健康发展，夯实乡村振兴战略产业发展基础，促进乡村经济高质量发展。有力推进了柠条转饲和利用，盐池县每年平茬柠条26万亩，转饲加工10万多吨，全部供应本县和周边县市养殖牛羊，有效缓解了本县滩羊养殖饲草料短缺问题。

三、培育技术

柠条为豆科锦鸡儿属落叶灌木，根系极为发达，主根入土深，株高为40~70厘米，最高可达2米左右，适生长于海拔900~1300米的阳坡、半阳坡地，耐旱、耐寒、耐高温，是干旱草原、荒漠草原地带造林的优选树种，也常作为饲用植物。

(一)育苗技术

柠条一般采用大田育苗,育苗前要求对苗圃地进行翻耕,清除杂物,耙细整平。水浇地也可做床育苗,苗床的长度一般要求10米,宽度为1米。在床内顺床开播种沟,深度100厘米,宽200厘米,播种沟的间距为20厘米左右为宜。

(二)造林技术

柠条造林方式一般采用直播和植苗两种造林方式。直播造林一般选择3月下旬至4月上中旬进行,旱地5—7月土壤墒情较好或降水后抢墒播种,播种时间不能太晚,太晚苗木不能充分木质化,很难越冬,会影响造林成活率。

柠条植苗造林时需要进行整地,整地方法根据地形来定,一般地势比较陡峭的地块采用鱼鳞坑整地方式,地势比较平坦的地块采用圆穴坑整地方式。植苗造林时,要按照每2棵苗为1坑的标准种植,先把坑底的土刨开一个5厘米深的小坑,把苗放进去,一只手握住茎中端,另一只手进行覆土。覆土厚度以刚好埋住柠条苗的根部为标准。

(三)抚育管理

柠条栽植后的第1年到第3年为幼林抚育管理期。主要包括管护、除草和修坑。在定植后的3年内,要看护好林地,禁止人畜危害,保证幼苗生长。3年内的幼苗每年要进行一次除草,要把坑窝里的杂草全部除掉,除草时不要伤苗。

(四)平茬技术

柠条栽植后的第4年开始,就进入成林抚育管理期,采取的主要措施是平茬。柠条定植后第4年,萌芽更新能力增强,如果不及时进行平茬更新,就会出现植株衰老、生长缓慢的现象。采用平茬的方法来进行复壮后,柠条生长更为茂盛。平茬最好在每年种子采收后的秋末、初冬进行。

冬春休眠期至第二年6月旺盛生长期,平茬5年生以上的旺盛柠条林,平茬后封育管理,当年生长量可达40~60厘米,第二年丛高可达60~120厘米,并有少量开花结籽,不会造成生态恶化。流动沙地、易风蚀沙化区和水土流失严重区采取"平一留一"或"平二留二"的方法进行;背风坡地、滩地、梁地等采取"平二留二"或"平二留一"的方法,平茬周期为3年。

(五)虫害防治

柠条最严重的虫害是种实害虫,如柠条豆象、柠条小蜂、柠条荚螟、柠条象鼻虫等。花期喷洒50%百治屠1000倍液毒杀成虫。5月下旬喷洒80%磷铵1000倍液,或50%杀螟松500倍液,毒杀幼虫,并兼治种子小蜂、荚螟等害虫。对有豆象虫害的种子进行筛选,然后集中焚毁。

四、模式成效分析

柠条是中国西北、华北、东北西部水土保持和固沙造林的重要树种之一，属于优良固沙和荒山绿化植物，是良好的饲草饲料。根、花、种子均可入药，具有滋阴养血、通经、镇静等功效。

(一)生态效益

盐池县实施退耕还林取得了明显生态效益，退耕还林174.52万亩，有效治理了沙化土地和荒漠化土地，盐池县连续10年呈现"双缩减"，沙化土地全部披上绿装，100亩以上的明沙丘基本消除。全县森林覆盖率由退耕前的10%提高到现在的21.85%，植被覆盖度由退耕前的23%提高到现在的57.87%，年扬沙天气由20年前的74次降低到现在的15次，实现了沙地披绿、人进沙退的历史性转变。

(二)经济效益

与自然和谐相处，沙漠也能致富。为了提高沙生植物身价，盐池县先后退耕还林发展柠条161.82万亩，4年后每亩平茬收益50~200元，转饲加工还能进一步提高经济收益。为此，盐池县培育大型柠条饲草配送中心、加工企业16家，柠条年转饲能力达到10万多吨。全县1.8万家养殖户养殖滩羊300多万只，年产值达8亿元，其中柠条转饲加工供1.1万家养殖户养殖滩羊21万只，年产值达1.1亿元，全县5500户1.6万贫困人口养殖滩羊实现了稳步脱贫，农民人均可支配收入中50%来自滩羊养殖。

(三)社会效益

盐池县始终坚持生态立县战略不动摇，一任接着一任干，一张蓝图绘到底，持续推进退耕还林建设，谱写了一曲曲改善生态、感天动地的绿色壮歌，涌现了一大批以白春兰、王锡刚、史俊、余聪等为代表的治沙劳模。同时，日本、德国等国家以及爱德基金会等国际组织和友好人士也对该县的生态建设给予了极大关注和无私援助。实践证明，坚持生态立县战略，凝聚各方面的力量，形成强大的工作合力，是生态建设工作能够取得实效的基本保证。生态已成为盐池发展的又一张名片。

五、经验启示

(一)选择树种的关键

盐池县是"中国滩羊之乡"，牧草需求量大。柠条是喜沙的旱生植物，耐干旱、酷热、严寒，抗风蚀、耐沙埋，其根系发达，枝叶繁茂，营养价值很高，枝叶含粗蛋白质22.9%、粗脂肪4.9%、粗纤维27.8%。因此，选择柠条作为该县退耕还林的主要树种，是完全正确的。

(二)转饲加工是源泉

盐池注重柠条转饲加工利用,初步形成了集"产学研推"为一体的产业链条,在促进林畜草畜平衡的同时,也为发展滩羊产业、促进农民增收提供了有力支撑。退耕还林柠条及转饲加工取得了可喜成绩,广大群众亲切地称之为"民心工程""惠民工程",农民人均可支配收入由2000年的1287元增长到2019年的12127元,人民生活水平大幅提升。

(三)发展颗粒燃料添动力

盐池县还抢抓环保产业发展机遇,积极探索沙柳、柠条等灌木平茬,加工燃料颗粒,充分利用其热值高、灰分低、能效高、无污染等优势,替代煤炭、油气等化石燃料,目前已培育重点企业1家,生物质燃料颗粒年销售收入近千万元,市场前景广阔。

模式 81
宁夏原州退耕还林旅游发展模式

原州区隶属于宁夏回族自治区固原市，是固原市政治、经济、文化中心和宁南区域中心城市核心区，辖 7 镇、4 乡、3 个街道办事处，153 个行政村，38 个居委会。原州区物产资源丰富，境内主要有木本植物 200 多种，草本植物 360 多种，药用植物 4000 多种，粮油作物 19 种，盛产小麦、玉米、土豆、莜麦、胡麻、芸芥、油菜籽、向日葵等 20 多种农作物，为中国冷凉蔬菜之乡。

一、模式地概况

禅塔山隶属原州区黄铎堡镇，位于原州区西北 55 公里的黄铎堡镇张家山村三队西侧约 2500 米，最高海拔 2067 米，地处六盘山余脉北段，气候属于暖温带半湿润向半干旱过渡类型，风多雨少。北距须弥山石窟约 10 公里，与须弥山南北相对。四面环山，山脉峰峦起伏，重岩迭翠，气势磅薄，丹霞地貌独特，远看似起伏的麦浪，其中好像似一些高耸的浪峰，近看就是一片高低错落的红砂崖堆。万千石群，千姿百态，掩映在天然次生林中，环境幽静，山上林木种类繁多，有珍贵树种杜松等百余种，禅塔山已辟为人们休闲度假的旅游区。

禅塔山退耕还林示范区位于须弥山核心景区东南，寺口子水库下游，年降水量为 300 毫米左右，海拔 1917 米，平均气温为 6~7℃。

二、模式实施情况

2000—2010 年，禅塔山示范区共实施退耕还林工程 4.6 万亩，其中退耕地造林 3.4 万亩，荒山造林 1.2 万亩。涉及三营、黄铎堡 2 乡镇 6 个行政村 1210 户，人均退耕 4.5 亩。通过实施退耕还林工程，优化了须弥山周边景区环境，提升了景区品位，带动了当地经济发展。

禅塔山示范区退耕还林分为五个部分：一是须弥山南北两山造林绿化 3.67 万亩，主要采用漏斗式集水坑和鱼鳞坑整地方式，选用山桃、山杏、云杉、油松壮苗，采取截杆深栽、覆膜套杆、生根保水、抚育防害等综合抗旱造林技术。二是三营高速公路出口生态景观造林绿化0.04万亩，采用微地形园林式绿化，使之达到三季有花、四季长青，使游客一进入须弥山景区线路，就有景可观。三是须弥山旅游线路两侧营造100米的宽幅林带和枸杞产业带0.09万亩。四是黄铎堡镇南城村至须弥山段河道造林绿化0.1万亩，主要采用节水槽整地方式，选用抗盐碱性强的红柳、沙枣等树种。五是须弥山博物馆至石窑子5.6公里林区道路两侧及周边荒山荒沟进行造林绿化0.7万亩，林区道路两侧100米内栽植油松、云杉，外围地段栽植山桃、柽柳等花灌木。主要经验做法有：

（一）因地制宜，科学规划

严格做到高起点规划、高标准测设、高质量施工。树种总体布局形成色彩搭配错落有致的大色带、块状绿化格局，呈现独特的地域景观效果。本着因地制宜、适地适树的原则，规划设计以乡土树种为主，实行乔冠搭配，条块结合，突出整体效果。强化工程造林，采取机械整地与人工整地相结合，挖大坑、栽大苗、浇大水，确保栽一棵，活一棵。

禅塔山退耕还林旅游模式

（二）突出重点，分步实施

制定总体规划，按计划、分步骤、有重点地逐年实施退耕还林、荒山荒沟绿化、道路绿化带、出口景观工程、枸杞园区建设、河道整治等工程，层层推进，确保治理成效。

（三）强化措施，落实责任

严格落实工作责任制，按照一项工作一名领导负责、一个部门牵头、一套工作方案的要求，全面推行项目法人责任制、种苗招投标制，进一步落实任务，做到组织领导、职责任务、推进措施、质量标准、时限要求、督导检查"六到位"。

（四）严格标准，保证质量

工程实施中，严格按照作业设计的操作要求和技术标准，强化技术指导，选用良种壮苗，对种苗起挖、运输、栽植等环节进行精细管理，严格每一道工序，做到整地不合格不栽植，苗木不合格不进场，栽植不合格不验收，精心栽植，细心管护，确保了造林质量。

三、模式成效分析

通过退耕还林工程的实施，禅塔山示范区内国家"以粮换生态"的总体目标基本实现，工程建设在促进地方经济发展、农业增产、农民增收，改善须弥山周边生态环境等方面，发挥了积极作用。

(一) 生态效益

禅塔山示范区累计实施退耕还林工程4.6万亩，加快了森林资源增长和治理水土流失的步伐。2019年与退耕前1999年相比，林地面积增加4万亩，森林覆盖率达到60%。水土流失治理面积达到45000多亩，示范区内出现了雉鸡等野生动物，生态环境明显好转。

(二) 经济效益

禅塔山示范区依托须弥山自然地理和文化旅游等资源优势，依托退耕还林资源大力发展以林业生态建设为主导的林下经济产业和须弥山景区文化旅游产业，促进了区域经济的快速发展。须弥山景区生态文化旅游产业，年门票收入约13万元；打造了农家乐产业10户，户均年收入10万元以上；打造了林下经济生态鸡、野鸡养殖产业，专业户2户、散户30户，户均年收入20万元以上；打造了林下经济山桃核工艺品加工制作产业46户，户均年收入20万元左右。

(三) 社会效益

退耕还林工程的实施，不仅增强了当地群众的生态意识，而且改变了广大农民"越垦越荒、越荒越穷、越穷越垦"恶性循环的思想观念和广种薄收的传统耕种习惯，使农民不仅有了稳定的退耕政策补助，而且还可腾出部分劳力和时间，从事林下经济、多种经营和副业生产，促进了劳动力的转移，拓宽了致富门路，增加了收入，社会效益显著。

四、经验启示

(一) 科学规划是基础

2016年12月8日，宁夏回族自治区第79次常务会议研究审议了《须弥山石窟风景名胜区总体规划》。根据规划设计的方案，将风景区划分为须弥山石窟景区、黄铎堡景区、大滩景区、寺口子水库景区和禅塔山景区5个部分，须弥山石窟将建成独具塞外特色的"中国八大石窟"之一。其中禅塔山片区以禅文化为特色，打造禅文化旅游区。

(二) 旅游发展是动力

禅塔山旅游资源丰富，位于原州区黄铎堡乡张家山境内，临畔于须弥山以南10公里。

登上洞顶松涛飒飒，山峦叠嶂，翠绿成荫，自然成林的松树、挂满红果的黑刺和那发出金属光泽的山峰，让人领略到大自然的神秘、威严和休闲当中的飘逸。向须弥山望去，一片殷红，丹霞尽然的沟谷洼地撼人心旌。

(三)退耕还林抓机遇

禅塔山示范区抢抓国家退耕还林机遇，共实施退耕还林工程 4.6 万亩，分别在禅塔山旅游区的 5 个地方实施，须弥山南北两山造林绿化，三营高速公路出口生态景观造林绿化，须弥山旅游线路两侧通道绿化，黄铎堡镇南城村至须弥山段河道造林绿化，须弥山博物馆至石窟子 5.6 公里林区道路两侧造林绿化，不同地块的退耕还林，为禅塔山旅游增绿添彩。

模式 82
新疆布尔津退耕还复合模式

布尔津县隶属新疆维吾尔自治区阿勒泰地区。布尔津县高山逶迤，草原辽阔，水草丰美，自古以来就是中国西部游牧民族繁衍生息的地方。布尔津县是阿勒泰西部交通枢纽，是进入5A级景区喀纳斯湖的必经之地，百公里内有喀纳斯、阿勒泰两座机场。布尔津县旅游资源丰富，有旅游景点32处，分属六大类20个基本类型，是中国旅游强县、国家首批全域旅游示范区创建单位，辖区有5A级景区喀纳斯景区、五彩滩等3个4A级景区、中俄老码头风情街等2个3A级景区。

一、模式地概况

布尔津县位于新疆北部，阿尔泰山脉西南麓，准噶尔盆地北沿，其北部和东北部与哈萨克斯坦、俄罗斯、蒙古国接壤，是中国西部唯一与俄罗斯交界的县，境内河流众多，是进出新疆西北部两个边贸口岸的必经之地。总面积10540.3平方公里，国界线长218公里，设1镇、6乡，人口7.2万人，有哈萨克族、汉族、回族、蒙古族等21个民族。

布尔津县属北温带寒冷地区大陆性气候，呈现出冬季寒冷漫长、春季干旱、夏季炎热、秋季降温快、夏短冬长、无霜期短的特点。历年平均气温为4.1℃，平均降水量为118.7毫米。布尔津县农业资源十分丰富，主要有春大豆、春小麦、玉米、油葵等作物。布尔津县林业资源极为丰富，木材蓄积量极高。

二、模式实施情况

布尔津县立足县情实际，坚持把"生态+经济"协同发展模式作为主导模式来抓，在"扩量、提质、增效"上集中用力，生态景观、特色林果业、林下经济产业实现了跨越发展。布尔津县前一轮退耕还林完成任务55500亩，新一轮退耕还林完成任务61300亩，主要栽植树种为沙棘。布尔津县退耕还林主要做法有：

(一)科学规划发展思路

布尔津县以实施前一轮退耕还林、新一轮退耕还林工程建设为契机，紧盯林业经济产业发展趋势，不断探索林业经济产业转型。准确把握县情发展实际和广大群众意愿，把沙棘产业确定为富民强县的林业经济支柱产业，在退耕还林中大力发展。

(二)推广复合经营模式

布尔津县大力发展林下经济产业，开展林药间作、林苜间种、林下养殖等模式，合理利用土地，促进农牧民增收。目前，全县发展林药间作 2000 亩，林苜间种 1 万亩，林菜间作 4000 亩，林下养殖 3000 亩；林下经济的快速发展带动了产业链各环节运转，促进了生态建设，拉动了林业种植户收入。

布尔津县退耕还林林草间作

(三)推进规模化种植

坚持把实施退耕还林与发展特色产业有机结合起来，精心实施"扩量、提质、增效"工程，全力推进开发建设，集中培育产业集群。布尔津县以每年完成 2 万亩退耕还林的速度持续推进规模扩张，建成 3 万亩退耕还林基地乡(镇)2 个、2 万亩退耕还林基地乡(镇)3 个；建成千亩村 22 个、百亩村 40 个；全县基本实现了适宜区全覆盖，全县 60%农牧民参与了退耕还林、沙棘种植产业发展"队伍"。

(四)发挥龙头企业的引领作用

按照"公司加基地联农户"的发展模式，2011 年，布尔津县与汇源集团"牵手"发展沙棘综合项目；目前，果浆生产线、罐头生产线、烘干线等生产设施已初步完成，全县每年采摘沙棘 2 万亩，销售沙棘果 1000 吨，销售毛利润 6000 余万元。

(五)推广典型示范机制

建成沙棘优良品种栽培示范推广基地 2000 亩和退耕还林高标准样地 10000 亩，通过有效管理，成为了全县沙棘和退耕还林发展的"样板地"。

(六)落实标准化管理

深入做好技术规程、质量标准、管理制度"三统一",精心实施果树修剪、病虫防治、施肥灌水等综合管理,全县标准化管理基地达到 3 万亩,退耕还林成活率平均保持在 80%以上,经济效益凸显。

三、培育技术

(一)园地选择

土壤以土质疏松、透气性良好、pH 值 7~8 的微碱性、含盐量<0.5%的风沙土、沙壤土、轻壤土为宜,选择水源足、交通方便、地势平缓或平坦的土地建园,不宜在低洼处建园。

(二)栽植密度及雌雄株配置

布尔津县种植的沙棘一般以产果为目的,株行距采用 2 米×4 米或 1 米×6 米,便于机械进行杂草及萌蘖苗的清除。沙棘为雌雄异株,雌雄比例及配置方式对果实产量影响较大。若雄株花粉量大则雄株比例可小些,反之比例应大些,一般雄株和雌株比例以 1:8 为宜。

(三)土壤管理

大果沙棘结果以前,可以充分利用行间空地间作牧草、豆科植物等矮秆作物,以增加效益。沙棘每年需中耕多次,深度为 4~5 厘米,以不损伤沙棘的水平根系为原则。

(四)肥水管理

大果沙棘产量高,灌水和施肥对其产量的影响十分明显。在定植沙棘苗木时,应灌足底水,生长季节视墒情确定浇水次数。一般年浇水 4 次,分别在萌芽期、生长前期、生长后期及入冬前进行。

(五)合理修剪

沙棘幼树期为保持树势平衡,可作适当修剪,保留萌发的三大枝作骨干枝,疏除过多枝条。进入结果期时,每年休眠期进行修剪,首先剪去枯枝、病虫枝,然后清除徒长枝、交叉枝、过密枝等。当树龄过大(15 年生以上)、枝条老化、生长明显衰退时,要进行复壮修剪,即保留一个主枝,其余枝条全部剪掉,促进枝条重新萌发,以恢复树势。

四、模式成效分析

布尔津县通过退耕还林,大力建设综合性防护林体系工程,实现了由单纯的造林生产向生态型防护体系、生态经济防护体系、生态景观防护体系转变三个阶段的跨越，改善了县域生态环境，提高了土地生产力。

(一)生态效益

布尔津县实施退耕还林以来，全县发生了"由黄到绿"的沧桑巨变。截至2019年，累计完成退耕还林116800亩，其中前一轮退耕还林55500亩、新一轮退耕还林61300亩，林地面积增加6.5%，全县的"绿色版图"扩大了2.6%，森林覆盖率提升到39.41%。

(二)经济效益

布尔津县在退耕还林中，注重把生态工程建设与林业产业结构调整有机结合起来，先后引进了沙棘、黑加仑、李子等优质高效树种，同时开展林药、林苜、林菜、养殖等复合经营模式，每亩年收益提高1000~3000元，复合模式将成为提高县域农牧民增收的重要产业之一。

(三)社会效益

退耕还林工程实施后，农牧民生态意识明显增强，广大干部群众进一步认识到退耕还林、改善生态的重要性，参与退耕还林和其他生态建设工程的积极性大大提高。全县近60%的农牧民参与了退耕还林、"三苗工程"、农田防护林更新改造等营造林工程。群众加强生态建设和环境保护意识明显增强，畜牧业生产方式实现了从自然放牧向封林禁牧、圈舍饲养的转变。

五、经验启示

退耕还林既是生态建设工程，也是民生改善工程，更是一项经济活动。退耕还林的经营主体不止是退耕户，大户、企业、产业协会和农民专业合作社更是一股活力四射的力量。因此在此期间要积极鼓励农民加入产业协会和合作社，促进退耕还林向集约化、规模化、产业化经营化发展，积极探索联户退耕还林模式。

(一)政策引导是关键

布尔津县广泛开展了"千家万户送树苗""共建生态家园""万家建设经济园"等活动；结合"访惠聚""民族团结一家亲""两个全覆盖"，进村入户作指导、送信息，凝聚了退耕还林和沙棘种植产业的强大合力。

(二)发挥群众主体作用

布尔津县采取集中培训、外出考察等方式，引导群众学习果业技术，采取现场开办培训班、发放技术手册等措施，传授采摘与修剪技术，开展自主管理，全县种果农户达到1万余户，占总数的78%。

(三)强化技术人才支撑

布尔津县按照县有专家、乡镇有技术员、村有技术能手、户有明白人的要求,进一步建立健全县、乡、村三级林业科技服务网络,增强了林业技术服务的及时性、机动性和实效性。

模式 83
新疆青河退耕还大果沙棘模式

青河县隶属新疆维吾尔族自治区阿勒泰市。青河县自退耕还林工程实施以来，高度重视生态建设与产业发展和退耕农户脱贫致富相结合，在退耕还林实践中创造了许多切实有效的技术模式，大果沙棘高产栽培种植模式就是其中的代表。

一、模式地概况

青河县地处阿勒泰地区最东边，准噶尔盆地东北边缘，阿尔泰山东南麓。地势是北高南低向西倾斜，依次分为高山、中山、低山、丘陵、戈壁、沙漠等地带。县城海拔高度1218米，境内最高点海拔3659米，最低处900米。境内主要河流有大青河、小青河、青格里河、查干郭勒河、布尔根河，五河汇合称为乌伦古河。

青河县属大陆性干旱气候，高山高寒，四季变化不明显，年均降水量161毫米，蒸发量达1495毫米；无霜期平均为103天，夏季日照时间长，昼夜温差大。土壤类型以棕钙土和栗钙土为主，微碱性或碱性，有机质含量中等，非常适合浆果类林木的生长。青河县是牧业县，土地资源有限，而沙棘抗干旱，耐瘠薄，栽植沙棘可以有效缓解与牧争草、与农争地的问题。

二、模式实施情况

青河县前一轮退耕还林（2002—2006年度）任务4.3万亩，新一轮退耕还林（2015—2016年度）任务2.2万亩，其中退耕还林发展大果沙棘面积7万亩，挂果面积3万亩。

（一）选择优质品种大果沙棘

沙棘适应性强，在退耕地、撂荒地、贫瘠山地、河滩地、沙地、丘陵山地都可以正常生长，适应土壤pH值6.5~8.5，土壤含盐量在0.4%~0.6%。沙棘当年种植后至少可以连续收获15年以上，而且3年以上的沙棘林基本已经郁闭成林，不怕牲畜的啃食，因此无刺大果沙棘是青河县特色林果业的首选树种。

青河县大果沙棘高产种植模式

(二) 创新发展机制

项目实施主体为"龙头企业+合作社+农户",由青河县出台相应的优惠政策,提供沙棘苗木。由企业提供种植技术,吸收周边农户经培训后,进行种植、养护、采摘等作业,由企业回购进一步加工并销售。

(三) 加强政策引导

青河县采取的主要做法有:制定长期发展规划,建立有效的管护制度;加强监督与管理,确保质量。通过加强监督来减少人为对环境的破坏,强化林业种植者的种植质量;强化退耕还林后续产业建设,努力增加农民收入;加强农村能源建设,构建循环经济系统。

三、培育技术

(一) 品种选择

选择经过引种实验的大果沙棘优良品种,要求雌株品种单果重量大于0.6克,盛果期单株产量不少于5公斤,如楚伊、向阳、阿列依等良种;雄株选择花期长、花粉量大的品种,如阿列伊等。

(二) 苗木规格

苗木选用1~2年生Ⅰ、Ⅱ级扦插苗,苗高不低于30厘米,主干木质化充分,无折断、劈裂、病虫害,根系完整。不建议用3年以上大苗,因为主根老化、侧根不发达,影响造林质量，也不利于后期整形修剪。

(三) 整地方式

带状开沟整地：此方法适合比较平坦的退耕地、沙漠化土地，既可以节省劳力和费用，又可以保护大部分植被不被破坏，减少土壤风蚀，达到蓄水保墒的目的。整地规格为沟深25厘米、宽不少于50厘米，沟间带宽依栽植行距而定。

台田整地：此种整地适用于盐碱地。土地盐碱化主要是土壤中盐分含量过高，排不出去造成土壤盐渍化。沙棘虽有一定抗盐碱能力，但当土壤中含盐量超过0.6%，pH值超过9.0以上时，生长就会受到影响。因此，在盐碱地栽植沙棘必须修筑台田，使田间水分流畅，解决缺水和积水问题，盐分则随水带走。修筑的条、台田田面宽度，要从实际出发，因地制宜适当确定，一般为田面宽20~30米，排水沟深0.5~1米。

(四) 造林种植

沙棘纯林株距2米、行距3米，种植密度为每亩地111株，雌雄株比例为8~10∶1，即每亩地雌株99~101株，雄株10~12株，雄株均匀配置。

采用植苗造林方法，春季要适时早栽。栽植前按40厘米×40厘米×40厘米规格，挖好定植坑，每株准备腐熟厩肥10公斤，与表土充分混合后施入，然后将雌、雄株苗木按规定的植点进行栽植。栽植时要适当深栽，埋土比原土印深5厘米为宜，也可栽后截干。在土壤水肥条件较好的退耕地可在夏季用容器苗造林，或选择秋季造林，造林方法与春季造林相同。

(五) 抚育管理

沙棘具有抗旱、耐土壤瘠薄、病虫害发生少的特性，一般认为，如果是以其生态作用为主要营林目的的林分，在立地条件不是非常差的情况下，可以不加以抚育或进行少量抚育，但如果是以经济利用为目的的林分，则必须加强抚育管理。

(六) 水肥管理

沙棘属于中湿生植物，结果初期、果实膨大期和果产成熟（期）都需大量的水分供应。每年春季至秋季前需灌溉3~4次水，使整个园地土壤水分保持在70%~80%之间。除移植前施底肥外，在每年春季结合降雨追肥1~2次。

(七) 整形修剪

沙棘移植苗定植后到结果前，树冠一般不修剪，只对单茎植株略加截短，形成多杆密植树冠。结实后，剪去过密的枝条、病枝、断枝和枯枝。生长期的剪枝强度不宜过大，否则会引起树势营养生长过旺而影响生殖生长。

(八) 病虫害防治

沙棘也和其他植物一样，如条件适宜，营养充分，生长旺盛，病害不易侵袭，即使侵袭也易恢复。防治病害，首先从营林措施入手，加强林分管理，增强树势，这是防治病害的首要措施。在病害发生情况下，化学药物防治也是不可少的手段。主要应防治沙棘猝倒病、干枯病与腐朽病、毛毡病、沙棘锈病等。

（九）采收与加工

沙棘果实虽然可以长时间挂于枝上，但从果实营养成分变化的角度考虑，以果实成熟期前后采摘最为适宜。果实采收以后应及时冷冻保存或榨汁。榨汁保存时，果渣晾晒风干，取出种子，并将种子摊晒晾干，使其不含有过多水分(种子供育苗用)。

四、模式成效分析

青河县沙漠化严重，植被覆盖率低，风害频率高，风速大，自然条件恶劣，生态环境脆弱，严重威胁着农业生产及人类生存，改善生态环境是当地面临的一项重要而艰巨的任务。大果沙棘作为良好的防风固沙林、农田防护林及四旁绿化树种，有着巨大的生态作用。

（一）生态效益

大果沙棘作为优良的伴生树种，其根系具有固氮功能，与其他林木混交种植后，可发挥其改良土壤、培肥地力之作用。大果沙棘发达的根系，可防控水土流失、涵养水源。退耕还林沙棘基地建设，优化了绿洲生态环境，促进生态系统良性循环。监测结果表明：退耕还林后可有效增加下垫面的粗糙度，降低风速，夏季可降温 0.7~1.6℃，1月均温提高 2~3℃，蒸发减少 30%~40%；夏季空气相对湿度提高 7%~10%；林地的这种调节气候的作用，可辐射到周边 300~500 米的范围，减少荒漠生态系统对绿洲生态系统的干扰，进一步优化绿洲生态环境，促进农作物的稳产、高产。

（二）经济效益

盛果期按照每亩地雌株 100 株，单株产量 5 公斤，沙棘鲜果 6 元/公斤计算，每亩地年产量至少 500 公斤，每亩地销售收入 3000 元。

丰收的大果沙棘

(三)社会效益

退耕还林大果沙棘基地建成后,利于促进项目区传统生产方式的变革,为产业结构调整、积极开辟新的生产门路、培植后续产业创造了有利条件。可以带动蓄牧业、农业、水利、旅游等行业发展,可吸纳基地周围剩余劳动力,解决部分农林剩余劳动力和城镇下岗人员就业,促进社会稳定,推动区域经济的协调发展。

五、经验启示

大果沙棘栽培模式是实施退耕还林工程建设的较好模式之一,可满足当地生态工程建设的需要,还能产生较好的经济效益,增加退耕农户收入。该模式适合于三北地区等沙化地区试验推广。

模式 84
新疆温宿县退耕还核桃模式

温宿县隶属新疆维吾尔自治区阿克苏地区,是古丝绸之路上的著名商埠,有着悠久的历史。温宿县深入贯彻习近平总书记系列重要讲话精神和治国理政新理念新思想新战略以及"绿水青山就是金山银山"的生态文明理念,认真落实自治区生态文明建设决策部署,抢抓退耕还林机遇,积极推动改善人居环境、建设生态文明、促进经济社会可持续发展的战略性工作,实现了生态效益、经济效益、社会效益的有机统一,促进了人与自然和谐发展。

一、模式地概况

温宿县地处内陆,远距海洋,气候干旱,降雨稀少,属暖温带极端干旱荒漠气候。降雨量稀少,年均降水量65.4毫米,全年盛行西风,每年春季大风多伴有沙尘及寒潮天气。温宿县总面积1.46万平方公里,下辖13个乡(镇),总人口25.4万人,农业人口占71%,是一个以农为主、农牧结合的半农半牧边境县。

2019年,温宿县林草局持续深化"林果业提质增效"工程,巩固125万亩优质特色林果基地建设,实现各类林果挂果面积120.2万亩,果品总产量53.03万吨,其中核桃挂果面积70万亩,产量17.64万吨;红枣挂果面积40.95万亩,产量19.4万吨;苹果挂果8.55万亩,产量14.7万吨;其他果树挂果面积0.7万亩,产量1.27万吨,总产值达37.69亿元,农民林果业纯收入11375元,提质增效成果显著,为构建完善的生态体系、发达的产业体系和内涵丰富的文化体系奠定坚实基础。

二、模式实施情况

温宿县自实施退耕还林工程以来,工程服务覆盖5乡、7镇,截至2019年底,全县累计实施完成退耕还林工程42.55万亩,发展板栗15万亩。其中:前一轮退耕地还林4.1万亩、荒山荒地造林13.7万亩,新一轮退耕还林工程24.75万亩(2015年3万亩、2016年11.25万亩、2017年2.5万亩、2018年3万亩、2019年5万亩)。主要做法有:

(一)稳步扩大核桃产业规模

温宿县以退耕还林工程为依托，强化对核桃产业的统筹、协调、考核、指导，落实"春促、夏管、秋控、冬护"配套措施，树立精品意识，使核桃产业成为温宿县农民增收的支柱产业。2004年底，温宿县林果业面积23万余亩，其中核桃10万余亩；经过16年的发展，到2019年底，温宿县林果业面积125万亩，其中核桃70余万亩（包括退耕还林核桃约15万亩，），占全县林果基地总面积的56.2%，核桃产业为促进农民增收、企业增效、产业升级、农村社会发展作出了巨大贡献。

退耕还林优质纸皮核桃开口笑

(二)抓好品种提质增产增效

从源头把好种苗质量，在引进高产优质核桃种苗的同时，抓好优质核桃苗圃建设，做好本地育苗，以满足全县发展核桃产业的需要。同时，进一步加大对现有树种的改良力度，把引进优良品种和本地品种选优相结合，把良种建园和嫁接改造相接合，淘汰老弱病树，嫁接低产树，以良种改造提高核桃产量和品质，增加核桃产业效益。

(三)树立品牌带动产业发展

温宿县域内主要核桃品种有温185、新新2号、扎343、新丰、新温179、新早丰等9个优良品种。其中，用温185、新新2号这两个互相授粉的配对优良品种建园，生产园良种使用率高达95%。近些年，温宿把温185、新新2号作为全县乃至南疆片区的主推品种。2005年，温宿县木本粮油林场依托种质资源优势、地域优势、技术优势及品质优势，为优质核桃注册"宝圆"牌商标。由于质量过硬，"宝圆"牌核桃赢得了广大消费者的认可，最终也使"宝圆"牌核桃获得了诸多殊荣：新疆农业名牌产品、新疆著名商标、新疆消费者协会推荐产品、北京奥运会推荐果品干果评比一等奖、中国国际林业产业博览会金奖、上海农产品博览会畅销奖等。

(四)产业基地建设助力脱贫

温宿县高度重视游牧民定居工程建设，按"六个一批"扶贫工作理念，全力推进扶贫工作。通过生态移民工程建立了柯柯牙镇拱拜孜新村，将784户游牧民从山区搬迁到平原地区，并在拱拜孜集中发展6800亩核桃产业基地，每户分配8亩果园，变游牧为定居，以林业产业为支撑，确保脱贫不反弹。结合脱贫攻坚，林业生态建设工程向贫困村贫困户倾斜，按照"应纳尽纳"原则，分批次将6800亩核桃全部纳入退耕还林。

三、培育技术

(一) 栽培模式

选择温185、新新2号为主栽品种，按照株行距3米×5米的模式定植或者直播建园，定植后及时浇足定根水，并用杂草覆盖树盘以利成活。及时定干，防干旱死苗。秋栽核桃浇完越冬水后，入冬前对新定植苗木要进行埋土防寒处理。

(二) 肥料管理

核桃施肥分为基肥、追肥。基肥于核桃采收后的9月中旬至10月初开沟施，施后立即灌水。追肥每年进行2~3次，第1次于花前或展叶初期，以速效氮为主，占全年总量的50%，第2次在5月底至6月初，以氮为主，占全年总量的30%。叶面肥通常与农药混合喷施。

(三) 水分管理

萌芽水，3—4月。施肥水，果实采收后结合秋施基肥灌水一次。越冬水，土壤上冻前灌足冬水。根据核桃生长发育特点，一般每年灌溉5~7次。

(四) 花果管理

去雄疏果、合理负载。发芽前15~20天摘除雄花芽，去雄量为树总雄量的90%~95%，在4月中下旬盛花期全树喷施0.1%~0.3%硼酸+0.5%尿素，亦能明显提高坐果率。

(五) 病虫害防治

核桃的主要病虫害是核桃腐烂病、黑斑蚜、螨类和叶蝉等。4月中旬至5月上旬，一经发现腐烂病，及时在病斑处横刮数道，涂抹多锰锌、戊唑醇或者梧宁霉素；5月上旬喷Bt乳剂等防治红蜘蛛；6月上旬全树喷1000倍速扑杀等防治蚧壳虫；9—10月在树干绑缚草、报纸、布等诱集越冬害虫；11月底至翌年3月清园，剪除病虫枝、死枝，清扫枯枝落叶并集中烧毁或深埋，消灭越冬虫卵及病原菌。

(六) 修剪

采用主枝开心形整形技术，具有成熟早、操作容易、树冠小、早实丰产特点。

(七) 采收

适时采收，分品种采收，温185品种一般在9月10日左右采收、新新2号一般在9月底至10月初采收。

四、模式成效分析

(一)生态效益

退耕还林核桃产业的发展,促进温宿县国土绿化进程,提高林木覆盖度,改善项目区森林生态环境,促进绿洲生态平衡,有效控制水土流失,优化农(林)业生产条件,调节局部气候,涵养水源,有效防御风沙等灾害性天气,减少自然灾害损失,使县域生态环境逐步走向良性循环。

(二)经济效益

温宿县退耕还林发展核桃 17 万亩,目前基本成林挂果,年亩产 250 公斤,按每公斤核桃 16 元计,年亩产值达 4000 元;农民林果业纯收入 11375 元,占农牧民人均纯收入 19025.85 元的 59.8%。

(三)社会效益

温宿县退耕还林核桃产业的发展,不仅增加农民收入,促进扶贫济困,加快产业结构调整和转移农村剩余劳动力,保障和提高农业综合生产能力,同时带动二、三产业的发展,释放农村劳动力,提高群众生活质量和经济收入,拓宽群众致富门路,为社会稳定和长治久安奠定坚实基础,进而促进社会、经济的全面、持续、快速、健康发展。

五、经验启示

(一)特色产业是成功的前提

选准产业是关键,应建立在深入详细的市场调研基础上,不随波逐流、盲目跟风选择缺乏市场竞争力、没有特色的产业。

(二)规模发展是成功的要素

有规模才有效益,规模发展是产品研发、产业链条升级、集约化经营管理的基础,避免了零星栽植存在的品种不优、经营不细、管护不到位的弊端。

(三)部门引导是成功的保证

在品种选择、高接改造、提质增效的进程中,在推动核桃规模发展形成产业优势上,县林业部门的大力支持更是起到了至关重要的作用。

模式 85
新疆兵团第八师退耕还立体经济模式

新疆生产建设兵团第八师始建于 1950 年，1975 年 4 月成立石河子地区及石河子市。2012 年 12 月，农八师石河子市更名为第八师石河子市。第八师区划面积 6007 平方公里，境内自然资源丰富，特产丰饶，是新疆天山北坡经济带重要区域和优质棉花生产区。

一、模式地概况

第八师位于新疆维吾尔自治区北部，准噶尔盆地南缘的玛纳斯河流域，第八师石河子市交通便利，亚欧大陆桥的兰新铁路西段、连霍高速公路和 115 省道贯穿市区南北两侧。垦区公路通达各农牧团场。第八师下辖的 14 个农牧团场及厂矿分若干片块，分布在石河子、克拉玛依两市及沙湾、玛纳斯两县境内。

第八师地处欧亚大陆腹地，远离海洋，属大陆性北温带干旱气候，是新疆北部光热量最丰富、无霜期最长的地区之一。主要自然灾害有干旱、干热风、冻灾、暴雨、暴雪和冰雹等。全师总人口 65.9 万人。土地总面积 901.05 万亩，其中耕地面积 379.8 万亩、林地 200.25 万亩、草地 92.0 万亩。生产、生活用水和绿洲灌溉主要来自玛纳斯河、宁家河、金沟河、大南沟、巴音沟河等河流，主要经蘑菇湖、大泉沟、夹河子、跃进等水库调蓄。

二、模式实施情况

第八师在 2002—2009 年共有 18 个团场完成退耕还林面积 70.9 万亩，其中退耕地还林面积 14.1 万亩，宜林荒地封育(造林)面积 56.8 万亩。共涉及农户 432 户 1305 人，人均管理退耕还林地 108 亩。退耕地还林面积全部为前一轮期间实施，宜林荒地封育(造林)面积已全部成林并纳入国家级公益林管护范围。

(一)营造生态林

第八师退耕还林区域全部位于干旱风沙区，为严重沙化耕地退耕还林。退耕还林造林区域多位于各团场生态脆弱的风沙前沿地带，土壤类型主要为风沙土和盐碱土，土壤次生盐渍化、沙化较为严重，只适宜栽植生态林树种。退耕地林种设计为生态防护林，亚林种设计为防风固沙林；在立地条件较好的区域，主要营造生态经济兼用林。截至 2019 年，已全部通过国家检查验收。退耕后各团场林木成活率、保存率均在 85% 以上。

新疆生产建设兵团第八师退耕还林营造杨树片林

(二)科学选择树种

按照因地制宜、适地适树的原则，以乡土树种和造林先锋树种为主进行退耕地还林。通过选用试验，第八师平原绿洲农区的退耕还林地和古尔班通古特沙漠边沿地带的退耕还林地均可选种杨树、榆树、胡杨、白蜡等生态林树种，枸杞、文冠果等生态经济兼用树种，以及蟠桃、葡萄等经济林树种。为加快家庭林场发展，以俄罗斯杨、箭杆杨为主。

(三)套种增效益

退耕还林地主要种植杨树、榆树、白蜡等生态树种，以及少量的枸杞、葡萄、苹果等经济树种。近几年来，第八师师加大了对低效林和不合格退耕还林地小班的补植补造力度，通过加强森林抚育、低效林造改、品种改良，鼓励和引导承包职工大力发展林下经济，套种棉花、牧草等，退耕还林工程的实施质量得到了保障。

新疆兵团第八师退耕还林地"杨棉间作"

三、培育技术

(一) 造林整地

采用以增加整地深度为主的高标准整地措施,成活率和生长量都有显著提高。试验证明,整地深度60厘米与整地深度40厘米、30厘米之间差异显著。整地60厘米比整地30厘米成活率提高12%,比整地40厘米成活率提高6.4%;整地60厘米比整地30厘米高生长提高23.3%,比40厘米提高8.1%。

(二) 栽植模式

生态林模式采用1.5米株距、窄行2米和宽行8米的宽窄行配置。生态经济林模式中以棉花、中药材和苜蓿间作效益高,在8米的宽行中,间作行距为6米的林下作物,作物距两边大树各留1米,既有利于林木生长,又有利于清除杂草。

(三) 有害生物防治

春季和深秋时期,及时使用BT生物乳剂、防啃剂等药剂进行喷雾,并采用铲草防蛹、诱虫捕杀、树体涂药或刷白等措施防治病虫鼠害。注意保护天敌,开展生物防治。

(四) 幼林管护

造林后坚持"三分造,七分管",及时进行人工看护,做好防火防畜工作。每次浇水后要及时清沟松土和除草保墒,保证林木旺盛生长。在林分郁闭前,春秋两季应做好林床清理。人工深翻15~20厘米,树干基部半径50厘米范围内应仔细检查翻耕土壤,拾除越冬虫蛹。秋季要及时清除林床内的堆置杂草,防止火灾的发生。根据林木生长状况,及时修枝,调整林木个体与群体的关系,保持合理的疏透结构,建立稳定的林型,加速林木高生长,扩大防护范围,达到最大的防护效益,同时,促进林木蓄积量增长。

四、模式成效分析

通过实施退耕还林工程,第八师大幅推进了林业生态保护建设步伐,有效地抵御、消弱和化解了以风沙、干旱和盐渍化等为主的荒漠化过程,为筑牢国土生态安全屏障,改善职工生产、生活条件,维护社会经济可持续发展,厚植了生态本底。

(一) 生态效益

第八师通过实施退耕还林70.9万亩,森林面积新增70.9万亩,森林覆盖率提高7.87%。退耕还林不仅提高了全师森林资源的整体质量和造林绿化水平,而且撬动了团场职工等各类经营主体承包林地发展林业生产的积极性,在减轻自然灾害、保障农业稳产高产，以及保护和发展生物多样性等方面也起到了积极的作用。

(二)经济效益

在实施退耕还林工程的过程中，第八师在坚持生态优先的前提下，因地制宜并采取多种措施发展林下种植、养殖等经营模式，实行立体林业经济开发，产生了较好的经济效益。林下套种棉花，每亩可增收 3000~8000 元。通过采取调整种植模式、改变造林方式等办法，使大部分职工在发展林下经济的种养业中取得经济收益，带动全师职工人均增收。

(三)社会效益

退耕还林工程的实施，不仅带动了林木种苗产业的发展，也带动了林果业、林产加工业、畜牧业、森林旅游业等相关产业的发展，促进了林业融资渠道的建立和职工观念的转化，促进了团场产业结构的调整，开辟了新的生产门路，拓展了新的创收渠道，促进了团场经济社会的稳定和可持续发展。

五、经验启示

第八师退耕还林工程改善生态环境、增加森林资源的同时，也有力地促进了农业产业结构调整，丰富了生产方式，促进了团场就业，为增加职工收入开辟了的有效途径，受到了职工群众的普遍欢迎。

(一)落实责任是保障

为确保退耕还林地"退得下、稳得住、能致富、不反弹"，第八师层层落实责任，实行项目法人责任制，将各个造林环节责任落实到每个负责人，严格按照实施方案的内容及计划完成造林。同时建立技术承包责任制，由科技人员对项目进行技术承包，提高工程管理水平和管护质量。

(二)科学管理出效益

要确保退耕还林工程的健康持续发展，离不开科学管理作为支撑保障。工程实施以来，对于职工承包管护的退耕小班地块，各团场林业技术人员均定期对承包户的抚育管理情况进行技术指导、监督检查。

(三)强化检查保稳定

兵团始终严格执行国家退耕还林有关文件规定，认真组织开展县级、兵团省级检查验收，并根据检查验收结果，及时向有关师团下达整改通知书，确保工程实施质量。

模式 86
新疆兵团第三师退耕还枣模式

新疆生产建设兵团第三师始建于1966年1月，区划面积8118平方公里。2002年9月，国务院批准在农三师小海子垦区设立图木舒克市，由兵团管理，实行师市合一体制。2012年12月，农三师图木舒克市更名为第三师图木舒克市。该师境内自然资源丰富，无霜期长，昼夜温差大，适宜于北温带和亚热带地区的多种经济作物生长，尤为适宜棉花和瓜果栽培。

一、模式地概况

第三师位于新疆南部，屯垦于塔克拉玛干沙漠西缘的叶尔羌河和喀什噶尔河流域，其东与塔克拉玛干沙漠毗邻，西与帕米尔高原相连，北倚天山，南接喀喇昆仑山，师部驻喀什市。该师战略地位极其重要，地处南疆四地州（喀什、和田、克州、阿克苏）几何中心，全师总人口25.56万人，所辖的16个团场嵌入式分布于喀什地区、克孜勒苏柯尔克孜自治州的14个县市境内。土地总面积1217.7万亩，其中耕地面积110.4万亩、宜垦荒地560.3万亩。有水库5座，可蓄水7.6亿立方米。气候属于高原内陆性气候，常年干旱缺水，大风、浮尘等灾害性天气频发。

二、模式实施情况

2002—2017年，共有15个团场完成退耕还林工程面积27.99万亩，其中退耕地还林面积13.69万亩，宜林荒地封育（造林）面积14.3万亩。退耕地还林为前一轮7万亩、新一轮6.69万亩。该师退耕还林实施区域主要分布在干旱风沙区，为严重沙化耕地退耕还林。共涉及农户8070户21420人，户均管理退耕还林地17亩，有88%的农户种植特色林果，树种以枣树为主。

（一）科学选择树种

第三师根据退耕还林地项目区域的土壤条件，结合团场发展需要，以生态效益为主，兼顾经济、社会效益。依据自然资源禀赋条件，以枣树为主要的退耕地还林目的树种，品种又以灰枣为主。枣树对土壤条件要求不高，沙土、壤土、黏土均可种植，以沙壤土为宜。

新疆兵团第三师退耕还枣模式

（二）加强扶持引导

严格执行《退耕还林条例》等有关法律法规，兵团与第三师签订了年度退耕还林责任书，层层落实责任，退耕地还林实行项目法人责任制，将各个造林环节责任落实到每个负责人，严格按照实施方案的内容及计划完成造林。同时建立技术承包责任制，由科技人员对项目进行技术承包，提高工程管理水平和管护质量。

（三）注重造林质量

第三师在退耕还林工程建设中依据《造林作业技术规程（LY/T 15776—2016）》，将退耕还林地小班地块进行深翻、施足基肥，采用酸枣直播再嫁接灰枣、骏枣的直播建园方式，造林期间对每道工序都有检查、有验收，严格要求造林质量。同时，大力推广节水灌溉技术，兴建节水设施。目前，90%以上的退耕还林地实施了节水灌溉。

（四）强化技术服务

加强技术管理、抓好科技培训，是退耕还林工程得以健康稳定发展的重要支撑保障。第三师每年冬季利用职工农闲季节举办培训班，普及营造林的常规技术；生产季节选派科技特派员下连队、到地头，服务职工，带动管理水平提升；在工程实施中坚持做到技术干部全过程跟踪技术服务，从规划、设计、苗木准备、施工作业每一个环节入手，使造林的每个环节都落到了实处。经多年努力，该师生产的"四木王"甘枣于2009年在第七届中国国际农产品交易会获金奖，"兵团红"红枣多次获得国家农产品交易会金奖和银奖。

(五)助力脱贫攻坚

在大力实施退耕还林改善生态的同时,第三师将退耕还林与调整农业产业结构、发展特色经济林产业、打赢脱贫攻坚战相结合,大力发展红枣加工业,带动了贫困职工群众稳定脱贫。实施退耕还林工程以来,共涉及建档立卡贫困户1000户、贫困人口2730人。截至2019年底,贫困人口通过实施退耕还林,已全部脱贫。

三、培育技术

(一)树种选择

第三师退耕还林地立地条件较差,为严重沙化耕地,并有一定程度的次生盐渍化,及部分土壤板结不适宜耕作棉花等作物的地块。经过多年的实践,选择长寿、丰产期长、耐瘠薄、抗风沙和盐碱的枣树为退耕还林的主要造林先锋树种。

(二)造林整地

播种前对土壤进行治碱,通过疏通、新开挖排碱沟洗盐压碱。整地时犁地深度25厘米,做到适墒整地,达到地面平整、土壤细碎的要求。结合犁地施腐熟的农家肥约1500公斤/亩,有机肥约150公斤/亩。

(三)播种嫁接

购买充分成熟的酸枣种籽脱粒后进行播种,待播种子破碎率要低于2%,不得有未成熟的种子,室内发芽率在96%以上。播种在4月中旬,播种量400克/亩,直播株行距多为0.2米×2米。播种密度比留苗密度大,为以后定苗和移栽留有余地。第二年在酸枣砧木上嫁接灰枣、骏枣,主要采取芽接或插皮接方式,可以实现当年嫁接、当年结果,第5年即可达到盛果期。嫁接后逐年增大株行距,在嫁接第5年株行距2米×3米,亩株数111株,亩产1200公斤,达到精品园建设标准。

(四)幼苗管理

酸枣砧木育苗当年,应对长势弱的苗进行深松土,结合补施肥促弱苗生长达到苗匀苗壮,为来年嫁接打下基础。田间杂草做到有草就锄,保持常年无杂草。待苗长高至10~20厘米时进行定苗,同时在缺株的地段进行移栽补株,保全苗。苗高30~40厘米时进行打顶,分期分批进行,打顶后基部长出的侧树要及时剪掉,使营养集中在主茎以利其生长。

(五)水肥管理

水不能灌得过早,以幼苗不受旱为准,尽力推迟浇水,可促进根系生长,达到蹲苗的作用,大约是6月初灌第一水,6月下旬灌第二水,一水后二水要紧跟。幼苗期施肥两次,施用科学配比的冲施肥,或是有机认证中心认证的有机菌肥。10月上旬冬灌完毕。幼苗三叶一心期，连喷 2~3 次叶面肥，喷施的叶面肥需经有机认证中心认证或施沼液进行喷施。

(六) 有害生物防治

枣树虫害主要有红蜘蛛、枣瘿蚊等，主要以生物防治和物理防治为主。为防治病虫害的发生，可喷洒石硫合剂、波尔多液、阿维菌素等。注意保护天敌，开展生物防治。

(七) 冬季管理

1—2月，全园施用石硫合剂稀释液均匀喷洒树干，有效灭杀害虫越冬虫卵和病原微生物，大幅降低春季发芽期以及生长周期的有害生物发生基数，提高有害生物防控质量；枣树的修剪多以冬季为主，需注重"早丰优质，合理负载"，一般以落叶后至次年萌芽前进行为好，多在3月前完成。

四、模式成效分析

(一) 生态效益

退耕还林工程实施以来，沙化耕地得到治理，增加了工程区林草覆盖率，水土流失情况得到控制。森林资源的增加对防风固沙、保持水土起到十分巨大的作用，同时使水质和空气得到净化。

(二) 经济效益

第三师累计退耕还林 27.99 万亩，其中 88% 即 24.63 万亩种植大枣。工程实施以来，枣树等特色林果已进入丰产期，在红枣销售市场的顶峰时期，涌现出了许多产值过万的标准园。目前，标准园亩产值也稳定在 7000 元以上。良好的收益，不仅为职工带来了较高收入，也调整优化了区域农业产业结构，推进了特色林果经济林产业的发展。

(三) 社会效益

第三师常年干旱缺水，大风、浮尘等灾害性天气对团场职工正常生产经营产生了十分严重的影响。退耕还林工程在实现森林资源和质量双增长，有效发挥生态防护效能的同时，也惠及了 8070 户农户、21420 名职工，使 2730 名建档立卡贫困人口稳定脱贫，对维护南疆的社会稳定和长治久安也发挥了积极作用。

五、经验启示

(一) 选对树种是关键

枣树作为第三师退耕还林的主要造林树种，不仅最大程度地利用了区域自然资源禀赋条件，也是职工长期实践的结果，为区域规模化推进农业产业结构调整，加快特色经济林产业找到了较为稳定的出路。

（二）科学管理出效益

退耕还林工程的健康持续发展，离不开科学管理作为支撑保障。工程实施以来，通过强化技术服务，开展标准园、精品园建设，推广测土配方施肥、水肥一体化管理、病虫害科学防控等关键技术，提升了工程实施质量和成效。

（三）脱贫攻坚提实效

通过实施退耕还林助力脱贫攻坚，不仅取得了显著的脱贫实效，也辐射带动了更多的职工掌握了果树生产管理技能，进一步增强了基层干部和职工的幸福感和获得感，使退耕还林工程成为了实实在在的民心工程。

第四篇 其他地区退耕还林还草实用模式

本区域包括东北地区的辽宁、吉林和黑龙江，珠江流域的广西，华南的海南，青藏高原的西藏等6省（自治区）。

本区类型较多，生态区位有号称"世界屋脊"和"第三极"的青藏高原，是亚洲许多大河发源地，全球气候变化特别敏感区；有按年流量为中国第二大河流的珠江流域广西段，地处西江干流及红水河流域；有祖国南疆海南省及热带雨林地区；有我国重要的大兴安岭森林生态功能区、长白山森林生态功能区、松辽平原黑土地保育区等。

模式 87
辽宁北票退耕还枣模式

北票市隶属于辽宁省朝阳市，古称"川州"，地处朝阳市东北部，大凌河中游。北票市有龙鸟湖景区、大黑山景区、白石景区等著名景点，北票市先后荣获"全国科技进步示范县""中国民间艺术之乡""辽宁省群众文化艺术基地"等称号，北票民间故事被列为国家非物质文化遗产保护名录。

一、模式地概况

北票市是一个"七山一水二分田"的丘陵山区。境内四周高、中间低，西北绵亘大青山脉，南部为起伏的松岭山脉，中部为海拔200米左右的低丘。北票市面积4469平方公里，人口为582282人，辖7个街道、7个镇、20个乡，2018年全市生产总值123.8亿元。

北票市属中温带亚湿润区季风型大陆性气候，温差大，积温高，年平均气温8.6℃，年均降水量509毫米，无霜期153天左右，年平均日照2861小时。适宜的地理气候条件和土壤，非常适宜于金丝大枣的生长。

二、模式实施情况

北票市坚持"绿水青山就是金山银山"理念，突出抓好生态修复和环境治理，持续改善生态环境。2001—2019年累计完成退耕还林总面积93.69万亩，其中前一轮退耕地还林还草17.43万亩、配套荒山荒地造林53.84万亩、封山育林22万亩，新一轮退耕地还林0.42万亩。2008—2013年累计完成巩固退耕还林成果专项建设任务41.3325万亩。北票市累计退耕还枣面积2.76万亩，其中退耕地1.44万亩，宜林荒山荒地1.32万亩。主要经验做法有：

（一）选择乡土良种北票金丝王大枣

北票市在退耕还林中，优先选择经济生态效益兼顾的北票金丝王大枣，该品种是北票人民发现、培育的地方优良品种。金丝王大枣是北票市的特产，受独特自然环境影响，该产品果实呈椭圆形,表皮呈深红色,色泽鲜艳,外形美观,大小整齐,果肉淡黄色,肉厚核小,可食率高,甜味浓。2012年,"北票金丝王大枣"获批国家地理标志保护产品,并荣获首届中国森林食品交易博览会金奖;2016年,"金丝王大枣"良种被列为中央财政林业科技推广示范项目。

北票金丝王大枣

(二)成立大枣专业合作社

北票市在退耕还枣发展中,注重机制创新,成立大枣专业合作社。加入大枣专业合作社的社员,所产大枣由合作社统一销售,比林农独自销售在价格上高出50%。合作社坚持"服务至上,效益为先的宗旨",不断创新工作机制,采取"统一安排生产、统一物资采购、统一技术管理、统一产品销售"的经营方式,以家庭果园为依托、分户经营。物资的集中采购可直接降低生产成本,国家的扶持政策可让林农直接受益。另外,合作社的成立还将构筑新的技术推广平台,农民获得生产新技术的机会将大大增多。尤其是在产品销售环节,一家一户单打独斗显然难以抵抗风险,而抱团销售则可以避免收购商压价收购等情况发生,提高市场竞争能力,使林农利益最大化。

(三)抓好品牌建设

北票金丝王大枣的栽培成功,不但带动了本县枣业发展,而且远销北京、沈阳、哈尔滨、长春、大连等地。本地人到广州、深圳、上海等地探亲访友,金丝王大枣也是北票人探亲访友的首选礼品。为进一步推广北票大枣品牌,2018年9月,由辽宁北票市主办、上园镇金丝王大枣种植专业合作社协办的"2018中国·北票金丝王大枣文化节"在上园镇举办。

三、培育技术

(一)园地选择

北票大枣选择在25°以上坡耕地,阳坡和半阳坡。

(二)品种选择

主要品种有金丝大枣、大平顶、梨枣、三星大枣。

(三)种苗

主要选择本地区已成功引进的优质大枣品系,苗木要求3年生Ⅰ级苗,组织人员严把苗木关,确保栽植大枣良种壮苗。同时,积极引进新品种进行小规模试验,发挥示范基地的先锋示范作用,对于优良新品种进行技术推广。

(四)整地及栽植

整地:苗坑规格,长、宽、高分别为50厘米、50厘米、40厘米,苗坑平整。

栽植:组织专业队进行统一栽植,把握栽植时间,覆土压实,灌足底水,保证苗木栽植质量,确保苗木成活率。

(五)土肥水管理

除草松土:适时除草松土,一般栽植初期半月一次,之后1~2月一次。

浇水:每年春植株萌动期浇水2~3次,后视天气情况进行及时浇水。

施肥:每年春施有机肥一次,后追化肥一次。

(六)整形修枝

视枣树生长情况,每2~3年进行一次修枝整形,促进坐果,提高产量。

(七)病虫害防治

每年害虫频发期打药3~5次,药物选择无公害药剂,定期更换农药品种,防止产生抗药性,引起害虫泛滥而导致大规模减产。

四、模式成效分析

北票市依托国家退耕还林工程,大力发展枣产业,山变绿了,水变清了,天变蓝了,这是众多北票人的切身感受。

(一)生态效益

北票市位于辽宁省西部,年降水量在400毫米左右,属半干旱地区,自然条件较差,生态环境脆弱，区域经济发展滞后，通过北票大枣的推广既促进大枣产业建设，增加森林覆盖率，又改善了当地生态环境，具有良好的生态效益。

（二）经济效益

北票市退耕还枣成效显著，每亩大枣年收益达 2000 元以上。2010 年以来，北票大枣持续畅销，价格居高不下，北票大枣是加强农业多元化体系建设，加快农业产业结构调整步伐，转变农业与农村经济增长方式，实现农业可持续发展的优选产业。

（三）社会效益

退耕还枣为本地区群众提供大量的劳动就业机会，从而增加农民收入。北票大枣已成为北票市新的经济发展增长点，直接增加本地区人民经济收入，同时带动运输、销售、餐饮、加工等行业的发展，将极大地促进地区经济繁荣与社会进步，助推社会和谐发展和新农村建设，具有良好的社会效益。

五、经验启示

退耕还林发展北票大枣还可以促进北票地区大枣产业化，实现加工业和林业产品的有机结合，对服务"三农"，提高农民生活水平，改善农村生存环境，发展建设农业生态示范村具有重要意义。

（一）乡土树种促进发展

随着北票的不断发展和进步，人们的生活水平和质量也在不断提高，必须打造自己的经济品牌和主导产业，以适应社会市场经济的发展需求。因此充分利用现有资源发展北票大枣是从农民切身利益出发，既增加农民经济收入，又促进生态建设。

（二）合理规划长远发展

北票大枣的推广建设具有良好的发展前景。在科学规划、合理布局，建设规模适宜，资金投入适当的前提下发展北票大枣，其产生的经济效益、生态效益和社会效益巨大。不仅具有良好的收益，而且有着长远的发展前景。

（三）标准化规范产业发展

北票大枣发展经验，要使得退耕还林工程的成果得以巩固，发挥其应有的生态效益、社会效益、经济效益，就必须与特色林产品的规范化结合起来；推进经营规模化、产业化。技术标准化、科学化，产品绿色化、品牌化，从而达到调整农村产业结构，使林农的经济效益最大化。

模式 88
辽宁阜新退耕还文冠果模式

阜新蒙古族自治县(以下简称"阜新县")隶属辽宁省阜新市。阜新县农业资源丰富，农、林、牧各业发达，在林业方面创造了闻名全国的"三沟经验"。先后获得"国家林业科技示范县""全国造林绿化模范县"等荣誉。

一、模式地概况

阜新县位于辽宁省西北部，科尔沁沙地南部，东临彰武，西与北票接壤，南与义县毗邻，北靠内蒙古自治区，东西最长距离114公里，南北最宽距离83.2公里。地形状况是东部为平原，北部为沙地，西部及南部为浅山丘陵。全境整个地势由西北向东南倾斜，最高海拔831.4米，海拔400米以上的山有200多座。下辖35个乡镇和1个城区街道办事处，县域总面积6246.2平方公里，其中耕地面积478万亩，总人口74万人。

阜新县气候属北温带季风大陆性气候。多年平均降水量为500毫米左右，5—9月份降水量400毫米，占全年的80%，年蒸发量800毫米。地处华北植物区系与内蒙古植物区的交错地带，植物种类丰富，有110科456个属929种。

二、模式实施情况

阜新县2001—2019年累计完成退耕还林130.42万亩，其中：2001—2013年累计完成退耕地还林34.5万亩，完成配套荒山荒地造林75.92万亩，完成封山育林20万亩。工程分布在全县35个乡镇382个村，涉及退耕农户9.08万户31.5万人。阜新县通过退耕还林工程，营造文冠果6.5万亩，其中退耕地还林文冠果0.5万亩，荒山配套造林文冠果6.0万亩。主要经验伏法有：

(一)科学选择林种

辽宁省是最适合文冠果发展的地区之一，各地均发现文冠果古树，有种植文冠果的悠久历史。中国科学院沈阳应用生态研究所王战研究员1983年考察了朝阳市凌源镇大西街刘庆院内最大最古老的文冠果树，并断定凌源是文冠果的故乡。阜新县根据文冠果的生态学特性，结合当地资源，大力发展生态经济兼用树种文冠果。阜新县大面积种植文冠果，不仅符合退耕还林政策，生态效益显著，又让退耕户在长时间内有了良好的经济收益，真正做到了"退得下，不反弹"。

（二）选择良种是关键

产业发展，科技先行。阜新县与辽宁省干旱研究所合作，进行文冠果优良品种的选育工作，保证了良种壮苗的选育和推广。辽宁省干旱研究所和大学院校进行合作，进行了优良品种的选育和推广工作，于阜新县王府林场建设了500亩的示范基地，为全县的文冠果产业发展进行示范引领。

（三）延长产业链条是保障

阜新县退耕还林文冠果良种

为了增加退耕户的收益，进而解决退耕户长远生计问题，阜新县在林副产品的加工利用上大作文章，形成了文冠果宜树则树、宜果则果、宜茶则茶的良好加工利用模式。文冠果树形优美、花期长，是高档的园林树种，随着树木的生长，郁闭度加大，抚育间伐下来的树木转换为园林树种，为城市建设增光溢彩。由阜新县牵头，和当地的农产品加工龙头企业振隆土特产加工公司合作，开拓了多个新产品，延长了产业链条，采用"退耕户+基地+企业"的模式。不但实现了种子当年全部收购，在传统的文冠果油系列产品的基础上，还开发出了文冠果茶等保健食品。

三、培育技术

（一）树种选择

文冠果喜阳，耐半阴，对土壤适应性很强，耐瘠薄、耐盐碱，抗寒能力强，抗旱能力极强，在年降水量250毫米的干旱地区以及多石山区、沟壑边缘、黄土丘陵、石砾地和地下水位2米以下的地方均能生长。

（二）苗木培育

文冠果可采取播种、嫁接、插根等方法繁育，播种是较为常用的繁育方式，种子繁育可分春播和秋播，种子处理，一般有湿沙埋藏法、快速热水催芽和秋季上冬前种子浸泡24小时直接播种，播种量每亩20公斤。春季选择无病虫害的二年生文冠果实生优质苗造林。苗木采取定向培育，保持苗木适应性，增强抗逆性。使用苗木需经县主管部门验收和质量检验合格，保证使用无病虫害的一级合格苗。

(三)造林整地

整地时间应在计划造林前一年雨季前或秋季进行。整地方式分水平沟整地和挖栽植坑整地。坡度较大的地块采用水平沟整地，沿等高线挖宽 1 米、深 70 厘米的沟。平地采用挖栽植坑整地，坑的大小以长、宽、深各 60 厘米为宜，表土和底土分开放，回填时先填表土，后填底土，回填后灌水沉实。

造林时间和初植密度：以春季为主，土质解冻后即可栽植。高山远山等可以用营养钵苗木进行雨季造林。密度以每亩 110~160 株为宜，株行距为 2 米×3 米或 2 米×2 米。

(三)抚育管理

栽植后前 3 年，每年除草、松土 2~3 次，同时根据土质墒情定期浇水，主要在土壤解冻期、开花期、果实膨大期浇水。芽封顶后禁止浇水。整形修剪分冬季修剪和夏季修剪，文冠果修剪以冬剪为主，夏季为辅。文冠果具有壮枝、壮芽结果的特性，因此，为了实现高产、稳产，必须加强土壤的水肥管理。施用化肥要用三元复合肥料，于春季开花前施入。施肥方法采用环状沟或放射状沟施。施肥量依土壤肥力、树龄树势等状况而定。一般成龄树在秋季或雨季施 1 次土粪或压绿肥。

(四)病虫害防治

文冠果病害主要是黑斑病，其主要危害叶片。文冠果黑斑病是一种真菌性病害。病菌在病叶上越冬，第 2 年 5 月下旬以后开始发病。在高温高湿的雨季发病严重。生长在地势低洼处，树势衰弱或枝叶密集的文冠果树发病较重。

文冠果虫害主要有木虱，以其成虫或幼虫为害嫩叶、叶片和果实。防治方法：清除林地落叶杂草，消灭越冬成虫。早春或初发期喷布 5 波美度石硫合剂、2.5%溴氢酯乳油 2500 倍液、25%功夫乳油 2000 倍液等，均能有效地控制文冠果木虱的危害。

四、模式成效分析

文冠果是我国北方特有的优良木本油料树种，有"北方油茶"之美誉。种子含油率达到 30%左右，种仁含油量高达 66%。可加工高级食用油和高级润滑油。文冠果全身都是宝，具有非常高的食用价值、药用价值、观赏价值和生态价值，是树中的国宝，枝、叶、杆、根、花都有独特作用，升值途径多，开发潜力巨大，市场销路好，生态、经济、社会效益都很好。

(一)生态效益

阜新县通过退耕还林建设文冠果经济林示范基地 6.5 万亩，增加了森林面积，扩大了森林资源总量，不但有良好的经济效益，还具有改善区域环境、增加降水量、净化空气、调节气候、防风固沙、水土保持、保护农田、绿化美化等作用，生态效益显著。

(二)经济效益

阜新县退耕还林工程营造文冠果,经济效益可观。采用文冠果良种,实施丰产栽培技术,在生产上6年生文冠果亩产种子能达30~40公斤。按市场价40元/公斤,每亩产值1200~1600元。如将种子加工成高级食用油、果壳、花叶深加工利用,产值将成倍增加。文冠果的深度综合开发利用价值具有很大的提升空间。

文冠果籽

(三)社会效益

阜新县退耕还林促进当地文冠果产业的大力发展,社会效益显著。可大大提高当地林农的科技意识和营林技能,增加林地产出,既可满足市场需求,又能改善人民生活。退耕还林文冠果,还有利于调整农村产业结构,增加区域农民和周边群众的就业岗位和经济收入,推动相关林业产业经济发展;有利于先进科学技术的推广,提高文冠果生产的科技含量,为辽西北文冠果产业发展发挥良好的示范带动作用。

五、经验启示

阜新县依托自然优势及良好的外部协作条件,建设以优质高产文冠果为主体的示范基地,抢占辽西北地区的制高点,形成产业化开发优势,对实现区域经济、社会、生态的持续发展具有重要的意义。

(一)生态经济兼顾好树种

文冠果属生态经济兼用型树种,种植文冠果对环境产生良好影响,社会及生态效益显著。示范带动作用大,对发展区域经济,增加农民收入,提高文冠果市场竞争力具有一定的指导和示范作用。文冠果经济效益好,投资回收期长,抗风险能力强,经济可行。

(二)造林绿化先锋树种

建设文冠果经济林是林业和生态建设的需要。文冠果适应性极强,耐旱,根系发达,防风固沙作用明显,有利于改善区域生态环境。可培育优良品种向辽宁西部、北部以至于我国东北、华北、西北等广大地区提供优良种源。随着文冠果新品种的引进与推广,也将带动文冠果产业的整体快速发展,同时缓解了荒山绿化树种单一、生态效益偏低的状况。

模式 89
辽宁彰武退耕还杨树复合模式

彰武县隶属于辽宁省阜新市,地处辽宁省西北部,科尔沁沙地南部。彰武县是"全国粮食生产先进县""全国基本农田保护先进县""国家森林采伐管理改革试点县""全国平安农机示范县",连续9年获辽宁省农建"大禹杯"。

一、模式地概况

彰武县属温带季风大陆性气候,四季变化明显,雨热同季,年平均温度7.1℃,相对湿度61%,无霜期156天,全年主导风向西南风,平均降水量510.2毫米,降水多集中在7—8月。全境总面积3641平方公里,森林面积220万亩,其中果树面积19万亩,树木30科54属111种,森林覆被率40%,年产水果4万吨,木材蓄积量210万立方米。

彰武县设8镇、16乡、4个街道办事处,184个行政村、16个社区,总人口42万,其中农村36万,城镇6万。总户数12.8万户,其中农村9.5万户,城镇3.3万户,

二、模式实施情况

彰武县2001—2019年累计完成退耕还林117.95万亩,发展杨树52.2万亩。其中:累计完成退耕地还林还草33.65万亩,完成配套荒山荒地造林65.8万亩,完成封山育林18.5万亩。涉及农户5.67万户22.5万人。主要经验做法有:

(一)科学选择乡土树种彰武小钻杨

彰武县地处科尔沁沙地南部,属半干旱气候,用于退耕还林的都是沙化严重、立地条件差的地块。彰武县集思广益,邀请省、市专家会商、把脉,决定以当地适应性强的彰武小钻杨作为主栽树种,在立地条件较好的少量地块,将一些速生杨品种进行实验栽植。确保了退耕还林地退得下、稳得住,也充分体现了退耕还林生态优先的原则。

(二)适当套种增加效益

为进一步提高综合效益,彰武县在退耕还林杨树中进行套种间作,以利用套种间的耕

作、施肥和灌溉等措施，改善杨树的生长条件，达到以短养长的目的。套种植物有紫穗槐、药材、豆类、花生和绿肥等。

彰武县退耕还林杨树林粮套种

(三) 推广抗旱造林技术

彰武县采取综合抗旱措施，提高造林成活率。各乡镇严格按照《抗旱造林技术措施》进行造林。造林人员以专业队为主，每块地都有专人负责，从苗木源头抓质量关。山地多采用反坡梯田整地、鱼鳞坑整地，保水保墒；采用地膜覆膜、施用保水剂、喷洒抑制蒸腾剂、蘸生根粉等抗旱措施千方百计提高苗木成活率。同时，加大水利投入，保证所有造林地都能浇上水。全县投入抗旱造林资金 2800 万元，打机井 844 眼，共出动水车 3 万台次，购买水箱 2100 个、水泵 800 台，用于抗旱造林。

(四) 提倡加工增值

彰武县建立林产品加工园区，增加退耕户的收益。原来彰武县的杨树木材都是以原材料的形式，被木材贩子收购卖到了外地，价格非常低。彰武县建立了 500 亩的林产品加工园区，招商引资林产品加工企业 38 家，形成了从生产削片、木削等初级产品到各种板材加工一条龙的生产格局。退耕户抚育间伐和主伐下来的杨树木材甚至枝丫材都不用出县，企业上门收购。这样运作，带给退耕户的直接好处就是每立方米木材平均多卖 120 元，也延长了当地的林业产业链条，安置了当地富余劳动力，增加了县区财政收入。

三、培育技术

(一) 树种选择

乔木树种选择主栽彰武小钻杨 52.2 万亩，其中退耕地还林 21.3 万亩，荒山配套栽植彰武小钻 30.9 万亩。局部适宜地段栽植具有良好天然下种能力的灌木树种，如紫穗槐，使其郁闭成林后期形成乔灌草相结合的立体、稳定的森林生态群落，以便恢复科尔沁沙地天然景观。

（二）整地

造林前进行全面机械整地，并结合整地进行土壤消毒处理。进行定点挖穴，规格：50厘米×50厘米×40厘米，整齐排列。

（三）苗木与植苗

苗木选择：选用2年生Ⅰ级苗，苗高1~2米，地径>1厘米，主根长>40厘米。

植苗：避免早春风吹沙打，造林时间选在4月上旬，适当深植利于防风保墒，提高造林成活率。

（四）配置模式

栽植密度：56株/亩，株行距2米×6米或3米×4米。

（五）抚育管护

视苗木长势情况而定，采取修枝、灌水、除草、松土等技术措施。杨树第3年生长结束后，林分已经形成两层枝杈的树冠，剪掉第一层枝。第5年生长结束后，剪掉第二层枝。修枝工具要锋锐，修枝后不留茬桩，切口面积越小越好，切口要光滑。可适当间作，林地间种过程中，通过以耕代抚，实现了大部分的林地松土除草工作。幼林1~3年内，林间要保持无杂草丛生。

（六）病虫害防治

从苗期到成林都有遭受病虫害威胁的可能性。要预防为主，综合治理。综合防治包括检疫检查、预测预报和各种林业技术措施，进行合理安排，使其相互协调、互为补充。

四、模式成效分析

彰武县地处辽西北地区，气候类型属于亚湿润半干旱区，受全球气候变暖的影响，年均气温由过去的7.2℃上升到现在的8.1℃，地下水位下降，降水量的减少，十年九旱的自然条件导致植被的自然衰退，经过逐年退化，形成了土地沙化的地理特征，风沙干旱、生态失调、环境恶化、水土流失严重、自然灾害频繁、生产力低下。

（一）生态效益

随着退耕还林等重点工程的开展，彰武小钻杨防风固沙造林模式的推广和应用，彰武县生态环境明显改善。经测定，通过实施退耕还林小钻杨造林工程，全县平均风速由过去的3.4米/秒，降到1.9米/秒，扬沙天气由过去的40天减少到现在的18天，无霜期延长15天左右。空气相对湿度增加8%~13%，增加了生态效益。

彰武县退耕还林杨树林草套种

(二) 经济效益

彰武县通过退耕还林栽植彰武小钻杨 52.2 万亩，预计小钻杨 10 年到达林木采伐期，出材按照 10 立方米/亩，按市场价格 600 元/立方米计算，每亩收益可达 6000 元。同时防风固沙间接效益也很明显，全县粮食产量由过去的 0.8 亿公斤，增长到现在的 13.8 亿公斤，呈跳跃式发展，成为辽宁省新的商品粮基地。林草间作也促进了畜牧业快速发展。同时，工程的建设拉动了苗木产业的发展，全县育苗面积达到 0.8 万亩，年林业总产值 1.3 亿元，占农业总产值的 9% 左右。

(三) 社会效益

彰武县以防护林为主体的多树种结合、乔灌木并存、可持续发展的高效能综合防风固沙林将建成，社会效益突出，增加了农民的收入，加快了脱贫致富步伐。退耕还林实施以来，使 5.67 万户 22.5 万农民直接受益，占全县农业人口的 62%。同时，农民还腾出劳力从事多种经营、副业生产和劳务输出，增加了收入。退耕还林使全民生态意识明显增强。通过广泛宣传和工程的实施，广大干部群众进一步认识到植树造林对生态环境保护和建设的重大意义，也切实感受到生态的好转有利于改善当地居民的生产和生活条件，加强生态环境保护和建设已成为全社会的广泛共识。

五、经验启示

彰武县退耕还林小钻杨防风固沙林造林模式的推广与应用，不仅能增加森林面积，扩大森林资源总量，还能起到净化空气、调节气候、防风固沙、水土保持、绿化美化等作用，生态效益显著。

（一）壮大了林业产业

彰武小钻杨防风固沙林造林模式的推广与应用，增加了区域农民的收入，推动了林业经济的发展。通过栽植、浇水、抚育、采伐等增加周边地区劳动力的就业机会，增加当地农民的收入。也可大大提高当地林农的科技意识和营林技能，增加林地产出。可为本地区和周边县市的林业生态建设和经济建设起到积极的推动作用。

（二）促进农村产业结构调整

彰武县开展退耕还林后，由于耕地减少，集约经营程度提升，大力建设基本农田，发展舍饲圈养，开发绿色食品，发展设施农业，培育绿色产业，发展特色经济，使以种植业为主的农业生产向林果业、畜牧业以及二、三产业过渡。退耕还林促进了农村产业结构的调整和农村劳动力的转移，拓宽了增收渠道，促进了地方经济发展。

模式 90
吉林敦化市退耕还落叶松红松复合模式

敦化市隶属吉林省延边朝鲜族自治州，位于吉林省东部，辖 16 个乡镇、4 个街道、1 个省级经济开发区，全市总人口 48 万人，总面积 11957 平方公里，森林覆盖率为 84.9%。2000 年，敦化市被国家列为第二批退耕还林试点示范县，全市上下齐心协力，真抓实干，退耕还林工程取得了阶段性成果，生态环境得到有效治理。

一、模式地概况

五人班村隶属敦化市黄泥河镇，以林下经济为辅助的松树生态林建设是退耕还林实用模式之一。五人班村地处长白山腹地的张广才岭东坡，西部和北部山岭绵延，东部和南部丘陵起伏，属于山地丘陵沟壑区，土地面积 11.16 平方公里。其中：耕地面积 8400 亩，森林面积 8219 亩；气候区划属于中温带湿润季风气候区，气候温和，雨量适中，四季分明，无霜期 115 天，年平均气温 2.6℃，年日照时数 2700 小时，年平均降水量 631.8 毫米，其中大部分集中在夏秋季。

五人班村土壤肥沃，有灰棕壤、白浆土、沼泽土等。物产丰富，主要特产有山葡萄、猕猴桃、林蛙、猴头、蘑菇、木耳、松子、核桃等。辖区有 2 个村民小组 359 户 1106 人，全村目前有贫困户 4 户 5 人，人均收入 10760 元。

二、模式实施情况

自 2000 年实施退耕还林工程以来，五人班村开始转变生产方式，从传统耕种方式的自给自足逐渐变成以生态林为主导的集约化产业方式，积极探索林业发展与乡村振兴的双赢模式。五人班村前一轮退耕还林完成任务 3188.8 亩，总户数 157 户，退耕还林树种选择落叶松、红松。

（一）退耕还林地块选择

根据国家退耕还林立地条件的总体要求，结合当地山区耕地坡度大、两山夹一沟、岩石裸露、水土流失严重、耕种年久、水冲沙压、单位产量低的特点，进行科学规划，合理布局，适地适树，逐户逐块地规划和设计。为便于管理，避免与其他退耕的地块产生矛盾，采取一沟一坡的方式集中退耕，尤其针对25°以上、水土流失严重的山脊、陡坡耕地地块予以实施退耕还林。

敦化市五人班村退耕还红松林

（二）发展林下经济

五人班村把退耕还林与农业结构调整相结合，在大力营造生态林的同时，结合农民吃饭、致富问题，积极培育农民发展致富的后续产业。全村利用适合栽植五味子的退耕还林地套种五味子面积120亩，实行以短养长、长短结合，既发挥了生态效益，也产生了较好经济效益。退耕还林后，耕地面积减少，农户转向发展黑木耳产业，到2019年全村黑木耳种植户103户，从业人员468人，种植数量1000万段。

（三）培育落叶松、红松复合林

由于红松果用林效益看涨，五人班村对落叶松纯林进行改造，通过抚育间伐，每亩补栽红松72株，形成针叶混交林，建立更稳定的复层林生态结构。等到落叶松主伐后，下层更新的红松形成了新一代林分，按红松果材林进行经营。不仅充分利用了林地资源，相对缩短了林业生产周期，而且可产生明显的经济效益。

三、培育技术

（一）植苗造林

造林树种选用最适合本地土壤气候条件的长白落叶松，选择1年生的换床一二级苗。

五人班村退耕还落叶松、红松混交林

每亩造林密度为220株，株行距2米×1.5米，全部拉线定点，确保造林株行距准确。对坡度大的地块采用鱼鳞坑整地栽植方式，坡度缓一点的采用穴状栽植方式，土层比较厚的地块采用窄缝栽植。

(二)抚育管护

当年退耕还林后检查成活率，对成活率在45%~84%的地块，第二年进行补植，不足45%进行重造。对第3年造林保存率在80%以下进行补植。

幼林抚育逐年按照2：2：1：1次进行。造林当年抚育2次，第1次铲穴，穴径50厘米，第2次全清；第2年抚育2次，采取全清或带状清理；第3年抚育1次，采取带状清理；第4年抚育1次，采取带状清理。

加强幼林管护，安排护林员长年管护，每天巡护，负责春秋两季防火，实行全面禁牧，严禁退耕还林地放养牲畜，防止人畜破坏幼苗。

(三)落叶松、红松复合林培育改造技术

落叶松、红松复合林培育的关键技术是合理调控上层林木保留密度，为促进下层红松生长而对上层林木及时疏伐。红松栽植10~13年后，应全部伐除上层落叶松，既有利于下层红松生长，又可尽早地获取木材产生的经济效益。但从合理森林经营角度出发，开展幼龄林抚育，进行底枝清理，为红松透光，保留天然阔叶树种，也可对上层林木进行多次、适量伐除，再进行2~3次间伐，逐渐解放红松，可延长复层林的演替周期，培育落叶松大径材，获取最大收益和生态效能，提高林分质量，增强林木抵抗病虫害能力，提高土地利用率，增加林农收入。

四、模式成效分析

敦化市抓住国家退耕还林等生态建设契机,利用落叶松培育果用红松,以及培养黑木耳、养殖畜禽、间种五味子、种植山野菜等新产业,取得了良好的生态、经济和社会效益。

(一)生态效益

五人班村实施退耕还林以来,森林覆盖率提高2个百分点,退耕地林木蓄积量达到8231立方米,对改善生态环境起到重要作用,水土流失严重的五人班村水土流失明显减轻,地质灾害明显减少。土地是人类生存的根基,保持水土使生态环境长治久安,这是对"绿水青山就是金山银山"的重要诠释。

(二)经济效益

五人班村开始了对3188.8亩落叶松、红松复层林进行抚育间伐,采伐落叶松杆为生产建设提供了木材,每亩木材收益2000多元,增加了农民经济收入;还培育了价值高的红松经济果林,预计红松果用林成林后,每亩年收益3500多元。该模式为林业可持续发展奠定了基础,使得"绿水青山"变成货真价实的"金山银山"。

(三)社会效益

五人班村因退耕还林,催生了大力发展黑木耳和温室大棚蔬菜产业,全村黑木耳培养户有103户,从业人员468人,木耳培养数量1000万段,年产值2000万元以上,年利润800万元;还有种植反季节蔬菜50亩以及其他零散种植养殖业等。盈余出劳动力搞第三产业和外出务工,激活了生产力。目前,敦化市在退耕还林的政策推动下,积极从生态建设、产业发展和脱贫攻坚中寻找到结合点,大力发展黑木耳产业,并创立了黑木耳高端品牌。

五、经验启示

敦化市创新理念机制,把退耕还林办成了一项生态经济主导产业,探索出一条生态美、产业兴、百姓富的新路子,为新一轮退耕还林创造了一个鲜活样板。下一步退耕还林地内的红松果林达到盛果期时,该村还会成立坚果合作社,利用退耕还林政策的红利,更进一步迎来全村的经济发展。

(一)及时调动群众积极性

退耕还林初期林农从思想上还没有足够的认识,积极性不高,认为自己经营几十年的耕地一旦退耕后对将来的生活、生存会带来很大影响。针对存在的认识问题,在全村范围内深入开展了退耕还林政策的宣讲、学习和动员工作。通过宣讲和学习使林农真正懂得退耕还林这项伟大的工程是功在当代利在千秋的好事，同时对生态效益、社会效益、经济效益和林业长期稳定、可持续发展具有深远的意义，国家对退耕农户的政策补贴等诸多好处都广泛地宣传到位，做到家喻户晓、人人皆知，政策的扶持使林农对退耕还林工作认识程度和积极性有了明显的提高。

(二)因地制宜改造落叶松

随着市场经济的大发展，红松果用林效益日益增长。但退耕还林落叶松没到采伐期，是禁止砍伐的。五人班村发挥主观能动性，对落叶松纯林进行抚育间伐改造，每亩补栽红松72株，形成落叶松、红松复层混交林，既培育了红松果用林，可产生明显的经济效益，又混交提高了生态效益，可谓是一石二鸟。

模式 91
吉林梨树退耕还樟子松混交林模式

梨树县隶属吉林省四平市，位于吉林省西南部，地处松辽平原腹地，土地辽阔，物产丰富，素有"东北粮仓"和"松辽明珠"的美誉。新中国成立以来，梨树县大力开展国土绿化，林业建设取得了显著成绩。2002年退耕还林工程开展以来，全县完成退耕还林总面积78870亩，有效阻止了境内科尔沁沙地的东移，万亩良田得到庇护，水土流失得到了有效治理，绿色屏障保证了农业的稳产高产，城镇、乡村环境和人们的生活环境得到了极大改善。

一、模式地概况

梨树县位于东北腹地，境内有大小河流32条，属东辽河水系，东辽河环绕梨树县的东、北两面。隔河与公主岭市、双辽市相望；西部与辽宁省昌图县毗邻；南部与四平市和辽宁省西丰县接壤。全县总面积4209平方公里，其中耕地面积310.5万亩，常年粮食产量保持在50亿斤。全县辖21个乡镇、3个街道，重要国有林业单位包括梨树县国有林总场、新开区国有林保护中心

梨树县属于中温带亚湿润大陆性季风气候区，冬季漫长寒冷，夏季炎热多雨，春季多为大风天气，最大风速24.8米/秒，秋季凉爽干燥。年平均气温5.8℃，年10℃以上积温3477℃，年平均降水量为577毫米，主要集中在6、7、8月。

二、模式实施情况

梨树县十家堡镇、孟家岭镇为丘陵区域，受粮食政策的影响，部分坡地被开垦种植，造成了严重的水土流失，生态环境极其脆弱。为了加强生态修复，改善生态环境，在党的退耕还林政策指引下，两个乡镇和国有林场进行科学规划，精选树种，在半山区以樟子松为主开展退耕还林，完成了樟子松退耕还林面积14700亩，经过几年的生态修复，南部丘陵区水土流失基本得到控制，自然生态环境正向着良性循环发展。

(一)选择樟子松退耕还林

樟子松为常绿乔木,具有耐旱、耐寒、耐瘠薄、抗风沙等特性,对土壤要求不高,特别适应东北地区的气候及自然条件,是营造水土保持林、水源涵养林的优良树种。根据樟子松的生长习性和当地土壤气候条件,选择樟子松作为半山区的退耕还林树种,一方面可以提高造林成活率和保存率,另一方面可以起到涵养水源、保持水土、绿化美化的作用。

退耕还樟子松林

(二)应用多项造林技术

为了大力发展樟子松造林,提高造林成效,改变樟子松传统的造林方式,推广樟子松容器苗造林。容器苗造林不仅能显著提高造林成活率,还可以在旱季造林,突破了樟子松只在春季造林的季节性限制,从而延长了造林时间,缓解了林农用工矛盾,有利于造林大规模推进;同时改浅栽为深栽,提高了苗木抗旱能力;改以往的密植为合理稀植,节省了造林成本。合理稀植不需要多次间伐抚育,甚至一次成林直至主伐利用。

(三)推广带状混交造林

森林的保护效益在很大程度上取决于树种的分布结构,混交种植能够保证林区树冠浓密,根系广阔发达,特定时期枯枝落叶也很丰富,土壤营养价值和孔隙度高。这样的生态系统对于涵养水源、防风固沙及其他各方面都优于纯林,而且大大增加了抵抗自然灾害的能力。较多数的造林地块采用带状混交,3行为1带。平坡或缓坡带间栽植红皮云杉等绿化树种,斜坡及山坡中上带间任天然植物滋生。也有一些地块加大株行距,在行间任自然孽生天然苗木,形成混交林。

(四)创新造林机制

梨树县半山区乡镇以退耕还林为依托,以企业、造林大户为龙头,走出了"公司+基地""协会+农户"及基地带动农户的产业化发展模式。由两个乡镇牵头,大力开展樟子松

带状混交的樟子松、红皮云杉林

还林,绿化美化了山川,改善了生态环境,同时通过工程建设,吸纳贫困劳力投工投劳,增加了农民收入;通过造林大户的积极参与,改变了原有的经营方式,推动了林业产业化发展,实现了林业经济的快速增长。

三、培育技术

(一)整地

为了不破坏植被,采用穴状局部整地。整地时间以前一年雨季或秋季为好,整地标准40厘米×30厘米×30厘米。

(二)苗木规格

樟子松裸根苗选用2年生移植苗,地径0.5厘米、苗高20厘米,出圃时苗木根系蘸泥浆,用草袋打包,苗木运到造林地立即打开草袋假植,栽植时蘸吸水剂;或用容器苗造林,容器杯口径15厘米以上,保证造林成活率。

(三)造林时间

裸根苗于4月初至4月末栽植为宜,容器苗4月初至8月中旬皆可栽植。植苗方法采用穴植法或缝植法。

(四)种植点配置

带状混交,株行距设置为1米×3米或2米×2米等,带间距5~6米,带间栽植绿化树种等,单位面积苗木总株数符合当时的造林技术规程。人天混交,株行距2米×2.5米或2米×3米,株行距更大,行间滋生天然树种,形成人天混交林,单位面积苗木总株数仍然符合当时的造林技术规程。

(五)除草抚育

连续 3 年进行铲草抚育 5 次。造林当年除草抚育 2 次，分别在 6 月份和 7 月份，第 1 次穴状铲草，穴径 40~60 厘米，天旱时穴径小，雨水充足时穴径大；第 2 次抚育全面割草。第 2 年除草分别在 5 月下旬和 7 月份，第 1 次沿树行带状割草，带宽 60~80 厘米；第 2 次带状割草，带宽 1 米。第 3 年割草在 7 月份。每年最后 1 次除草都不能迟到 8 月初。每年还要进行春季和雨季补植。

四、模式成效分析

(一)生态效益

退耕还林工程的实施增加了森林的覆盖率，促进了生态系统的进一步健康化。随着工程的开展，农业的农药、化肥使用量因耕地面积减少而降低，实现了减少水污染、保护水源安全、净化水质的目的，有利于涵养水源、削减洪峰。尤其保持山地土壤不被冲刷，保护了万物生存的根基。

(二)经济效益

梨树县十家堡镇、孟家岭镇丘陵区域退耕还林种植樟子松 1.47 万亩，30 年成林主伐后，每亩收益 5000 元。同时，退耕还林工程大量资金、粮食的投入、拉动了当地经济的发展。

(三)社会效益

退耕还林的实施给农村经济注入了新的活力，拉动了农村经济乃至整个社会的发展，社会效益显著。退耕还林以后，农村的产业结构得到了调整和优化，项目区的经济结构发生了逐步转变，借助退耕还林的契机，改变了传统的经济发展模式，通过大力发展林下经济、开展大量的林下养殖以及发展森林旅游等带动项目区第三产业的发展，推动了区域经济的协调发展，促进了项目区农村劳动力的转移，增加了就业机会和劳动收入。

五、经验启示

(一)在技术上灵活确定了造林初值密度

梨树县退耕还林营造樟子松通过灵活的混交设计方法，进行了合理稀植，对提高林分蓄积生长量和建设采种母树林都起到了成功的决定性作用。

(二)在政策上灵活创新机制

梨树县灵活创新利用国家政策，在退耕还林地适当间作药材、豆科植物等，发展林下经济，取得了一定成效。

模式 92
黑龙江大同退耕还杨树复合模式

大同区隶属黑龙江省大庆市，地处科尔沁沙地边缘，是大庆油田发现井——松基三井诞生地，采油七厂、八厂、九厂、林源炼化等遍布其境内，也是大庆市唯一的一个农业区。退耕还林工程实施以来，大同区更新观念，创新机制，把退耕还林林下间作作为一项农民致富的路子去抓，实现了大地增绿、农民增收的良好效果，探索出了一条生态林业与民生林业协调发展的成功之路。

一、模式地概况

大同区位于黑龙江省西部，松嫩平原中西部，是大庆市最南部的一个区，境内地势平坦，海拔126~165米，无山无河，是波状起伏的冲积平原，属于温带大陆性季风气候，春季干旱少雨多风，夏季短促炎热，秋季凉爽早霜，冬季寒冷漫长，四季交替明显。年平均气温为4.6℃，无霜期为140天左右，历年平均降水量443毫米。主要特产有板蓝根、花生、葡萄、西瓜等。

大同区土地面积356万亩，其中耕地面积132万亩，林地面积36.5万亩，全区下辖8个乡镇、1个林场，共7.4万户20.8万人，其中农村人口15.7万人，农村人均可支配收入1.6万元。全区年生产总值89.1亿元。

二、模式实施情况

大同区自2002年开展退耕还林，到2006年结束，5年间累计退耕地还林4.96万亩，其中杨树4.824万亩，樟子松0.13万亩，果树0.006万亩。涉及3059户9177人。大同区进一步依托退耕地还林的资源优势，紧紧围绕"基地化发展、良种化栽培、科学化管理、商品化经营"的指导思想，充分利用退耕地还林新植林的优势，种植各类中药材、西瓜等经济作物。全区累计发展林下经济作物种植6.8万亩，有林户收益累计增加8150万元，推动了兴林富民，为林农开辟了致富之路，也为林业的可持续发展奠定了坚实的基础。

(一)探索林下经济模式

退耕还林林下间作是在一定的时期形成的新生事物,如何推动退耕还林工作的开展,实现最大的生态、经济、社会效益,是摆在林业工作者面前的一个主要问题。大同区通过探索和摸索,总结出了适合当地退耕地还林林下间作种植经济作物的模式,即充分利用退耕还林4.824万亩杨树资源,林下种植板蓝根、西瓜、绿豆等经济作物,达到了以林养林,节约了资金和成本,实现经济效益等的有效提升。自开展退耕还林以来,累计间作面积达到了6.8万亩,增收8150万元。

大同区退耕还林杨树间作药材模式

(二)大户典型带动

大同区在退耕还林地上做文章,通过林业大户种植特色经济作物例如板蓝根、花生、西瓜等,实现了当年种植当年见效,大户带头和经济效益的增长,促进和带动了其他林农的积极性,林农通过退耕还林林下间作尝到了甜头,林下间作得到了快速发展,间作规模进一步扩大。

大同区退耕还林杨树间作绿豆模式

(三)特色经济引领

在退耕还林林下间作中,根据大同区的本土优势,以种植中药材板蓝根等特色作物为主,实现了经济效益的进一步提升。通过种植特色经济林,引领了退耕地还林林下间作的快速发展。在林下间作的高峰时期,每年间作板蓝根达1.5万亩以上。林下间作已经成为了林业产业的主要组成部分。

大同区退耕还林杨树间作防风模式

(四)本地作物优先

林下间作的作物,要充分考虑当地的实际情况,首选当地效益好、见效快、认可度高的经济作物。大同区依据本地的实际,选用了板蓝根、绿豆、花生、西瓜等,这些品种都是经过多年栽培,是本地的优势作物,具有很好的经济效益。

三、培育技术

林下间作就是利用耕地退耕幼林空间发展药材、经济作物等产业,增加林业附加值,实现生态与经济效益结合,达到退耕农户增产增收的目的。主要技术有:

(一)间作选地

在退耕还林未成林造林地中,以片林或集中连片的林地为林下间作的主要对象。结合林木成长状况,在幼林郁闭前,当年春季造林当年就可以林下间作,一般情况下可林下间作3年左右。充分利用林下空地资源,在林下间作药材、瓜类、豆类等,种植一年周期的矮秆作物,力争做到当年种植当年采收。尤其是经济效益好的板蓝根、花生、西瓜等经济作物,是林下间作的首选。这样既促进了幼林抚育,又可以达到增产增收。林木郁闭以后不再适宜种植作物,效益不明显,影响收益。

(二)间作技术

每年春季,在林间空地,精细整地,起垄,达到备耕生产状态。在整地和起垄时,要结合林地行距的大小,做好起垄工作。结合春季农业生产,在适宜的时间,及时播种、栽植、扣膜等。在整地、起垄、播种、栽植等过程中,要注意林地苗木的保护,防止工作不当造成苗木的损伤和死亡。

(三)林地和田间管理

结合林下作物的田间管理,同时做好林地的铲地和除草等工作,加强幼林抚育。一般情况下达到两铲两除以上,有零星杂草等随时去除。

(四)有害生物防治

做好林木的病害和虫害防治工作,本着治早、治小、治了的原则,发现病虫害及时防治。在林下作物发生病虫害进行防治时,选择对树木没有影响的药物等进行防治,确保做到不能影响树木的生长为原则。

(五)作物的采收

林下间作的作物成熟时,及时进行采收,确保实现最佳效益。采收的过程中,既要兼顾作物的采摘和收割,又要注重树木的保护工作,确保林木的健康生长。

四、模式成效分析

退耕还林工程是一项利国利民的工程,对当代林业发展起到了强有力的推动作用。而林下间作既有效提升了退耕还林的质量效益,又强化了以林业为主的生态建设;林下间作实行立体经营、立体开发,实现了短、中、长期效益相结合,达到了以林养林、以短养长,取得了良好的生态效益、经济效益和社会效益。

(一)生态效益

林下间作通过作物的精细管理,可以很好地提高幼林抚育管理水平,促进幼林健康成长。与同期没有间作的林地相比,林木长势比较明显;同时对于沙化土地可以有效增加土地植被覆盖度,提高了防沙治沙的防治效果;林下间作也有效解决了幼林抚育投资不足问题,生态效益成效显著。

(二)经济效益

通过退耕还林林下间作,促进了林业产业的快速发展,同时又提高了人们的收入水平。种植经济作物平均每亩可创收1200元左右,经济效益明显,为农民增加了一条新的致富途径,为当地的经济发展注入了活力,提供了新的经济增长点。

(三) 社会效益

通过林下间作的规模化发展,对加快大同区乃至大庆市林业产业的发展产生了一定的推动作用,使人们对生态建设有了更深刻的认识,生态建设意识已经深入人心,为林业今后的发展起到了很好的促进作用。

五、经验启示

大同区利用退耕还林 4.824 万亩杨树资源,发展林下经济,套种间作板蓝根、西瓜、绿豆等,达到了以林养林、以短养长,带动全区累计间作面积达到了 6.8 万亩,增收 8150 万元。本模式主要适合以杨树为主的退耕还林地,种植的作物均为矮秆作物,这样既有利于林地的健康生长,又增加了经济效益。

(一) 区位优势是关键

大同区把资源优势、区位优势与市场优势有机结合起来,使各生产力要素形成最佳组合。大同区大规模退耕还林后新植林和幼林面积非常大,林下可利用空间广阔,有资源优势。大同区地势平坦,人多地少,剩余劳动力较多,为发展林业产业储备了大量劳动力,有人力优势。大同区素有药材、西瓜、板蓝根等种植传统,为发展林下间作提供了广阔的市场。大同区找准了本地传统林业和资源优势中的亮点,优先发展板蓝根、西瓜等为主的林下经济作物。通过典型引路,以点带面,实现林下经济产业大发展。

(二) 政策指导是保障

在发展林下间作产业上,大同区各级部门在产前、产中、产后各环节上加强了指导与服务工作,保证林下间作的顺利推进。区里协调林业局、水务局等部门出资在造林地块打造林抗旱井,尤其是药材种子板蓝根给予积极协调,免费提供,缓解了春种农户手中资金短缺的问题。同时,区里积极协调好客商、农户的关系,收获后及时与客商联系,研究购销中可能出现的问题和解决办法,理顺了客户与农户之间的关系。

(三) 技术服务添动力

大同区为种植户提供技术、销售等方面的服务,先后举办林药等种植培训班 30 多次,培训基层林业技术人员和种植户 2000 多人次,培养了一批懂技术、会经营的林下间作种植"示范户"和"明白人"。

(四) 效益增收是重点

林下间作充分利用退耕还林地,提高土地使用率和土地生产效益。实践证明,虽然林下间作周期只有短短的 3~4 年时间,但是"林下间作、以林养林"的林下经济模式具有许多优点,是林农的一条致富途径,林下间作对生态效益、经济效益和社会效益具有很重要的推动作用。

模式 93
黑龙江泰来退耕还庄园治沙模式

泰来县隶属于黑龙江省齐齐哈尔市，位于黑龙江省西南部，地处黑龙江、吉林、内蒙古3省(区)交界处，有"鸡鸣三省"之称。泰来县享有"鱼米之乡"的美誉，曾被国家和黑龙江省定为半农半牧县、商品粮生产基地县、细毛羊和商品牛基地县、果树基地县、中国绿豆之乡、中国花生"四粒红"之乡、中国种子集团成员单位和黑龙江省玉米特种基地县。

一、模式地概况

泰来县是黑龙江省沙尘的发源地之一，风沙灾害严重威胁着哈尔滨、齐齐哈尔、大庆等城市的生态安全。泰来县面积为3996平方公里，人口32万人，辖8镇、2乡，83个行政村532个自然屯。有汉、蒙、满、回、朝鲜等20个民族。泰来沙地属科尔沁沙地的延伸部分，是全国第14号沙地，主要分布在嫩江下游两侧，共有6条大沙带，总长276公里，沙漠化地表形态达374万亩，占泰来县总面积的63%，其中沙化土地面积达150万亩。

泰来县是全国扶贫开发工作重点县和全省十弱县之一，也是全国20个防沙治沙重点县之一，农业弱、工业小、财政穷、生态差是泰来县的基本县情。恶劣的生态环境影响了泰来县人民群众的生产生活，制约了县域经济的发展。

二、模式实施情况

泰来县自2002年开始实施退耕还林工程，完成退耕地还林11.7万亩，涉及全县10个乡镇。经过多年的防沙治沙实践，泰来县创造并推广了庄园式防沙治沙模式，取得了较好效果。主要经验做法有：

(一)推广庄园式治沙模式

泰来县在典型风沙干旱区，环境极其恶劣的沙带上，通过多年的探索和实践，已创建了庄园式生态经济型治沙的有效成功模式，明显地改善了当地生产、生存、生态环境，同时取得了显著的经济效益和社会效益。泰来县在退耕还林工程中,根据宜林则林、宜农则农的原则,推广多年探索成功的庄园式治沙模式,提高沙地治理效果,大力发展经济效益可观的经济林,把樟子松、沙棘、杨树确定为全县退耕造林的主栽品种,为发展退耕还林后续产业奠定基础。

(二) 加强引导

为了使退耕还林工程得以顺利实施并取得成效,真正成为群众的致富工程。造林期间,县领导分别带领有关部门,亲自深入村屯、地块,深入到生产第一线亲自指导退耕还林工作的开展,解决工作中出现的实际问题。同时,县财政安排了退耕还林工作经费资金40多万元,有效解决了退耕还林管理经费缺乏的难题。

(三) 宣传发动

通过多渠道的广泛宣传,许多农户从不愿退耕到积极要求退耕,从只愿小面积退耕到要求大面积退耕,从"要我退耕"到"我要退耕",全县上下形成了全民参与退耕还林的热潮。

(四) 典型案例

泰来县江桥镇豆海开发小区采取的就是这种庄园式治沙模式,造林树种主要有杨树、樟子松、沙棘。豆海高效庄园治沙小区,总面积15000亩。开发前,该区是一片滚动沙丘,植被覆盖率仅为4.6%。在小区建设上,采取生物措施与工程措施相结合、治理与开发相结合、治沙与生产生活相结合的立体开发庄园式治沙模式,在区内建标准化节能住宅,植树6450亩(其中退耕还林工程造林3000亩),并通过打井上喷灌、客土改造、架设输电线路、修路,使小区生态环境得到极大改善,植被覆盖率提高到43%,节水灌溉率达到100%,昔日的沙丘变成了高产稳产田。区内农民人均年纯收入由原来不足800元增加到现在的近万元。现已建立庄园式治沙小区2个,治理沙地10.8万亩。

退耕户入住治沙网格

三、培育技术

(一)庄园式治沙适宜的立地条件

庄园式治沙模式适合于在沙化地区大面积集中连片的平缓的半流动、半固定和固定沙荒地及沙耕地上采用。通过连片营造小网格的固沙林网，在网格内入住农户从事农牧副业生产，形成林果粮草、种养加相结合的生态经济体系，达到规模治理沙地和开发利用沙地的目的。

(二)造林树种的选择

营造乔木以樟子松、杨树为主栽树种，营造灌木以沙棘、小叶锦鸡儿为主栽树种。樟子松苗龄 8~10 年，苗高要达到 1~1.5 米；杨树苗要二根二干以上，灌木苗要 2 年生以上。

(三)造林设计

林网设计：主带应和主害风方向垂直，为东北—西南走向；副带应与主带垂直，为东南—西北走向。根据地势不同，主带可有一定偏角，但不宜过大。

网格规格：杨树林带主带之间距离为 250 米，副带之间距离为 250~300 米，形成 250 米×250 米或 250 米×300 米的网格。樟子松林带主带、副带间距都为 250 米，形成 250 米×250 米的网格。

林带结构：杨树林带采取乔灌混交方式，形成疏透结构。主带 5 行杨树，两侧各栽植 1 行灌木；副带 3 行杨树，两侧各栽植 1 行灌木。樟子松林带为纯林，主带 3~4 行，副带 2~3 行。

造林株行距：杨树林带的株行距为 2 米×3 米，灌木的株行距为 1.5 米×3 米。樟子松林带的株行距为 3 米×3 米或 3 米×4 米。

(四)配套设施建设

在每个网格内建设一处砖瓦结构的房屋，打一口饮水井，进住一户农户。每 2 户打一眼机电井，修永久性输水渠。农户在"庄园"小区内种地、种蔬菜、育苗、栽果树、养家禽，从事农牧副业生产。

四、模式成效分析

泰来县退耕还林工程庄园式治沙在上级业务部门的监督指导下，经过广大退耕农户的辛勤努力，取得了可喜成效。

(一)生态效益

全县的沙化土地得到有效治理,使森林覆盖率有效增加。退耕地还林工程实施以前,泰来县有林面积为55万亩,森林覆盖率为10%,经过十几年的努力,结合三北工程的实施,有林面积增加到76.8万亩,森林覆盖率增加到14%。生态环境明显改善,风沙危害得到控制,扬尘天气减少,流沙埋没村屯、阻塞道路的现象基本杜绝,风沙毁坏农田、侵吞草原的现象大大减少,粮食产量有较大幅度提高。

(二)经济效益

泰来县通过退耕还林推广庄园式治沙模式,完成退耕地还林11.7万亩,主栽网格树种为杨树、樟子松等,杨树10年后主伐,每亩出材量10立方米,按市场价格600元/立方米,亩产可达6000元。樟子松15年后主伐,每亩出材量8立方米,按市场价格500/立方米,亩产可达4000元。

退耕还林庄园式治沙林带

(三)社会效益

通过退耕还林工程的实施,改善了群众的生活质量,调整了泰来县农村产业结构,提高了土地的使用率,促进了农村剩余劳动力转移,加快了贫困群众脱贫步伐,推动了县域经济的快速发展。

五、经验启示

泰来县始终高度重视生态环境治理工作,特别是2002年实施退耕还林工程以来,在国家、省、市的大力支持和帮助下,泰来县生态环境得到有效治理。

(一)抢抓退耕还林机遇

泰来县曾是国家级贫困县,全县各级干部审时度势,充分认识到泰来县的贫困是生态的贫困,生态环境不改变,人民群众的生产生活条件就无法改善,"人进沙退还是沙退人进"是摆在全县人民面前的严峻课题。因此，泰来县明确提出治沙造林，改善生态环境是全县人民生存和发展的需要，国家给政策给条件要干，国家不给条件不给政策创造条件也要干，要抓住国家实施退耕还林工程的有利契机，大力实施以退耕还林工程建设为重点的生态治沙工程建设，大打向沙地要效益的人民战争。

(二)科学规划突出重点

泰来县为使退耕还林实现科学化、规模化、规范化，按照《泰来县防沙治沙规划》，明确退耕还林的重点区域，科学合理地进行规划布局。泰来县把沙化耕地面积大、坡度大及沙化严重的地区作为退耕还林的重点，优先安排退耕。

(三)加强宣传积极引导

各乡镇及林业部门积极与新闻部门沟通，提供典型，做好宣传。各乡镇、村选择显要位置设立宣传标语，树立宣传标志牌，广泛深入地开展退耕还林造林宣传活动，营造浓厚的舆论氛围。

模式 94
黑龙江延寿退耕还落叶松模式

延寿县隶属黑龙江省哈尔滨市。延寿县人文荟萃，历史悠久。境内有辽金时代和抗联、剿匪遗址，在抗日战争和解放战争期间，曾是松江省驻地，北满根据地的政治中心，冯仲云、李兆麟、赵尚志等英雄人物都曾在这里留下战斗的足迹，红色文化基因深植这片土地。延寿县是国家级生态建设示范区、全国绿色食品原料标准化生产基地、粮食高产示范县和中国亚麻纺织历史名城，也是国家扶贫开发工作重点县、国家一类革命老区县。

一、模式地概况

延寿县位于哈尔滨市东南部，长白山脉张广才岭西麓。土地总面积为3149.55平方公里，辖6镇、3乡、1个省级经济开发区，27万人口，163.7万亩耕地。延寿县地貌特征为"五山半水四分田，半分道路和草原"。延寿县地处中纬度地区，属寒湿带大陆性季节风气候。年均降水量在571毫米左右。县境内土壤类型有暗棕壤、白浆土、黑土、草甸土、沼泽土、泥炭土、泛滥土、水稻土等8个土类18个亚类26个土属57个土种。

延寿县植被属于长白山植物区和张广才岭植被亚区。林地面积较大，但森林分布不均，南北两侧是山区，森林茂密。森林植被是以阔叶树为主的天然次生林。主要树种有杨树、桦树、椴树、榆树、色树、柞树、水曲柳、黄菠萝、胡桃楸、红松、落叶松和樟子松等，同时林下灌木和藤本植物主要有胡榛子、忍冬、刺五加、杜鹃等。

二、模式实施情况

延寿县抢抓国家退耕还林机遇，积极实施绿色生态发展战略，自2002年以来，累计退耕还林28.33万亩，其中退耕地还林8.03万亩，荒山荒地造林16.3万亩，封山育林4万亩。延寿县依地势将退耕还林划分为两大模式，半山区水源涵养林模式，主要退耕还林树种为长白落叶松；山区水土保持林模式，主要造林树种为落叶松。

（一）半山区水源涵养林模式

该区包括9个乡镇和2个国有林场。多属丘陵漫岗地带，主要河流有蚂蜒河、黄泥河。由于过度开发和毁林开垦等诸多原因，森林资源遭到严重破坏，水土流失严重，涵养水源的生态功能减弱。经营方向是通过退耕还林等措施扩大森林面积，增加水土保持林、水源涵养林、护堤护岸林比重，改善区域生态环境。造林方向主要以生态树种营造水土保持林、水源涵养林为主。主要树种为长白落叶松，次要树种为樟子松、柳树、小×黑杨等。

延寿县寿山乡退耕还林长白落叶松模式

(二)山区水土保持林模式

该区包括 7 个国有林场。本区地形复杂，岭高坡陡。自然植被主要有红松针阔混交林和柞、桦、山杨次生林，伴生有胡枝子、榛子、忍冬等。由于过去重开发轻保护，植被遭到破坏，造成水土流失，该区在保护好现有森林资源的基础上，通过退耕还林，尽快恢复森林植被改善区域生态环境。造林方向主要是营造水土保持林为主。主要造林树种为落叶松，次要造林树种为樟子松、红松、小×黑杨。

延寿县延寿镇退耕还林落叶松模式

三、培育技术

延寿县海拔多在 200~1000 米之间。南北两面环山地势高，向中部倾斜，中部形成东北向宽阔的蚂蜒河河谷平原，平原又从西南向东北倾斜，在山地与平原之间有丘陵漫岗过渡地带。退耕还林地块主要是 15°以上坡耕地、低产田、沙化土壤。土壤有机含量较低，水肥条件较差。延寿县退耕还林落叶松模式采用 5 行加 1 行造林标准。

(一)技术思路

由于过去过度砍伐森林，盲目扩大耕地面积，毁林开垦，致使林地面积锐减，生态环境遭到严重破坏，水土流失日益加剧，全县水土流失面积一度达 166 万亩之多，占全县总面积的 58.7%，耕地 54 万亩处在水土流失危害之中。1997 年开始，延寿县出台了《关于超坡耕地退耕还林的决定》，对全县超坡耕地限期退耕还林。在退耕还林工程中，推广 5 行加 1 行或 10 行加 1 行的造林模式，提高了超坡地退耕还林的成活率。

(二)整地

工程造林前，对退耕地进行全面清理，拉出、烧除秸梗和杂草，为适时造林做好充分准备。整地在前一年秋季实施，春季选择 3 月 10 日—31 日。整地方式采取沿等高线整地，穴位呈"品"字形配置，穴面直径针叶树 40 厘米，阔叶树 60 厘米，穴深 40~60 厘米，坑壁垂直，坑底平，清除石块、杂物。

(三)苗木处理

造林前对苗木进行适当修剪和处理，剪掉起苗时受伤的根系，以减少苗木地上部分的水分蒸腾，阔叶树根打茬的不能用于造林，针叶树一律用保水剂蘸根，阔叶树用保水剂浸根 24 小时后造林。工程苗木调运中做到"五不离水"，即苗圃起苗不离水、假植不离水、包装运输不离水、到造林地假植不离水、上山植苗不离水。

(四)造林

造林时间需待土壤解冻达到人工植苗深度时(4 月 25 日结束)。容器育苗造林或补植造林，在 7—8 月雨季进行。造林顺序因地制宜，一般先阳坡，后阴坡；先山上，后山下；先易旱地、沙化地，后湿润地、黏土地；先萌动早树种，后萌动晚树种；先裸根树苗，后容器苗。人工植苗必须做到深浅适宜，苗根伸展，不露根，扶正踩实不悬空，定点拉线，株行距一致。

(五)树种配置

坚持树种的生物特性和生态学特性与工程造林地类型区相适应，即适地适树的原则，选择生态防护性好、适应性强、抗寒性、抗病性、生长快、材质好、稳定性强的主栽树种，具体确定为根系发达、固土性、耐干旱的长白落叶松。

(六) 补植补造

补植落叶松的时间为 7—8 月雨季进行，用加行苗木补植时，先将死亡的苗木挖走，并在原处挖直径 30 厘米左右、深 20 厘米的穴，将苗木带土放入挖好的坑中，培土踩实。补植时尽可能选在阴天或早晚气温较低时进行。推广容器育苗补植，栽植时，挖坑要适当深些、大些，将容器育苗的袋除掉，再将苗木放入坑中，培上浮土，轻轻踩实即可，切不可造成根土分离。

(七) 混交

遵循提高生物多样性、促进形成网状食物链的原则，对退耕还林和宜林荒山荒地造林面积集中且大于 150 亩以上的地块或林班，提倡营造混交林，其混交方式为块状混交或带状混交，营造落叶松与樟子松混交林。

(八) 抚育

工程造林结束后，采用带状、穴状人工抚育，在 3 年内完成 5 遍人工抚育，即当年抚育 2 次，抚育程序有：扶正、扩穴、培土、松土、除草，扩穴直径达到 50 厘米，做到不压苗、不伤苗；次年进行 2 次刀抚；第 3 年进行 1 次刀抚除草。

(九) 管护

退耕还林后实行封山管护，禁止非经营性人畜进入新植林地。按照"谁退耕、谁造林、谁经营、谁管理、谁受益"的原则，树木管护落实到人，杜绝人为或牲畜毁坏，严防森林火灾，防止病虫害侵袭。做到树有人栽、林有人管，确保工程造林成林。

四、模式成效分析

(一) 生态效益

延寿县通过实施退耕还林工程建设，全县林地面积增加 28.33 万亩，生态环境将朝着良性循环方向发展，森林植被增加，森林分布趋于合理，农田小气候明显改善，为建设农业强县夯实基础。

(二) 经济效益

延寿县退耕还林 28.33 万亩，30 年后林木蓄积可达 10 立方米/亩，森林总蓄积量可增加 280 多万立方米，按平均出材 8 立方米/亩计算，可出商品材 224 万立方米，每立方米按现行售价 500 元计算，林木总效益为 11.2 亿元。

延寿县寿山乡退耕还林落叶松模式

(三)社会效益

延寿县在实施退耕还林工程过程中,安排大量城镇和农村劳动力从事育苗、造林、抚育、管护等工作,取得劳务收入,增加新的就业机会,促进社会和谐稳定。

五、经验启示

退耕还林工程的实施增加了农民收入,加快了农村脱贫致富步伐,推动了农业产业结构调整,促进了农村经济发展,改善了生态环境,提高了各级干部群众的生态意识,增加了广大人民群众致富奔小康的信心和决心。

退耕还林工程,壮大了林业产业,后续产业发展会越来越好,退耕农民可以在林间空地因地制宜种植林草、花卉、药材等多种经济作物,真正将绿水青山变成金山银山。

模式 95
广西巴马退耕还油茶套种模式

巴马瑶族自治县(以下简称"巴马县")隶属于广西壮族自治区河池市,被誉为"世界长寿之乡·中国人瑞圣地"。据第二次到第五次全国人口普查,巴马百岁以上寿星占人口的比例之高居世界5个长寿区之首。巴马是"中国香猪之乡"。2005年,巴马香猪通过国家地理标志产品保护。

一、模式地概况

巴马县地处广西西北部,全县总人口30.4113万人,少数民族26万人,占总人口的86.9%,其中瑶族人口5.3万人,占总人口17.46%,辖3个镇、7个乡、103个行政村,聚居着瑶、壮、汉、苗、毛南、仫佬、回、水等12个民族;城镇居民人均可支配收入24281元,农村居民人均现金收入7376元。巴马县属南亚热带季风气候区,森林覆盖率达74%,地形以丘陵地貌为主,海拔在400~800米之间,无工业大气污染,适宜于油茶生长。

巴马县种植油茶已有上百年的历史,是广西11个油茶种植重点县之一,2007年1月,被国家林业局命名为全国经济林(油茶)产业示范县。巴马县现有油茶总面积38万亩,占全县森林总面积233.1万亩的16.3%,主要分布在所略乡、燕洞乡、那社乡、巴马镇、甲篆镇、那桃乡、百林乡等乡镇,主要品种有本地油茶、岑软2,3号、长林系列等,平均每年可提供商品油200万公斤左右,油茶总产值占农业总产值的21%~29.6%。

二、模式实施情况

巴马县依托世界著名长寿之乡独特的地理、气候环境和品牌优势,在退耕还林工作中,因地制宜、结合实际,大力发展种植油茶,做强做大油茶产业,促进林农长期稳定增收。巴马县自2002年实施退耕还林工程以来,完成退耕还林工程任务26.2万亩,其中退耕地造林10.8万亩,配套荒山造林12.4万亩,配套封山育林3万亩。目前全县油茶种植面积超过37万亩,其中退耕新种植油茶3.46万亩。主要做法:

(一)加大扶持力度

巴马县出台优惠扶持政策,在县规划的3个区域内种植油茶,符合退耕还林条件,上级部门有退耕还林指标的,优先安排退耕还林指标;在规划区内种植油茶连片20亩以上的,未获得退耕还林补助和其他经费扶持的,经验收合格,自治区和市县财政按每亩2000元标准给予补助;干部职工连片承包种植500亩以上油茶林的,经个人提出申请,可办理留薪留职3年从事油茶生产。

巴马县所略乡退耕还林油茶

(二)推广套种提升效益

巴马县在退耕还林中,推广造林新技术,高标准高质量建设基地。油茶造林推广"四大一覆盖",即用大苗、挖大坑、施大肥、大规模建基地、使用生态膜覆盖树根等新造林技术模式,进一步提高造林成活率和造林成效。巴马县在退耕还林中还探索间种和套种新模式,实施"油茶+黄豆""油茶+南瓜""油茶+西瓜"等多种间种和套种模式,以短养长,创新增收,以养代抚,提质增效。

(三)组建油茶经济合作组织

巴马县在退耕还林中,通过油茶合作社、油茶产业协会等经济合作组织有效聚集各项生产要素,引导农民进行合作开发,规模种植,提供生产、科技、市场营销等相关服务,提供农村生产组织化程度和规避市场风险的能力,调动林农种植油茶的积极性。目前全县有乡级和村级油茶合作社16个。

(四)创新机制提高成效

大力培育油茶新型经营主体,推广"企业(合作社、家庭林场)+基地+农户"等合作经营模式,引导贫困户通过土地入股、土地流转、土地托管、联耕联种、扶贫资金入股等方式与企业、合作社等新型经营主体合作,由企业、公司与农户联营,农户将土地交由企业、公司,统一创建种植基地,企业、公司与农户签订收购合同,负责加工销售。

(五)推广龙头企业带动

2002年以来,巴马县通过招商引资的方式,成功引进了广西建邦农业股份公司和万力山茶籽发展公司两家大型山茶油加工企业。2018年又成功引进深圳油茶大型企业进驻巴马,投资额达6000万元。

三、培育技术

油茶林栽培管理可用12句话36个字概括,即:选良种、定密度、挖大坎、足基肥、用大苗、要搭配、重修剪、巧施肥、控杂草、保湿润、搞间种、防病虫。

(一)选良种

种苗是林业的命根,种植油茶一定要选择良种。良种有地域适应性,要选择适合当地种植的良种。

(二)定密度

根据种植地情况合理设置密度,一般每亩种植80~100株。种植密度过大会影响后期产量,而且投产后常常舍不得疏伐,往往因为过密造成通风透光不良、易染病虫害等而形成低产林。

(三)挖大坎

一定要挖大规格的种植坎,绝不能挖两锄、翻两下就把苗木种上!一般挖坎大小为长60厘米×宽60厘米×深50厘米,也可沿等高线定线撩壕,壕深60厘米,底宽60厘米。

(四)足基肥

施放基肥是保证苗木健壮生长的前提。要求在造林前1个月施足基肥,主要采用有机肥作基肥,每亩施用1000~1500公斤或腐熟麸饼肥100~300公斤;如以施用化肥为主,每坎放以磷肥和麸饼混合沤制腐熟的肥料1~3公斤。基肥施下后与回填表土拌匀,再盖一层土,避免栽植时烧根,然后回填表土。

(五)用大苗

种植油茶要使用2年生以上大苗(即苗高50厘米以上,地径0.5厘米以上,有3个分枝以上,容器规格12厘米×16厘米)造林,有条件的推荐使用3年生有多级分枝的大苗造林。大苗上山造林不仅栽植后成活率高、生长快,而且挂果早、见效快;与此相反,弱苗、小苗上山造林不仅栽植成活率低,增加抚育成本,而且生长缓慢、挂果迟、见效慢。

(六)要搭配

种植时要注意品种搭配。在一块地里不同品种搭配种植可以提高坐果率。搭配和主栽品种的花期和果实成熟期要一致。配置设计为:选用1~2个品种为主栽品种,主栽品种与配栽品种按8∶2或7∶3的比例配置。

（七）重修剪

油茶种植后前3年修剪，对形成丰产树形、树冠尤其重要。修剪的要点有：清脚枝，亮小腿（把萌生枝、底部小枝清除）；定主干，明骨架（在50~60厘米高度处及时打顶，促进分枝）；疏枝条，保通透；清内膛，利通风；剪伤枝，促生长；修外围，造树形。

（八）巧施肥

结合冬季挖山施长效有机肥较好。春夏中耕时以施速效氮肥、沼气液或复混肥为主。造林第1年，7—8月追施一次尿素促使苗木快速生长，择阴雨天或下雨后，距植株蔸部20~30厘米范围内穴施，每株半两。第2年2—3月继续追施氮肥，每株1两。当植株生长已较大时，施肥时要在植株上坡方向沿树冠投影线开一条宽、深各10~15厘米、长60~80厘米的弧形沟，将肥料均匀施入，盖上土。

（九）控杂草

油茶幼林地不能杂草丛生，但也不是寸草不留。要适当保留一些矮生杂草与油茶友好相处，给油茶病虫害天敌以留居场所。清除油茶林杂草绝不能使用除草剂。

（十）保湿润

造林后，油茶幼林可在树苗兜部覆上稻草、防草布，利于保持根部周围水分。有条件的地方，可拉水管进行滴灌或喷灌。也可在油茶坡地上沿等高线顺自然地势开挖水平竹节型蓄水沟保水：水平沟距2米，垂直沟距5~10米，沟长2米、深0.5米、宽0.5米，3年后，将老竹节沟填实，再重新开挖新的竹节沟。

（十一）搞间种

推荐间种花生、黄豆、油菜、西瓜、中草药等农作物，以耕代抚、以短养长。不能种植高秆或攀缘作物。当油茶生长发育受影响时，要及时把间作物清除。

（十二）防病虫

对油茶病虫害的防治，应该采取综合防治措施，创造出有利于油茶病虫害防治的环境。尽可能少用化学农药。一般情况下，油茶林地很少有病虫害大量发生，平时注意林地卫生，有少量发生时，可将病虫害枝叶清理，集中烧毁，以减少感染爆发。

四、模式成效分析

巴马抓住国家退耕还林等生态建设工程契机，把油茶产业列为全县重点发展的优势产业，以基地规模化、管理精细化、经营产业化的发展模式，强力推动油茶产业发展，油茶在"长寿之乡"已香飘万里，取得了良好的生态、经济和社会效益。

(一) 生态效益

油茶林具有涵养水源、保持水土、改善生态条件、提供林产品等功能，对区域的生态环境建设发挥巨大作用，生态效益显著。巴马曾是国家深度贫困县区，具有八山一水一分田的地貌特征。巴马全面开展生态扶贫，当地林业部门把新一轮退耕还林与油茶产业发展相结合，精准施策发力，让一座座荒山变成了青山。通过扶持群众发展油茶产业，为群众致富找到了"金钥匙"，实现了生态建设与脱贫攻坚共赢。

(二) 经济效益

巴马县退耕还林种植油茶 3.46 万亩，目前已经全部挂果，每亩年收益 2000 多元，经济效益初见成效。例如巴马县的百马—甘水油茶示范基地，退耕还林前是巴马县异地扶贫安置地的农户生产用地，种植玉米、木薯等农作物。2004 年开始实施退耕还林以来，改种优良品种岑溪软枝油茶，通过引进新品种，利用新技术改造，精心施肥修剪，基地在盛果期的油茶亩产量达到每年 200 公斤，每年可直接增收 1800~2000 元。据统计，每年巴马县仅油茶粗加工年产值就达到 4 亿元以上，精炼食用油年产值超 5 亿元，油茶产业将成为广大农民发家致富的支柱产业，是实现农民增收的有效途径，成为该县群众脱贫增收的最大生态扶贫产业之一。

(三) 社会效益

巴马退耕还油茶，大力建设油茶示范基地，引进和兴建现代化、标准化油茶加工厂等举措，着力增强油茶产业带动力，为巴马实现油茶产业可续性发展再助力。目前，巴马县在退耕还林的政策推动下，积极从生态建设、产业发展和脱贫攻坚中寻找结合点，大力发展油茶产业，并创立了"寿乡油茶"等高端木本食用油品牌。

五、经验启示

巴马县抓住国家退耕还林等生态建设工程契机，积极鼓励林农加入油茶合作社和产业协会，促进油茶产业向集约化、规模化、产业化、经营化发展，积极探索联户退耕还林模式。其主要启示有三：

(一) 龙头企业带动是动力

充分发挥种植大户的辐射、示范和带动作用，通过政策、资金的直接扶持和奖励，积极培植一批油茶加工龙头企业的形成，并采取"企业+基地+农户"的方式建设高标准原料生产基地，以龙头企业原料基地为示范，带动社会资本和林农油茶资源培育。同时各乡镇分别建设一定规模的示范点，通过示范点辐射和带动全县掀起发展油茶产业的热潮。

(二) 做好技术服务是关键

做好造林苗木供应，实行定点苗圃育苗，按照"四定三清楚"要求，坚持实地严格审核，统一调拨苗木，认真把好种苗质量关。积极宣传油茶产业扶持政策和造林技术要点，开展技术培训服务。

(三)强化产业配套是保障

巴马县对于新建连片 100 亩以上或相对连片 200 亩以上油茶林示范基地，纳入产业道路建设和基地道路建设项目"以奖代补"范围。

模式 96
广西凌云退耕还南酸枣混交模式

凌云县隶属广西壮族自治区百色市，古称泗城，有4条河流纵横交错汇聚于城中，是一个有近千年州、府、县治之地历史的文化古城。凌云县百岁以上寿星有365人，高过世界长寿区认定标准占人口的比例，是中国首个"全国异地长寿养老养生基地"，享有"山上水乡、古府凌云、宜居天堂"的美誉。

一、模式地概况

凌云县位于广西壮族自治区西北部，云贵高原东南麓，东连凤山县、巴马县，南邻百色市右江区，西接田林县，北与乐业县接壤。凌云县境内4条河流纵横交错，属于珠江水系，是珠江上游重要水源涵养区，生态地位突出。属南亚热带季风气候区，全年光照充足，雨量充沛，气候温和，非常适宜野生动植物繁殖和生长，种质资源丰富。县西、北、南部及东部山地为中亚热带常绿阔叶林植被区，中部为石山落叶、常绿阔叶混交林区。

凌云县行政区域面积2053平方公里，辖4镇、4乡、106个村、4个居委会，居住有壮、汉、瑶3个民族。2019年末总人口22.83万人，其中农村人口17.53万人。林地面积258万亩，耕地面积25.46万亩。

二、模式实施情况

凌云县退耕还林工程自从2002年实施以来，在上级主管部门的指导下，在各有关部门、全县林业技术干部和广大群众的共同努力下，取得了较好的成绩，至今全县已经完成退耕还林工程31.2万亩，其中退耕地造林10.9万亩，荒山造林11.3万亩，封山育林9.0万亩。退耕还林共发展南酸枣3.83万亩。

(一)选择南酸枣及混交林模式

凌云县在退耕还林工程中，依据本县的地理、土壤环境和县域经济发展以及林农的需要，共设计33个栽植模式。其中纯林栽植模式22个：桉树、马尾松、杉木、任豆、南酸枣、板栗、八角、核桃、香椿、西南桦、苦楝、吊丝竹、花椒、桑树、苦丁茶、小叶榕、酸酶、油茶、其他经济树、柑果、桃树、其他果树等栽植模式；混交栽植模式 11 个，分别为：南酸枣+金银花、南酸枣+桑、香椿+桑、任豆+吊丝竹、香椿+吊丝竹、任豆+南酸枣、苦楝+南酸枣、板栗+香椿、香椿+南酸枣、八角+油桐、八角+茶树栽植模式。在这 33 个栽植模式中，最适合广大石山、石漠化区域的是种植南酸枣及混交林。

从造林面积来看，南酸枣及混交林是凌云县退耕还林的主要造林模式。凌云县退耕还林共种植南酸枣 3.83 万亩。其中前一轮种植 3.68 万亩，现已全部郁闭成林；新一轮种植南酸枣 0.15 万亩，树高也达到 3~5 米。可以说，南酸枣及混交林是凌云县退耕还林造林的首选模式。

2003 年石山坡耕地退耕还林南酸枣基地

(二)选择"赣枣系列"良种

凌云县非常适宜南酸枣生长，但当地南酸枣产量不高。经过县林业部门多方调研，选择江西南酸枣新品种"赣枣系列"的 3 个新品种，其产量分别比当地普通品种增加 80%、50%、30% 以上。苗木选择也是果用南酸枣高产的基础，一般采用嫁接苗，不能用实生苗。

南酸枣"赣枣系列"良种育苗

三、培育技术

(一)地块选择

南酸枣宜选择在海拔 800 米以下,阳光充足,土壤深厚、疏松、肥沃,排水良好的地块种植。为了方便运输肥料和果实,还要考虑交通条件。

(二)清山整地

在荒山荒坡上种植南酸枣应清山炼山,即斩除杂灌,清理林地内的树枝等剩余物,有条件的地方应炼山,将树枝和杂草烧尽。然后沿山坡按水平方向挖 1 米宽左右的水平带,带间距为 6 米。在水平带上按 7 米的株距挖穴,穴的规格为 50 厘米×50 厘米×50 厘米。注意穴的位置应上下行错开,呈"品"字形。每穴施有机肥 2.5~5 公斤,并将表土回填至穴下部。

(三)苗木选择

苗木选择是果用南酸枣高产的基础,一般必须采用嫁接苗,不能用实生苗。采用实生苗种植,雄株比例高达 80%,结果母株不足 20%,并且结果年限要推迟至 10 年以上。采用嫁接苗种植,可以人为控制雄、雌株比例,一般第 3 年就可以挂果。必须采用经过选育的高产品种。近几年,江西省崇义县已选育出枣果大(单果重 15 克)、出肉率高(45% 以上)、产量高(单株产量 150 公斤以上)的南酸枣新品种"赣枣系列"。苗木质量要求地径 2 厘米以上、高 1.3 米以上、根系完整、无机械损伤、无病虫害。

(四)种植技术

南酸枣一般在立春前后种植。种植密度一般株距为 7 米、行距为 6 米。总的种植原则是宜稀不宜密,坡度小宜稀,立地条件好宜稀,否则宜密。从目前的实践来看,每亩种 15 株左右比较适宜。密度过大,树冠会相应变小,结果面也小,影响产量。如果种植地周边没有野生南酸枣树,就必须种植少量南酸枣雄株,以保证有雄花授粉。

(五)抚育管理

刚种植的 3 年之内是南酸枣管理的关键时期,要按照果园的标准来管理,主要措施是砍杂、除草、培土扩穴施肥、修枝整形,其中树形修剪至关重要。为扩大结果面,增加有效结果枝,必须对南酸枣进行修剪,整形矮化,以培育良好的干形和冠形。种植后在离地约 1 米处截主干,待抽梢后留 3~4 个主枝,剪除其他枝条,主枝萌芽形成枝条后,在 80 厘米处截枝,每条主枝再留 3~4 个侧枝。2~3 年就可以培育成自然开心形树冠。如发现嫁接口以下有萌发的枝条,一定要及时剪去。经过 3 年的精心抚育,胸径可达 10 厘米以上,冠幅可达 6 米以上,基本可以郁闭,南酸枣树即开始进入丰产期。

四、模式成效分析

通过几年来的实施情况看,退耕还林工程实施基本上达到了改善生态环境、优化土地资源配置、调整农村经济产业结构、帮助当地农民脱贫致富、提高人民生活质量、促进当地经济社会可持续发展的目标。

(一)生态效益

通过退耕还林工程种植南酸枣,新增森林面积3.83万亩,前一轮退耕还林还南酸枣林分郁闭度0.7以上,树高10米以上,胸径14厘米以上。不仅增加了森林面积,而且提高了生态林的比例,使森林资源配置趋于合理。起到绿化石山、改善石漠化环境、涵养水源、保持水土、保持土壤、净化空气等效益。

(二)经济效益

南酸枣是我国南方优良速生用材树种,其木材结构略粗,心材宽,淡红褐色,边材狭,白色至浅红褐色,花纹美观,刨面光滑,材质柔韧,收缩率小,可加工成工艺品。果实甜酸,可生食、酿酒和加工酸枣糕;果核可做活性炭原料;树叶可作绿肥;树皮还可作为鞣料和栲胶的原料。南酸枣嫁接苗造林,进入盛产期后,每亩年产鲜果约1000公斤,目前市场价格约3元/公斤,每亩产值达3000元。

(三)社会效益

凌云县退耕还林种植南酸枣面积大、涉及面广、群众参与程度高,通过全面实施退耕还林工程,使全社会了解了这一生态环境建设工程的重要意义。尤其是广大农民,直接参与工程的建设和管理,履行责任和义务,从传统的开荒种地转变为现在的退耕还林,提高了全社会生态环境保护意识。

五、经验启示

凌云县曾是广西壮族自治区20个深度贫困县之一,民生改善要求迫切,脱贫攻坚任务繁重。在保护水源与发展经济的抉择中,凌云县创新理念机制,把退耕还林办成了一项生态发展工程,探索出了符合当地实际的生态发展新路子,为新一轮退耕还林创造了一个亮点纷呈的鲜活样板。

(一)石山造林选先锋树种

凌云县在退耕还林工程中,为调整农村产业结构、促进地方经济发展和增加农民收入创造了契机,特别是石灰岩地区退耕还林工程与石漠化治理紧密结合,大力营造南酸枣生长适宜条件,取得了明显成效。

(二)科技支撑增效益

除良种壮苗外,果用南酸枣良种还要推广矮化丰产栽培技术。野生南酸枣的产量不稳定、捡拾成本高,要突破鲜果供应瓶颈,就必须人工种植,并推广矮化密植技术。

模式 97
广西平果退耕还任豆模式

平果市隶属于广西壮族自治区百色市,位于广西西南部,坐落在风光秀丽的右江河畔,是一代伟人邓小平同志创建的右江革命根据地的重要组成部分。平果县具有优越的区位优势,是大西南出海的重要通道,是右江河谷经济开发带的重要组成部分。2003—2005年连续3年被评为广西经济发展十佳县,2001—2009年连续9届入围中国西部百强县。2009年首次入选"全国最具区域带动力中小城市百强"。

一、模式地概况

平果市位于百色市东南面,辖9镇、3乡,181个行政村(社区),总人口56万人。全市土地总面积372.6万亩,其中林地面积为246万亩,森林覆盖率为65.42%。全市商品林面积133.5万亩,活立木总蓄积517.68万立方米。全市基本农田总面积4.6万亩,非基本农田面积4.8万亩,其中坡度25°以上非基本农田面积4.2万亩。

平果也是一座新兴的旅游城市,具有深厚的近代城市文化底蕴和众多的历史古迹,并成功举办多项CBA及东南亚篮球重要赛事。如今的平果已经渐渐发展为桂西次中心城市、国家重要铝工业基地、地区性物资流通中心、现代化森林山水生态城市、中国西部东南亚文化中心城市和西部教育文化城中心。

二、模式实施情况

2002年,平果市开始实施退耕还林,前一轮退耕还林工程完成任务34万亩,其中退耕地还林12.7万亩,配套荒山造林13.8万亩,封山育林7.5万亩。工程涉及农户1.9万户,户均退耕还林造林面积7.7亩。全市任豆造林面积达22万亩,占有林地面积的11%。其中退耕还林发展任豆12.9万亩。主要做法有:

平果市石漠化耕地退耕还任豆林

(一) 做好基础工作

平果市做好调查摸底，摸清全市陡坡耕地的分布情况，按先急后缓的原则落实造林任务。认真编制工程实施方案，明确指导思想和工作原则。按实施方案做好作业设计，建立退耕还林数据库和 GIS 图库，确保退耕还林实施质量。加强退耕还林技术培训，全市共举办培训班 12 次，参加培训人数达 1271 人次，为工程的实施提供科学依据。

(二) 建立退耕还林举报制度

平果市向社会公布举报电话，市退耕办设立退耕还林举报箱，接受社会监督，对群众举报的问题及时调查处理，共处理举报案件 36 起，有效地促进退耕还林工作的开展。

(三) 加强档案管理

平果市配备专职档案管理员，对有关退耕还林的文书档案、技术档案及其他相关资料分门别类，做好收集、整理和归档。确保退耕还林工程档案管理制度化、规范化，促进退耕还林工程建设有序开展。

(四) 强化技术服务

平果市做好种苗规划和生产供应，根据各年度工程需要，及时做好用苗规划，坚持适地适树，生态效益为主、经济效益相结合的原则，确保各年度工程造林取得成效。强化技术指导、技术培训和质量监督，挖坑不合格不种树，苗木不合格不上山，不同的季节使用不同的造林方法，确保造林任务的完成和造林质量达标。

三、培育技术

(一) 造林地选择

在岩溶石山中下部基岩裸露率低，土壤条件较好，选择坡面缓和的石山中下部耕地退耕还林。

(二) 树种选择

选择适应性强、根系发达、水土保持功能好、具有一定经济效益的石山造林先锋树种任豆造林。

(三) 整地

采用沿等高线穴状整地,规格 40 厘米×40 厘米×30 厘米或 50 厘米×50 厘米×40 厘米,"品"字形排列,整地时间为冬、春季造林前 1~3 个月。

(四) 苗木

采用良种壮苗造林,严把苗木质量关,造林前一定要炼苗,以增强苗木抵御恶劣环境的能力,提高造林成活率。

(五) 栽植

造林整地不得炼山,尽可能保留石山上的原有植被,实行沿等高线穴状整地,密度不强求一致,采取"见缝插针"的方式。植苗造林在春季 1—3 月。栽植时清除穴内杂物、打碎土块、回填表土、扶正苗木、压紧踏实、稍覆松土,覆土至苗木根际以上 3~5 厘米,要求做到根舒、苗正、深浅适宜。

(六) 抚育管理

当年和第二年的 6—7 月各进行一次抚育,抚育主要是穴状铲草和适当施肥。

(七) 有害生物防治

任豆树的常见病虫害有锈病和介壳虫等,在发生初期及时分别用波美 0.3 波美度石硫合剂、40%乐果 100 倍液喷洒。

四、模式成效分析

南方石漠化地区造林一直是一大难题。平果市在退耕还林工程中,高度重视岩溶地区石漠化治理工作,将其纳入社会经济发展规划,坚持不懈地开展综合治理工作,探索出了具有特色的石漠化耕地退耕还林任豆模式。平果市退耕地还林发展任豆 12.9 万亩,其中石山退耕还林采用任豆树造林模式面积为 4.2 万亩,退耕还林模式成效显著。

(一) 生态效益

2002 年以来,平果市通过实施退耕还林 34 万亩,全市森林覆盖率从退耕还林前的 32.1%增加到 2018 年的 65.42%,增长 103.8%。特别是坡耕地退耕还林后遏制了较为严重的水土流失,减少了自然灾害的发生,有效改善了生态环境,野生动物逐年增多。退耕还林在一定程度上增强了平果市人民的生态环境意识,为平果市后期生态文明建设打下了坚实的基础。

(二) 经济效益

平果市自 2002 年开始实施退耕还林工程以来，累计退耕还林栽植任豆 12.9 万亩。任豆是高大乔木，20 年成林后，每亩采伐量 12 立方米，价值 1 万多元，每亩年均收益 500 元。通过退耕还林带动，平果市木材年产量从 2002 年的 2.33 万立方米增加到 2018 年的 21.5 万立方米，是 2002 年的 9.2 倍，增长 823%。木材产量的成倍增长带动了木材加工企业的蓬勃发展，全市木材加工企业年木材加工量从 2002 年的 715 立方米提高到 2018 年的 16.5 万立方米，木材加工产值从 2002 年的 105 万元提高到 2018 年的 17065 万元。木材产量的增长及木材加工企业的发展，拉动了林业产业的大发展，全市林业相关产业总产值从 2002 年的 3771 万元提高到 2018 年的 264524 万元。

平果市退耕还林任豆用材林

(三) 社会效益

退耕还林发展任豆，经济效益明显，极大地稳定并巩固了退耕还林成果，没有出现复垦复耕的现象，同时将从事开垦坡耕地的劳动力解放出来，从事其他产业或劳务输出，增加了项目区农村的增收渠道，为农村经济注入新的活力。

五、经验启示

退耕还林工程作为一项重大的生态修复、惠民工程，实施时间长，涉及退耕农户众多。平果市积极探索退耕还林任豆模式，取得了明显成效。主要有以下启示：

(一) 部门协作是退耕还林成功的保证

平果市在实施退耕还林工程的过程中，重点把退耕还林政策落到实处，需要一个具有强力推动的组织机构,组织协调解决实施退耕还林过程中碰到的各种问题、难题,充分调动起社会各界参与的主动性、积极性。

(二)模式选择是退耕还林成功的关键

平果市总结历年退耕还林造林模式,种类繁多,有任豆树造林模式、桉树造林模式、马占相思造林模式等。经过多年发展、沉淀,桉树造林模式、马占相思造林模式已经被淘汰,目前比较成功的实用模式有任豆树造林模式等。

模式 98
海南乐东退耕还橡胶模式

乐东黎族自治县(以下简称"乐东县")隶属海南省,靠山临海,东南与著名旅游胜地三亚市毗邻,西北靠海南新兴工业城东方市,是海南省少数民族自治县中人口最多、土地面积最大、文化较为发达的县份。乐东县素有天然温室、热作宝地、旅游胜地、绿色宝库和腰果之乡等美称。

一、模式地概况

乐东县位于海南岛西南部,全县土地面积414.48万亩,50多万人口,其中少数民族20多万人。全县辖有11个镇,其中,少数民族聚居镇6个;有188个行政村(居)委会,606个自然村。

乐东县地貌类型多样,北、东及东南面山脉环绕,地势西北和东北部高,海拔1000米以上的山峰聚集连绵,东北至西南境界上500~800米的低山横亘起伏,中部和东北部及昌化江两岸为宽广的丘陵盆地,西南部为海拔50米以下的滨海平原和台地,低平开阔,形成了东、北、西三面环山,西南部向南海敞开的特点,犹如一个大马蹄,呈阶梯状下降。乐东县各类地型兼备,有山地、丘陵、丘陵盆地、滨海平原四大类型。

二、模式实施情况

在广泛调查研究的基础上,乐东县林业部门适地适树地选择橡胶作为退耕还林树种。乐东县2002年开始实施退耕还林工程建设,累计退耕还林23.64万亩,其中退耕地还林7.80万亩,荒山荒地造林14.34万亩,封山育林1.50万亩。退过退耕还林发展橡胶5万多亩,带动全县共种植橡胶11.3万亩。

乐东县退耕还林橡胶基地

三、培育技术

橡胶树是典型的多年生热带作物，橡胶树对环境的要求高，按现行的割胶标准，其经济寿命可达40余年。选地时应根据橡胶树对环境条件的要求，选择热量条件好、地势开阔、地形平缓、土层深厚、土壤肥沃的林地，注重栽培技术。

(一)开垦整地

开垦整地可以为橡胶树种植后速生高产创造良好的立地环境条件。橡胶宜林地开垦时，为保证开垦质量，通常都采用全垦方式，作业和程序是：清地→犁地、整地→定标→修梯田、挖穴→施基肥、回表土→定植。

凡有下列情况之一者，不能作橡胶宜林地：地下水位在1米以上，排水困难的低洼地；坡度大于35°的地段；土层厚度小于1米，且下为坚硬基岩或不利于根系生长的坚硬层的地段；瘠薄、干旱的沙土地段。

(二)定植

定植时间：一般在5—7月以后雨季来临时定植。采用抗旱方法或袋装苗定植的，可在2月下旬到4月下旬进行早春抗旱定植。

定植材料：采用RRIM600抽芽芽接桩、袋育芽接苗。其标准是：芽接桩苗砧木直径2~4厘米，袋育芽接苗2~3蓬叶。

定植方法：定植时，先将部分回填穴土挖出，如果穴土过干燥，应在定植前先对植穴淋水，使土壤温润。定植深度要使芽接桩的芽眼离地面2~3厘米，芽片朝向山内。定植时多次回土、分层压实。靠近苗林，并在植株旁边插一些树枝以遮阳光。

(三)幼林管理

定植后如果天气干旱,需要淋水抗旱。通常 3~5 天淋水一次,以补充土壤水分,改善穴面温度。定植后,要及时抹掉砧木芽,以减少不必要的养分消耗,利于橡胶树的生长。定植当年,要对死弱株用同龄同品系的苗木进行补植、换植,使苗木生长整齐。此外,橡胶园还应注意做好防畜牧破坏等工作。

在定植后当年要及时补苗,力争全苗过冬。在定植后,植胶带应尽早搞好抚育。植胶带上的杂草可及时除去。植胶带上较大的杂草灌木分别在 6、9 月份砍去(控萌)。

植胶带间的土地,如果坡度较小时,可以进行间作,如间种花生、绿豆等豆科作物,但不能间种红薯和蕃薯等对胶园和胶树有害的作物。行间能间作 3~4 年。如果胶园坡度太大,则只能种覆盖作物或保留原有的灌木矮草植被,以避免水土流失。

幼树每年施肥 1~2 次,施肥量逐年增加。在定植后约 3 个月时,胶苗可以施肥。以后在每年第一蓬叶稳定前和第二蓬叶抽叶时施肥。

(四)后期管理与整形

橡胶树一般来说都自然分枝,并形成一个较合理的树冠,不必进行修剪。但有少量橡胶,如一些分枝不合理的胶树,则要进行适当修剪。

橡胶树一般很少病虫害,但在春夏间有时有白粉病发生。防治方法:往橡胶树叶面喷撒硫磺粉。牛羊和野猪等常进入胶园为害胶树,一般在定植前应开出防牛沟。防牛沟深 1 米,宽约 0.8 米。

四、模式成效分析

乐东县居住着 20 多万黎族、苗族等少数民族,他们的生产方式历来是刀耕火种,生活水平相当低下,给天然林保护增加了相当大的难度。实施退耕还林工程,改变了山区农民的生产生活方式,提高了山区农民的经济收入,改变了山区农民的生活面貌,促进了山区生态环境建设和生物多样性保护工作。

(一)生态效益

橡胶林保持水土、涵养水源作用明显。据观测,橡胶林地系统内的气温较低、气温变化幅度小,相对湿度较高,并且因为橡胶树的种植,减少了水土流失,提高了涵养水源能力。橡胶林作为一个开放的、经人类改造和高度调节的人工生态系统,适宜的垦殖和抚育管理措施可以显著增强其生态功能和作用。

(二)经济效益

退耕还林为少数民族的脱贫致富和生态环境特别脆弱地方的可持续发展提供了一个极好的机遇与平台。乐东县退耕还林发展橡胶 5 万多亩,带动全县共种植橡胶 11.3 万亩,橡胶栽植后 6~7 年开始开割胶，现全县开割面积 9.7 万亩，平均年亩产干胶 80 公斤，按现行价 26 元/公斤计算，每亩收益 2000 多元，退耕户人均收益 3432 元。

乐东县退耕还林橡胶林

(三) 社会效益

橡胶是国防和经济建设不可或缺的战略物资和稀缺资源，直接关系到国家安全、经济发展和政治稳定。海南是我国橡胶的重要生产基地之一，乐东退耕还林橡胶产业的发展，为国家军工等战略作出了重大贡献。

五、经验启示

橡胶是一个比较典型的热带雨林树种，对温度、降水、光照、风速条件均有严格要求。橡胶海南最多，是海南丘陵山区重点造林树种之一，其次云南西双版纳景洪一带也有种植。

模式 99
海南万宁退耕还槟榔模式

万宁市隶属海南省，是海南槟榔种植的重要产地，所谓"海南槟榔半万宁"就是真实的写照。目前万宁市槟榔种植面积56.57万亩，约占全省槟榔面积的1/4。万宁素有中国著名的长寿之乡、咖啡之乡、槟榔之乡、温泉之乡、书法之乡、华侨之乡、海南美食天堂、中国冲浪之都等美誉。

一、模式地概况

万宁市位于海南岛东南部，东濒南海，全市总人口55.45万人，其中汉族47.61万人，少数民族7.84万人，下辖12个镇、5个国营农场、1个华侨农场、1个国营林场。

万宁市域总面积为4443.6平方公里，其中陆地面积1883.5平方公里，海域面积2550平方公里。在土地面积中，山地约占一半，丘陵和平原各占四分之一。万宁市属热带季风气候，气候温和、温差小、积温高，年平均气温24℃，最冷月平均气温18.7℃，最热月平均28.5℃；全年无霜冻，气候宜人。

二、模式实施情况

2002—2003年万宁市完成退耕还林23000亩，其中2002年5000亩，2003年18000亩。万宁市全面完成了退耕还林造林任务，主要种植槟榔、椰子、橡胶、莲雾、菠萝蜜等经济林和生态林，其中种植槟榔7130.6亩，占全部退耕还林面积的31%。

(一)适地适树，退耕还林选择槟榔

槟榔是我国四大南药之一，是重要的中药材，在南方一些少数民族还有咀嚼嗜好。槟榔原产马来西亚，中国主要分布于云南、海南及台湾等热带地区。亚洲热带地区广泛栽培。海南栽种槟榔已有500多年的历史，槟榔已经发展成为全省第二大热作产业。槟榔为棕榈科槟榔属常绿乔木，茎直立，乔木状，高10多米，最高可达30米，有明显的环状叶痕，雌雄同株，花序多分枝，子房长圆形，果实长圆形或卵球形，种子卵形，花果期3~4月。

万宁县退耕还林槟榔树

(二) 宣传发动，典型带动

在开展退耕还林工作过程中，万宁市多次组织各乡镇现场交流退耕还林工作经验，取长补短共同进步。在组织好参观学习的同时，加大宣传力度，扩大造势，大力宣传退耕还林的重要意义，宣传退耕还林的政策要求和主要做法，宣传典型事例，并通过现场说教、算账对比等，增强退耕农户开展退耕还林工作的决心和信心。

(三) 因地制宜，形式多样

万宁市根据本地实际，针对零星地块的耕地进行统一承包，实行规模经营，并针对承包业主不同情况采取不同方式方法，确保业主和农户之间合理合法获得退耕还林钱粮补助。

(四) 突出重点，狠抓难点

万宁市把槟榔、橡胶等作为退耕还林的重点树种，大力发展生态经济型产业，派技术人员到实地进行协调、指导、检查和督促，想方设法落实退耕还林地块，加强林木种苗质量管理，强化幼林抚育，确保造林质量。

(五) 综合协调，密切配合

万宁市林业、发改、财政、粮食等有关部门各司其职，各负其责，通力合作。市林业局先后多次召开专题会议，研究和部署退耕还林工作，提出"突出一个中心，抓好四个环节"的工作思路，并组成4个工作组狠抓落实；每周召开工作例会，及时研究和解决问题；从有限的工作经费中挤出资金购进多台GPS(卫星定位仪)，用于准确测量和掌握退耕还林工程造林面积。

三、培育技术

槟榔属热带雨林作物，对土壤要求并不严格，海南省一般在海拔 300 米以下的山地、边角地、低湿地均可种植。万宁市山地广阔，土地肥沃，是我国不可多得的热带作物宜种区。

(一) 立地条件

万宁市年平均气温 24℃，最冷月平均气温 18.7℃，最热月平均气温 28.5℃，雨量充沛，年平均降水量 2400 毫米左右，日照时间长，年日照时间平均 1800 小时以上。市域地势西高东低，呈阶梯状自西北向东南平缓下降，有中山、低山、高丘陵、低丘陵、盆地、台地、阶地、平原、潟湖和港湾。土壤主要是花岗岩赤红壤、花岗岩砖红壤，以花岗岩赤红壤面积最大，占全市自然土壤的 73.4%，适宜槟榔生长。

(二) 树种选择

选择适应性强、根系发达、无病虫害的槟榔良品，能快速恢复植被，保持水土，改善生态环境，实现生态效益和经济效益双赢。每亩造林密度 111 株，株行距 2 米×3 米。

(三) 定植技术

槟榔苗生长约 1 年，高 50~60 厘米，5~6 片叶便可定植。以春季 2—3 月或秋季 8—10 月温暖多雨时节定植。最好选阴天定植，定植前 1~2 天浇透水。定植时去营养袋，盖草、淋足定根水，保持荫蔽和土壤湿润。经过 1~2 年的培养。选生长 5~6 片浓绿叶片、高 60~100 厘米的健壮苗定植。

种植前挖种植穴，丘陵山地沿等高线环山挖 80 厘米×80 厘米×45 厘米穴；平地挖穴的规格是上口 60 厘米、下口 50 厘米、深 40 厘米；低湿地开挖穴应在畦上，不宜太深，12 厘米即可。

(四) 幼苗幼树管理

造林后 1~6 年，每年需抚育 1~3 次，除草、施肥和喷农药 2~3 次，以促进幼树生长，提早成林结果。

成林结果后，每年除草、松土、施肥和喷农药 1~2 次，干旱时及时淋水，确保果实丰收。

四、模式成效分析

槟榔是我国四大南药之一，海南是我国南方种植槟榔的主产区，万宁市是海南槟榔种植的重要产地。

(一)生态效益

退耕还林工程对水土流失、生态脆弱地区治理提供了有力支撑。至 2009 年，万宁市林地面积新增 94800 亩，全市森林覆盖率增加 0.3 个百分点，土地资源得到优化配置，土地生产力得到合理发挥，促进了森林生态系统良性循环，涵养了水源，减少了水土流失，改善了生态环境，提高了生物生存质量，保护了生物多样性，为生态建设做出了应有的贡献。

(二)经济效益

万宁市退耕还林种植槟榔 7130.6 亩，取得了良好的经济效益，成林后槟榔每亩每年有 1000～2000 元的经济收入。通过槟榔产品深加工，能提升槟榔产品的附加值和市场竞争力，拓宽销售渠道；同时通过扩大种植规模、加强技术管理、增加槟榔产量等一系列有效措施，提高了槟榔产业产值。目前全市槟榔产值突破 20 亿元，农民纯收入显著提高。

槟榔果实

(三)社会效益

万宁市退耕还林工程的实施，促进了农村产业结构调整，全市有 5000～10000 个农民从传统的农业生产中解脱出来从事其他产业，促进农民增收致富。退耕还林工程建成后有效地改善了农业生态环境，以粮换林，以林增粮，促进农业稳定增产，形成环境资源与经济的良性循环。退耕还林工程的实施，有利于农村社会的稳定和民族和谐，社会效益明显。

五、经验启示

槟榔主要分布在云南、海南及台湾等热带地区，适宜在热带、亚洲热带地区广泛栽培。本模式是海南平原丘陵区生态环境整治、脱贫致富、发展经济的一条理想的途径，具有较好的生态、经济和社会效益，深受广大群众欢迎。

万宁市退耕还林种植槟榔7130.6亩，带动全市发展槟榔面积56.57万亩，约占全省槟榔面积的1/4，其中产前期面积6.2万亩，进入初产期面积13.71万亩，进入盛产期面积36.33万亩，衰产期0.33万亩。万宁市礼纪、长丰、南桥、三更罗、北大等乡镇种植槟榔的面积较大，约占全市面积的70%，全市从事槟榔种植的人员达到5万人。

模式 100
西藏隆子退耕还沙棘模式

隆子县属于西藏自治区山南市。隆子，佛教中意为须弥山顶，须弥山是古印度神话中位于世界中心的山。隆子县位于西藏南部，山南地区中偏北，喜马拉雅山北麓东段，距山南市 165 公里，面积为 10566 平方公里，辖 9 乡、2 镇，81 个行政村，总人口 35858 人。

一、模式地概况

隆子县属喜玛拉雅山北麓的藏南谷地，地势西高东低、北高南低，相对高差约 2000 米。境内平均海拔 3900 米以上，最高峰在县西北部业拉香波倾日，海拔 6635 米，最低处在县东南角马拉下河口，海拔为 2740 米。该县属于温带季风干旱半干旱气候，夏季温和、较湿润，冬季寒冷干燥、多大风。年平均气压 635.6 百帕；年日照时数 3004.1 小时，年太阳总辐射 6730.5 兆焦/平方米；年无霜期 113 天；年均降水量 280.1 毫米。主要自然灾害有干旱、泥石流、虫灾、霜冻等。

隆子县境域面积 10566 平方公里，实控面积 8165 平方公里。其中耕地面积 49 万亩，林地面积为 502.2 万亩，草场 600 万亩。隆子县植物资源有虫草、贝母、知母、黄芪、大黄、党参、三七、三颗针、雪莲、红景天、当归等。

隆子县通过退耕还林带动了沙棘产业大发展，如今，在喜马拉雅山北麓的藏南谷地，一片面积 4 多万亩、绵延 40 多公里的沙棘林，如一条多彩哈达缠绕着隆子河谷，在它的庇佑下，隆子林茂水秀粮满仓。

二、模式实施情况

自 2002 年实施退耕还林工程以来，全县累计退耕还林 14503 亩，前一轮退耕还林 10599 亩（全部为生态林，其中 2002 年实施 7174 亩，2003 年实施 2000 亩、2006 年实施 1425 亩）；新一轮退耕还林 3904 亩。退耕还林工程营造沙棘占总任务的 50% 以上，约 7800 多亩，造林成活率在 90% 以上。涉及全县 9 个乡（镇）37 个行政村，受益农户 2435 户 8930 人。

隆子县退耕还林沙棘林

(一) 加强引导

隆子县把退耕还林工程当作一项重大的政治任务、重大的发展机遇和重大的历史责任,全力以赴组织实施。为了确保工程顺利进行,县里成立了退耕还林工作小组,负责工程的总体规划和实施,对林业工作进行检查验收,对工程负责人进行严格的监督管理,指挥和协助林业部门顺利开展工作,为高质量完成工程建设任务奠定了坚实的组织基础。

(二) 科学规划

为充分发挥退耕还林的生态效益、经济效益和社会效益,隆子县按照"因地制宜,统筹规划、突出重点、注重实效"的原则,根据隆子县县情,制定了《隆子县退耕还林实施方案》和《隆子县退耕还林工程作业设计书》,优先安排在粮食产量低的坡耕地、风沙危害严重的沙荒地及盐碱地等生态脆弱地区实施退耕还林,以确保主要区域的生态环境在短期内有较大的改观。

(三) 适地适树选择树种

隆子县本为西藏沙棘资源大县,这为当地退耕还林发展沙棘产业奠定了坚实的基础。退耕还林选择沙棘还林,不仅改善了生态环境,隆子县沙棘林资源规模不断扩大,为今后开发沙棘林产业打下了良好的基础。隆子县在退耕还林过程中,50%以上的退耕地栽种沙棘林,极大地丰富了隆子县沙棘林资源。

(四) 强化宣传引导

隆子县加强退耕还林工作的宣传,增强全民绿化意识,提高群众退耕还林的积极性。隆子县组织有关单位、部门采取多形式、多方法大力开展宣传工作,营造全民植树造林的舆论氛围。在3月12日植树节期间,共发放有关退耕还林知识等宣传单1500余份,并先后5次召开县退耕还林现场工作会议。全区和地区的退耕还林现场工作会也曾先后在隆子县召开。

(五) 做好科技服务

隆子县严格把好规划、整地、栽植等10个造林关键环节，责成技术人员经常深入各退耕点进行督导检查工作，及时解决工程建设中的实际问题。实行分片负责，责任到个人的工作制度，为确保退耕还林成效，从整地、挖坑、选苗到种植完成，一个林业技术员负责某片退耕地就一直到验收完成，确保了造林的各个技术环节落到实处。

三、培育技术

(一) 树种选择

隆子县根据退耕地立地条件和群众意愿，科学确定退耕地点、面积、树种。主要选择的造林树种有生态和经济效益兼用的沙棘，乔木树种有银白杨等。

(二) 科学栽植

隆子县各工程区在实施退耕还林工程过程中，从规划、设计、施工、验收都严格按照国家质量标准进行，按照林种、树种、生长习性和生长规律，拉线定距，科学整地，科学栽植，以提高造林成活率和保存率。

(三) 推广实用技术

在实施退耕还林过程中，对现有技术人员进行培训，引进、使用和推广先进科技成果，如：阔叶树截杆和地膜覆盖等抗旱造林技术。

(四) 抚育管理

隆子县每年春秋两季都要求退耕户对新造林地采取松土、割草、施肥、灌水、补植、修剪等科学管护措施，规范林地管护，加快幼树生长，以促使还林地块早成林、快成林、成大林。

四、模式成效分析

隆子县山多、沙多、立地条件差，土地相对贫瘠，是西藏自治区荒漠化较为严重的生态脆弱地区。2002年退耕还林工程试点以来，隆子县林业局抢抓机遇，把退耕还林作为改善生态环境、调整农业结构、增加农民收入、实现经济社会可持续发展的战略举措，举全县之力，扎实推进，成效显著。

(一) 生态效益

隆子河谷沙棘树已连片成林，隆子县沙棘面积已达4.3万亩，隆子人凭借持之以恒的精神和百折不挠的意志最终战胜了风沙，生态环境得到了极大改善。同时，他们也总结出了一套适合隆子县的种植模式，使得固沙能力得到极大提升。隆子县退耕还林沙棘目前已初具规模，周边小气侯明显改善，河水浑浊度降低，土壤质地、颜色、肥力呈健康状态。

(二) 经济效益

隆子县退耕还林任务 50% 以上为沙棘林，累计营造沙棘 7800 多亩，每亩沙棘年收益约 800 元，经济效益可观。近几年，隆子县依托退耕还林还资源，结合黄牛改良、奶牛养殖等扶贫产业发展，大力发展林下经济和草牧业，亩均收入增加 1000 多元，群众生活明显得到提高，广大退耕户人均收入增加 1800 元。

隆子河畔沙棘林

(三) 社会效益

通过退耕还林工程的实施，隆子县建立健全退耕还林管护体系。根据退耕还林面积落实管护人员，对管护人员实行目标责任制管理，全县管护人员已达 2209 人。在解放农户生产力的同时，也在一定程度上增加了其就业机会和就业途径。实施退耕还林工程，使广大干部群众进一步认识到了国家以粮食换生态的重要性，参与退耕还林和其它林业生态工程建设的积极性大大提高，全民的生态建设与保护意识明显增强。为建设"小康西藏、平安西藏、和谐西藏、生态西藏"和建设社会主义新农村创造了良好的社会氛围。

五、经验启示

为筑牢国家生态安全屏障，隆子县通过实施退耕还林、防沙治沙等林业重点工程，早已告别"举目远望一片沙，大风一起不见家"的历史，高原披上了"绿色哈达"。主要启示有：

(一) 做好服务引导

退耕还林前广泛宣传退耕还林政策，使广大干部群众真正认识到退耕还林的重要性，坚定退耕还林的信心和决心。为了保证植树造林的成活率，隆子县林业局指定了专门的林业技术人员，每天到造林地检查验收苗木成活、浇水及管护等工作，认真落实技术规范和抗旱保活措施，确保苗木成活率达85%以上。

(二)严格兑现政策

政策兑现重在落实，确保了退耕群众受益得实惠。根据国家退耕还林政策，把钱粮补助兑现情况纳入村务公开的内容，张榜公布，相互监督。政策的落实，极大地调动了干部群众退耕还林的积极性，甚至出现了农民争任务、抢退耕的局面。

(三)推广封山禁牧

为了防止人为践踏、牲畜啃咬等破坏行为，确保退耕还林树苗成活，隆子县结合自身条件，切实加强管护，在工程区范围内全面实行禁牧，有效地保护了工程建设成果。

参考文献

白顺江，2006. 退耕还林实施与探索[M]. 北京：中国农业出版社.

陈本文，2015. 重庆退耕还林实践[M]. 咸阳：西北农林科技大学出版社.

段绍光，2005. 河南退耕还林[M]. 郑州：黄河水利出版社.

甘肃省科学技术厅，2000. 退耕还林与林木培育技术[M]. 兰州：甘肃人民出版社.

国家林草局，2018. 退耕还林工程生态效益监测国家报告2016[M]. 北京：中国社会出版社.

国家林业和草原局，2020. 中国退耕还林还草二十年（1999—2019）》白皮书[R].

国家林业局，2001. 退耕还林技术模式[M]. 北京：中国社会出版社.

侯元凯，段绍光，赵水，2004. 中国退耕还林主要树种[M]. 北京：中国农业出版社.

科学技术部中国农村技术开发中心，2006. 退耕还林实用技术[M]. 北京：中国农业科学技术出版社.

李世东，2004. 中国退耕还林研究[M]. 北京：科学出版社.

李世东，2006. 中国退耕还林优化模式研究[M]. 北京：中国环境出版社.

李世东，2007. 世界重点生态工程研究[M]. 北京：科学出版社.

李世东，2016. 全球美丽国家发展报告2015[M]. 北京：科学出版社.

李世东，2020-08-07. 推进退耕还林，助力精准脱贫[N]. 中国绿色时报.

李晓峰，2009. 中国新时期退耕还林（草）工程的经济分析[M]. 北京：中国农业版社.

李育材，2006. 中国退耕还林工程[M]. 北京：中国林业出版社.

李月祥，余峰，2010. 宁夏退耕还林工程实践[M]. 兰州：中国林宁夏人民出版社.

秦向华，2006. 退耕还林实用技术[M]. 北京：中国林业出版社.

沈国舫，吴斌，张守攻，等，2017. 新时期国家生态保护和建设研究（退耕还林专题）[M]. 北京：科学出版社.

孙凡斌，2006. 中国退耕还林工程政策[M]. 北京：中国环境科学出版社.

杨冬生，2005. 四川退耕还林100例[M]. 成都：成都时代出版社.

张朝辉，2020. 西部地区退耕还林工程后续产业发展研究[M]. 哈尔滨：哈尔滨工业大学出版社.

张鸿文，2006. 退耕还林工程政策文件[M]. 北京：国家知识产权局知识产权出版社.2006.

张美华，2005. 退耕还林还草工程理论与实践研究[M]. 北京：中国环境科学出版社

赵新民，李新成，2016. 新疆退耕还林政策实施效果研究及实证分析[M]. 北京：中国农业出版社.

周鸿升，2014. 退耕还林工程典型技术模式[M]. 北京：中国社会出版社.